OGILVY ÜBER WERBUNG
IM DIGITALEN ZEITALTER

ISBN Print: 978 3 8006 5771 1
ISBN E-Book: 978 3 8006 5772 8

© 2019 Verlag Franz Vahlen GmbH, Wilhelmstr. 9, 80801 München
Satz: Fotosatz Buck
Zweikirchener Str. 7, 84036 Kumhausen
Druck und Bindung: Neografia, a.s., Printed in Slovakia
Umschlaggestaltung: Ralph Zimmermann – Bureau Parapluie
in Anlehnung an die Originalausgabe
Gedruckt auf säurefreiem, alterungsbeständigem Papier
(hergestellt aus chlorfrei gebleichtem Zellstoff)

Die Originalausgabe erschien 2017 unter dem Titel
OGILVY ON ADVERTISING IN THE DIGITAL AGE
bei Carlton Books Limited.
Text copyright © Ogilvy & Mather 2017
Design copyright © Carlton Books Ltd 2017

OGILVY ÜBER WERBUNG
IM DIGITALEN ZEITALTER

MILES YOUNG

Non-Executive Chairman von Ogilvy & Mather

Aus dem Amerikanischen
übersetzt von
Anja Kirchdörfer Lee

VERLAG FRANZ VAHLEN MÜNCHEN

INHALTSÜBERSICHT

EINLEITUNG
BLICK VON TOUFFOU   6

1 **CODETTA**   8

2 **DIE DIGITALE REVOLUTION**   12

3 **DER KURZE MARSCH**   20

4 **DAS DIGITALE ÖKOSYSTEM**   30

5 **MILLENNIAL SEIN ODER NICHT SEIN**   46

6 **DIE POSTMODERNE MARKE**   54

7 **CONTENT IS KING – DOCH WAS BEDEUTET DAS EIGENTLICH?**   72

8 **KREATIVITÄT IM DIGITALEN ZEITALTER**   98

9 **DATEN: DIE WÄHRUNG DES DIGITALEN ZEITALTERS**   120

10 **„VERBINDE!"**   132

11 **KREATIVE TECHNOLOGIE: DAS OPTIMUM**   150

12 DIE DREI SCHLACHTFELDER   164
Die sozialen Medien wieder sozial machen   164
Wunderbare Mobilität   174
Continuous Commerce   180

13 DIGITALE TRANSFORMATIONEN   192
Digitale Politik   192
Digitale Regierung   197
Digitaler Tourismus   200
Digital Social Responsibility   204

14 FÜNF GIGANTEN DER WERBUNG IM DIGITALEN ZEITALTER   210
Bob Greenberg   210
Akira Kagami   216
Martin Nisenholtz   220
Matias Palm-Jensen   224
Chuck Porter   228

15 MEIN HIRN SCHMERZT   236

16 DIE NEUE WELTORDNUNG   248

17 KULTUR, KÜHNHEIT, KUNDEN UND KASTAGNETTEN   266

18 EPILOG   272

ENDNOTEN   274
DANKSAGUNG   278
BILDNACHWEISE   280
INDEX   282

EINLEITUNG

EINLEITUNG
BLICK VON TOUFFOU

Im Gegensatz zu anderen Autoren, die sich überlegen müssen, warum sie überhaupt schreiben, ist mein Zweck ganz einfach: Ich möchte mit diesem Buch dazu anregen, *Ogilvy über Werbung* zu lesen bzw. noch einmal zu lesen – denn es ist immer noch Gold wert! Ja, es hat sich einiges verändert am Set: die Schauspieler, die Kulisse, die Technik, doch die teils tragische, teils komische Handlung mit ihren Nebenhandlungen und Komplotts ist in der Werbebranche auf hartnäckige und trotzige Weise gleichgeblieben. Darüber ärgern sich freilich jene, die sich eine Rundumerneuerung gewünscht hätten.

Während ich diese Zeilen schreibe, befinde ich mich auf Schloss Touffou im Südwesten Frankreichs, wo David sich zur Ruhe gesetzt hatte, in dem Zimmer, das er als Büro nutzte. Der Schreibtisch, an dem er *Ogilvy über Werbung* zum Teil schrieb, steht immer noch hier, allerdings in einem anderen Raum. Auf Regalen im Arbeitszimmer sind Bücher zu ganz unterschiedlichen Themen aufgereiht, ein Beweis für Davids Glaubenssatz, dass die produktivsten Menschen am meisten lesen. Geschichtsbücher, Biografien, Architektur- und Reisebücher – Buchrücken mit Titeln, die das Leben eines Mannes zusammenfassen. Und natürlich stehen hier auch Bücher über Werbung.

Touffou wurde über mehrere Jahrhunderte erbaut, doch der ursprüngliche Wohn- und Wehrturm stammt aus dem 12. Jahrhundert.

EINLEITUNG

Das Schloss liegt eingebettet zwischen bewaldeten Hügeln und der gemütlich durch das Poitou fließenden Vienne. David ließ sich hier im Jahr 1973 mit seiner Frau Herta nieder. Gemeinsam verbrachten sie die folgenden Jahrzehnte mit der Restauration des Anwesens, legten einen herrlichen Garten an und schufen ein imposantes, aber freundliches Zuhause.

David und Herta in San Francisco, 1984.

Im Jahr 1999 starb David dort, und seine Asche wurde im Garten verstreut. Herta blieb die Matriarchin von Ogilvy & Mather, und wir kommen auf Schloss Touffou weiterhin für Vorstandssitzungen, Treffen der Geschäftsführung, Kundengespräche und Workshops zusammen.

2013 berief ich unseren Digital Council dorthin, eine Gruppe enthusiastischer junger Leute aus der ganzen Welt und aus allen Bereichen: mobil, kreativ, soziale Medien, Customer Relationship Management (CRM), Technologie. Frühere Treffen hatten im kalifornischen Palo Alto stattgefunden, doch es erschien mir keineswegs fehl am Platz, die Zukunft der Kommunikation vor einer mittelalterlichen Kulisse zu besprechen. In der Tat gab uns Touffou etwas, das uns in Kalifornien fehlte: Perspektive. Die digitale Transformation von Ogilvy & Mather war damals schon in vollem Gange, doch diesmal wollte ich etwas ganz Grundlegendes besprechen: Was ist digital eigentlich? Handelt es sich dabei um eine Evolution oder eine Revolution? Ist das Konzept so neu und besonders, dass man es als eigenständigen Bereich behandeln sollte, oder ist es etwas, das im Herzen des Unternehmens verankert sein muss, etwas, das das Unternehmen selbst zusammenhält? David hat uns eine Orientierungshilfe in Form eines auf Video aufgezeichneten Testaments hinterlassen, das er „Blick von Touffou" nannte. Wir spielen es heute noch in Schulungen ab. Darin bricht er eine Lanze für die Anzeigenwerbung, doch seine Argumente halfen uns auch, Antworten auf unsere Fragen zu finden.

Davids Ausführungen brachten uns Klarheit, sie betonten den Vorrang von Inhalt über Form. Wir schlugen nun eine ganz andere Richtung ein als so viele andere: Wir sahen das Digitale nicht mehr als Disziplin an, sondern lediglich als Kanal, der unsere traditionellen Vorgehensweisen bereichert, keineswegs aber ein eigenes Universum darstellt.

Mit „Blick von Touffou" hinterließ uns David eine Art Video-Testament, das seine Meinung zum Digitalen erahnen lässt: Er hätte es als Kanal gesehen (und nicht als Disziplin), perfekt für starke Inhalte und immer mit dem Ziel, etwas zu verkaufen.

1 CODETTA

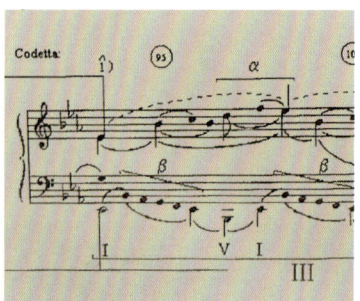

Eine Codetta, italienisch für „kleiner Schwanz", ist der angehängte, ausklingende Teil einer musikalischen Bedeutungseinheit. Sie kann vor der Wiederholung des Expositionsteils stehen oder zu einem weiteren Themenabschnitt überleiten. Meine Codetta tut Letzteres: Sie baut auf David Ogilvys Buch auf und fügt neue Aspekte aus dem digitalen Zeitalter hinzu.

Als Codetta (kleine Coda) wird in der Musik der ausklingende Teil eines musikalischen Werkes bezeichnet.

Das englische Original von *Ogilvy über Werbung* beginnt mit dem Kapitel „Overture", Ouvertüre. Es ist in dem für David typischen Stil geschrieben – unverblümt, direkt, prägnant – und enthält seinen berühmten Satz: „Ich hasse Regeln."

Das Buch zeugt auf einfache und eindrucksvolle Weise von Davids Wissensschatz und enthält anschauliche Verweise auf so unterschiedliche Themen wie Geburtshilfe im 18. Jahrhundert und Horaz. Es versprüht seinen Scharfsinn und Humor und endet mit folgendem Satz: „Wenn Sie der Meinung sind, daß (sic) es ein schlechtes Buch sei, dann hätten Sie es sehen sollen, bevor mein Partner Joel Raphaelson anfing, es zu entlausen. *Bless you, Joel.*"

Meine Codetta schließt ab, was David begann, doch das letzte Wort wird danach noch nicht gesprochen sein.

Ogilvy über Werbung wurde in den 1980er-Jahren verfasst. Joel Raphaelson, Davids „Schreibgehilfe", erinnert sich daran, wie schnell es entstand: David schickte ihm jede Woche ein Kapitel. Joel hielt sich damals für ein Sabbatical in Colorado auf, doch es war seine Aufgabe, das Buch zu lektorieren und Anmerkungen zu machen. David schrieb *Ogilvy über Werbung* teils an seinem Schreibtisch auf Schloss Touffou, teils in einer Berghütte in der Schweiz. Was er damals schuf, war eine Polemik.

David war nicht der Meinung, *Ogilvy über Werbung* sei sein bestes Buch. Und damit hatte er recht, denn *Geständnisse eines Werbemannes* nahm diesen Platz wegen seiner literarischen Form bereits ein. Während viele Werbetexter Probleme haben, von Kurztexten zur Buchform zu wechseln, schien David dafür ein besonderes Talent zu besitzen.

Doch *Ogilvy über Werbung* war etwas anderes, eine äußerst elegante Tirade über die vielen Fehlvorstellungen, die es seiner Meinung nach bezüglich der Werbebranche gab; eine Einführung in die Werbung für alle Interessierten; ein Ausdruck teils sehr dogmatischer Ansichten, was er geschickt auf die Kürze der Texte schob; und eine Präsentation einiger derjenigen Werke, die er am meisten bewunderte (darunter auch ein Großteil seiner eigenen Kreationen).

Bereits wenige Monate nach Veröffentlichung war *Ogilvy über Werbung* ein Riesenerfolg. Es wurde zum Klassiker der Werbebranche, blieb drei Jahrzehnte lang in Druckform erhältlich, wurde in zahlreiche Sprachen übersetzt und hielt in unzählige Lehrpläne Einzug. Außerdem höre ich immer wieder, dass das Buch für viele Menschen, sowohl aus der Werbebranche als auch aus anderen Bereichen, den ersten oder gar einzigen Berührungspunkt mit der von Ogilvy gegründeten Werbeagentur darstellte.

Ich begegnete David zum ersten Mal im Jahr 1982. Es war früher Abend und ich arbeitete als junger Account Director unserer Londoner Werbeagentur in meinem kleinen Büro. David lief an meiner Tür vorbei, sah, dass dort jemand Neues saß, kehrte um, kam herein und ließ sich in einen Stuhl fallen: „Wer sind Sie?" Gefolgt von einem: „Und was machen Sie?" Ich erzählte

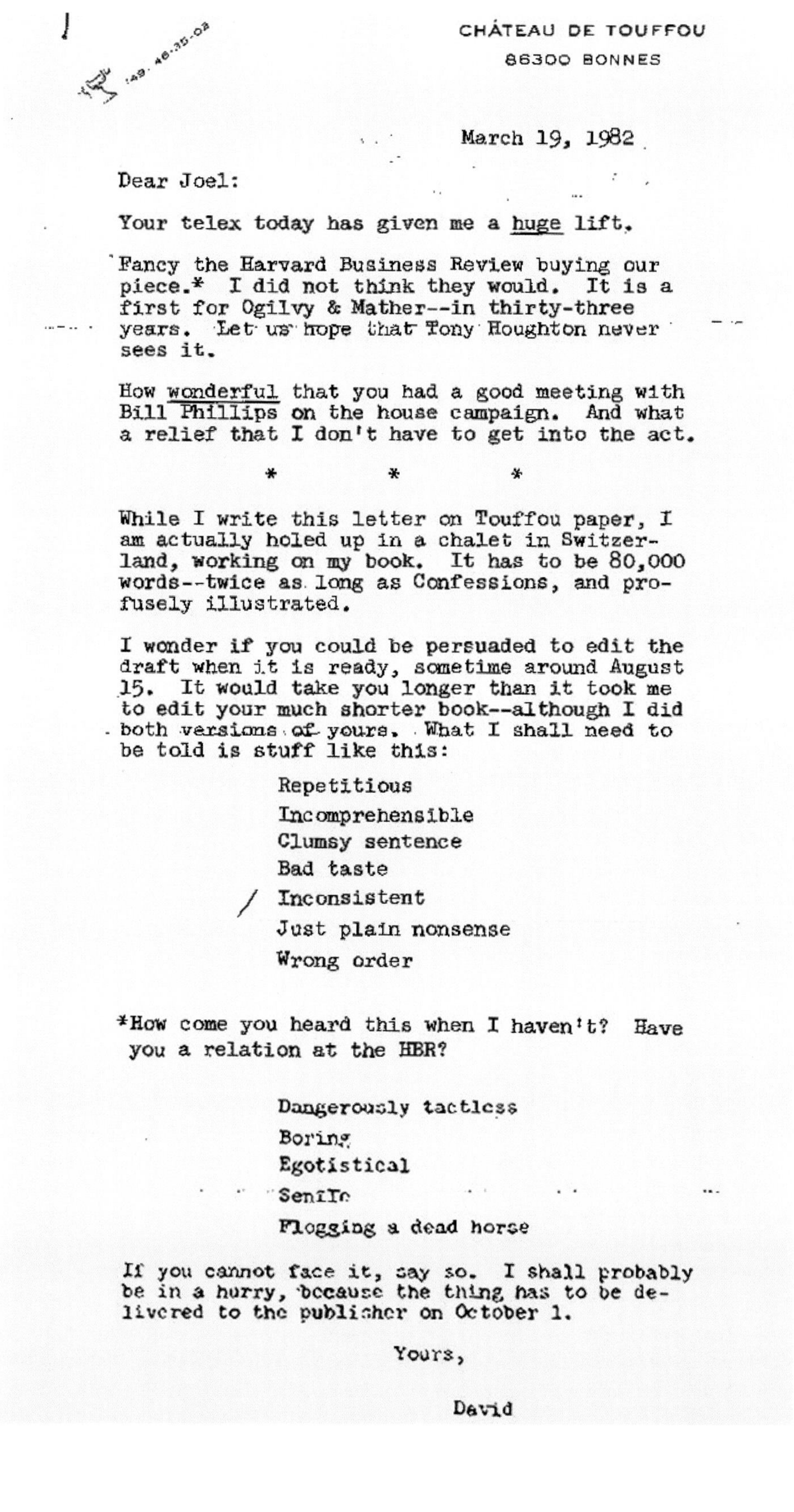

CHÂTEAU DE TOUFFOU
86300 BONNES

March 19, 1982

Dear Joel:

Your telex today has given me a huge lift.

Fancy the Harvard Business Review buying our piece.* I did not think they would. It is a first for Ogilvy & Mather--in thirty-three years. Let us hope that Tony Houghton never sees it.

How wonderful that you had a good meeting with Bill Phillips on the house campaign. And what a relief that I don't have to get into the act.

* * *

While I write this letter on Touffou paper, I am actually holed up in a chalet in Switzerland, working on my book. It has to be 80,000 words--twice as long as Confessions, and profusely illustrated.

I wonder if you could be persuaded to edit the draft when it is ready, sometime around August 15. It would take you longer than it took me to edit your much shorter book--although I did both versions of yours. What I shall need to be told is stuff like this:

    Repetitious
    Incomprehensible
    Clumsy sentence
    Bad taste
    Inconsistent
    Just plain nonsense
    Wrong order

*How come you heard this when I haven't? Have you a relation at the HBR?

    Dangerously tactless
    Boring
    Egotistical
    Senile
    Flogging a dead horse

If you cannot face it, say so. I shall probably be in a hurry, because the thing has to be delivered to the publisher on October 1.

Yours,

David

David erarbeitete das Originalmanuskript von *Ogilvy über Werbung* mit gewohnter Effizienz und schickte ein Kapitel pro Woche an seinen Freund und literarischen Vertrauten Joel Raphaelson.

CODETTA

Oben: Das ist das Cover des ursprünglich 1983 veröffentlichen Buches von David Ogilvy, das mir als Inspiration für dieses Buch diente – und als Wissensquelle während meiner gesamten Laufbahn.

Oben rechts: Davids Auftritt in David Lettermans Late Night zur Veröffentlichung von *Ogilvy über Werbung* im Jahr 1983.

stolz vom neuen Guinness-Etat und der tollen Arbeit, die wir dafür leisteten. Er sah mich nur an und fragte: „Ja, aber sind das Gentlemen?" Wenige Monate später war Guinness-CEO Ernest Saunders in einen Skandal um Aktienmanipulationen verwickelt. David verfügte oft über eine verblüffende Intuition.

Was er allerdings nicht vorausgesagt hatte, war die digitale Revolution, die auf vielerlei Weise veränderte, was wir denken und tun, die neue Konzepte, neue Sprachen, neue Techniken schuf. Nachdem ich Davids Reaktion auf die damals aktuelle „kreative Revolution" miterlebt hatte, vermute ich aber, dass ihm der Begriff nicht sonderlich zugesagt hätte.

Doch es wäre kindisch, ihn jetzt dafür zu kritisieren, besonders da er nach seiner Pensionierung viel Zeit mit Direktmarketing verbrachte, seiner „ersten Liebe und Geheimwaffe". Als ich 1994 meine Arbeit in der Pariser Niederlassung aufnahm, um die IBM-Etats in Europa zu konsolidieren, entdeckte ich, dass es zwei Niederlassungen gab: die schicke Werbeagentur in unmittelbarer Nähe zur Avenue George V und das leicht heruntergekommene Büro für Direktmarketing in der äußerst unschicken Rue Brunel. Dort war ich mit meinem Team untergebracht und auch David wählte nach seiner Pensionierung dort sein Büro. Das war kein Zufall, sondern vielmehr seine Reaktion auf die Maßlosigkeit, die Verantwortungsscheu und die Blasiertheit der damals als „vornehmer" angesehenen Disziplin. Da auch ich davor geflohen war, konnte ich seine Entscheidung sehr gut nachvollziehen.

Eines der letzten Arbeitstreffen, dem David beiwohnte, war eine Tagung der Direktmarketing-Chefs im Château d'Esclimont, einem mit vielen Türmchen versehenen Schloss in der Nähe von Paris. David war nicht als aktiver Teilnehmer, sondern als geschätzte Werbeikone dabei, blieb relativ unbeteiligt und hielt sich scheinbar entspannt und etwas schläfrig im hinteren Teil des Raumes auf – bis der Leiter der österreichischen Niederlassung eine Präsentation von beispielloser Komplexität begann, einen kleinen Triumphzug der Prozesse über den Inhalt. Nach fünf Minuten explodierte David.

„STOP!", brüllte er. „HÖREN SIE AUF, UM HIMMELS WILLEN!" Dann fügte er etwas ruhiger und mit gequälter Stimme hinzu: „Ich verstehe nicht, was an dem, was Sie da sagen, sinnvoll sein soll." Und dann, diesmal zutiefst gepeinigt: „Und das aus dem Lande Mozarts!" Es war ein demütigender, furchterregender Moment, den keiner der damals Anwesenden so leicht wieder vergessen würde, am wenigsten wohl der unglückselige österreichische Kollege. Er sollte sich nicht grämen, falls er diese Zeilen liest. Ich erwähne das Ereignis lediglich, weil

Ein recht analoges Foto aus meiner ersten Zeit in der Werbebranche, die in den letzten 30 Jahren einen enormen digitalen Wandel durchlief. Dennoch ist vieles, was mir damals eingebläut wurde, heute noch genauso wichtig wie damals.

es einen Hinweis darauf gibt, wie David auf das Wortgeklingel, den Hype, die Redundanz, die Verkomplizierung und den unbegründeten Optimismus reagieren würde, die um die digitale Revolution entstanden sind und die, während sie die vielen Vorteile beschreiben, diese gleichzeitig unglaubwürdig erscheinen lassen.

In seiner „Ouvertüre" schreibt David, er wolle – unter anderem – die „ewigen Wahrheiten von den kurzfristigen Marotten" unterscheiden.

In dieser so viele Jahre später geschriebenen Codetta möchte ich darauf hinweisen, dass diese Wahrheiten noch immer existieren und nach wie vor Geltung haben. Der Konflikt zwischen dem, was bedeutungsvoll, und jenem, was bedeutungslos ist, hält an. Das Digitale hat zwar einen Haufen neuer Marotten mit sich gebracht, doch wir nähern uns einem Zeitpunkt, der uns etwas Perspektive ermöglicht.

Es ist an der Zeit, alte Wahrheiten wieder geltend zu machen.

HALL OF FAME
Einige Kampagnen haben dazu beigetragen, der digitalen Revolution Form zu geben. Ich stelle über das Buch verteilt sechs Beispiele vor, die noch immer Gültigkeit besitzen und aus denen wir auch heute noch lernen können: meine ganz persönliche Hall of Fame. Ich lasse mich gerne eines Besseren belehren!

2 DIE DIGITALE REVOLUTION

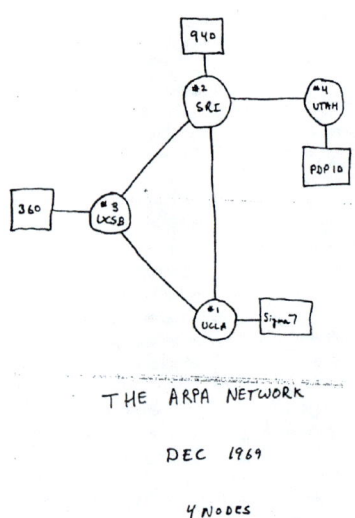

Am 29. Oktober 1969 wurde die erste ARPANET-Nachricht von 3420 Boelter Hall in der School of Engineering der University of California, Los Angeles (UCLA), ans mehr als 350 Meilen entfernte Stanford Research Institute übermittelt. Damals brach das System nach den ersten läppischen Buchstaben des Wortes „Login" zusammen. Heute senden wir 200 Milliarden E-Mails und 50 Milliarden Textnachrichten pro Tag.

Diese Skizze, die aussieht, als hätte jemand nur rasch etwas auf die Rückseite eines Briefumschlags notiert, stellt die Anfänge des heutigen Internets dar. Im Dezember 1969 wurden zum ersten Mal vier Knoten – die Verbindungspunkte zwischen Rechnern – erfolgreich miteinander verbunden.

Im Jahr 1958 gründete Präsident Eisenhower die Advanced Research Projects Agency (ARPA). Während an vielen ARPA-Projekten hinter verschlossenen Türen gearbeitet wurde, war die Entwicklung des ARPANET so etwas wie ein offenes Geheimnis. Die Zielsetzung war einfach, die Aufgabe ehrgeizig: die Entwicklung eines Kommunikationsnetzwerkes, das auch bei einem Zusammenbruch der Infrastruktur nach einem Atomangriff noch funktionsfähig wäre. An der Entwicklung des ARPANET waren die brillantesten Wissenschaftler aus verschiedenen Bereichen beteiligt, darunter Elektrotechnik, Informationsarchitektur, Mathematik, Informatik und sogar Psychologie, ein ad hoc zusammengestelltes Gremium mit Experten aus Regierungsorganisationen (hauptsächlich Verteidigungsministerium und NASA), Privatunternehmen und führenden Universitäten.

Die erste digitale Nachricht wurde am 29. Oktober 1969 von einem Sigma-7-Computer an der University of California, Los Angeles (UCLA), an einen SDS-940-Hostrechner am Stanford Research Institute (SRI) in Menlo Park, Kalifornien, übertragen. Zwar brach das System während der Übertragung zusammen, doch jener Moment markiert die Geburtsstunde des Internets.

Damals bestand das Netzwerk nur aus zwei Knoten, doch innerhalb eines Jahres wurden daraus 14, dann 100, dann Tausende. Es begann mit nur einem Netzwerk, doch bald wurde dieses mit vielen anderen Netzwerken verbunden. Es entstand ein *Internet*, ein Netzwerk der Netzwerke, das eine Sprache gebrauchte, die wir auch heute noch verwenden.

Das war also der Ursprung der digitalen Revolution: ein militärisches Forschungsprogramm auf der Suche nach einem Kommunikationsnetzwerk, das auch nach einem Atomangriff noch funktionsfähig wäre.

Digital wird erwachsen

Es gab immer den Wunsch, irgendjemanden als den Erfinder des Internets zu bezeichnen. Doch so einfach ist das in diesem Fall nicht. Vor, während und nach der Entwicklung des ARPANET haben zahlreiche Menschen die „Erfindung" des Internets mitgestaltet. Jeder und jede hat einen Teil dazu beigetragen, doch meiner Meinung nach kann man mit ein bisschen Abstand 15 Männer besonders hervorheben, die in höherem Maße für die digitale Revolution verantwortlich waren (siehe Seite 14 f.).

An der Grafik sieht man einerseits die schrittweise Entwicklung des Internets sehr schön, andererseits wird klar, dass es nach seinen Ursprüngen als nationale Verteidigungsstrategie zu einer Technologie wurde, die kommerziell umgesetzt werden wollte – und nicht umgekehrt ein kommerzielles Vorhaben war, das nach einer technischen Lösung suchte.

Die heute omnipräsente Macht des Internets verändert unter anderem auch die Werbebranche. Die Vor- und Nachteile der digitalen Medien erinnern an die 1950er-Jahre, als sich David Ogilvy – und andere Werbemänner wie Bill Bernbach, Rosser Reeves und Ted Bates – mit einer anderen großen Erfindung konfrontiert sahen, dem Fernsehen.

ANALOG VS DIGITAL

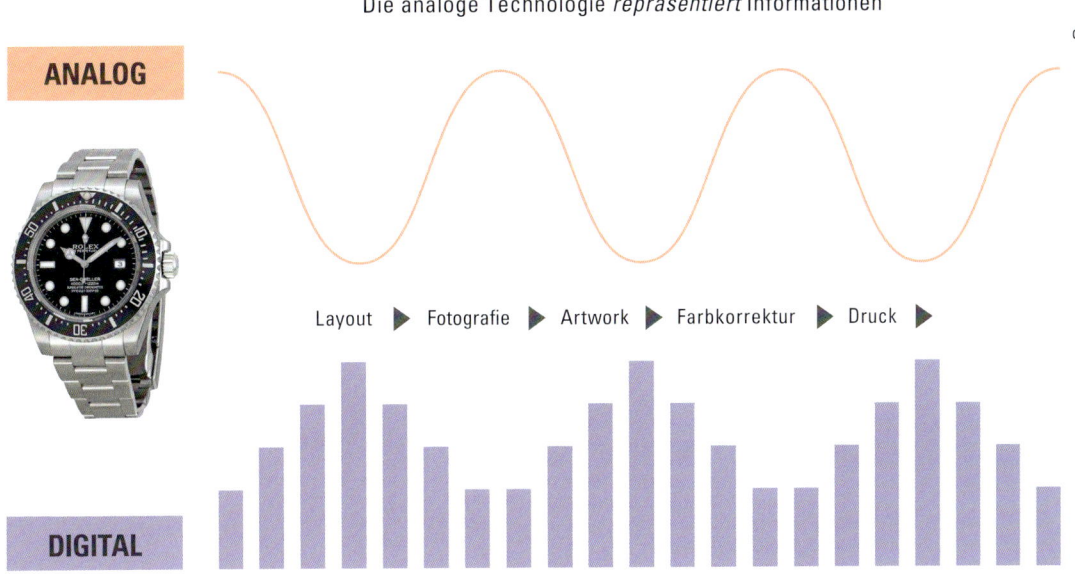

Ebenso wie die Zeiger einer Analoguhr das Verstreichen der Zeit darstellen, repräsentiert der analoge Prozess der Entwicklung einer Werbeanzeige in jeder Phase Informationen.

Das Digitale hingegen ist eine direkte Umwandlung der Information in Zahlen. Für die digitale Erstellung von Printwerbung müssen Informationen abgerufen werden. Die Arbeitsschritte bleiben gleich, doch der Prozess ist anders.

Das Internet mit seinen vielen unterschiedlichen Bestandteilen dient der Werbung im digitalen Zeitalter als Generator, Übertragungs- und Speichermedium für digitale Informationen.

Dennoch hat die digitale die analoge Technik seit jener ersten Nachricht im Jahr 1969 nicht vollständig ersetzt: Eine Rolex, deren Zeiger das Verstreichen der Zeit darstellen, kann heute immer noch informativer sein als eine Digitaluhr.

Die philosophische wie auch die praktische Auswirkung der Digitaltechnik sind tiefgreifend. Was zählt, sind Zahlen.

Das Analoge funktioniert als Gesamtheit, als Ganzes, das Digitale hingegen ist eine – wenn auch sehr genaue – binäre Darstellung der analogen Welt. Daraus scheint zwangsweise zu folgen, dass eine auf Zahlen reduzierte Arbeit weniger ganzheitlich sein muss. Und hier scheiden sich die Geister: Was ist wichtiger, die Teile oder das Ganze?

Eine Entscheidung für das eine oder andere ist jedoch nicht nötig. Die digitale Technik macht so rasante Fortschritte, dass man die beiden nur zu leicht verwechselt. Doch wir brauchen beides: den genialen Durchbruch und das Gesamtpaket. Allerdings muss Klarheit darüber bestehen, welches das Ziel ist und was lediglich dazu dient, dieses zu erreichen.

Vielleicht ist gerade diese Unsicherheit darüber, was das Internet eigentlich ist, der Grund dafür, dass es voller Konflikte steckt. Am besten trifft es wohl folgende Beschreibung: Das Internet ist eine Kombination aus enttäuschtem Idealismus und starken Eigeninteressen.

Das digitale hat das analoge Zeitalter nicht beendet, es bietet jedoch eine ganz andere Möglichkeit, Informationen zu erfassen. Nehmen wir beispielsweise den Entwicklungsprozess einer gedruckten Werbeanzeige. Während die analoge Technik Informationen darstellt – wie etwa die Negative einer Kleinbildkamera oder die Rillen in einer Schallplatte –, werden sie mit der Digitaltechnik in die Zahlen Null und Eins konvertiert. Es mag sein, dass unsere Printwerbung am Ende gleich aussieht, egal welche Methode genutzt wurde, doch während es sich einmal um eine Repräsentation handelt, ist es im anderen Fall eine originalgetreue Annäherung.

Nachfolgende Seiten: Die Entwicklung des Internets war von Anfang an ein Gemeinschaftsprojekt. Diese 15 Männer trugen besonders zur Demokratisierung der Informationstechnologie bei und läuteten das digitale Zeitalter ein.

DIE DIGITALE REVOLUTION

15 INTERNET-PIONIERE

Robert William „Bob" Taylor
Amerikaner (1932–2017). IPTO-Direktor in den Jahren vor den ersten ARPANET-Übertragungen. Er erkannte die Notwendigkeit eines Rechnernetzwerkes zwischen Pentagon, UC Berkeley und der System Development Corporation. Daraus entstand das ARPANET. 1968 beschrieb er mit Licklider in einer wissenschaftlichen Publikation die Entwicklung des Internets. Er wurde Leiter von Xerox PARC, einem Forschungszentrum, das den ersten WYSIWYG-Editor, den Laserdrucker und den Xerox Alto (den Vorläufer des Mac) entwickelte.

Joseph Carl Robnett Licklider
Amerikaner (1915–1990). Intellektueller mit Studienabschlüssen in Physik, Mathematik und Psychologie sowie einem Doktortitel im Bereich der Psychoakustik. Mitbegründer des MIT Lincoln Laboratory im Jahr 1951. 1962 übernahm er die Leitung des Information Processing Techniques Office (IPTO). Im selben Jahr beschrieb er ein für alle zugängliches elektronisches Gemeingut, „das für Regierungen, Institutionen, Unternehmen und Privatpersonen wichtigste Medium für den Informationsaustausch". In anderen Worten: das Internet.

Douglas Engelbart
Amerikaner (1925–2013). Gründer des Augmentation Research Center (ARC) am gemeinnützigen Stanford Research Institute (SRI) in Menlo Park, Kalifornien, im Jahr 1966. Teamleiter für die Entwicklung des kollaborativen Computersystems NLS (oN-Line System). Erstes System, das unterschiedliche Features wie Hypertext-Links, grafische Benutzeroberfläche (GUI), Maus, nach Relevanz angeordnete Informationen, Fenstersystem und Präsentationsprogramme (wie PowerPoint) enthielt.

Lawrence Roberts
Amerikaner (1937–2018). Nachbar und Freund von Bob Taylor. Taylor holte ihn 1966 ins Information Processing Techniques Office (IPTO) der ARPA. Während dieser Zeit arbeitete er an einem System, das Verbindungen zwischen Großrechnern an MIT und UCLA herstellte. Das „Zwei Knoten"-System ebnete den Weg für weitere Verbindungen zu Rechnern an den Universitäten Utah und Stanford. Nachdem er Lickliders Artikel gelesen hatte, entwickelte Roberts Code, der die Paketvermittlung ermöglichte. Die erste Nachricht wurde im Oktober 1969 zwischen Rechnern an der UCLA und der Stanford University übertragen.

Donald Davies
Brite (1924–2000). Mitentwickler der Paketvermittlung. Die von der ARPA entwickelte Paketvermittlungsmethode integrierte Ideen der Amerikaner Leonard Kleinrock, Paul Baran und Lawrence Roberts. Gordon Welchman prägte den Begriff „Paket" für eine digitale Dateneinheit und war Mitentwickler der Paketvermittlung. In den frühen 1960er-Jahren besuchte Davies das MIT und bemerkte Überlastungen in fortschrittlichen Time-Sharing-Computersystemen. Zurück in Großbritannien entwickelte er die Paketvermittlung, bei der Nachrichten in Codepakete aufgeteilt, gekennzeichnet und einzeln verschickt wurden, um dann an einer gemeinsamen IP-Adresse wieder zusammengesetzt zu werden. Die Paketvermittlung war für die Funktionsfähigkeit des ARPANET von zentraler Bedeutung.

Paul Baran
Amerikaner polnischer Abstammung (1926–2011). Entwickelte die Konzepte der Pakete und der Paketvermittlung, gebrauchte dafür allerdings andere Begriffe. 1960 leitete Baran für die Rand Corporation die Entwicklung einer dezentralen Netzstruktur mit paketvermittelter Datenübertragung. Später erweiterte er dieses Konzept um OFDM (Orthogonales Frequenzmultiplexverfahren), ein Verfahren, bei dem Daten über mehrere Träger übertragen werden können. Mit OFDM wurde der Grundstein für Breitbandkommunikation, DSL, WLAN und 4G-Mobilfunknetze gelegt.

Robert Kahn
Amerikaner (1938–). Elektrotechniker, der gemeinsam mit UCLA-Absolvent Vint Cerf das Transmission Control Protocol (TCP) und das Internet Protocol (IP) entwickelte. 1973 engagierte er Vint Cerf für die Weiterentwicklung des ARPANET und arbeitete eng mit ihm zusammen. Ebenfalls gemeinsam mit Cerf diente er in der Internet Engineering Task Force, die damit betraut war, das ARPANET funktionsfähig zu machen. 1972 präsentierte Kahn die Paketvermittlungstechnologie des ARPANET der Öffentlichkeit, ein Wendepunkt in der Entwicklung des Internets.

DIE DIGITALE REVOLUTION

Bernard Marti
Franzose (1943–). Mitentwickler des französischen Minitel, einem Vorgänger des World Wide Web, das in der französischen Bretagne im Jahr 1978 und landesweit im Jahr 1982 eingeführt wurde (2012 eingestellt). Minitel war ein Online-Dienst mit Videotext, der Internethandel ermöglichte und über Text-Chat, Video-Chat und E-Mail verfügte. Minitel berechnete den Nutzern die Onlinezeit und nahm einen Prozentsatz des Umsatzes aus Onlinekäufen. Damit stellte es Einkommensmodelle auf, die auch heute noch Anwendung finden.

Vinton „Vint" Cerf
Amerikaner (1943–). Digitales Universalgenie. Entwickelte gemeinsam mit Kahn das Transmission Control Protocol (TCP) und das Internet Protocol (IP). Von 1982 bis 1986 leitete er die Entwicklung des ersten kommerziellen, ans Internet angeschlossenen E-Mail-Services MCI Mail. Cerf arbeitete an Systemen zur gleichzeitigen Übertragung von Daten, Informationen, Audio und Video über das Internet. Heute ist er Vizepräsident und Chief Internet Evangelist bei Google.

Jon Postel
Amerikaner (1943–1998). Herausgeber der ARPANET Requests for Comment (RFC) und zentrale Figur bei der Gründung der Internet Corporation for Assigned Names and Numbers (ICANN). Teil des UCLA-Teams für die Entwicklung des ARPANET. Postel spielte eine wesentliche Rolle bei der Erarbeitung einer Internetstruktur. Von 1969 bis zu seinem Tod im Jahr 1998 schrieb, lektorierte und katalogisierte er die Requests for Comment (RFC), eine Reihe technischer und organisatorischer Dokumente, die das Internet nachhaltig beeinflussten. Zentrale Figur bei der praktischen Handhabung des Internets. Mit Vint Cerf entwickelte Postel 1972 das Portnummernsystem zur Identifizierung von Domains. Mit seinem Kollegen Paul Mockapetris entwarf er das DNS (Domain Name System).

Robert Cailliau
Belgier (1947–). Arbeitete gemeinsam mit WWW-Begründer Tim Berners-Lee am CERN in der Schweiz. Informationsingenieur und Informatiker, war am CERN zunächst am Large Hadron Collider, einem Teilchenbeschleuniger, tätig, wechselte dann in den Bereich Office Computing Systems der Data Handling Division. 1989 schlug Berners-Lee ein Hypertextsystem vor, das allen CERN-Forschern Zugang zu sämtlichen CERN-Dokumenten geben sollte. Im Herbst 1990 entwickelte er dieses System, das World Wide Web. Cailliau war Mitautor des WWW-Finanzierungsantrags und später Mitentwickler des ersten Internetbrowsers für Mac OS, den MacWWW.

Paul Mockapetris
Amerikaner (1948–). Mitentwickler des DNS (Domain Name System). Mit Postel Forscher an der University of Southern California (USC) und Teil des ARPANET-Teams. Postel legte Mockapetris, dem Entwickler des SMTP (Simple Mail Transfer Protocol), fünf Vorschläge zur Verbesserung des Domainservice mittels Hosts-Dateien vor. Mockapetris ignorierte diese Vorschläge und arbeitete weiter mit Postel am DNS. Mit dem Domain Name System wurde die Namensauflösung dezentralisiert. Durch die Bereitstellung redundanter Nameserver wurde sichergestellt, dass die Namensauflösung auch dann noch funktioniert, wenn ein Server ausfällt. Seit 1999 Chief Scientist und Chairman bei Nominum, einer Firma, die DNS-Lösungen für große Telekommunikationsfirmen entwickelt. Er war verantwortlich für DNS-Upgrades und die Entwicklung von Sicherheitssoftware sowie für die Erarbeitung eines Spam-Filters, der Nachrichten von schädlichen IP-Adressen direkt in den Spam-Ordner weiterleitet.

Tim Berners-Lee
Brite (1955–). Mit einem Bachelorabschluss in Physik von der University of Oxford arbeitete er zunächst als Software-Entwickler und schrieb Software für intelligente Drucker. Am CERN schlug er 1989 ein Hypertext-Projekt vor, um Forschern den Austausch und das Aktualisieren von Informationen untereinander zu erleichtern. Aus dem Prototyp ENQUIRE entstand das World Wide Web. Berners-Lee kombinierte Hypertext mit Transmission Control Protocol und Domain Name System und schuf so das World Wide Web.

John McCarthy
Amerikaner (1955–2011). Er prägte den Begriff der künstlichen Intelligenz im Jahr 1955. McCarthy realisierte das Compatible Time-Sharing System (CTSS), um Rechnerressourcen (wie einen Netzwerkrechner oder eine Netzwerkanwendung) durch Multiprogramming und Multitasking mehreren Nutzern gleichzeitig zur Verfügung zu stellen. Während einer Rede anlässlich der Hundertjahrfeier am MIT schlug er vor, Time-Sharing genauso wie Wasser, Gas oder Strom zu verkaufen – das Geschäftsmodell des Cloud Computing.

Marc Andreessen
Amerikaner (1971–). Er entwickelte gemeinsam mit seinem Kommilitonen von der University of Illinois, Eric Bina, den ersten Internetbrowser, Mosaic. Ein Jahr später führte er die Suchmaschine Netscape ein und definierte das Internet damit wieder als potenziell demokratisches, befähigendes Tool für digitale Handlungen jeder Art.

DIE DIGITALE REVOLUTION

Der enttäuschte Idealismus betrifft die Gründer des Internets, besonders jene, die sich mit dem World Wide Web befassten. Sie glaubten, etwas zu erschaffen, das für Freiheit und Gleichheit steht, eine virtuelle Welt, die um Längen besser und edler wäre als die reale Welt. Doch ihre Hoffnungen wurden auf vielerlei Weise enttäuscht. Mit diesem Thema könnte man ein eigenes Buch füllen, hier soll es jedoch genügen, darauf hinzuweisen, dass das Internet weder frei noch gleich ist. (Die Gründer erhofften sich außerdem ein demokratisches Internet, doch die Geschichte hat gezeigt, dass es in den falschen Händen äußerst undemokratisch sein kann. So wurde es dazu genutzt, Wahlen zu beeinflussen, fragwürdige Regierungsvorhaben zu ermöglichen und eine Blase der Falschmeldungen zu kreieren. Die Oxford Dictionaries wählten 2016 „post-truth" (postfaktisch) zum internationalen Wort des Jahres, ein Konzept, das erst durch das Internet entstand.)

Der mit der Ausbreitung des Internets aufkommende Gedanke, man brauche ein Finanzierungsmodell – das heißt, der Nutzer solle zahlen –, war mit der Philosophie der Gründer nicht vereinbar. Als die traditionellen Medien vermehrt auf Digital umstiegen, trugen sie zur Problematik bei, indem sie analoge Premiuminhalte kostenlos zur Verfügung stellten. Nur langsam setzte sich ein Abonnementmodell für Nutzer als notwendige Maßnahme durch. Und auch heute gibt es noch viele, die diese Notwendigkeit nicht wahrhaben wollen und sich dagegen wehren.

Für die Werbebranche sind diese Aspekte wichtig, denn sie war es, die sich einschaltete, um einen Großteil des Internets zu finanzieren. Keine Google-Suche ist tatsächlich kostenlos: Sie wird mit Werbung bezahlt. Und dennoch glauben weiterhin viele, der Dienst stehe gratis zur Verfügung. Google macht für jeden Menschen auf der Welt 3,25 Dollar Gewinn. Wenn man nur diejenigen zählt, die das Internet nutzen, steigt dieser Betrag auf 7,25 Dollar an. Die Google-Suche ist kein kostenloser Service.

Die Vorstellung, das kommerzielle Internet sei idealistisch geprägt, hält sich jedoch hartnäckig, egal wie irreführend sie auch sein mag. Am treffendsten bringt dies wohl die sogenannte Sharing Economy zum Ausdruck, ein Begriff, der uns vorgaukelt, es sei Selbstlosigkeit im Spiel, wenn in Wahrheit das verführerische Äußere einer genaueren Überprüfung nicht standhalten würde. Was Dienste wie Uber und Airbnb anbieten, ist überaus nützlich, es geht dabei aber nicht ums Teilen. Vielmehr schließen wir mit den beiden Unternehmen Mietverträge ab, nicht mehr und nicht weniger. Die Vergünstigung der realen Mietkosten wird durch die ungleichen Rahmenbedingungen absorbiert, unter denen diese Dienste operieren, die dem Nutzer aber verborgen bleiben. Diese Plattformen stehen für Disintermediation, sind aber nicht wirklich disruptiv. Wenn Sie Ihr Haus oder Ihr Zimmer allerdings wirklich teilen möchten, nutzen Sie lieber couchsurfing.com.

Mit der notwendigen Kommerzialisierung des Internets entstanden starke Eigeninteressen der Medien, die dem Chaos viel mehr als beispielsweise Regierungen eine Form gaben. Sie haben sich gegenseitig im Bau von Mauern überboten, hinter denen sich Gärten befanden, zu denen man nur gegen Gebühr Zutritt erhielt. Kein Wunder, dass ihre Äußerungen über digitale Werbung der eigenen Agenda nutzen. Das hört sich beispielsweise so an:

- Alles oder Nichts: Entweder gehörst du zu uns oder du bist gegen uns. Traditionelle Medien sind unwiederbringlich tot, ab *jetzt*.
- Das ist die neue Welt. Nur das Neue zählt. Dieses Neue ist in jeder Hinsicht anders als jedes andere Neue, das es davor gab.

„Das Internet steckt voller Konflikte und ist eine Kombination aus enttäuschtem Idealismus und starken Eigeninteressen."

Gegenüber: Airbnb verfügt fast ausschließlich über eine digitale Präsenz. Dennoch greift das Unternehmen in bestimmten Bereichen auf analoge Kommunikation, wie Werbeplakate und Printanzeigen, zurück. Werbeplätze in Gegenden mit vielen Zimmerangeboten oder in entsprechenden Zeitschriften zu kaufen zeigt, dass „Belong Anywhere" auch bedeutet, überall zu sein.

DIE DIGITALE REVOLUTION

Zwar äußert sich Google manchmal abschätzig über traditionelle Werbung, dennoch nutzt das Unternehmen Offline-Kanäle, um Produktinteresse zu schüren, beispielsweise mit Fernsehspots in Indien und Pakistan, in denen das Suchpotenzial von Google demonstriert wird, das dabei helfen kann, Menschen zusammenzubringen.

Es sind Phrasen der digitalen Exklusivität und Einzigartigkeit. Zugrunde liegt hier weniger eine Philosophie als die Notwendigkeit, Werbedollars einzutreiben. Dennoch ist der Grundgedanke in vielen journalistischen und anderen Texten sowie in den meisten Büchern über die digitale Revolution implizit vorhanden.

Ich selbst bin durchaus der Meinung, dass die meisten „traditionellen" Medien eines Tages verschwinden werden und dass viele Aspekte der digitalen Revolution grundlegend neu sind. Allerdings werden simple Phrasen der Vielschichtigkeit der digitalen Revolution nicht gerecht. Sie schaffen ein Nullsummenspiel mit „digitalen Taliban" (wie John Hegarty sie nannte) auf der einen und technikfeindlichen Ludditen der Moderne auf der anderen Seite. Doch es ist der Bereich zwischen den beiden Extremen, der fruchtbar und bereichernd ist.

Der alte Rechtsgrundsatz Caveat emptor (lat. für „Möge der Käufer sich in Acht nehmen"), wonach das Risiko für Qualität und Zustand des Kaufgegenstandes beim Käufer liegt, gilt für Kunden heute mehr denn je. Und um es mit einer angebrachten und konstruktiven Portion Skepsis durch den Phrasendschungel zu schaffen, sind gute Führung und Beratung nötig.

Das viel umjubelte Internet der Dinge kann auch auf Offline-Kanälen erfolgreich sein. Nest nutzte für die Einführung von Hightech-Sicherheitskameras für Privatgebäude Printwerbung und Werbeplakate.

3 DER KURZE MARSCH

Ende der 1990er-Jahre ging ich zum ersten Mal beruflich nach China. Um die Jahrhundertwende stieß ich dort auf eine kuriose und wohl relativ unbekannte Statistik, die den Zeitpunkt darstellte, an dem die Anzahl der chinesischen Internetnutzer zum ersten Mal die Anzahl der chinesischen Höhlenbewohner überstieg. Letztere waren (und sind) mit etwa 30 Millionen überraschend zahlreich, doch nach 2001 stieg die Anzahl der chinesischen Netzbürger so rasant an, dass diese Zahl schnell überschritten war.

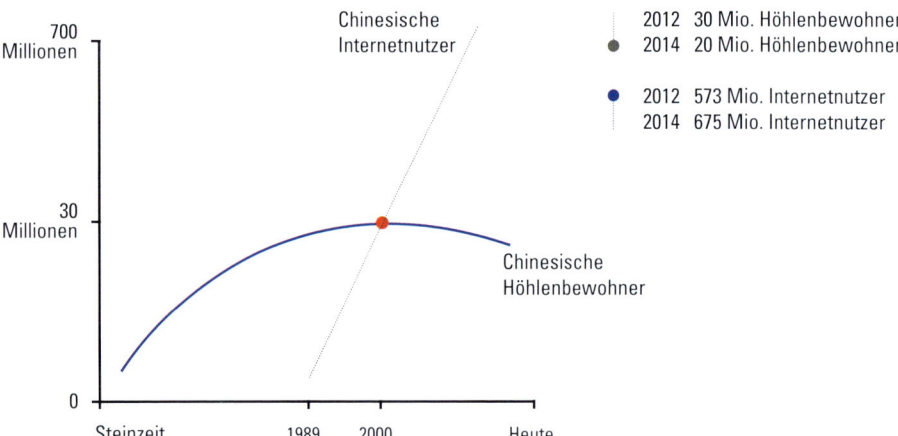

Zur Jahrtausendwende überstieg die Anzahl der chinesischen Internetnutzer zum ersten Mal die Anzahl der chinesischen Höhlenbewohner – wenn das kein Fortschritt ist. Die Internetnutzung ist seitdem rasant angestiegen.

Dieser sehr kurze Marsch steht für die Wucht, mit der die digitale Revolution die Welt erfasst hat. Die genauen Zahlen hier zu wiederholen, wollen wir uns sparen. Es bleibt zu sagen, dass uns auch in der Werbebranche ein solcher Wendepunkt bevorsteht: der Zeitpunkt, an dem die Ausgaben für digitale Werbung die Ausgaben für analoge Werbung übersteigen. Lange wird es nicht mehr dauern.

Fragmentierung

Die digitale Revolution hatte für die Werbebranche weitreichende Folgen. Der geordnete Ablauf – Hersteller regen die Nachfrage durch die Schaffung von Marken an, die sich mit jeweils einer Botschaft an ein Massenpublikum wenden, das daraufhin in die Geschäfte strömt – wurde in viele Einzelteile zersplittert.

Diese Fragmentierung kann man in allen Bereichen beobachten: fragmentierte Shareholder und Stakeholder; in hunderte Minisegmente aufgeteilte Zielgruppen; zahlreiche Plattformen

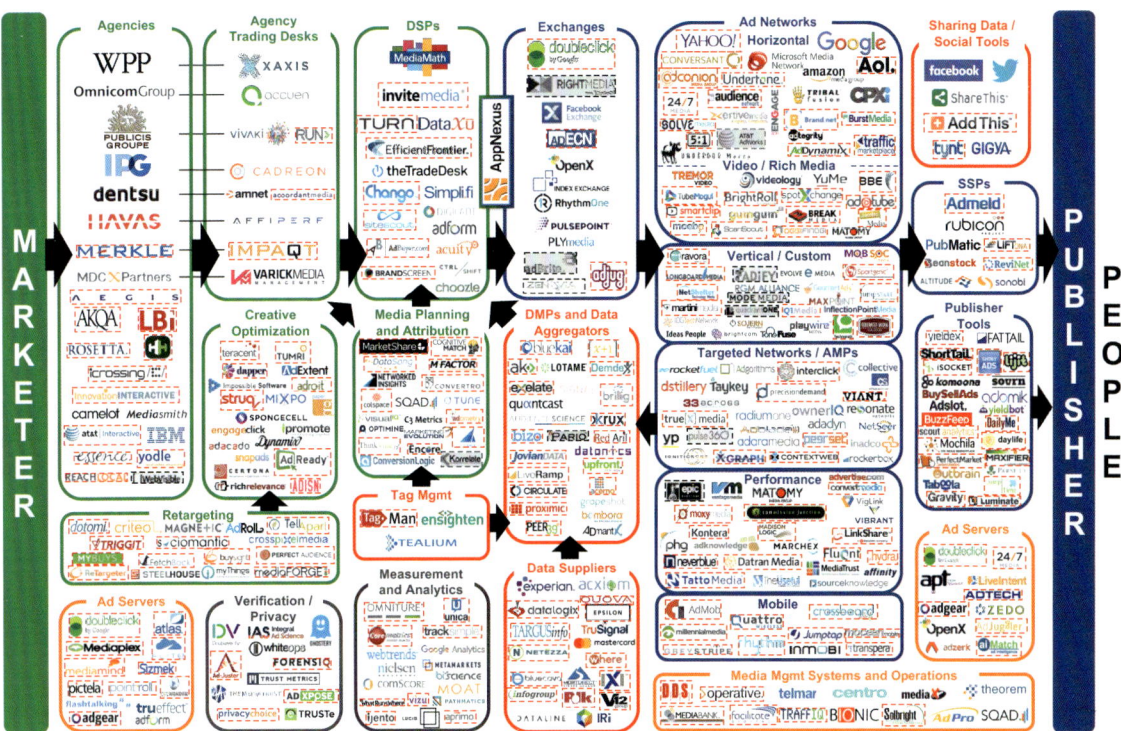

und Touchpoints; unterbrochene Liefer- und Nachfrageketten; mehr Kennzahlen und mehr Informationen. Und die Marken selbst zersplittert in hunderte Stock Keeping Units (SKUs).

Auch bei den Werbeagenturen macht sich die Fragmentierung bemerkbar. Die Full-Service-Agenturen bekommen Konkurrenz von reinen Digitalagenturen, Social-Media-Gruppen, Content Shops, Branded-Entertainment-Produzenten und Activation Agencies.

Und wir haben es nicht nur mit Fragmentierung, sondern auch mit Disintermediation zu tun. So macht Amazon mit seinem digitalen Angebot den Buchhändlern Konkurrenz, die mobile App Grindr den Schwulenbars und Uber den Taxiunternehmen. Ja, sie alle bekamen die Auswirkungen der digitalen Revolution zu spüren, manche mehr als andere. Doch wie immer liegen die Dinge komplizierter, als man zunächst meint. So scheinen einige dieser Unternehmen keine Bedrohung darzustellen, sondern vielmehr zu einer Markterweiterung beizutragen, wie z. B. Airbnb.

Als gefährliche Konkurrenz für die Werbebranche galt Google – und das Unternehmen sah das sicher auch selbst so und bekam in dieser bestimmt sehr angenehmen Vorstellung Gesellschaft von Facebook. Beide Unternehmen stellten erstklassige Kreative ein, bauten ein Verkaufsteam auf, das direkt mit Kunden kommunizierte, warben Leute aus dem Kundenkreis an, um ihren Pitch noch attraktiver zu gestalten, und boten Dienstleistungen an, die Werbeagenturen normalerweise übernehmen. Dies alles kann nicht als freundschaftliche Geste gewertet werden. Und dennoch gibt die Werbebranche weltweit jährlich mehrere Milliarden Dollar für digitale Werbung aus. Ein Betrag, der ständig weiter steigt.

Ich erinnere mich an verschiedene Tagungen in den letzten Jahren, auf denen Referenten von Facebook und Google sich der Wahrheit höflich verschlossen: „Das muss wohl ein Fehler sein?"

Bisher hat keines der Angebote der mit uns konkurrierenden digitalen Plattformen auch nur annähernd eine Gefahr für die Werbebranche dargestellt. Sie haben bisher einfach noch nicht gezeigt, dass sie können, was wir können: aufgrund bester Beratung Marken aufbauen. Was

Dies ist eine der bekanntesten Darstellungen des digitalen Zeitalters. Ursprünglich vom Strategieberatungsunternehmen Luma Partners entwickelt, wurde sie mehr als sechs Millionen Mal angesehen und hat hunderte Nachahmer gefunden. Es gibt bisher keine grafische Darstellung, die das Durcheinander digitaler Plattformen, Netzwerke, Apps und Services besser visualisiert.

Ich bewahre diesen Dinosaurier von Bildhauer Sui Jianguo auf, den mir mein Kollege T. B. Song schenkte. Einer unserer (großartigen) Kunden, Tony Palmer von Kimberly Clark, beschrieb traditionelle Agenturen einst als Dinosaurier, die vom Aussterben bedroht seien. Seit 2008 lebt mein Dinosaurier daher auf meinem Schreibtisch und erinnert mich daran, dass es so weit nicht kommen muss. Seitdem haben wir uns zum größten digitalen Agenturnetzwerk der Welt entwickelt – und Kimberly Clark ist ein digitaler Kunde „durch und durch".

Orrin Klapps Schriften über die Lücke zwischen einer Information und ihrer Bedeutung und die Risiken sozialer Entropie durch Banalität und Lärm könnten für die digitale Revolution kaum relevanter sein – obwohl sie verfasst wurden, bevor der erste PC in die Geschäfte kam.

diese Plattformen jedoch haben und wir in dieser Größenordnung nie erreichen werden, sind riesige Datenmengen und die daraus resultierenden Einflussmöglichkeiten. Wir ergänzen uns also gegenseitig.

Die digitale Revolution ist so komplex, dass sowohl digitale Plattformen als auch Werbeagenturen gebraucht werden. Wir sollten daher versuchen zusammenzuarbeiten. Und ich kann bereits erkennen, dass sich in dieser Hinsicht auf internationaler Ebene etwas tut: Wie immer sieht man mehr Teamarbeit, je weiter man vom Hauptsitz entfernt ist.

Kakofonie

Eine ungewollte Nebenwirkung der Fragmentierung ist die Kakofonie. Lärm, Lärm überall. Vor ein paar Jahren stieß ich auf Artikel des heute vergessenen kanadischen Soziologen Orrin Klapp von der University of Western Ontario. Meine Ausgabe ist gebraucht und riecht bereits etwas muffig, doch seine Texte sollten in Neonfarben präsentiert werden, denn Klapp sagte mit seltener Hellsichtigkeit voraus, was passieren würde:

> Computer können die Datenverarbeitung beschleunigen, doch sie helfen uns nicht dabei, die Inhalte zu verstehen. Das Verstehen eines Inhalts erfolgt meist verspätet – und die höchste Form des Verstehens, die Weisheit, braucht immer am längsten … Unsere Gesellschaft leidet also an einer Verstehenslücke zwischen dem Erhalt einer Information und der Konstruktion ihrer Bedeutung. Die Informationsfülle trägt zu dieser Verstehenslücke bei und führt paradoxerweise dazu, dass sich immer mehr Informationen ansammeln, deren Glaubwürdigkeit nicht hinterfragt wird, während man das System selbst nicht versteht und seine Phrasen als verlogen zurückweist. Das Ganze ist also weniger als die Summe seiner Teile.[1]

Es war noch nie einfach, die Aufmerksamkeit der Menschen zu gewinnen, doch mit Aspekten wie Datenflut, Ablenkung und Aufmerksamkeitsdefizit betreten wir diesbezüglich eine neue Dimension. Journalist John Lorinc schrieb dazu in der Zeitschrift *The Walrus*:

> Die digitale Kommunikation hat sich fähig gezeigt, unsere Aufmerksamkeit in immer kleinere Einheiten zu unterteilen. Die schiere Datenflut scheint zunehmend die konzentrierte, reflektierende Aufmerksamkeit zu ersetzen, durch die diese Informationsfülle überhaupt erst nützlich wird.[2]

Zwei große Wahrheiten sollten wir kennen:
1. Wir sind selektive Wesen.
2. Wir bilden Muster.

Mir scheint, dass die Aufgabe von Agenturen in ihrer Einfachheit in der Kakofonie unseres überfüllten, technisierten Lebens oft untergeht: Wir schaffen Bedeutung.

DER KURZE MARSCH

Lorinc zitiert den verwirrten Teilnehmer einer Technologiekonferenz, der fragt:

„Was macht der Seefahrer in einem Meer von Informationen?… Wir sprechen nicht von ‚Mensch-Wind-Interaktionen', wir sprechen vom Segeln."[3]

Im Spannungsverhältnis zwischen Mensch und Information gibt es kein Entweder-oder, keinen Widerspruch, den wir beobachten, aber nicht beeinflussen: Wir brauchen das Meer und die Seefahrer, doch die Seefahrer sind es, die den Kurs und die Art des Schiffes bestimmen.

Ein digitaler Seefahrer braucht zwei Dinge, die viele derjenigen, die den kurzen Marsch angeführt haben – neue Medien, Technologieplattformen und Millionen von Anwendungen –, oft gar nicht für besonders wichtig halten:

Er muss in der Lage sein, ein Ganzes zu bilden, die Fragmente zusammenzubringen, wieder zusammenzubauen und zu verstehen. Und er braucht ein langfristiges Konzept. Mit der Fragmentierung wurden Maßnahmen zum Selbstzweck: Jede kurzfristige messbare Initiative war nun akzeptabel, einfach deshalb, weil man die Views oder Likes zählen konnte. Irgendjemand hat das einmal mit Crack verglichen: schnelles High und hohes Suchtpotenzial.

Doch es gibt ein paar Stimmen der Vernunft, wie die von Melody Gambino, Marketingleiterin der Adtech-Firma Grapeshot:

> Es ärgert mich, wenn ich auf die in der neuen Generation digitaler Marketingexperten leider viel zu weit verbreitete Auffassung stoße, das Vermächtnis der traditionellen Madison-Avenue-Werbeagenturen sei heute nichts mehr wert. Egal was einige der Super-Geeks mit ihren Adtech-Unternehmen sagen, Klassiker der Werbebranche wie *Ogilvy über Werbung* spielen auch heute noch eine Rolle.[4]

In den 1950er-Jahren sah sich David Ogilvy mit ähnlichen Dämonen konfrontiert. Sie verschwinden einfach nicht: Nach einer Phase der Abstinenz, wenn das Massenmedium Fernsehen wieder für ein bisschen Kohärenz gesorgt hat, kommen sie wieder, diesmal in neuer, verführerischer Aufmachung. In einer Rede im Jahr 1955 vor der American Association of Advertising Agencies (4 A's), einem der wichtigsten amerikanischen Berufsverbände für die Werbebranche, sagte David:

> Ich schätze, dass 95 Prozent der aktuellen Werbekampagnen ohne ein langfristiges Konzept entwickelt wurden.
>
> Sie werden aus dem Stand erarbeitet. Daher die Schwankungen. Daher die Kursänderungen. Daher das Fehlen jeglicher Kohärenz von einer Saison zur nächsten.
>
> Wie einfach es doch ist, sich in Veränderungen hineinzustürzen. Belohnt aber wird der Werbemacher, der das Hirn hat, ein positives Markenimage zu schaffen – und die Standfestigkeit, über einen langen Zeitraum dabeizubleiben.

Das gilt auch heute noch.

Seiten 26–29: Der kurze Marsch des Digitalen, von Mitte der 1990er-Jahre bis heute: Die Entwicklung des Internets, Breitbandzugang, die Einführung von Mobilfunknetzen und unsere digitalisierte globale Gesellschaft. Bis 2020 werden die Ausgaben für digitale Werbung jene für traditionelle Werbung sicher übersteigen.

STARBUCKS

INNOVATION

Wir schreiben das Jahr 1971. Stellen Sie sich vor, Sie säßen in einem Café in Seattle und tränken einen ganz besonderen Kaffee mit weichem, würzigem Aroma, eine West-Coast-Mischung, gegen die andere Kaffees geradezu wässrig schmecken. Howard Schultz, der im damals noch recht unbekannten Starbucks ein Jahrzehnt später als Marketingleiter begann, erkannte im einzigartigen Aroma der Marke sehr schnell ihr Potenzial, auf dem langweiligen internationalen Kaffeemarkt Wellen zu schlagen. Also kaufte er das Unternehmen.

Neben dem besonderen Geschmack wollte Schultz auch die italienische Cafékultur nach Amerika bringen. Er machte sich daran, das Gesamterlebnis nachhaltig zu verändern: Der Verkäufer hinter der Theke hieß nun *Barista* und ihm bedeutete Kundennähe so viel, dass er sich sogar die Zeit nahm, Kunden nach ihrem Namen zu fragen, um diesen auf den Kaffeebecher zu schreiben. Schultz schuf eine achtsame Unternehmenskultur, was dazu führte, dass Starbucks in Ratings regelmäßig als einer der besten Arbeitgeber auftauchte.

Das Starbucks-Erlebnis war zu etwas Ungewöhnlichem geworden, etwas Exotischem, Starbucks war nun ein Ort, an dem Kunden sogar bereitwillig einen eigenen Jargon gebrauchten, um ihren „Grande Double Skinny Macchiato" zu bestellen. Das hatte auch mit der Qualität zu tun. Starbucks kontrollierte die gesamte Lieferkette, von den Kaffeebauern bis hin zu Röstereien und Vertrieb, um einen ganz besonderen, konsistent guten Geschmack zu garantieren. Die Folge war ein rasantes Wachstum des Unternehmens ab den späten 1990er-Jahren und die Gründung von Filialen in ganz Amerika und weltweit.

APATHIE

Schultz, ein ausgebildeter Marketingfachmann, war immer strikt dagegen, Geld für Werbung auszugeben. Er hatte seine Erfolge durch Mundpropaganda erzielt und das sollte auch so bleiben.

Als Starbucks sich als einen für alle offenen „Third Place" positionierte, als dritten Ort neben dem Zuhause und der Arbeitsstelle, wurden die Bemühungen des Unternehmens, das Experiential Branding zu verbessern (und dabei andere Marketingmaßnahmen zu ignorieren) zur Obsession. Man wusste, dass der durchschnittliche Starbucks-Kunde etwa sechsmal pro Monat ein Starbucks-Café besuchte, es war daher eine nachvollziehbare Torheit, sich so entschieden auf Marketingmaßnahmen in den Cafés zu konzentrieren. Doch die Marke litt durch die Grundsatzentscheidung, kein Geld in Werbung zu investieren.

Gemeinnützige Programme vor Ort, weitere Serviceverbesserungen und (fehlgeschlagene) Partnerschaften mit Musikdiensten konnten diesen Mangel nicht ausgleichen. Zudem lief die Marke Gefahr, durch Expansionspläne im Lebensmittelhandel sowie die Steigerung der Standorte auf 15.000 in 50 Ländern ihre Bodenständigkeit einzubüßen. Im Jahr 2009 begann Starbucks, Filialen zu schließen sowie ein Drittel des Personals in Hauptsitzen und insgesamt 2000 Mitarbeiter zu entlassen. Das Unternehmen war mit seinem Motto „Bau es auf, dann kommen sie schon" gescheitert. Das Starbucks-Erlebnis verlor seinen Glanz.

DER KURZE MARSCH

Gegenüber oben: Die Starbucks-Gründer Jerry Baldwin (Englischlehrer), Zev Siegl (Geschichtslehrer) und Gordon Bowker (Schriftsteller) benannten ihr Café nach dem Steuermann aus Moby Dick. Eine aktualisierte Version des ursprünglichen Logos repräsentiert die Marke auch heute noch. Als Inspiration diente ein Holzschnitt einer zweischwänzigen Meerjungfrau.

Gegenüber Mitte: Howard Schultz ist bekannt für seine Bemerkung, er glaube nicht an „Werbung", dennoch fand er über die Jahre mehr und mehr Gefallen daran: über Werbeanzeigen und Partnerschaften hin zu wirkungsvoller taktischer Werbung wie dieser hier.

Gegenüber unten: Schultz' Werbe-Erwachen! „Meet me at Starbucks" war die erste globale Markenkampagne, die die freundliche Atmosphäre eines Starbucks-Cafés im Film erlebbar machte. Ein beherzter Versuch, das besondere Starbucks-Gefühl nach außen zu tragen, und dazu gedacht (wenn auch ein bisschen spät...), sich gegen große und kleine Konkurrenten zu behaupten.

Links: Starbucks eröffnete 1971 an einem einzigen Standort in Seattle und verkaufte nur geröstete Kaffeebohnen. Erst mit Howard Schultz entwickelte sich aus bescheidenen Anfängen eine internationale Marke. Er machte Starbucks zum „Third Place", einem Ort neben dem Zuhause und der Arbeitsstelle, an dem sich Freunde, Kollegen und Communities treffen konnten. Das Konzept ging auf.

KOHÄRENZ

Als Dunkin' Donuts und McDonald's ihr Kaffeeangebot in Amerika verbesserten, andere Kaffeehausketten das Starbucks-Prinzip kopierten und weltweit expandierten und an jeder Ecke der Hipsterviertel kleine, unabhängige Cafés eröffneten, war Starbucks gezwungen umzudenken.

Schultz begann mit dem Rebranding: Ein neues Logo schmückte nun alle Filialen und Becher weltweit. Doch er wusste, dass das Produkt allein nicht mehr ausreichen würde. Ein Fernsehspot-Test (entwickelt mit Pepsi als Werbung für eine Reihe trinkfertiger Starbucks-Getränke) war bei den Zuschauern gut angekommen und hatte – was noch wichtiger ist – die Verkaufszahlen gesteigert. Und so war nun die Zeit für das Undenkbare gekommen: Werbung.

Im Jahr 2014 startete Starbucks seine erste große Werbekampagne mit dem emotionalen Kurzfilm „Meet me at Starbucks". Mit diesem Werbespot, der innerhalb von 24 Stunden in 59 Filialen in 28 Ländern gedreht wurde, kehrte das Unternehmen zurück zu seinen Anfängen und zeigte seine Cafés als freundliche und gemütliche Begegnungsstätte, als Ort der Vielfalt. Noch nutzte Starbucks zu wenig digitale Werbung und zu viel Produkt- statt Markenwerbung, doch das Unternehmen lernte schnell dazu.

Schultz sagte einmal „Our stories are our billboard", „Unsere Geschichten sind unsere Reklametafeln", doch es scheint, als eigneten sich diese Geschichten auch bestens für Fernsehspots, YouTube-Filme, Printwerbung und eine ganze Reihe anderer Kanäle. Nachdem Starbucks einmal Geschmack an der Werbung gefunden hatte, schaffte es das Unternehmen auf die Fortune-Liste der meistbewunderten Firmen weltweit.

DER KURZE MARSCH

ZEITSTRAHL DER DIGITALEN REVOLUTION

Frühe 1900er-Jahre

Entwicklung der Enigma-Maschine, erste Modelle nach dem **Ersten Weltkrieg** verfügbar. Sah aus wie eine große Schreibmaschine in einer Holzkiste. Erster elektromechanischer Computer, wurde zur Verschlüsselung von Nachrichten in den Bereichen Handel, Militär und Diplomatie genutzt.

1940er-Jahre

Alan Turing, ein englischer Mathematiker und Informatikpionier, entwickelte mit seinem Team ein Gerät, um verschlüsselte **Enigma**-Nachrichten der Nazis zu entziffern. Er erfand die Turingmaschine, ein mathematisches Werkzeug und Modell eines digitalen Rechners.

1950er-Jahre

Entwicklung digitaler Netzwerke in den USA, in Großbritannien und in Frankreich, finanziert durch Regierungen und meist zu Verteidigungszwecken. Frühe Netzwerke übertragen **„Datenpakete"** und bilden die Grundlage für E-Mails.

1960er-Jahre

Informatiker und Mitarbeiter des Pentagon entwickeln **COBOL** (Common Business-Oriented Language), eine Programmiersprache für kaufmännische Anwendungen, die von vielen Unternehmen schnell angenommen wurde. COBOL ist auch heute noch weit verbreitet.

```
       IDENTIFICATION DIVISION.
       PROGRAM-ID. HELLO-WORLD.
      *
       ENVIRONMENT DIVISION.
      *
       DATA DIVISION.
      *
       PROCEDURE DIVISION.
       PARA-1.
           DISPLAY "Hello, world.".
      *
           EXIT PROGRAM.
       END PROGRAM HELLO-WORLD.
```

1961

IBM führt die 1400er-Computer ein und ersetzt die sperrigen Vakuumröhren durch **Transistoren**, wodurch die Rechner kleiner und günstiger werden.

1968

IBM hat den nächsten Durchbruch mit CICS (Customer Information Control System), einem **Transaktionsmonitor**, der die Lochkartentechnik ersetzt. Firmen nutzen CICS, um Kundeninformationen zu speichern und Onlinetransaktionen vorzunehmen.

1969

Das **ARPANET** (Advanced Research Projects Agency Network) ist ein Computernetzwerk, das von der US-Regierung finanziert wurde und als Vorläufer des Internets gilt. Es verbindet Forschungszentren an den Universitäten von Los Angeles (UCLA), Stanford, Utah und Santa Barbara (UC Santa Barbara).

Das ARPANET nutzt IMPs (Interface Message Processors), ein Netzwerk von Minirechnern und Vorläufer moderner Router. Einsatz von **Paketvermittlung**: Ein Datenpaket wird gleichzeitig an mehrere IMPs verschickt (im Gegensatz zur Leitungsvermittlung, wie sie beispielsweise fürs Telefonnetz gebraucht wird). Später werden Transmission Control Protocol (TCP) und Internet Protocol (IP) entwickelt, die eine simultane, multidirektionale Datenkommunikation in einem Rechnernetzwerk ermöglichen – die Grundlage des Internets.

> „ELEKTRONISCHE NACHRICHTEN ZU KOMMERZIELLEN ODER POLITISCHEN ZWECKEN ÜBER DAS ARPANET ZU VERSENDEN IST UNSOZIAL UND ILLEGAL."

So ein Eintrag in einem MIT-Handbuch. Später wurde das MIT-AI-Lab an das Netzwerk angeschlossen.

1971

Studenten am Stanford Artificial Intelligence Laboratory und am MIT organisieren den **Verkauf von Marihuana** über das ARPANET. Der erste Onlineverkauf? Die ARPANET-Nutzer vereinbarten einfach ein Treffen über das Netzwerk.

> „DIE GEBURTSSTUNDE DES INTERNETHANDELS"

John Markoff in seinem Buch *What the Dormouse Said*.

1972

Der Begriff „Personal Computer" entsteht mit Bezug auf den Xerox Alto, dessen **grafische Benutzeroberfläche** (GUI) später als Vorbild für Microsoft Windows und Apples Macintosh dient.

Nazi-Deutschland nutzt Enigmas zur Verschlüsselung von Nachrichten

Mehr als die Hälfte der (mehrere zehntausend) Computer weltweit sind IBMs 1401S

Mitte der 1930er-Jahre — 1940 — 1942 — 1944 — 1946 — 1948 — 1950 — 1952 — 1954 — 1956 — 1958 — 1960 — Mitte der 1960er-Jahre

DER KURZE MARSCH

1974

Erste Laptops und Mobiltelefone

Das IBM Los Gatos Scientific Center entwickelt einen **tragbaren Computerprototyp** namens SCAMP (Special Computer, APL Machine Portable).

Motorola sorgt für einige Neuheiten auf dem Mobilfunkmarkt, z. B. mit dem DynaTAC 8000X, auch „The Brick" (Backstein) genannt.

> „JOEL, ICH BIN'S, MARTY. ICH RUF DICH VON EINEM HANDY AUS AN, EINEM ECHTEN TRAGBAREN HANDY…"

Die ersten Worte von Motorola-Forscher und Manager Martin Cooper, der am 3. April 1973 in New Jersey seinen größten Rivalen, Joel S. Engel von Bell Labs, vom Handy aus anrief.

1976

Die erste Spam-Mail: Der Marketingleiter des Computerherstellers Digital Equipment Corporation (DEC) verschickt in einer Nachricht **Informationen zu Verkaufsveranstaltungen** für die neuesten Modelle der Firma an etwa 400 ARPANET-Nutzer. Wird von der Netzgemeinde scharf kritisiert, führt in der Zielgruppe in Southern California jedoch zu Umsätzen.

1979

Der englische Erfinder Michael Aldrich entwickelt für Redifon Computers das R1800/30 Compact Office System. Die *Times* berichtet, damit könne der Anwender „Waren bestellen, Informationen erhalten und Lernprogramme nutzen". Aldrich wirbt für den Bereich „Waren bestellen" und bezeichnet sich selbst als den Begründer des **Internethandels**.

1981

IBM bringt den ersten Personal Computer mit integrierten Komponenten auf den Markt und kürzt ihn mit **„PC"** ab. Das Modell 5150 verfügt über einen Monitor, eine separate Tastatur, einen Drucker und ein Papierfach. Im selben Jahr installiert Thomson Holidays UK das erste B2B-System für den Internethandel.

1982

France Télécom führt den Onlinedienst **Minitel** landesweit ein. Internethandel wird populär.

1984

Apple führt Macintosh mit einem **900.000 $ teuren Super-Bowl-Werbespot** ein, der 46,4 % aller US-Haushalte erreicht. Compuserve eröffnet in den USA und Kanada den Bereich Electronic Mall zum Einkauf von Waren, ein wichtiger Schritt in der Entwicklung des B2C-Internethandels (Business to Customer).

Mitte der 1980er-Jahre

In einer Frühform des **digitalen Marketings** platziert ChannelNet (vorher SoftAd Group) Antwortcoupons in Zeitschriften und schickt allen, die antworten, eine Diskette mit Informationen zu Automodellen und Angeboten für Testfahrten.

1992

Mit der Erweiterung des 2G-Mobilfunknetzes und einem starken Anstieg der Handynutzung kommt die **SMS**.

1993

Global Network Navigator (GNN) verkauft eine **anklickbare Internetwerbeanzeige** an die Anwaltskanzlei Heller, Ehrman, White & McAuliffe, die direkt zur Website der Kanzlei verlinkt. Verlage wie Condé Nast und Time Inc. erstellen Websites.

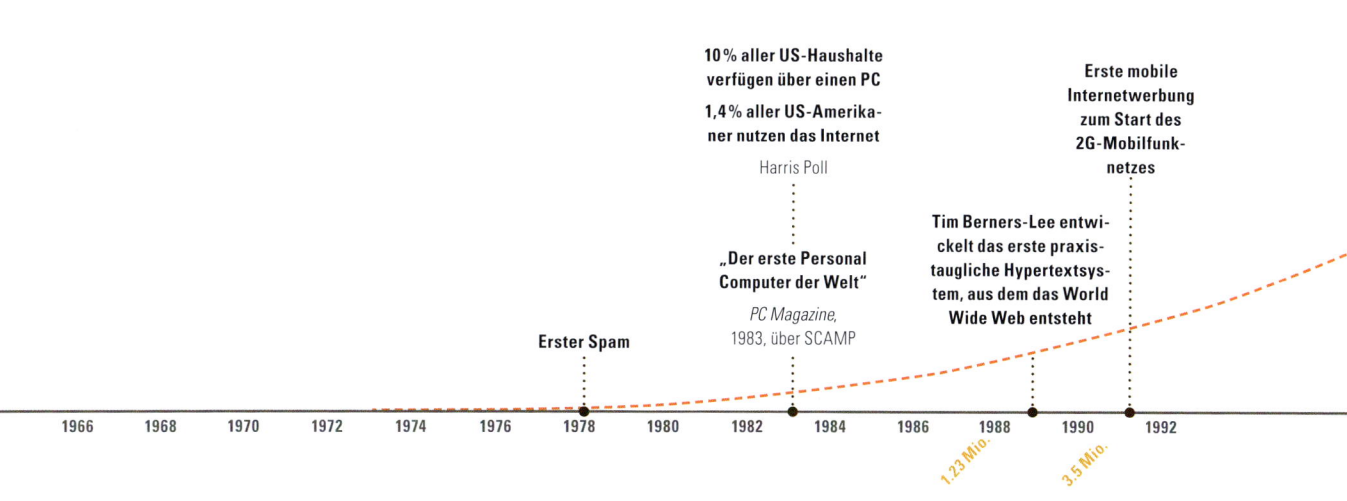

DER KURZE MARSCH

1994
Start des ersten Internetmagazins HotWired, das Werbekunden erstmals Informationen zum Traffic zur Verfügung stellt, der ersten Kennzahl des Online-Marketings. HotWired prägt den Begriff „Bannerwerbung" und baut seine Websites ähnlich einer traditionellen Zeitungs- oder Zeitschriftenseite auf. Veröffentlicht das erste anklickbare Werbebanner für AT&T.

Die Website des Magazins Vibe ist bei Werbemachern äußerst beliebt. MCI Communications, Jim Beam, General Motors und Timex zahlen Vibe 20.000 $ für eine Anzeige auf der Startseite. Für Internetwerbung werden bereits zweistellige Millionenbeträge (Dollar) ausgegeben. Start von CompuServe, AOL und Netscape.

Die US-Regierung fördert den Internethandel durch die Übertragung des Webhostings von NSFNET auf kommerzielle Provider wie MCI und AT&T. Das führt im Folgejahr zu einer Zunahme der Ausgaben für digitale Werbung. Start der Suchmaschinen Yahoo! und AltaVista. Gründung der Multi-Media Marketing Group (MMG) mit Sitz in Oregon. Auf sie geht der Begriff Search Engine Optimization (SEO; Suchmaschinenoptimierung) zurück. Das Suchmaschinenranking wird zu einer wichtigen Kennzahl für den Marketingerfolg einer Marke.

ERSTER ANKLICKBARER WERBEBANNER

Have you ever clicked your mouse right HERE? YOU WILL

„HABEN SIE SCHON MAL MIT DER MAUS HIER DRAUFGEKLICKT? SIE WERDEN ES TUN."

AT&T hatte recht: Die Klickrate betrug 44 %. Nutzer, die es ausprobierten, gingen auf eine virtuelle Tour durch sieben Museen weltweit.

1995
Nokia führt mit dem Nokia 9000 Communicator das erste **Smartphone** ein, ein Handy, das ähnlich wie ein Laptop aufgeklappt werden konnte, über WAP-Internetzugang und eine QWERTY-Tastatur verfügte. Gründung von DoubleClick, einem frühen Anwendungsdienstleister (ASP), der Werbeplätze (hauptsächlich für Bannerwerbung) verkauft. Börsengang zwei Jahre später als eine der zehn besten Websites.

1996
Auf der Consumer Electronics Show werden die ersten **Videorekorder** vorgestellt. Es ist nun möglich, Fernsehwerbung durch Vorspulen zu überspringen. Die Videorekorder erfüllen damit denselben Zweck wie Werbeblocker im digitalen Bereich.

1997
Die Anzahl der Internet- und Suchmaschinennutzer steigt auf **70 Millionen** – von 16 Millionen zwei Jahre zuvor.

1998
Die Umsätze durch Fernsehwerbung erreichen 8,3 Milliarden $. Start der Suchmaschinen **Google** und MSN. Google entwickelt den PageRank-Algorithmus und misst Qualität und Gewicht von eingehenden Links, um den relativen Wert einer Seite zu ermitteln. GoTo.com beginnt mit der Versteigerung besserer Platzierungen in den Suchergebnissen.

2000
Ein Anstieg von 500 % des Aktienindex Nasdaq Composite markiert ein Allzeithoch für Technologieunternehmen. Am 10. März 2000 schließt der Index mit 5048 Punkten, dann **platzt die Dotcom-Blase**.

Für das Internet beginnt eine neue Phase des Informationsaustausches, des nutzerzentrierten Designs und der Kollaboration. Verbraucher interagieren auf natürlichere und personalisiertere Weise mit Marken. Im Marketing entsteht das Konzept des „**Nutzens für den Kunden**". Statt möglichst viele Kunden über Internetwerbung zu erreichen, werden Anzeigen jetzt auf Lebensstil, Persönlichkeit, demografische Merkmale, Wünsche und Bedürfnisse der Kunden abgestimmt.

2001
Start des 3G-Mobilfunknetzes durch NTT DoCoMo in Japan. Im selben Jahr begann mit The Hire die erste **Branded-Content-Werbekampagne**: Verschiedene Kultregisseure drehen für BMW Kurzfilme, in denen BMW-Modelle vorkommen.

2003
Beginn des Targeted Advertising. **Google AdWords** ermöglicht die Platzierung von Werbung nach Keyword, Domain, Thema und demografischen Merkmalen und wird schnell zur Haupteinnahmequelle von Google. Gründung der Branded Content Marketing Association. Eine Studie zeigt, dass Verbraucher Native Advertising der traditionellen Werbung vorziehen.

Präsident George W. Bush unterzeichnet den Can-Spam Act (Controlling the Assault of Non-Solicited Pornography and Marketing Act), der Regeln für Werbemails festlegt.

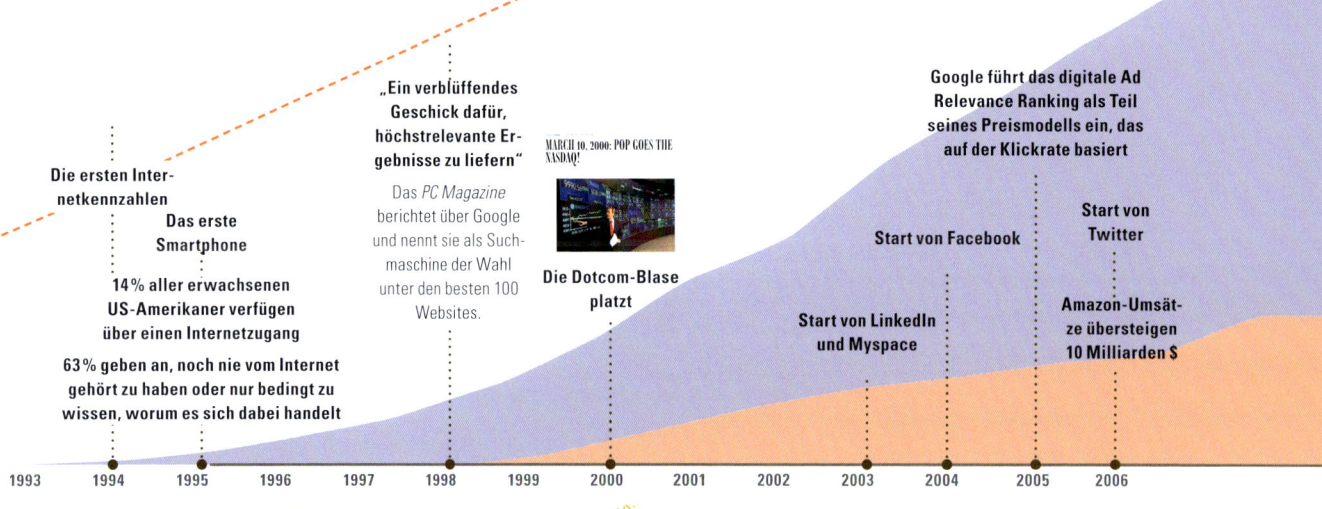

- Die ersten Internetkennzahlen
- Das erste Smartphone
- 14 % aller erwachsenen US-Amerikaner verfügen über einen Internetzugang
- 63 % geben an, noch nie vom Internet gehört zu haben oder nur bedingt zu wissen, worum es sich dabei handelt
- „Ein verblüffendes Geschick dafür, höchstrelevante Ergebnisse zu liefern" — Das *PC Magazine* berichtet über Google und nennt sie als Suchmaschine der Wahl unter den besten 100 Websites.
- MARCH 10, 2000: POP GOES THE NASDAQ! Die Dotcom-Blase platzt
- Start von LinkedIn und Myspace
- Start von Facebook
- Google führt das digitale Ad Relevance Ranking als Teil seines Preismodells ein, das auf der Klickrate basiert
- Start von Twitter
- Amazon-Umsätze übersteigen 10 Milliarden $

1993 | 1994 | 1995 | 1996 | 1997 | 1998 | 1999 | 2000 | 2001 | 2002 | 2003 | 2004 | 2005 | 2006

16 Mio. · 44 Mio. · 109 Mio.

DER KURZE MARSCH

2005

Google führt **personalisierte Suchergebnisse** ein, die sich nach dem Suchverlauf des Nutzers richten, und startet Google Analytics.

2007

Start des **Programmatic Advertising**. In Anzeigenbörsen werden Anzeigenimpressionen aus Inventaren verschiedener Werbenetzwerke in Echtzeit ge- und verkauft. 295 Millionen Menschen weltweit (nur 9 % aller Nutzer weltweit) verwenden ein 3G-Mobilfunknetz. Musik- und Videostreaming boomt.

2009

Google Instant bietet Suchergebnisse in Echtzeit. Das In-Stream Werbeunternehmen **Ad.ly** zahlt Kim Kardashian 10.000 $ pro Tweet in einer Testreihe für gesponserte Tweets. Die Self-Service-Werbeanzeigen von Facebook erlauben **Targeted Advertising** gezielt nach **Standort** und Sprache. Amazon erreicht Umsätze von 25 Milliarden $.

2010

Twitter führt **gesponserte Trends und gesponserte Tweets** ein. Der erste gesponserte Trend war Walt Disneys *Toy Story 3*. Virgin America, Starbucks und Bravo zahlen ebenfalls für gesponserte Platzierungen.

2011

In den USA erreichen die Internetwerbeeinnahmen im zweiten Quartal **7,68 Milliarden $** (ein Anstieg von 24 % im Vergleich zum Vorjahresquartal). Lediglich 6 % aller Internetwerbeeinnahmen werden in der ersten Jahreshälfte über **digitale Videowerbung** erzielt, deren Wirksamkeit führt jedoch zu einer Zunahme der In-Stream-Werbung.

Einführung von **Werbeblockern**.

Mozilla kündigt an, dass es für den Firefox-Browser nun einen Werbeblocker gibt. Microsoft Internet Explorer, Apple Safari und Google Chrome folgen. 42 % der US-Haushalte verfügen jetzt über einen Videorekorder, hauptsächlich um **Werbung überspringen** zu können.

2014

Bots generieren **„Fake Traffic"**. Laut einer Studie bezahlen Werbetreibende „Milliarden Dollar für Internetwerbung, die ihre Kunden nie zu sehen bekommen". Der Grund dafür sind Ad Bots, die künstlichen Traffic generieren und zu einer Verfälschung der Zielgruppenkennzahlen führen.

2015

Real Time Bidding (RTB) wird populär. Dabei werden Anzeigenimpressionen in Echtzeit ge- und verkauft. Die Anzeige desjenigen, der das höchste Gebot abgegeben hat, ist sofort auf den entsprechenden Websites zu sehen. Die Vorgehensweise ähnelt dem **Handel auf Finanzmärkten**. RTB ist eine 15 Milliarden $ schwere Branche, die bis 2020 um 65 % wachsen soll (Business Insider).

Mehr als die Hälfte des Wachstums im Internethandel geht auf **Amazon.com** zurück. Das Unternehmen verkauft in den USA fast 500 Millionen Artikel. Yahoo! gibt zu, Nutzer mit Werbeblocker abzustrafen, indem private E-Mails zeitverzögert versandt werden.

2016

eMarketer prognostiziert, dass Werbeausgaben für Social-Media-Kampagnen auf 23,68 Milliarden $ steigen werden, ein Anstieg von 33,5 % im Vergleich zum Vorjahr. Die US-Regierung wirft Russland vor, mit **Hackerangriffen** die US-Wahlen im Jahr 2016 beeinflusst zu haben.

2017–2019

Bis 2017 sollen die Werbeausgaben für Social-Media-Kampagnen auf 36 Milliarden $ angestiegen sein und 16 % aller digitalen Werbeausgaben ausmachen. Global wird erwartet, dass die digitalen Werbeausgaben von 226,7 Milliarden $ auf **283 Milliarden $** steigen und 35 % bzw. 39 % aller Werbeausgaben ausmachen (eMarketer).

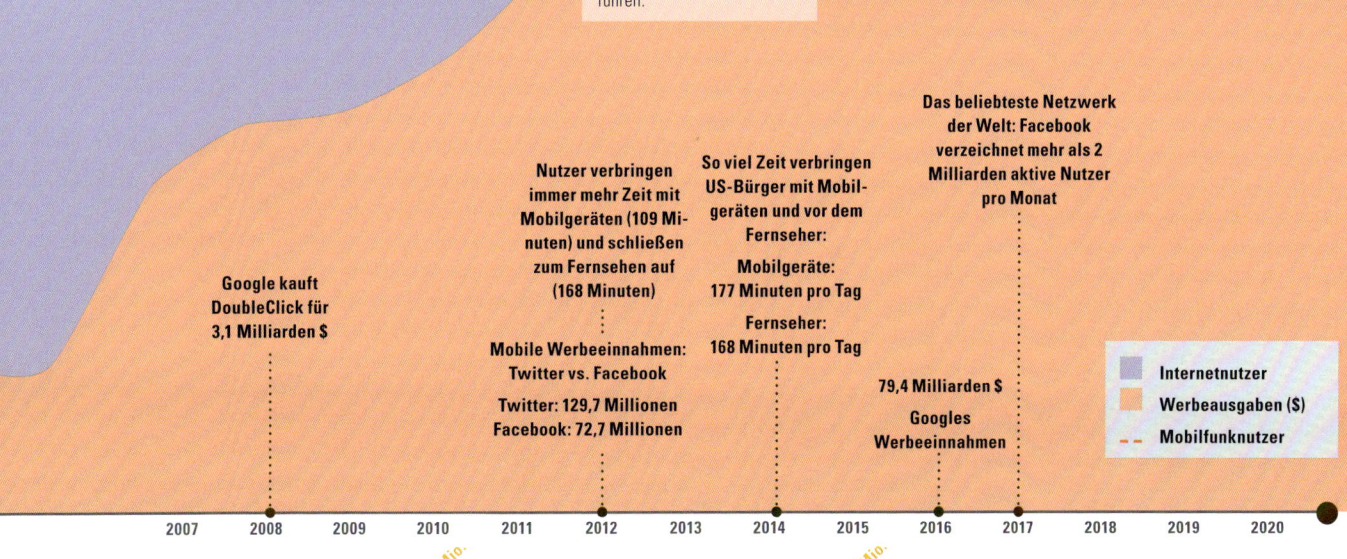

4 DAS DIGITALE ÖKOSYSTEM

Richtig zusammengesetzt, sind die vielen Einzelteile der fragmentierten neuen Medien eine kreative Chance, wie David Ogilvy von ihr nur träumen konnte. Als Ganzes ergibt diese neue Welt ein Ökosystem der Möglichkeiten – gerade für jene, die dem selbst gemachten Hype kritisch gegenüberstehen.

Es lohnt sich, einmal näher zu untersuchen, was „Erfolg" in diesem Ökosystem eigentlich bedeutet. Wer ist erfolgreich und wer nicht? Wer verdient damit Geld – und wie genau? Es verwundert, dass es nicht möglich zu sein scheint, in den zahlreichen Meinungsbeiträgen zum Thema einfache und systematische Vergleichsparameter zu finden, um diese Fragen zu beantworten. Auf den folgenden Seiten versuche ich das daher selbst.

Aus einer solchen Analyse ergeben sich zwei ebenso wichtige wie einfache Punkte:

- Für Werbeleute gibt es nicht die eine richtige Lösung. Die meisten neuen Medien ergänzen sich – welche und wie, das entscheiden wir anhand unserer Strategie.
- Wir erleben einen Wettlauf der Algorithmen, in dem es um Gewinne geht, nicht nur um Reichweite. Er ist noch nicht entschieden.

Scheinbar unbesiegbare soziale Netzwerke fielen besser angepassten Nachfolgern schnell zum Opfer. Six Degrees überlebte nicht lange und schaffte es kaum bis zum Start des 21. Jahrhunderts. Es folgten Myspace und Friendster, die später Facebook wichen. Xanga musste für YouTube Platz machen. Orkut war bis vor Kurzem in einigen Ländern das beliebteste Netzwerk, ist mittlerweile jedoch fast ganz verschwunden.

DAS DIGITALE ÖKOSYSTEM

Das digitale Ökosystem ist noch in der Entstehungsphase. Mein Kollege Zach Newcombe, Partner in unserem globalen Consulting Network Ogilvy Red, verglich es einmal mit der kambrischen Explosion: Aus der plötzlichen maximalen Konnektivität entstanden eine Vielzahl neuer Lebensformen. Die Frage ist nun: Welche sind am besten angepasst und werden überleben?

Im Jahr 2011 scheiterte Friendster, weil es als soziales Netzwerk keinen Platz für soziale Interaktion bot. Vielmehr kam man sich vor, als rezitiere man auf einer Cocktailparty den eigenen Lebenslauf. Anderen Plattformen wird es ähnlich ergehen. Die links abgebildeten sozialen Netzwerke verfügen womöglich auch nicht über das beste Geschäftsmodell der Welt. Später werde ich noch auf die Entstehungsgeschichte des chinesischen Internets eingehen: Dort besteht eventuell besseres Entwicklungspotenzial.

Klar ist jedoch: Es gibt die „Big Three" der digitalen Lebensformen – Google, Facebook und Amazon – und zwei von ihnen haben bezahlte Werbung fest in ihr Geschäftsmodell integriert: Google und Facebook. Bei Google überrascht das nicht weiter, doch es dauerte nur wenige Jahre, bis sich auch Facebook von einem scheinbar uneigennützigen sozialen Netzwerk zu einem aggressiven Medieninhaber wandelte. Ich erinnere mich an Kritik auf meine frühe Äußerung, Facebook sei die größte Direktmarketing-Datenbank der Welt und wolle es nur nicht wahrhaben. Jetzt besteht darüber kein Zweifel mehr und die Kombination aus mobilem Zugang, genauer Zielgruppenansprache, einem cleveren Preissystem und der zunehmenden Möglichkeit, eine direkte Reaktion zu generieren, macht Facebook zu einer hochattraktiven Komponente einer jeden Mediaplanung.

Insgesamt wirkt das Ganze mehr und mehr wie ein Duopol. Von 69 Milliarden Dollar digitaler Werbeausgaben in den USA entfallen 36 Milliarden Dollar auf Google und Facebook. Das sind 52 Prozent! Als Theodore Roosevelt 1906 gegen die Monopolstellung von Standard Oil vorging, kontrollierte das Unternehmen 70 Prozent des Erdölmarktes. Werden wir unsere Einstellung zu Monopolen ändern, wenn Google und Facebook diese Zahlen erreichen? Und werden wir einen Theodore Roosevelt haben, der für uns dagegen kämpft?

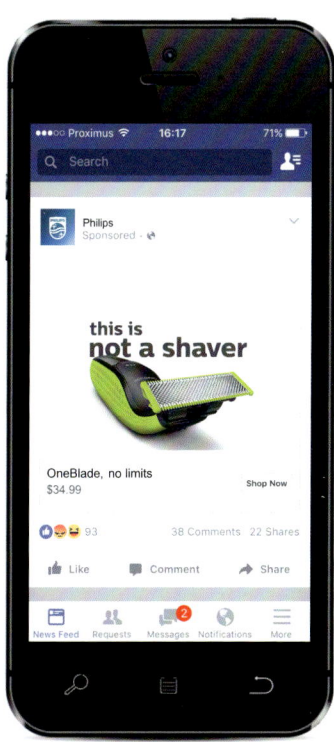

Wegen seiner riesigen Adressatenzahl nutzten Werbetreibende Facebook lange Zeit nur für Werbeanzeigen. Doch dann entdeckten Marketingfachleute eine noch wirksamere Funktion der Plattform: Social CRM. Damit wandelte sich Facebook von einer Werbeplattform zu einem CRM-Tool, das es Marken ermöglichte, auf höchst effiziente Art und Weise Kundenkontakte zu generieren, beispielsweise bei der Markteinführung eines neuen Produktes. Genau das taten wir mit dieser Philips-Kampagne. Budgets werden nicht zu Unrecht umverteilt, um diese effektive Möglichkeit der Social CRM möglichst gewinnbringend zu nutzen.

DAS DIGITALE ÖKOSYSTEM

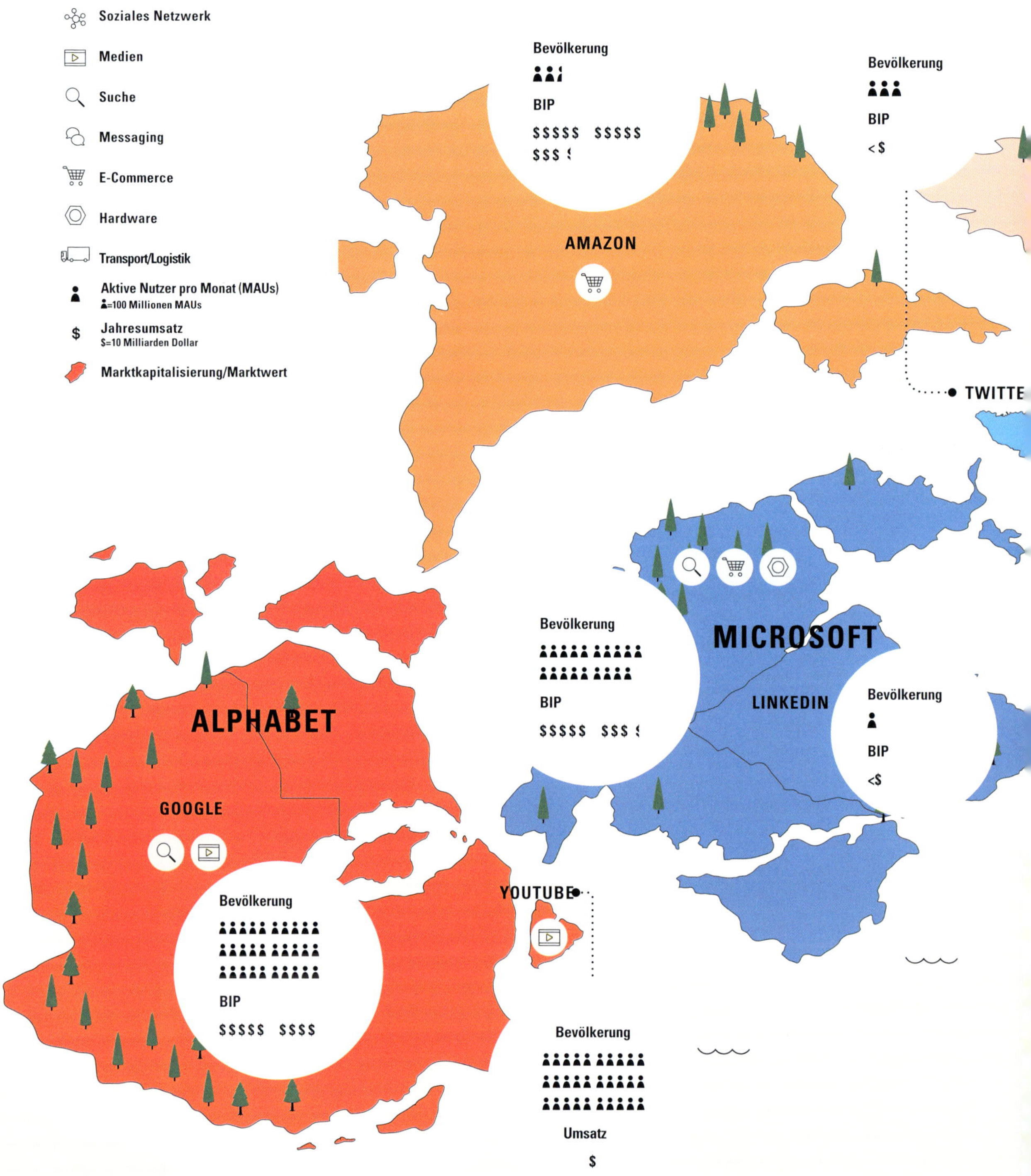

- Soziales Netzwerk
- Medien
- Suche
- Messaging
- E-Commerce
- Hardware
- Transport/Logistik
- Aktive Nutzer pro Monat (MAUs)
  =100 Millionen MAUs
- $ Jahresumsatz
  $=10 Milliarden Dollar
- Marktkapitalisierung/Marktwert

AMAZON

Bevölkerung

BIP
$$$$$ $$$$$
$$$ $

TWITTER

Bevölkerung

BIP
< $

ALPHABET

GOOGLE

Bevölkerung

BIP
$$$$$ $$$$

MICROSOFT

Bevölkerung

BIP
$$$$$ $$$ $

LINKEDIN

Bevölkerung

BIP
< $

YOUTUBE

Bevölkerung

Umsatz

$

DAS DIGITALE ÖKOSYSTEM

Willkommen im digitalen Ökosystem, das etwa so heiß umkämpft wird wie die Kontinente des Brettspiels Risiko. Noch ist das Spiel nicht zu Ende! Werbetreibende müssen das Terrain gut kennen und die richtigen Strategien anwenden. Und im Gegensatz zu unseren Kontinenten sind die digitalen Landmassen ständig in Bewegung: Sie ändern ihre Größe und brechen auseinander, um eigene Territorien zu bilden. So entstehen immer neue Gebiete. Start-ups treten mit dem Potenzial in Erscheinung, das Ökosystem zu dominieren, und nutzen Algorithmen als Waffen. Doch so intelligent Maschinen durch KI auch sein mögen, die mächtigsten Spieler verfügen heute über ein so starkes Netzwerk und so überzeugende Features, dass mehr als je zuvor nötig sein wird, um ihre Territorien zu erobern.

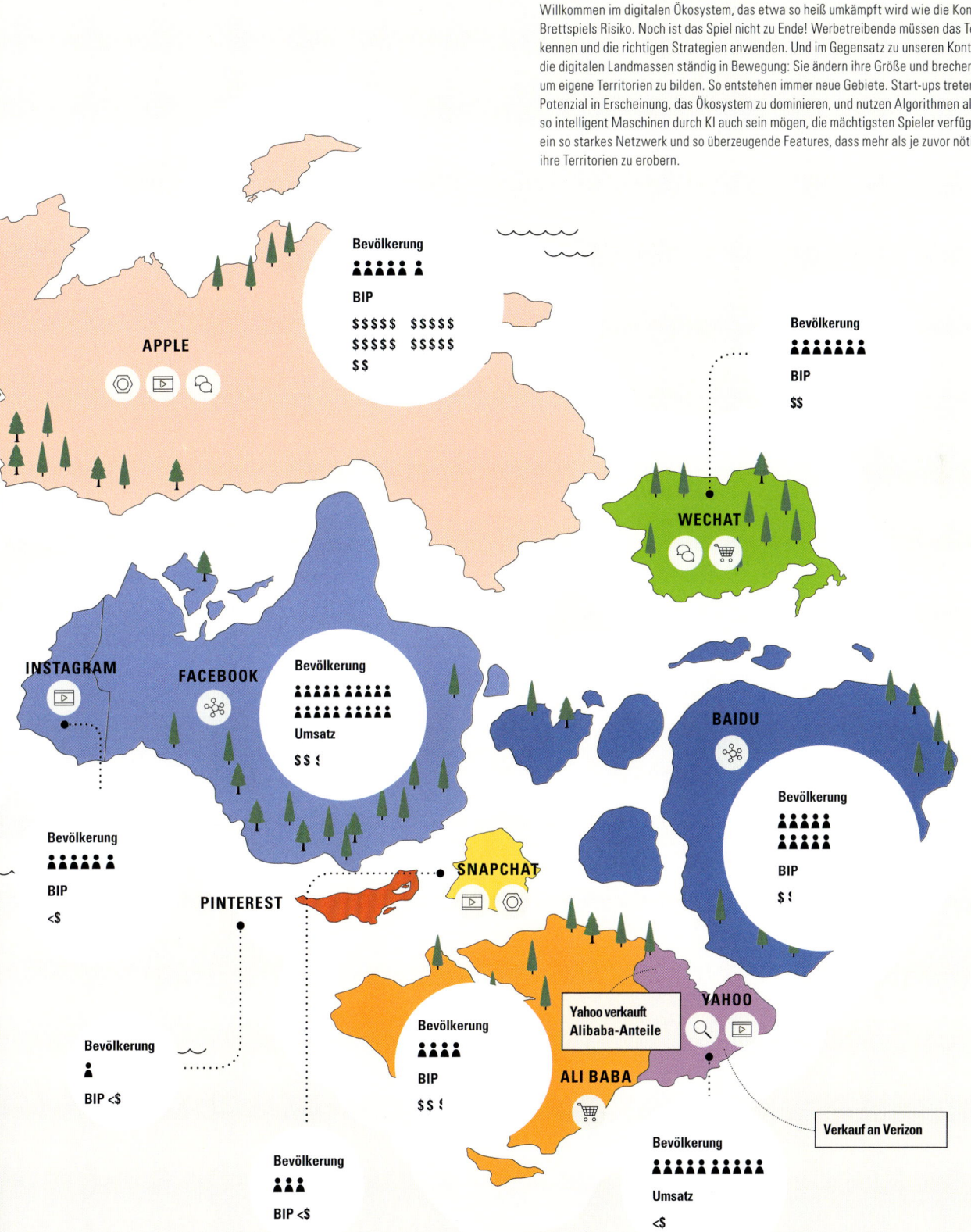

Alles andere – tot?

Und was ist mit den „traditionellen Medien"? Die Attraktivität des Duopols hatte deutliche Umsatzeinbußen zur Folge, die besonders die Printmedien, zum Teil aber auch das Fernsehen zu spüren bekamen. Im Narrativ der „digitalen Exklusivität" heißt das „… ist tot", ganz besonders das Fernsehen. Der großartige Journalist Bob Garfield war einer der führenden Verfechter dieser Theorie und nannte gar ein Kapitel seines Buches *The Chaos Scenario* (2009) „The Death of Everything". Heute würde, glaube ich, auch Bob zugeben, dass die Revolution weniger apokalyptisch verlief, als er vorausgesagt hatte.

Doch die Behauptung ist nicht neu. Im Jahr 1996 schrieb Nicholas Negroponte, Autor des Buches *Being Digital*: „Das Fernsehen wird in weniger als zehn Jahren von Computern ersetzt worden sein." Im selben Jahr sagte Sir Christopher Bland, Chairman der BBC: „Im nächsten Jahrzehnt werden Fernseher überall auf der Welt überflüssig werden." In neuerer Zeit hören wir von Scott Galloway, einem Professor der New York University, dessen Theorie etwas ideologischer geprägt ist: Der Tod des Fernsehens sei der Tod des „Werbeindustriekomplexes" – ein Komplott von Fernseh- und Werbemachern, der von großen Marken geschürt wurde – und gar der Tod des Branding, wie wir es heute kennen. Auch das ist nicht neu: Im Jahr 1994 sagten Professor Ronald Rust und Richard Oliver in „The Death of Advertising" (erschienen im *Journal of Advertising Research*) genau das voraus.

Doch was genau ist seitdem passiert? Es lohnt ein Blick auf ein Diagramm meines Kollegen Adam Smith von GroupM, das zeigt, wie viel zwischen 1999 und 2017 in die verschiedenen Medien investiert wurde. Für das lineare Fernsehen (also die Nutzung des Programmfernsehens zum festgesetzten Zeitpunkt) bleibt die Marktposition trotz digitaler Expansion seit 1999 stabil bei etwa 40 Prozent. Das Fernsehen ist nicht tot!

Tatsächlich Schaden genommen haben die Printmedien: Kleinanzeigen sind so gut wie verschwunden und Direktmarketing findet fast ausschließlich in digitaler Form statt. Doch auch die Printmedien sind noch nicht tot. Sie überleben in Bereichen, wo starke Inhalte und Qualitätsjournalismus zählen und von einer Elitegruppe nachgefragt werden, die groß oder spezialisiert genug ist. Besonders wenn die Preise sich an der Auflagenhöhe orientieren, ist dies immer noch ein Modell, das durch Werbung aufrechterhalten werden kann. Doch wenn einer dieser Parameter wegfällt, bricht das Geschäftsmodell zusammen.

Das Fernsehen ist also *nicht* tot: Und obwohl es sich bis zur Unkenntlichkeit verändert hat, ist es heute nützlicher als je zuvor. „Cord-cutting" (der Umstieg von Kabel auf Internet), „TV Everywhere" und „OTT" (Over-the-top content) wühlen die Fernsehlandschaft auf, Todesboten sind sie jedoch kaum. Vielmehr künden sie von einer Zeit des höheren Fernsehkonsums: Das Bezahlfernsehen passt sich mit Zusammenschlüssen, On-Demand-Abos und Fernsehmöglichkeiten über verschiedene Kanäle an neue Fernsehgewohnheiten an. Die von vielen als sinkendes Schiff wahrgenommene Fernsehwerbung boomt sowohl im traditionellen als auch im digitalen Bereich. Die Fernsehinhalte sind besser denn je (größere Vielfalt und bessere Qualität), doch die Zuschauer sind über verschiedene Medien verteilt. Wie wir diese fragmentierte Zuschauergruppe sinnvoll messen sollen, wissen wir noch nicht, und das birgt wohl die größte Gefahr für das Fernsehen – nicht das „Cord-cutting".

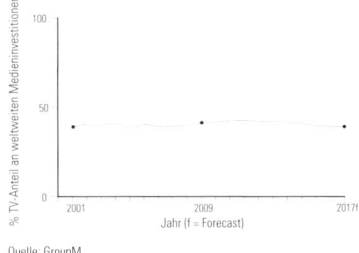

Quelle: GroupM

Das Diagramm zeigt, dass sich der Ausgabenanteil für Fernsehwerbung in den letzten 16 Jahren kaum verändert hat und stabil bei um die 40 % liegt.

Zweifellos führte das Narrativ „Das Fernsehen ist tot" dazu, dass Kunden en masse zum Hyper-Targeting übergingen. Ich selbst glaube, basierend auf meiner Erfahrung mit Werbekunden, dass Marken nach einer Experimentierphase nun wieder auf der Suche nach Grundlegendem sind: Wie bekommen wir die nötige Reichweite? Wie kombinieren wir größtmögliche Reichweite mit größtmöglicher Wirkung?

Langfristig wird sich das Angebot nach der Nachfrage richten und es ist wahrscheinlich, dass die Medienbranche nach neuen Wegen suchen wird, allen Zuschauern gerecht zu werden. Möglicherweise führt dies sogar zu einer interessanten Herausforderung für die digitalen Massenmedien: Sollen sie selbst traditionelles Fernsehen anbieten oder ihm endgültig den Todesstoß versetzen? Doch mir geht es hier gar nicht um wilde Spekulationen, sondern einfach darum, den zahlreichen, unüberlegten Vorurteilen gegen das Fernsehen etwas entgegenzusetzen. Das Fernsehen ist in Entwicklungsländern nach wie vor stark und schwächelt auch in vielen Industriestaaten nicht.

6 Gründe, warum das Fernsehen nicht tot ist

1. Es bietet nach wie vor die sicherste Art, eine große Netto-Reichweite zu erzielen.
2. Es gibt keinen Anzeigenbetrug (Ad Fraud). Davon können bis zu ein Drittel der digitalen Werbeausgaben betroffen sein.
3. Die Anzahl der Fernsehzuschauer wird deutlich unterschätzt, da Fernsehinhalte nicht nur über Fernseher konsumiert werden. Wenn die tatsächlichen Zuschauerzahlen bekannt werden, werden die Werbeausgaben steigen.
4. Das Fernsehen bleibt die beste Art, Emotionen zu kommunizieren. Und Marken brauchen Emotionen.
5. In zahlreichen ökonometrischen Modellen wurde eindeutig gezeigt, dass die Kürzung des Fernsehbudgets zu sinkenden Umsätzen führt.
6. Das Internet unterstützt das Fernsehen: Es wurde zur zweitgrößten Ausgabenkategorie.

Die Ghettoisierung des Digitalen

Diese Formulierung verwendet mein Kunde Steve Miles von Dove, einer der besten Marketingfachleute unserer Zeit, bereits seit Jahren. Und es stimmt: Der ungewollte Nebeneffekt blinder Verehrung ist die „Ghettoisierung". Wenn wir etwas verehren, sondern wir es von anderem ab. Dann bauen wir Mauern, um uns selbst zu bestätigen und unser Territorium zu schützen. Die Rechtfertigung folgt mit der Bezeichnung „Pure Play".

Es gibt kein digitales Marketing, keine digitale Werbung, so Steve, es gibt lediglich gutes Marketing und gute Werbung: „Wenn Dove im digitalen Bereich gut ist, dann hat das mit dem zu tun, was uns auch anderswo gut macht: den Grundlagen des Marketings."[1]

Pete Blackshaw, der digitale Guru, den Nestlé für den Bereich digitales Marketing anstellte, drückt es fast genauso aus: „Die ‚Grundlagen' bleiben grundlegend."[2]

„Es gibt kein digitales Marketing, keine digitale Werbung. Es gibt nur gutes Marketing und gute Werbung."

DAS DIGITALE ÖKOSYSTEM

Doch im digitalen Bereich wird das Prinzip oft umgekehrt: Die Grundlagen sind nebensächlich statt grundlegend. Das Medium ist wichtiger als die Marke. Und die Maßnahme ist nicht skalierbar.

Und so habe ich meine eigene Meinung zum berühmt(-berüchtigten) Oreo-Tweet (siehe unten), der während des Super Bowl 2013 versandt wurde. Dieser Tweet hat zum ersten Mal wirklich gezeigt, welches Potenzial zur Nutzung des Augenblicks in der ständigen Verbindung mit dem Internet steckt.

Mark Ritson, ein australischer Professor, hat uns allen einen Gefallen getan, als er sich diesen Tweet genauer ansah.

Er analysierte die tatsächliche Anzahl der Oreo-Follower, die Klickrate, die Weiterverbreitung durch Retweets und zeigte, dass der Tweet lediglich 64.000 Personen erreichte – gerade einmal 0,02 Prozent der Oreo-Kunden.

Ein sehr treffendes und auf wunderbar respektlose Weise erzieltes Ergebnis. Ein Angriff auf den Kult um Tweets und den Erfolg von Mauern. Die Tötung eines Drachens, der einfach zu töten war. Doch was bedeutete der Tweet wirklich? Ich hatte das Glück, sowohl eine Werbe- als auch eine PR-Agentur zu leiten, und muss sagen: Diejenigen, die den Oreo-Tweet als einen Durchbruch im Werbebereich aufbauschten, haben ihm einen schlechten Dienst erwiesen.

Ein Social-Media-Team zeigte während des Super Bowl 2013 die Nerven, die Flexibilität und die Kreativität, sich einen Stromausfall mit diesem Tweet zunutze zu machen und darauf unermüdlich hinzuweisen. Das Ergebnis waren Überschriften im Stil von „Wie Oreos Stromausfall-Tweet Millionen Dollar schwere Super-Bowl-Werbespots billig aussehen ließ".

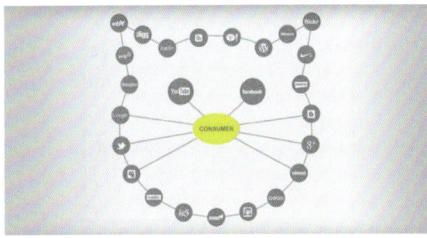

Er war ein großartiger PR-Coup, der zahlreiche Stakeholder, von Mitarbeitern bis Investoren, ansprach. Doch er wurde als neues Werkzeug der digitalen Werbung „ghettoisiert", besaß dafür jedoch weder die Skalierbarkeit noch die Replizierbarkeit.

Schlussendlich machte der Tweet Oreo berühmt; und Twitter; und Oreo-Hersteller Mondelēz; und die Leute, die den Tweet verfassten – und sogar den Akademiker, der ihn bloßstellte.

Problematisch wird es, wenn die neuen sozialen Medien Mauern um die Stärken der alten Medien bauen – denn diese funktionieren im abgeschlossenen Raum nicht gut, dafür aber umso besser als Teil eines Gesamtkonzepts.

Wir sind Opfer unseres eigenen Wunsches nach der Zurschaustellung unserer Erfolge geworden. Auch ich habe schon Berichte abgesegnet, deren Ergebnisse in „Views" gemessen wurden, als wäre es das Einzige, was zählt. Und natürlich sind sie wichtig, denn sie zeigen, dass eine Aktion Interesse erzeugt, dass die Verbraucher sie mögen. Doch hinter der Attraktion müssen Inhalte stecken, denn sonst könnten wir einfach den kleinsten gemeinsamen Nenner eines Massenpublikums befriedigen und in jedem Video eine Katze zeigen.

Die Ghettoisierung des Digitalen führt zu Ansprüchen, die so nicht erfüllt werden können. Branded Content war Angriffen ausgesetzt, weil er nicht so viele „Views" erzeugt wie Online-Videos (siehe Tabellen auf S. 38). Doch wie sollte er? Schließlich verfolgt Branded Content noch andere Zwecke, die notwendigerweise beschränkend wirken: Er soll ein positives Markenimage aufbauen oder die Verkaufszahlen steigern. Die Anzahl der „Views" als Selbstzweck ist für Marketingfachleute nicht interessant, das Digitale ist immer nur Teil des Gesamtkonzepts. Oft wird es für das Agenda-Setting gebraucht und genau das kann es gut. Außerdem gibt es unzählige Belege dafür, dass die beste Werbewirkung mit einer Kombination aus digitalen und traditionellen Medien erzielt wird.

Unsere Agentur John Street in Toronto hat erkannt, dass bei Vorhersagen über die Zukunft des Digitalen oft der Humor fehlt. Als Reaktion darauf produzierten sie herrliche Videos wie dieses, die die Fähigkeit von Katzen zur Generierung riesiger Zuschauerzahlen parodierten und gleichzeitig die Werbebranche auf den Arm nahmen.

DAS DIGITALE ÖKOSYSTEM

Schauen Sie sich an, wie viele Gesamtansichten Videoproduzenten wie PewDiePie und Smosh verzeichnen. Marken beneiden sie dafür, doch diese Zahlen sind nur mit täglichen Videoproduktionen über Jahre hinweg möglich – und oft wird genau das produziert, was sich die erarbeitete Zuschauergruppe wünscht. Für eine Marke ist das nicht besonders sinnvoll.

Rang	Video	Ansichten aller Videos (Millionen)
Meistgesehene Produzenten (Video-Blogs)		
1	Pew Die Pie	13.411
2	The Diamond Minecart	8.196
3	PopularMMOs	6.605
4	Smosh	5.930
5	Vanosgaming	5.818

Diese Zahlen sind sinnvoller. Diese Videos waren Teil einer zu kommerziellen Zwecken koordinierten Werbekampagne und wurden in diesem Zusammenhang angesehen.

Rang	Video	Ansichten (Millionen)
Meistgesehene Markenvideos		
1	Akira: Shakira La La La	561
2	Android: Friends Furever	201
3	Dove: Real Beauty Sketches	139
4	Evian: Roller Babies	133
5	Metro Melbourne: Dumb Ways to Die	114

Musikvideos dominieren in der Regel in Tabellen, die Ansichten pro Video zeigen. Das liegt daran, dass Musik über kostenlose Medien und Streamingdienste konsumiert wird, und hat weniger mit dem Erfolg einiger weniger großartiger Künstler zu tun als mit den drastischen Veränderungen in der Musikindustrie.

Rang	Video	Ansichten (Millionen)
Meistgesehene Videos		
1	Psy: Gangnam Style	2.600
2	Wiz Khalifa: See You Again	2.000
3	Mark Ronson/Bruno Mars: Uptown Funk	1.900
4	Justin Bieber: Sorry	1.800
5	Taylor Swift: Blank Space	1.800

DAS DIGITALE ÖKOSYSTEM

Übertriebene Erwartungen an die sozialen Medien bieten den (meist praxisfremden) Kritikern ein leichtes Ziel. So werden sie als „Klamauk"[3] oder „Bullshit-Wagen"[4] bezeichnet. Verständlich. Doch pauschale Kritik ist hier ebenso fehl am Platz wie die übertriebene Sprache der Ghettos und Mauern. Weiterverbreitung und Empfehlung in den sozialen Netzwerken sind echte Vorteile für jeden Marketingexperten, lassen sich jedoch nicht so einfach in „Views" messen.

Und hier treffen wir auf den Kern des Problems für Digitalanhänger und -kritiker gleichermaßen – beide verwenden Werbesprache und denken in Werbebegriffen: Reichweite, Frequenz, kreativ, Verbraucher, Werbung, Marken und so weiter. Da darf es nicht überraschen, dass der Begriff auch im Titel dieses Buches verewigt wird.

Doch Werbung ist im digitalen Bereich keine *Werbung* mehr. Das Konzept der Disziplinen (schon in diesem Begriff wird der Wunsch deutlich, kontrollierend einzugreifen und die Bereiche so gut wie möglich voneinander zu trennen) – Werbung, Public Relations, Direktmarketing, Verkaufsförderung etc. – ist dabei, einzustürzen, ihre Trennung wird aufgehoben. Ein Großteil der Werbung ist PR, ein Großteil der PR ist Direktmarketing, ein Großteil des Direktmarketings ist Werbung. Und dennoch wird die Debatte mit Werbebegriffen geführt, während es tatsächlich darum geht, wie gut man die verschiedenen Aspekte integriert und inwiefern man in der Lage ist, die Kommunikation mit digitalen und traditionellen Medien zu verbessern.

Vor der digitalen Revolution schien die Sache ganz einfach: Medienumsätze stammten zum Teil aus Zahlungen der Werbeleute für Anzeigen und zum Teil aus Zahlungen der Verbraucher für eine Ausgabe oder ein Abo.

Heute hat sich das Verhältnis verschoben und es besteht ein subtilerer und weniger sichtbarer „Vertrag" zwischen den Parteien: Medieninhabern, Werbetreibenden und Verbrauchern.

„Wir könnten einfach den kleinsten gemeinsamen Nenner eines Massenpublikums befriedigen und in jedem Video eine Katze zeigen."

Wir haben – als Nutzer vielleicht unwissentlich – einen neuen Sozialvertrag für das digitale Zeitalter unterschrieben. Plattformen, Werbetreibende und Nutzer tauschen Daten, Dollar und Interaktion. Dieses Modell ist komplexer als das alte – wo Medieninhaber einfach Werbeplätze oder Abonnements verkauften – und wird für alle wertvoller, je größer das Netzwerk wird.

DER DIGITALE SOZIALVERTRAG

Plattform an Nutzer.
Eines oder mehrere der folgenden: Inhalte, soziale Interaktionen, Internethandel, digitale Waren, Indexierung von Websites

Werbemacher an Nutzer.
Werbung, Content Marketing und Werbeaktionen

Nutzer an Plattform.
Eines oder mehrere der folgenden: demografische oder Verhaltensdaten, Zahlung für digitale Waren, Interneteinkauf, Interaktionsdaten

Nutzer

Die Beziehungen werden stärker, je größer das Netzwerk wird

Nutzer an Werbemacher.
Ansicht der Werbung und/oder Interaktion

Plattform

Werbemacher

Werbemacher an Plattform.
Zahlung für Werbung auf der Plattform

Plattform an Werbemacher.
Nutzerdaten für Targeting, Interaktionsdaten

Das Und-Zeitalter

Vielleicht ist Ihnen aufgefallen, dass ich die digitale Welt bisher als dies *und* das – statt dies und *nicht* das – beschrieben habe. Das ist kein Zufall. In der digitalen Werbung wird das Wörtchen „und" oft verwendet, doch auch in anderen Bereichen ist man bereits darauf aufmerksam geworden. So schreibt der Managementexperte Jim Collins in seinem Buch *Immer erfolgreich: Die Strategien der Top-Unternehmen* (2005): „Akzeptieren Sie die Genialität des ‚Und' … Ein wahrhaft visionäres Unternehmen nutzt beide Enden eines Kontinuums: Kontinuität und Veränderung."

Seit er dies schrieb, ist das Nullsummenspiel mit aufgezwungenen künstlichen Polaritäten eher populärer geworden.

Ich würde daher noch einen Schritt weitergehen und vom „Und-Zeitalter" sprechen.

In jeder Revolution gibt es Anhänger und Widerständler, Eroberer und Rückständige. Das Spannungsverhältnis ist da, doch vielleicht merken wir langsam, welche Vorteile sich ergeben, wenn wir die beiden Seiten als komplementär betrachten:

analog *und* digital

Integration *und* Spezialisierung

die Teile *und* das Ganze

Mathematik *und* Wahnsinn

Form *und* Inhalt

Ihnen allen werden wir in diesem Buch begegnen.

In *Ogilvy über Werbung* zählt David in einer Liste seine Lieblingswörter auf. Erlauben Sie mir, dass ich eines meiner eigenen hinzufüge: Im amerikanischen Englisch gibt es ein Wort, das den Zustand harmonischen Wohlbefindens beschreibt, ein Wort, das in den 1920er-Jahren auftauchte und dessen Ursprünge unklar sind: "copacetic". Die Lösung steckt in der Harmonie des Zwischenraums, im *copacetic consensus* – im wunderbaren Konsens.

Es lohnt sich, auf eine „Nullsumme" gesondert hinzuweisen, die bereits vor der Veröffentlichung von *Ogilvy über Werbung* durch die Welt geisterte: die These des Geisteswissenschaftlers Marshall McLuhan „Das Medium ist die Botschaft" (1964), der im digitalen Zeitalter auf vielfältige Art und Weise neues Leben eingehaucht wurde. Ich halte sie für völlig verkehrt. Das „Und" ist hier nur sehr unterschwellig vorhanden: Die Botschaft ist die Botschaft – auch wenn sie durch das Medium beeinflusst werden kann.

Diejenigen von Davids Kollegen, die noch übrig geblieben sind, erinnern sich an sein Motto: „Es geht darum, *was* du sagst, nicht *wie* du es sagst." Daran sollten wir heute mehr denn je denken.

Der neue Krieg: Videos auf YouTube und Facebook

Gemeinsam mit einigen Kollegen und einem langjährigen Kunden traf ich vor Kurzem die beiden Rivalen Google und Facebook – zuerst den einen, dann den anderen. Es war ein ganz besonderes Erlebnis, ein bisschen, als besuchte man Athen und Sparta am selben Tag.

Für meinen Kollegen Rob Davis, der für unseren Videobereich verantwortlich ist, machte der Besuch das diffuse Gefühl eines unmittelbar bevorstehenden Kampfes greifbar.

Rob hat damit begonnen, Videonetzwerke in die Kategorien „ephemer" und „archivarisch" einzuteilen.

Ephemere Netzwerke erreichen größtmögliche Wirkung im Augenblick. Sie sind auf Interaktion ausgerichtet. Videos sind nur eines der von der Netzwerk-Community genutzten Features.

Sie haben nur einen geringen Suchwert, da die Archivierung und Speicherung der Videos keine Priorität darstellt. Facebook, Instagram, SnapChat und Periscope sind Beispiele für ephemere Netzwerke. Diese Kategorie wächst rasant.

Archivarische Netzwerke bieten eine Plattform für die Aufbewahrung und Organisation von Inhalten, die speziell für das Videoerlebnis gedacht sind. Hier sollen Videos angeschaut werden. Diese Netzwerke bieten einen enormen Suchwert und sind *die* Anlaufstelle für alle, die Videos suchen. YouTube, Vimeo and DailyMotion sind einige der noch verbleibenden archivarischen Netzwerke. Die meisten anderen haben mittlerweile den Betrieb eingestellt.

Ende 2014 verkündete YouTube, es erreiche nun vier Milliarden Videoansichten pro Tag. Das schaffte keine andere Plattform auch nur annähernd. Bei Facebook war es etwa ein Viertel. Doch als YouTube im Februar 2015 seinen 10. Jahrestag feierte, hatte sich etwas verändert: Facebook gab bekannt, ebenso viele Ansichten erreicht zu haben und demnächst Daten veröffentlichen zu wollen, die zeigen würden, dass die Anzahl der YouTube-Views pro Tag sogar überstiegen wurde.

„Die Botschaft ist die Botschaft – und kann durch das Medium beeinflusst werden."

Doch der dramatische Anstieg der Videoansichten auf Facebook war auf technische Kniffe und nicht auf mehr Zuschauer zurückzuführen. Das Unternehmen hatte eine Auto-Play-Funktion eingeführt: Wenn sich der Cursor über das Video bewegte, startete dieses automatisch. Facebook zählte das jedes Mal als „View" und hatte mit ein bisschen Zauberei die Anzahl der täglichen Ansichten auf einen Schlag verdoppelt. YouTube hingegen zählte eine Ansicht erst, wenn der Nutzer auf Play klickte.

Was wir bei unserem Besuch bei Google sahen, war ein archivarisches Netzwerk, das mit den Schwierigkeiten des Erwachsenwerdens kämpfte. Als YouTube bekannt wurde, kontrollierte das Netzwerk den gesamten Videomarkt. Leider litt es dabei an einer ständigen Identitätskrise und nahm alle 18 bis 24 Monate wesentliche Veränderungen vor. Es wusste nicht so recht, ob es eine Content-Plattform, ein soziales Netzwerk oder ein Zentrum für interaktive Erlebnisse sein wollte. Erst vor wenigen Jahren schuf YouTube Klarheit und schaffte die Anpassungsmöglichkeiten ab. Seitdem bekommt man mit YouTube ein standardmäßiges Videoerlebnis. Das Geschäftsmodell stützt sich auf Werbespots, die vor Videoinhalten geschaltet werden, und einen neuen, werbefreien Aboservice: YouTube Red.

Webvideoproduzenten wie PewDiePies und Mediennetzwerke wie The Young Turks bilden die Grundlage für YouTubes kulturelle Relevanz und sorgen für Traffic (ebenso wie Musikvideos, die immer noch einen Großteil der Gesamtproduktion ausmachen).

Eine der ältesten Webvideomarken, das „Young Turks"-Netzwerk, ist mittlerweile zu einem eigenen Medienunternehmen geworden.

DAS DIGITALE ÖKOSYSTEM

> **DER BEITRAG DES DIGITALEN IM BESTFALL**
> Agenda-Setting
> Intensität – führt zu Empfehlungen
> Buzz – Mundproaganda
> Aktualität
> Teilnahme
> Interaktion

Im Gegensatz zu YouTube legte Facebook zu Beginn keinen Schwerpunkt auf Video. Zunächst wurden Nutzer lediglich dazu angehalten, Videos aus anderen Netzwerken in ihre Posts einzubetten. Doch schließlich startete Facebook einen eigenen Videoservice und warb aggressiv für die verschiedenen Features, die zu seiner Version der Messung von Views beitragen und manchmal dem entgegenlaufen, was wir für YouTube oder Websites allgemein empfehlen würden.

So geht es bei Facebook, wie bei den meisten anderen ephemeren Netzwerken auch, ums Scrollen: Nutzer scrollen so lange, bis sie etwas finden, das sie interessiert. Inhalte, die auf Facebook funktionieren, müssen also Aufmerksamkeit erregen, um die Scroll-Bewegung zu stoppen. Während unseres Besuchs bei Facebook drehte sich vieles um Empfehlungen, wie man genau das erreicht. Daneben möchte das Unternehmen jedoch auch in der Lage sein, Botschaften über Video zu vermitteln, ohne dass der Nutzer entscheiden muss, das Video anzusehen – eine einzigartige Chance für Marken und Kreative.

Thumbnails (das statische Bild, das zu sehen ist, bevor der Nutzer das Video abspielt) sind das, was FullScreen die „Buchcover der Online-Videos" nennt. Aus eigener Erfahrung wissen wir, dass – von Facebook abgesehen – ein Video-Thumbnail ein Bild zeigen sollte, das Aufmerksamkeit erregt und darstellt, worum es in dem Video geht. Es gilt als Best Practice, niemals das Produkt oder das Logo im Thumbnail zu zeigen, da Nutzer ein Video seltener ansehen, wenn sie glauben, es handele sich um ein Werbevideo.

Was Facebook empfiehlt, läuft dem entgegen: Man solle in Thumbnails Produktbilder und Text zeigen. Warum? Weil die Nutzer dann über den Thumbnail scrollen, um den Text zu lesen oder die Produktbilder anzusehen. Das wiederum aktiviert die Auto-Play-Funktion und registriert ein „View".

Während Facebook und YouTube ihre Kämpfe miteinander austrugen, preschten andere ephemere Netzwerke vor: Vine führte das „Loop"-Video ein, während der Live-Streaming-Dienst Periscope diejenigen Nutzer ansprach, die Videos in Echtzeit übertragen wollten.

YouTube und Facebook zogen nach und implementierten Live-Funktionen.

Langfristig ist es fraglich, ob YouTube seine Marktanteile halten kann. Kreative lieben ephemere Netzwerke. Sie nutzen YouTube zwar nach wie vor, allerdings zunehmend als Bibliothek und für die Suche. Teilen und Interaktionen finden auf anderen Kanälen statt.

Wenn Facebook, wie erwartet, eine Videoarchivierungsfunktion einführt, könnte es YouTube damit den einzigen großen Vorteil abluchsen.

5 Lektionen für Führungspersonen im digitalen Zeitalter

Trotz der rasanten Veränderungen im digitalen Ökosystem ändert sich für Führungspersonen nichts Grundlegendes – auch wenn uns der Lärm, die Vernebelung, der Hype und die ständigen Neuerungen manchmal zu überwältigen drohen. Nachdem ich 20 Jahre lang eine digitale Agenda verfolgt habe, sind mir fünf Aspekte aufgefallen, die ich für besonders wichtig halte. Ich glaube nicht, dass sie Teil des Lehrplans irgendeiner Business School sind:

1. Hören Sie nicht auf, „Aber warum?" zu fragen wie ein neugieriges fünfjähriges Kind. „Warum" ist das einzige Wort, das den Nebel lichtet, das wirkliche Problem zum Vorschein bringt und dabei hilft, die Mittel vom Zweck zu unterscheiden. Warum? Warum? Warum? Ich leite sogar Schulungen mit dem Titel „The Power of Why".
2. Erheben Sie Gewissheiten nicht zum Fetisch. Nur weil Ihnen jede Menge Maßnahmen ganz einfach zur Verfügung stehen, heißt es noch nicht, dass diese auch sinnvoll sind. Behandeln Sie alle KPIs mit Vorsicht und die einzelne Kennzahl in etwa so wie einen Pesterreger. Sie könnte Ihre ganze Organisation mit einem verzerrten Sinn für Prioritäten befallen.
3. Bleiben Sie offen für alles. Sie haben die einzigartige Gelegenheit, interne Mauern niederzureißen. Und Sie müssen bei der Zusammenarbeit mit einer größeren Bandbreite an

Einstellungen umgehen als je zuvor. Wer sich nicht in die Karten schauen lässt, wird heute verlieren.
4. Stellen Sie keine Diven ein. Es gibt sie zuhauf und sie können zunächst blenden, nur um später zu enttäuschen. Wie sagte einer meiner Kunden einmal: „Talent ist lediglich ein Rohstoff, der wahre Unterschied liegt in der Beharrlichkeit." Immer wenn ich das vor Hochschulabsolventen wiederhole, sehen sie mich mit offenem Mund an, doch der Satz stimmt heute mehr denn je.
5. Genießen Sie den Dualismus. Die Spannungsverhältnisse der digitalen Welt können Sie – oder Ihr Umfeld – zu Nullsummenspielen verleiten. Doch Erfolg erntet, wer mit den Spannungsverhältnissen umgeht, statt sich für ein „Entweder" oder ein „Oder" zu entscheiden. Außerdem macht es so mehr Spaß.

DOVE

Tim Piper war ein junger Australier, den es in unsere Niederlassung in Toronto verschlug. Als Regisseur und Autor hatte er 2005 den 30-Sekunden-Werbespot *Broken Escalator* für Becel Margarine geschrieben, bei dem er auch selbst Regie führte: Die Rolltreppe geht kaputt, und da die Menschen nicht fit genug sind, um die Treppe hinaufzulaufen, rufen sie um Hilfe. Tim produzierte noch eine längere Version, die der Creative Director von OgilvyOne sah. Dieser erzählte ihm von „diesem YouTube", das Video wurde eingestellt und zur Überraschung aller auf der Stelle 50.000 Mal angesehen.

Evolution – realisiert von Tim Piper, seiner kurzerhand als Model engagierten Freundin und unserem einfallsreichen Produktionsteam in Toronto – wurde zu einem viralen Hit. Diese Low-Budget-Produktion startete eine Werbekampagne, die Doves Markenwert um 1,2 Milliarden $ und den Umsatz um 500 Millionen $ steigerte.

Im Folgejahr erhielt die Agentur den Auftrag, die Dove-Kampagne für wahre Schönheit (*Campaign for Real Beauty*) in den sozialen Medien bekannt zu machen. Tim präsentierte dafür eine Reihe emotionaler Kurzfilmideen, darunter auch *Evolution*, der als Hommage auf die unternehmerische Kreativkultur gewertet werden kann, die Creative Directors Janet Kestin und Nancy Vonk förderten und die es den Kreativen erlaubte, alles zu präsentieren, was sie begeisterte. Die Kunden waren von der Idee eines emotionalen Kurzfilms äußerst angetan, bevorzugten jedoch die anderen Konzepte, da *Evolution* die Auftragsvorgaben nicht ganz zu erfüllen schien. Doch Tim spürte instinktiv, dass gerade *Evolution* über etwas verfügte, einen „außergewöhnlichen visuellen Faktor", wie er es nannte, der die Zuschauer dazu bringen würde, gerade dieses Video zu teilen.

Da für *Evolution* kein Geld vorgesehen war, produzierte Tim das Video mithilfe der Regisseurin Yael Staav, die für die genehmigten Filme zuständig war, und der Produzentin der Agentur, Brenda Surminski. Er war allerdings klug genug, die Kunden vorher zu informieren. Er bat ein paar Leute um einen Gefallen und fand vor Ort einen Modefotografen, eine Visagistin und ein Filmstudio für die Postproduktion. Seine Freundin engagierte er als Model. Tim schrieb den Werbespot und agierte zusammen mit Kreativpartner Mike Kirkland als künstlerischer Leiter. Die Kunden waren begeistert.

Das Video wurde ohne jegliche Mediaplanung online gestellt, doch wie sich herausstellte, brauchte es die auch gar nicht: Es wurde zu einem der ersten viralen Markenerlebnisse. Was wir daraus lernen? Zum einen – und das ist eine heilsame Erfahrung –, dass es ganz ohne aufwändige Marktforschungstests auskam, da für die gesamte Produktion ja gar kein Budget vorgesehen war. Viel wichtiger ist jedoch Folgendes: Wenn Sie etwas finden, das visuelle Resonanz erzeugt, das die Werte einer Marke auf ganz konkrete Weise einfängt, dann können Sie ein Video erstellen, das die Verbraucher nicht nur wahrnehmen, sondern das sie auch berührt. Und was sie berührt, das teilen sie.

Doch lassen Sie uns noch einmal zu den Anfängen zurückkehren: Mit David Ogilvys Hilfe führte die Firma Lever Brothers die Dove-Seife im Jahr 1957 ein. Mit dem Differenzierungsmerkmal „Beauty Bar" wurde das „supersauber"-Gefühl herkömmlicher Seifen durch eine Pflegecreme ersetzt, und die Werbespots zeigten sehr natürlich wirkende weibliche Stars ihrer Zeit, wie Jean Shy und Pearline Watkins. Dove galt immer als authentische Marke. In den frühen 2000er-Jahren wurden wir gebeten, aus dem Dove-Produkt eine Marke mit Produktportfolio zu entwickeln – und das in einer überladenen Kategorie, die außerdem durch Eigenmarken und Onlinehandel fragmentiert war.

Ich war immer davon überzeugt, dass Marken neben Big Ideas auch Big IdeaLs™ haben sollten (siehe Seite 60). Wir beschlossen daher, einen gesellschaftlichen Standpunkt zu entwickeln, der profitabel wäre und gleichzeitig eine positive Botschaft enthielte. Und wenn mich jemand fragte, was denn Doves Standpunkt sei, dann erwiderte ich: „Dove glaubt, dass die Welt ein besserer Ort wäre, wenn Frauen sich gut fühlen dürften." So ein gesellschaftlicher Standpunkt ist ein mächtiges Organisationswerkzeug, das an die besten Eigenschaften einer Marke anknüpft. Oder wie Steve Miles (Global Marketing, Dove) es ausdrückte: „Marken, die einen guten Zweck verfolgen, sind nicht nur positiv für die Gesellschaft, sondern auch der Weg zu außergewöhnlichem Wachstum."

Die Schönheitsindustrie geht von der – nicht hinterfragten – Annahme aus, Schönheit sei etwas Positives und Angenehmes. Umso schockierter waren wir, als wir herausfanden, dass unglaubliche 98 Prozent der Frauen mit ihrem Äußeren unzufrieden sind. Daraufhin stellten wir uns eine Welt vor, in der Frauen Schönheit als eine Quelle des Selbstvertrauens und nicht des Selbstzweifels betrachten. Und Dove war mit dem Start der *Campaign for Real Beauty* die Marke, die diese Auffassung öffentlich

vertrat. Das war ein einschneidender Moment für Dove und zeigte, welche Wirkung eine Marke mit einem gesellschaftlichen Statement erzielen kann.

Doch in den frühen 2010er-Jahren war die *Campaign for Real Beauty* ihrem eigenen Erfolg zum Opfer gefallen. Plötzlich gab es nur noch „real women" – die Schönheitsindustrie besserte sich, und Mädchen wollten in Magazinen nun Frauen aus dem echten Leben sehen. Also machten wir uns daran, unsere früheren Erkenntnisse neu zu bewerten, und fanden, dass diese zwar nicht mehr bahnbrechend waren, sich dahinter jedoch noch eine andere Wahrheit verbarg. Zwar erklärten sich immer noch 96 Prozent der Frauen mit ihrem Äußeren unzufrieden, Grund dafür waren allerdings nicht mehr die unrealistischen Schönheitsideale. Vielmehr zeigte unsere Forschung, dass hinter dem inneren Monolog der Frauen nun ein neues Problem steckte: 54 Prozent der Frauen bezeichneten sich selbst als schlimmste Kritikerin und ein Drittel der Frauen gab an, ihre größte Angst käme vom „selbst auferlegten Druck, schön zu sein".

Dove hat verstanden, dass sich Marken, die aktuell bleiben wollen, kontinuierlich weiterentwickeln müssen, und so starteten wir eine „Helden"-Kampagne, die jedes Jahr im Frühling lief: *Sketches* im Jahr 2013 (siehe Seite 82), *Patches* 2014 und *Choose Beautiful* 2015. Sie brachten von 2013 bis 2016 weltweit 14 Milliarden Ansichten ein und verfügten über einen Mediawert von mehr als 90 Millionen Dollar durch Berichterstattung unter anderem in *Huffington Post* und *Today*. Die meisten Ansichten waren digital. Laut BrandZ-Studie wird Dove heute auf über 5 Milliarden Dollar geschätzt, wobei mehr als 40 Prozent des Markenwertes auf Werbung zurückzuführen sind. Anhand eigener ökonometrischer Modelle konnte Dove den Preis, das Vertrauen in die Wirtschaft, Änderungen im Vertrieb und Werbeausgaben als Faktoren für das Umsatzwachstum ausschließen – ein weiterer Beleg dafür, dass eine Marke, die einen guten Zweck verfolgt und diesen in der Werbung nutzt, im Herzen der Gesellschaft ankommen kann.

Andere haben versucht, für die Marken ihrer Kunden eine ähnliche Evolution zu starten, wie Tim es für Dove getan hat, doch sie gehen allzu oft am Kern des Problems vorbei. Tim hat eines verstanden, als er an seinem Schreibtisch in Toronto saß: Dove nutzt die Ängste der Frauen nicht aus, sondern bringt diese zum Ausdruck. So wird daraus ein öffentliches Problem, gegen das sich Frauen gemeinsam wehren können. Dove ist ein empathischer Anführer, ein Ökosystem für das digitale Zeitalter. Die Stimme von Dove ist die innere Stimme von Frauen überall auf der Welt – sie sagt, was Frauen sagen würden, wenn es die Gesellschaft zuließe. Die Tatsache, dass Millionen Frauen ihre eigene Schönheit endlich erkennen, ist vielleicht die beste Erfolgsmetrik überhaupt.

Sketches ist einer der meistgeteilten Werbespots und eines der meist gesehenen Videos. Es zeigt die übermäßig kritische Selbsteinschätzung der Frauen in Bezug auf ihr Aussehen im Vergleich zur großzügigeren Bewertung durch Fremde. Die Aussage des Kurzfilms: Frauen sind schöner, als sie denken.

5 MILLENNIAL SEIN ODER NICHT SEIN

Wenn man einigen Experten, Journalisten, Marketingfachleuten und Soziologen Glauben schenkt, sind die Millennials eine ganz eigene, homogene Gruppe und Akteure in einer so noch nie dagewesenen Transformation unserer Welt. Auch ich bekenne mich schuldig, mit dem Wort „Millennial" um mich geworfen zu haben. Schubladendenken ist deshalb so beliebt, weil es so einfach ist.

Erst hatten wir die Generation X, jetzt ist es die Generation Y, auch Millennials genannt. Danach kommen die Centennials, die Generation Z. Ach so, und dann sollten wir uns für die ältere Generation auch noch etwas ausdenken: Generation S vielleicht oder Babyboomer. Und natürlich unterscheiden sich diese Kohorten in bestimmten Aspekten voneinander. Doch man könnte spötteln, dass das weder neu noch besonders überraschend ist. Und verschiedene Kommentatoren wiesen darauf hin, dass die Generation X sich ähnlich abschätzig über die Generation Y äußerte, wie es die Babyboomer über die Generation X taten.

Centennials (9-17) **Millennials (18-34)** **Gen X (35-54)** **Gen S (55+)**

Die Einteilung in Generationen ist nur sinnvoll, wenn sie zum besseren Verständnis der Kohorten beiträgt. Millennials wuchsen während der digitalen Revolution auf und unterscheiden sich von anderen als die ersten Digital Natives. Die nachfolgende Generation Z wurde bereits „digital geboren". Welchen Einfluss sie auf die Welt ausüben werden, bleibt abzuwarten.

Die Millennials unterscheiden sich von anderen Kohorten darin, dass ihre Generation mit der digitalen Revolution zusammenfiel. Sie sind die ersten Digital Natives. Doch halt, so stimmt das nicht ganz: Am oberen Ende der Altersskala sind die Millennials wahrscheinlich eher mit einem Sony Walkman (dem tragbaren CD-Player, nicht dem für Kassetten) groß geworden – oder mit einer Modemverbindung. Sie haben die primitiven Anfänge des digitalen Zeitalters miterlebt und erst die nach 2000 geborenen Mitglieder der Generation Z sind die wahren Digital Natives.

Ebenso wie man die Millennials nicht als eine digitale Kohorte bezeichnen kann, ist es auch schwierig, sie in anderen Bereichen als homogene Gruppe zu sehen. Das Erste, was wir in einer Darstellung der Millennials üblicherweise tun, ist, zu leugnen, dass es so etwas wie einen Millennial überhaupt gibt. Schließlich sprechen wir hier von etwa 38,1 Prozent der Weltbevölkerung – und die 99 Millionen Millennials in Pakistan haben sehr wenig mit den 91 Millionen in den USA gemeinsam. Doch auch in den USA allein ist es schwierig, von einer homogenen Gruppe zu sprechen, wenn beispielsweise die Einkommensunterschiede zwischen reichen (meist die Aushängeschilder der Kohorte) und armen Millennials so groß sind.

Die Ersten, die die Millennials als Kohorte beschrieben, schienen ein perverses Interesse daran gehabt zu haben, sie zu stigmatisieren. Natürlich, alles Schreckliche fasziniert – und das von den Millennials gezeichnete Bild war in der Tat schauerlich. Ich nenne es die große „Narzissmus-Verleumdung": Die Generation sei außergewöhnlich ichbesessen, selbstverliebt und impulsiv. Ich kann das einfach nicht glauben. Die wissenschaftlichen Studien, die der Beschreibung als Grundlage dienten, wurden von vielen Kreisen kritisiert, und als Ogilvy & Mather eine eigene Studie vorlegte, zeigten die Ergebnisse das genaue Gegenteil: Die Millennials sind eine eher selbstlose Generation, die sich in höherem Maße um weniger wohlhabende Menschen kümmert als die Vorgängergeneration.

Anspruchsdenken ist ein weiteres Merkmal, das den Millennials vorgeworfen wird, einer genaueren Betrachtung allerdings nicht standhält. Im Vergleich zur Generation X neigen sie eher dazu, Geld zu sparen, und legen mehr Genügsamkeit an den Tag. So sind sie beispielsweise bereit, geduldig auf den richtigen Zeitpunkt für den Hauskauf zu warten.

Bei der Generation Z sind dieselben Merkmale noch stärker ausgeprägt. Sie sehen sich selbst viel weniger als „Spaßgeneration" und gehen ungern Risiken ein. Sie sorgen sich bereits jetzt um die Zukunft und besonders um die Umwelt.

Die Herausforderung für amerikanische Millennials besteht also darin, dass ihre Generation mit einer Epoche zusammenfällt, in der die guten Zeiten zu Ende gehen. Und daraus ergeben sich ganz bestimmte Merkmale. Es ist viel unwahrscheinlicher, dass sie ein eigenes Haus besitzen, Kreditkarten nutzen, ein Auto kaufen oder fahren oder im selben Alter heiraten wie ihre Eltern. Dafür ist es viel wahrscheinlicher, dass sie teilen, Vielfalt schätzen und der Meinung sind, dass alle Leben gleichermaßen wichtig sind, egal ob schwarz, homosexuell, weiß oder heterosexuell.

Ein Glück, dass es Millennials gibt!

Doch schon läuft man Gefahr, einem weiteren Trugschluss aufzusitzen, dass nämlich eine millenaristische Fantasievorstellung wahr werde und das soziale Äquivalent einer zweiten Wiederkunft Christi bevorstehe. Doch die meisten Millennials sind keine Millenaristen. Sie glauben nicht, dass sie ein goldenes Zeitalter einläuten, in dem niemand mehr arbeiten muss, wir selbst angebautes Gemüse tauschen und in gleichberechtigter Glückseligkeit zusammenleben. Träumereien dieser Art gründen auf einer Übertreibung recht unbedeutender Trends. Ich glaube beispielsweise kaum, dass ein Modetrend wie „Normcore" – das Tragen unauffälliger, durchschnittlicher Kleidung von Walmart oder LL Bean – das Zeug hat, die Modebranche zu vernichten. (Und neu ist Normcore ebenfalls nicht: Ich habe früher sehr zu meiner Zufriedenheit die Extremform dieses Trends praktiziert und nur Secondhand-Kleidung getragen – zu einer zweiten Wiederkunft Christi hat das jedenfalls nicht geführt.)

Was durchaus stimmt, ist, dass Millennials eine andere Arbeitseinstellung haben, das kann jeder Arbeitgeber bezeugen – und Ogilvy & Mather beschäftigt Tausende. Die traditionelle Arbeitsumgebung ist linear aufgebaut und stark gegliedert. Millennials sind meiner Erfahrung nach – zu Recht – viel anspruchsvoller in Bezug darauf, inwiefern sie mit ihrer Arbeit ihr Potenzial erfüllen können. Sie bewegen sich daher verstärkt auch horizontal, ändern die Richtung, verbinden die Arbeit mehr mit persönlichen Interessen und nehmen Chancen für Auszeiten wahr, um etwas ganz anderes zu tun. Diese Vorgehensweise mag es Führungspersonen schwerer machen, doch wer möchte leugnen, dass sie menschlicher ist? Und doch müssen wir vorsichtig sein. Dies wird nicht zu einer Komplettreform der Organisationsstrukturen oder der Abschaffung von Hierarchien führen. Vielmehr muss sich das System anpassen – wenn es intelligent genug ist, dies zu tun.

Generation Me? Das sehe ich überhaupt nicht so. Unsere Forschung hat gezeigt, dass Millennials selbstloser sind als ihre Eltern. Sie scheinen sich jedenfalls mehr für Menschen als für Dinge zu interessieren.

MILLENNIALS ARBEITEN HART, ZEIGEN UNTERNEHMERGEIST UND SCHEUEN KEINE RISIKEN

TRADITIONELLE KARRIERE

- Beförderung in eine Führungsposition
- Linearer beruflicher Aufstieg
- Firmeneintritt als Nachwuchskraft

- Separate soziale und berufliche Netzwerke
- Wirkliche Interessen werden in Hobbys außerhalb des Berufs ausgelebt
- Das Privatleben verläuft parallel zum Berufsleben

MILLENNIAL-KARRIERE

- Rollen ausprobieren, um Erfahrung zu sammeln
- Beruflicher Aufstieg nach eigenen Wünschen
- Auszeit nehmen, um sich über Interessen klar zu werden
- Horizontale Veränderung
- Berufswechsel

- Privat- und Berufsleben überschneiden sich
- Interessen und Beruf hängen miteinander zusammen
- Nebenprojekte sind normal

Die Karriere von Millennials verläuft nicht mehr linear, sondern eher wie im Spiel „Schlangen und Leitern". Sie bewegen sich oft horizontal, nehmen Auszeiten und greifen für fachliche Herausforderungen nach oben oder quer hinüber. Wenn sie fallen, klopfen sie sich den Staub von der Hose und probieren es mit einer anderen Leiter. Ich bewundere ihren Einsatz und ihren Mut. Millennials erleben auf ihrem Weg sicher viel Interessantes.

Viele dieser Meinungen über Millennials, ob sie nun der Wahrheit entsprechen oder nicht, hängen mit Vorstellungen von Technologie und ihrem möglichen Einfluss auf Millennials zusammen. Und hier treffen wir den Kern des Ganzen: eine Verschmelzung der digitalen Revolution mit der Idee eines Generationenwechsels.

Doch kann man die beiden wirklich gleichsetzen?

In gewisser Weise zweifellos schon. Das große Geschenk der digitalen Revolution war die Internetverbindung, die zunächst niemand so stark nutzte wie die Millennials – bis die Generation Z kam. Das Handy ist für den Internetzugang so wichtig geworden, dass sein Fehlen oder Verlust zu diagnostizierbaren Angststörungen führen kann. Das trifft auf uns alle zu, ist bei Millennials jedoch besonders ausgeprägt.

Eine meiner Lieblingsstatistiken stammt aus einem von AT&T 2016 durchgeführten Online-Survey, in dem 2.000 US-Bürger gefragt wurden, was sie opfern würden, damit sie nicht für den Rest ihres Lebens auf das Internet verzichten müssten. 40 Prozent gaben an, lieber auf einem Auge blind zu werden, und 30 Prozent würden einen ihrer Finger abhacken. Bravo!

Das Internet schafft Abhängigkeiten und führt zu neuen Verhaltensweisen, wobei das Multitasking wohl am weitesten verbreitet ist. Doch es wäre falsch, anzunehmen, dass alle in gleicher Weise auf die Nutzung von Technologien reagieren. Ich jedenfalls habe nicht den geringsten Beleg gefunden, der darauf hindeuten würde.

Demografische Segmentierungsstudien können ja recht leblose Angelegenheiten sein. Zwar liefern sie Antworten, doch sollten sie mit Vorsicht genossen werden, schon allein deshalb, da sie den Eindruck vermitteln, ihre „Segmente" seien echte Menschen. Dennoch gibt es einige (erstaunlich) wenige gute Segmentierungsstudien über die Auswirkungen der Digitalisierung. Auch wenn die Segmente jeweils unterschiedlich konstruiert und benannt werden – wählen Sie aus Techno-Sploiters und Mouse-Potatoes, Techno-Gamers und Gadget-Grabbers –, kann man einige Schlussfolgerungen doch gefahrlos ziehen:

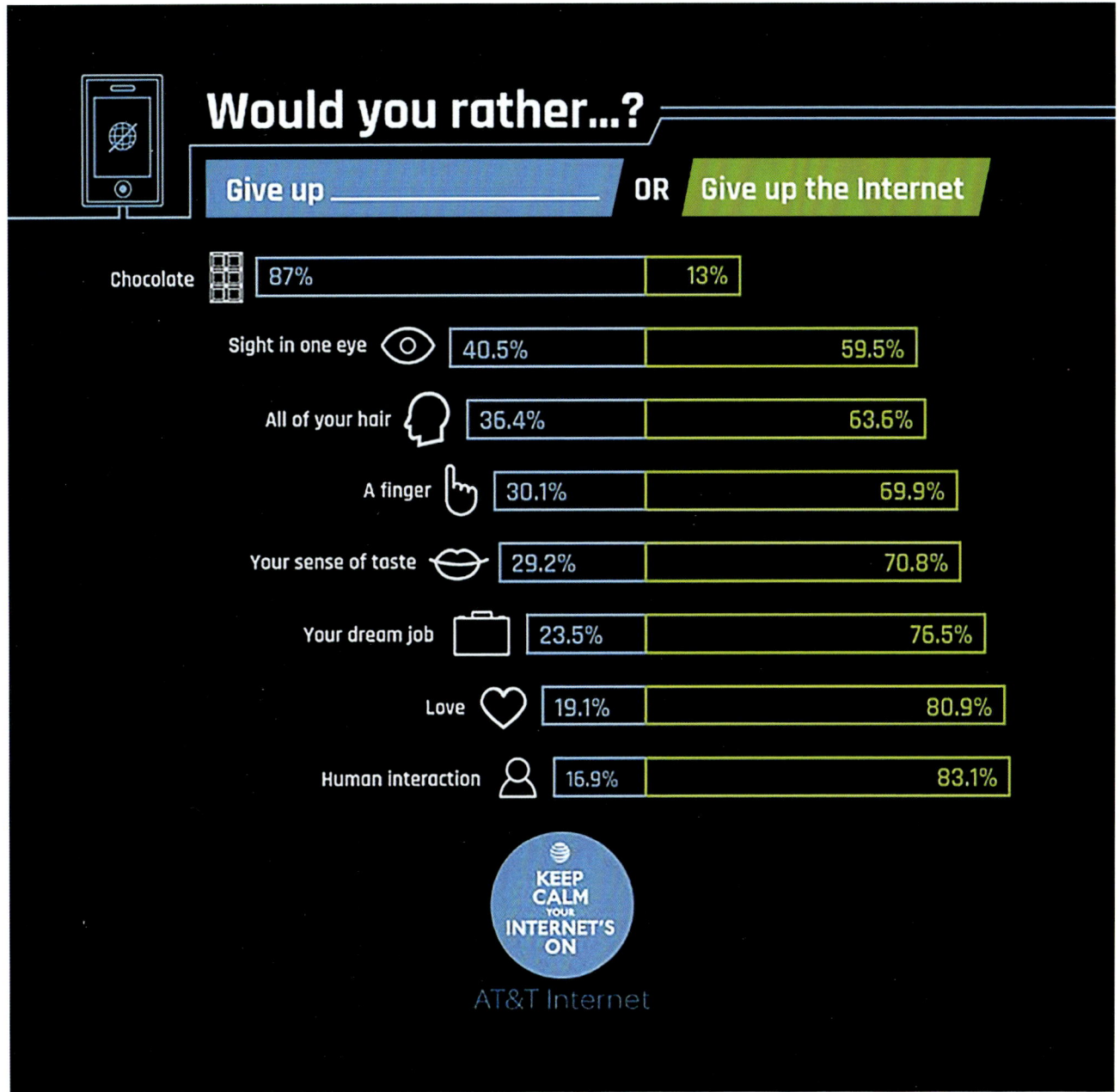

- Es gibt keine allen Menschen gemeinsame Einstellung gegenüber Technologien.
- Nur weil die Technophobie abnimmt, heißt das nicht, dass das auch für die Gleichgültigkeit gegenüber Technologien stimmt. Vielmehr nimmt Letztere zu.
- Selbst Digital Natives unterscheiden sich in ihren Einstellungen, je nachdem, wie stark sie die sozialen Medien nutzen. Die Nutzung des Internets ist also keine Konstante, sondern eine Variable, die bei verschiedenen Menschen unterschiedlich ausgeprägt ist. Das klingt so offensichtlich, wird von digitalen Fanatikern allerdings nicht immer so dargestellt. Grund dafür ist, dass neueste Technologien sowohl Mittel zum Zweck als auch Selbstzweck sind. Als Mittel, um Grenzen zu sprengen, sind sie höchst effektiv, als Selbstzweck müssen sie

Für Digital Natives ist das Internet zu einer Erweiterung des Selbst geworden. In dieser Studie von AT&T aus dem Jahr 2016 gab fast ein Drittel der befragten amerikanischen Digital Natives an, sich lieber einen Finger abzuhacken, als das Handy zu verlieren.

MILLENNIAL SEIN ODER NICHT SEIN

MILLENNIALS SIND ONLINE AM BESTEN ERREICHBAR, NEHMEN JEDOCH AUCH ANDERE WERBEFORMATE SELEKTIV WAHR

Sponsoring
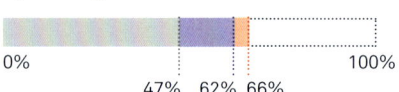
0%　　　　47% 62% 66%　　　100%

Markenwebsite
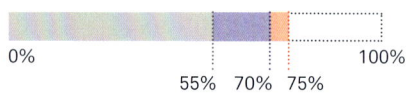
0%　　　　55% 70% 75%　　　100%

Redaktionelle Beiträge wie Zeitungsartikel
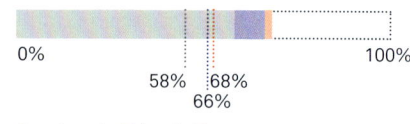
0%　　　　58% 68%　　　100%
　　　　　　66%

Kundenmeinungen online
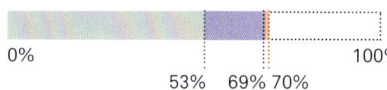
0%　　　　53% 69% 70%　　　100%

Anzeigen in Zeitschriften
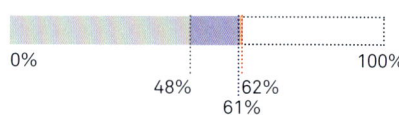
0%　　　　48% 62%　　　100%
　　　　　　61%

Anzeigen in Zeitungen
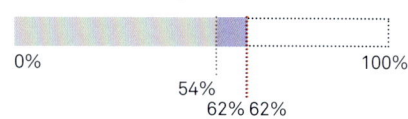
0%　　　　54%　　　100%
　　　　　　62% 62%

Empfehlungen von Bekannten

0%　　　　80% 85%　　　100%
　　　　　　83%

Fernsehwerbung
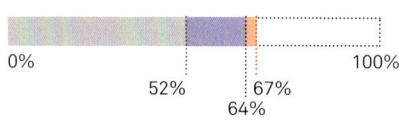
0%　　　　52% 67%　　　100%
　　　　　　64%

LEGENDE
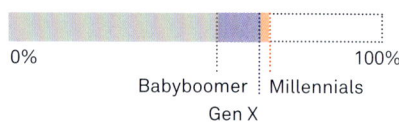
0%　　　　　　　　　100%
　　　　Babyboomer　Millennials
　　　　　　Gen X

Quelle: Unilever-Kantar.

Millennials unterscheiden sich in ihrem Umgang mit verschiedenen Werbeformaten erstaunlich wenig von früheren Generationen. Der Einfluss von Freunden, Foren und bekannten Marken spielt allerdings eine größere Rolle.

kontrolliert werden, um zu vermeiden, dass sie unser Denken beherrschen. „Entweder das Neueste vom Neuen oder völlig wurscht" ist in der digitalen ebenso wie in der analogen Werbung eine gefährliche Grundeinstellung. Die Generation Z beweist das auf vielleicht überraschende Weise: Sie nutzt die sozialen Medien anders als Millennials, ist weniger stark auf Facebook vertreten und verwendet lieber kleine, privatere Ökosysteme wie Snapchat.

- Die Generation Z ist skeptischer und vorsichtiger. Zwei Drittel treffen Freunde lieber offline, im Gegensatz zu 15 Prozent, die online vorziehen. Ein Großteil kauft lieber in konventionellen Geschäften als in Online-Shops ein.
- Die Forschung von J. Walter Thompson zeigt, dass die Einstellungen von Millennials zu Technologien sehr viel differenzierter ausfallen als oft dargestellt. Viele Millennials fürchten, Technologien könnten ihr Leben beherrschen.
- Millennials tendieren dazu, die „Regeln" zu missachten, die von jenen aufgestellt wurden, die ihre Generation als Erste beschrieben. So lesen sie beispielsweise Bücher. Eine Pew-Research-Studie zu Lesegewohnheiten aus dem Jahr 2015 führte zu erstaunlichen Ergebnissen: So war es wahrscheinlicher, dass 18- bis 29-Jährige in den vergangenen 12 Monaten ein Buch gelesen hatten als die ältere Generation. Zwar sind viele von ihnen noch Studenten, doch das ändert nichts am Ergebnis. Ganze 80 Prozent der jüngsten Gruppe hatten ein Buch gelesen, im Vergleich zu 71 Prozent der 30- bis 49-Jährigen, 68 Prozent der 50- bis 64-Jährigen und 69 Prozent der 65-Jährigen aufwärts.
- Millennials interessieren sich – mehr als die Babyboomer – immer noch für traditionelle Werbeformate, gehen damit aber oft anders um.
- Millennials sind „Mesher", das heißt, sie nutzen ein zweites Gerät, um Inhalte zu ergänzen, auf die sie mit dem ersten Gerät zugreifen. Und sie sind „Showroomer", sie lassen sich in traditionellen Geschäften beraten, kaufen dann aber online.
- Mit ihrem Einkauf zeigen uns die Millennials die gelbe Karte. Sie werden von vielen Marken unterschätzt und der Grund dafür ist aufschlussreich: Wenn man die Erschwinglichkeit einmal unberücksichtigt lässt, ist diese sogenannte narzisstische Generation auf der Suche nach etwas, das über die reine Befriedigung von Wünschen hinausgeht. Sie suchen nach Authentizität und nach Marken, die sich gut verhalten. Dasselbe gilt für die Generation Z in noch höherem Maße.

Später werde ich darauf noch näher eingehen. Im Augenblick soll es genügen, etwas Salz in eine hoffentlich offene Wunde zu streuen. Am Beispiel der Millennials wird deutlich, wie gefährlich allzu simple Verallgemeinerungen sein können. Sie sind nicht das, wofür viele sie halten, weder digitale Opfer noch digitale Fanatiker, sondern um einiges komplexer – und daher auch interessanter.

DER AMERIKANISCHE DIGITAL NATIVE

1. Ethisches Bewusstsein
2. Achtsamer Umgang mit dem Selbstbild
3. Kulturelle Verschmelzung
4. Single aus Überzeugung
5. Mobil

5 MYTHEN ÜBER MILLENNIALS

1. Sie sind technikbegeistert.
2. Sie sind narzisstisch.
3. Sie lesen nicht.
4. Sie gehen nicht in konventionelle Geschäfte.
5. Sie interessieren sich nicht für Werbung.

MILLENNIAL SEIN ODER NICHT SEIN

Oben: Mit der Kampagne #CokeTV Moments demonstrierte Coca-Cola die Bereitschaft von Millennials, sich mit fernsehähnlichen Inhalten zu befassen. Die von Millennials auf einem eigenen YouTube-Kanal veranstalteten Shows sprudelten vor jugendlicher Offenheit, während sich die Teilnehmer mit den Herausforderungen und Themen auseinandersetzten. CokeTV – obwohl online – ähnelt den traditionellen Fernsehshows für Jugendliche sehr. Millennials agieren auf mehreren Kanälen und sind aktive Teilnehmer, lehnen sich von Zeit zu Zeit jedoch auch gern zurück und schauen zu.

Gegenüber und oben: Millennials haben ein Merkmal mit jeder Generation junger Leute gemeinsam: Sie zeigen sich zurückhaltend, wenn es darum geht, langfristig zu planen.
Doch gerade bei der Rentenvorsorge lohnt es sich, früh zu beginnen – wie Prudential Financial gemeinsam mit Dan Gilbert demonstrierte, einem Psychologen der Harvard University. Um zu zeigen, wie sogar kleine Einzahlungen mit der Zeit einen riesigen Unterschied machen können, bauten Prudential und Gilbert immer größere Dominosteine auf und stießen diese anschließend um. Obwohl sie mit einem regulären Dominostein begannen, war der letzte gut 9 Meter hoch – ein neuer Weltrekord.

6 DIE POSTMODERNE MARKE

Der Begriff „Branding" wurde ursprünglich für die Kennzeichnung von Vieh verwendet. Bei Ogilvy halten wir zwar keine Rinder, doch wir bauen mit Markenzeichen, Vertrauensbildung und mehr auf dieser frühen Form des Brandings auf.

Solange ich denken kann, stecken Marken in der Krise. Früher waren es die Eigenmarken der Händler, die den Marken den Garaus machen konnten. Heute, im digitalen Zeitalter, schweben sie scheinbar wieder in Todesgefahr. Lesen Sie nur diese Überschriften: „9 Kultmarken, die bald tot sein könnten"; „Stirbt die Markentreue einen langsamen und schmerzhaften Tod?"; „Sind die Unternehmensmarken tot?". Es ist ein Experten-Eldorado. Einer von ihnen drückte es etwas romantischer aus, als er die „Markendämmerung" prophezeite.

Natürlich sehen auch wir, dass es für Marken einen Grund zur Sorge gibt. In einer Welt der scheinbar perfekten Informationen und Produktbewertungen durch andere Käufer stellt sich die Frage, ob die Marke überhaupt noch nötig ist, um Konsumenten von der Güte eines Produktes zu überzeugen.

Doch geben Sie Marken noch nicht verloren. Sie sind noch lange nicht tot. Und ich glaube, sie werden auch das digitale Zeitalter überleben.

Ab und zu wird versucht, die Entwicklungsgeschichte des Branding in Phasen einzuteilen. Wenn man dabei nicht allzu akribisch vorgeht, ist das durchaus ein verlockender Gedanke – wenn auch nur, um zu verstehen, woher Marken kommen und wohin sie sich weiterentwickeln könnten.

„Branding" bezog sich zunächst auf die Kennzeichnung von Rindern mit einem Brandeisen, später wurde der Begriff auf den Aufbau und die Weiterentwicklung einer Marke ausgeweitet. Während des „Trademark Branding" stand die Marke für Qualität. In der nächsten Phase ging es um harte Fakten und kluge Debatten, um Alleinstellungsmerkmale und zunächst noch rationale Verkaufsargumente. Doch mit dem Fernsehen kamen Bild und Ton im Wohnzimmer des Verbrauchers an und es folgte die Ära des Markenimages, das emotionale Branding. Jede Phase brachte Neuerungen, überlagerte die jeweils vorhergehende Phase, existierte teilweise jedoch auch neben dieser weiter.

Und hier endet *Ogilvy über Werbung*.

Mit dem Beginn der digitalen Revolution erschien die Idee einer „Marke" nach der Definition von Gurus wie David Aaker und Philip Kotler (angeblich in Stein gemeißelt) ziemlich altmodisch. Wir erlebten die Entstehung der postmodernen Marke.

Kulturfanatiker

In *Ogilvy über Werbung* kommt das Wort „Kultur" noch nicht vor. Doch in den 1980er-Jahren begannen Markeninhaber, Kultur als etwas zu betrachten, das man besitzen kann. Als Paradebeispiel dafür galt die Marke Nike, deren kultureller roter Faden mit Wettkampf durch schiere Willenskraft, Kampf des Einzelnen gegen die Welt, Sieg der inneren Stärke über körperliche Voraussetzungen deutlich erkennbar war. Den Slogan „Just Do It" gab es zwar schon seit 1988, also vor dem Internet, doch als zu Paid Media noch Owned und Earned Media hinzukamen, erleichterte das den Einsatz von Kultur in der Werbung enorm. Nun konnten Marken Ziele vorgeben und die Verbraucher dorthin einladen. Mit dem Kulturkonzept entstand ein ge-

PHASEN DES BRANDING

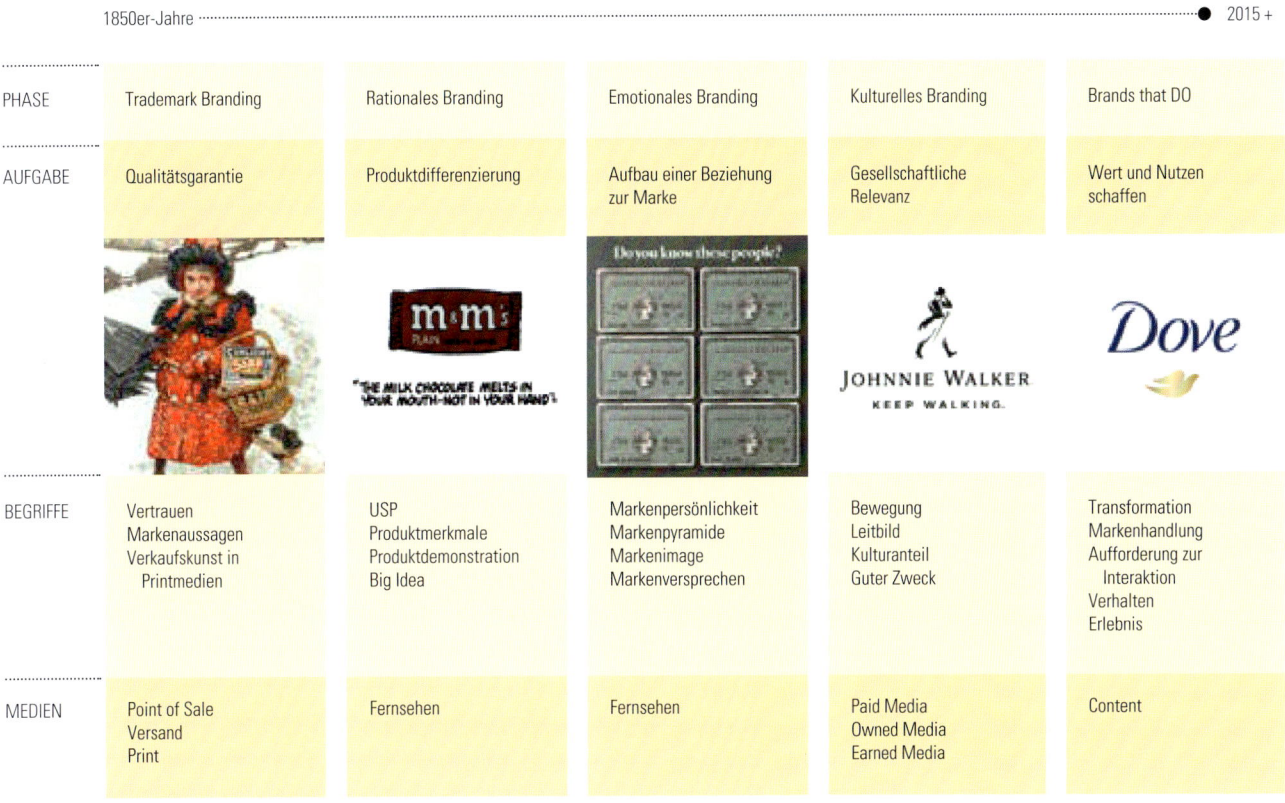

	1850er-Jahre				2015 +
PHASE	Trademark Branding	Rationales Branding	Emotionales Branding	Kulturelles Branding	Brands that DO
AUFGABE	Qualitätsgarantie	Produktdifferenzierung	Aufbau einer Beziehung zur Marke	Gesellschaftliche Relevanz	Wert und Nutzen schaffen
BEGRIFFE	Vertrauen Markenaussagen Verkaufskunst in Printmedien	USP Produktmerkmale Produktdemonstration Big Idea	Markenpersönlichkeit Markenpyramide Markenimage Markenversprechen	Bewegung Leitbild Kulturanteil Guter Zweck	Transformation Markenhandlung Aufforderung zur Interaktion Verhalten Erlebnis
MEDIEN	Point of Sale Versand Print	Fernsehen	Fernsehen	Paid Media Owned Media Earned Media	Content

meinsames Bedeutungssystem, das es Marken ermöglichte, eine „Bewegung zu starten". Der „Kulturanteil" ersetzte den „Marktanteil" als Zielsetzung – und Marken kämpften darum wie die Geier ums Fleisch.

Die Kulturverfechter griffen die vorangegangene Phase wegen ihrer Oberflächlichkeit an. Der Akademiker Douglas Holt, ein Pionier des kulturellen Branding, sprach von der „Commodity-Emotions-Trap". In Kombination mit den bürokratischen Prozessen großer Unternehmen hatte Kultur bisher im schlimmsten Fall zu bedeutungsfreien Abstraktionen geführt. Holt gibt dazu ein herrliches Beispiel, das alle, die in der Werbung tätig sind, sicher erkennen:

> Sie begannen mit der Markenvision: Dieses Getränk sollte „ein absolut, restlos und vollkommen erfülltes Leben ermöglichen". Das Markenversprechen lautete: „Ein neuer Durstlöscher, der es dir ermöglicht, viel mehr zu erreichen, als du je gedacht hättest." Doch die Verantwortlichen waren sich nicht einig, manche meinten, das treffe es nicht ganz. Also wurde mehr Forschung in Auftrag gegeben und die Aussage geändert. Jetzt hieß es „Up for Adventure", im nächsten Durchlauf „Refresh Your Day", dann „Refueling Vitality", „Refreshment for an Active Lifestyle" und „Fuel for Life". Schließlich einigte man sich auf „Refresh for Life".[1]

Im besten Fall jedoch verhilft Kultur Marken zum Erfolg. Holt bringt es auf den Punkt: „Nikes berühmte Schuhinnovationen erfolgten sehr früh und fielen nicht mit dem Durchbruch der Marke zusammen. Was Nike erfolgreich machte, waren innovative kulturelle Eindrücke, nicht innovative Produkte." Nike startete seine „Word of Foot"-Kampagne mit persönlichen Geschichten ganz normaler Hobbysportler. Aus der Prämisse, dass in jedem Menschen ein

Branding hat verschiedene Phasen durchlaufen. In Ogilvy über Werbung *zeigt sich David als Erfinder des emotionalen Branding – er hatte sicherlich ein bis zwei Big Ideas. Das digitale Zeitalter zwingt uns jetzt zurück zum Konkreten. Branding basiert auch heute noch auf Prinzipien früherer Phasen – Zweck und emotionalem Versprechen –, dennoch wurde mit dem Behavioural Branding eine neue Ära eingeläutet. Wir sprechen gern von „Brands that DO", von Marken, die handeln.*

DIE POSTMODERNE MARKE

Sportler steckt, ergab sich Stoff für vier Jahrzehnte Marketing – und Sportschuhe waren im Alltag angekommen.

Die Kulturfanatiker waren auf dem richtigen Weg. Und nichts war so gut geeignet, die Markenkultur darzustellen, wie ein Markenleitbild. Die gab es plötzlich überall – und das Verfassen von Leitbildern wurde ebenso zu einer Kunst wie die Werbung, die sich daraus ergab.

Wir könnten das „Fortschritt" nennen. Und genau das war es, was Johnnie Walker sich auf die Fahnen schrieb, eine Marke, die sich das Konzept eines Markenleitbildes sehr erfolgreich zunutze machte.

Zu Beginn des 21. Jahrhunderts war Johnnie Walker sowohl in etablierten als auch in neuen Märkten unter Druck geraten. Es würde eine kühne Kombination aus Marktkenntnissen und Symbolkraft nötig sein, um den Erfolg der Marke auch im nächsten Jahrtausend zu gewährleisten.

Und hier kam das Markenleitbild ins Spiel. Johnnie Walker erkannte, dass sich die Werte von Männern im 21. Jahrhundert geändert hatten und Erfolg nicht mehr nach materiellen Gütern, sondern nach Motivation gemessen wurde. Es ging nicht mehr um den Besitz eines Mannes, sondern darum, was er erreichen und in welche Richtung er sich weiterentwickeln könnte. Diageo, der Inhaber der Marke, beschrieb den Grundgedanken so: „Johnnie Walker inspiriert persönlichen Fortschritt". Kurz und prägnant wurde daraus: „Keep Walking".

Johnnie Walker nutzte für sein Markenleitbild die Vergangenheit der Marke auf clevere Art und Weise, um ihr eine Richtung für die Zukunft vorzugeben. Besonders deutlich wird das am neuen Logo, das den Wandel der Marke ankündigte: Der ikonische *Striding Man*, der in den frühen 1900er-Jahren auf eine Speisekarte skizziert worden war, wurde einfach umgedreht, sodass er nun nicht mehr in die Vergangenheit, sondern entschlossen Richtung Zukunft schritt.

Weniger erfolgreich waren die Kulturverfechter bei dem Versuch, Kultur als Arbeitssystem einzuführen. Kultur als Rahmenkonzept kann Wunder wirken, als „Modell" ist sie tödlich. Dann entstehen entweder „Arbeitsschritte", die den Schwung aus Prozessen nehmen, oder Aufträge, die sich in etwa so anhören: „Bitte entwerfen Sie mir eine provokative kulturelle Wendung als Reaktion auf den zunehmenden ‚Trumpismus'". Ein interessantes Gewand, in das sich eine Marke vorübergehend hüllen kann, vielleicht, doch nicht sehr hilfreich als Briefing für ein Kreativteam. Kultur ist ein Teil des Briefings und eventuell Zweck der Arbeit, doch als Briefing selbst für die Kreativen unverständlich.

Ärgerlich, aber wahr: Explizit kulturelle Sprache eignet sich besser dafür, das Geschehen im Nachhinein zu beschreiben, als dazu, das Geschehen überhaupt erst möglich zu machen.

„Der frische Wind der Transparenz wehte durch die Firmenflure und ließ keinen Widerstand zu."

Johnnie Walkers ikonischer Striding Man wurde einfach umgedreht und schreitet jetzt nicht mehr in die Vergangenheit, sondern in die Zukunft.

Authentizität

Doch die immer schneller voranschreitende digitale Revolution veränderte die Denkmuster auf neue und fruchtbare Art und Weise. Mit ihr kam ein noch nie dagewesener Transparenzdruck.

Es gab nun keine Schlupfwinkel mehr. Der frische Wind der Transparenz wehte durch die Firmenflure und ließ keinen Widerstand zu. Dennoch gab – und gibt – es immer noch Versuche, sich dieser neuen Offenheit zu entziehen. Als Toyota im August 2009 Berichte über Unfälle in den USA erhielt, die glaubhaft auf unbeabsichtigte Beschleunigung zurückgeführt worden waren, reagierte das Unternehmen zunächst nur langsam. Die Wahrheit kam ans Tageslicht, doch eine Reaktion blieb aus. Ich glaube nicht, dass Toyota sich absichtlich gegen Transparenz entschied. Vielmehr schien diese in Kultur und Politik eines hin- und hergerissenen Unternehmens als Wert nicht verankert zu sein, sodass sich aus Hunderten kleiner Entscheidungen ein übergreifendes Verhaltensmerkmal herauskristallisierte. Toyota musste das schmerzhaft erleben, und die Marke litt darunter.

Die gute Nachricht ist: Transparenz kann Wunden heilen. Sie wirkt erlösend. Toyota war nach einer Weile in der Lage, in amerikanischen Facebook-Gruppen Befürworter zu animieren, denen die Verunglimpfung des Unternehmens zu weit gegangen war.

Doch wie kann man vermeiden, überhaupt in eine derartige Situation zu geraten? Hier kommt die amerikanische Arthur W. Page Society ins Spiel, die 2007 das Whitepaper „The Authentic Enterprise" veröffentlichte, ein grundlegendes Dokument des digitalen Zeitalters:

> In so einem Umfeld muss ein Unternehmen, das eine unverwechselbare Marke etablieren und langfristig erfolgreich sein will, über eine klar definierte Identität verfügen: Warum sind wir hier? Wofür stehen wir? Was unterscheidet uns von anderen in einem Markt der Kunden, Investoren und Mitarbeiter? Aus dieser klar definierten Identität – in Form von Werten, Prinzipien, Glaubenssätzen, Leitbild, Zweck oder Nutzenversprechen – müssen sich konsistente Verhaltens- und Vorgehensweisen ergeben.
>
> Authentizität ist die Währung für erfolgreiche Unternehmen und ihre Führungspersonen.[2]

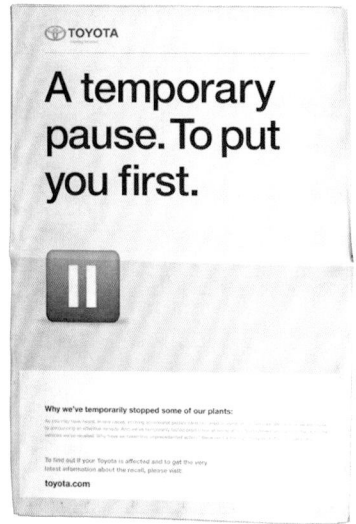

Toyota gab nach Problemen mit einem defekten Gaspedal ein Schuldeingeständnis ab, begann jedoch viel zu spät damit, seine Kritiker zu beruhigen.

DIE POSTMODERNE MARKE

DIE POSTMODERNE MARKE

Statt Autorität fordern Stakeholder in der digitalen Welt Authentizität. Bist du, wer du zu sein vorgibst? Und wer gibst du vor, zu sein?

Einer der Co-Autoren des oben zitierten Whitepapers, Jon Iwata, wurde später Chief Marketing Officer bei IBM. Jon ist ein außergewöhnlicher Kunde, der mithalf, das traditionelle Verständnis von Marketing und PR neu zu definieren. Er hat eine instinktive Abneigung gegen das, was er „Kampagnenmacherei" nennt, und das beeinflusste seine Tätigkeit bei IBM über drei verschiedene Interaktionen der öffentlichen Selbstdarstellung der Marke hinweg – ihrer Plattform also. Ein Spruch Abraham Lincolns wird bei IBM gern zitiert: „Ein Charakter ist wie ein Baum und der gute Ruf wie sein Schatten." Spielt sich Werbung im digitalen Zeitalter im Schattenbereich ab oder bildet sie den Charakter?

Während unserer Arbeit mit Kunden wie IBM, Dove und Coca-Cola haben wir gelernt, dass es einen einfachen Weg gibt, die Grundwerte von Unternehmen herauszufiltern. So ergab sich IBMs Authentizität aus seiner Erklärung, alle Probleme der Welt – Gesundheit und Sicherheit, Städte und internationaler Handel – ließen sich durch die einzigartige Denkfähigkeit des Menschen lösen: „Think". Doves Authentizität lag in der Erneuerung des Verhältnisses zwischen Frauen, ihrem inneren Selbst und ihrer äußeren Darstellung in Medien und Werbung, und in der gleichzeitigen Bloßstellung der Kosmetikindustrie durch den radikalen Gedanken, Schönheit gehe tiefer als nur bis zur Hautoberfläche. Und bei Coca-Cola war es die Erkenntnis, dass alle Menschen echte, durch gemeinsame Erlebnisse bewirkte Freude brauchen, was über die Jahre in wunderbarer Einfachheit ausgedrückt wurde: „open", „real", „happiness", „enjoy", „feeling". In allen drei Fällen waren die Werte des Unternehmens mit den Werten des Produkts eng verzahnt.

Wir haben es hilfreich gefunden, dies – ausgehend von der Big Idea (der großen Idee) – in einem Big Ideal auszudrücken, einem großen Ideal: Wofür genau steht ihr?

Gegenüber oben: IBMs Authentizität ergab sich aus seiner Überzeugung, alle großen Probleme der Welt – Gesundheit und Sicherheit, Städte und internationaler Handel – ließen sich durch die einzigartige Denkfähigkeit des Menschen lösen: „Think". Dieses Werbeplakat zeigt Symbole aus IBMs „Smarter Planet"-Kampagne, in der intelligente Lösungen zu smarteren Städten beitragen. Es beweist, dass Design im digitalen Zeitalter eine Idee auf überzeugende Weise ausdrücken kann.

Gegenüber unten: Dove erneuert das Verhältnis zwischen Frauen, ihrem inneren Selbst und ihrer äußeren Darstellung in Medien und Werbung, und stellt gleichzeitig die Aussagen der Kosmetikindustrie bloß. Was uns das Plakat sagen will? Sie müssen kein Klischee erfüllen, um schön zu sein.

Oben: Die Marke Coca-Cola hat es im Gegensatz zu anderen geschafft, das „Glück" für sich zu beanspruchen, indem sie sich Emotionen zunutze machte, die viel tiefer gehen als die Kohlensäurebläschen.

DIE POSTMODERNE MARKE

Ein Big IdeaL™

Ein Big IdeaL ist eine Art der Positionierung, doch nicht jede Positionierung ist ein Big IdeaL. Ausgangspunkt für eine Positionierung kann ein funktionaler Nutzen sein: Marke X wäscht weißer oder ist erfrischender. Bei einem Big IdeaL geht es hingegen darum, eine Weltsicht oder einen Zweck zu haben, die bzw. der über einen simplen funktionalen Nutzen hinausgeht, sich jedoch auf die funktionalen Aspekte der Marke stützt.

Und dabei geht es nicht um einen seichten emotionalen Nutzen, sondern vielmehr um Kultur: Ein Glaubenssystem, das alles bestimmt, was eine Marke tut, und dabei hilft, eine breite Anhängerschaft zu gewinnen. Etwas, worüber Verbraucher und Stakeholder abstimmen, die nun ein größeres Mitspracherecht haben als je zuvor. Bei Ogilvy & Mather verfassen wir Big IdeaLs daher nicht wie eine „normale" Positionierungsaussage. Wir wollten einen einfachen Weg finden, das Big IdeaL einer Marke einzufangen, einen Weg, der die Kreativen dazu zwang, die Position einer Marke hinsichtlich der Welt, des Lebens, des Landes, in dem sie operierte, kurz und prägnant auszudrücken.

Also entwickelten wir einen Teilsatz, den die Kreativen unserer Erfahrung nach erst vervollständigen können, wenn sie die konkrete Weltsicht der Marke herausgefiltert haben. Die Ergänzung dieses eigentlich denkbar einfachen Satzes ist theoretisch in 30 Sekunden möglich, doch der Denkprozess kann Monate dauern, wenn wir mit dem Ergebnis ins Schwarze treffen wollen. Der Satz lautet:

Marke X glaubt, die Welt wäre ein besserer Ort, wenn …

> „Es ist ein Glaubenssystem, das alles bestimmt, was eine Marke tut, und dabei hilft, eine breite Anhängerschaft zu gewinnen."

Versuchen Sie einmal, den Satz für Marken zu ergänzen, die Sie gut kennen, die dynamisch sind und über eine ganz konkrete Identität verfügen. Vielleicht dauert es ein Weilchen, doch es ist gut möglich, dass Ihnen etwas einfällt, das interessant, vielleicht sogar provokativ, und markenspezifisch ist.

Wir haben festgestellt, dass die besten Big IdeaLs in der Schnittmenge zweier Denk- und Erfahrungsbereiche liegen.

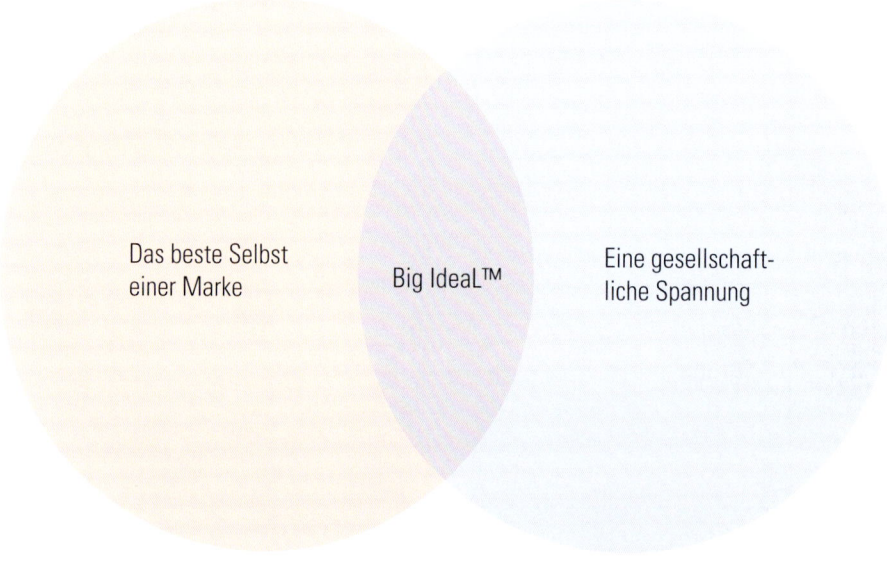

DIE POSTMODERNE MARKE

Big IdeaLs berühren das „beste Selbst" einer Marke. Das mag nicht genau das sein, was die Marke aktuell ist, sondern das, was sie im besten Fall sein kann. In der Geschichte einer Marke findet man oft Hinweise auf ihr bestes Selbst: Augenblicke großer Erfolge, das Verhältnis der treuesten Nutzer zur Marke, die visuelle Identität. Dabei darf man nicht vergessen, dass Marken nur im Kontext existieren: Wenn eine Marke ihre größten Erfolge also im Jahr 1964 feierte, müssen diese im aktuellen Kontext neu interpretiert werden. Big IdeaLs dürfen sich nicht nur auf eine Auflistung der Markenvorteile beziehen, sondern müssen auch die magischen Momente berücksichtigen, die den aktuellen oder potenziellen Anspruch der Marke auf Größe ausmachen.

Big IdeaLs haben außerdem einen Bezug zu einer gesellschaftlichen Spannung. Von dort beziehen wir die Markenkultur. „Märkte sind Gespräche", so liest man im *Cluetrain-Manifest*, und führende Marken müssen interessante Gesprächspartner sein. Ihnen zuzuhören lohnt sich, wenn sie einen gültigen Standpunkt vertreten, der in den gesellschaftlichen Kontext passt. Coca-Colas wunderbar utopischer „Hilltop"-Werbespot wurde vor dem Hintergrund des blutigen Vietnamkrieges erdacht, als die „Gemeinschaft" stark gegen inhaltsleere Marken war.

Zusammen ergeben das beste Selbst und die gesellschaftlichen Spannungen den Glaubenssatz der Marke.

Natürlich gibt es auch andere Möglichkeiten, ähnliche Ergebnisse zu erzielen, und ich war immer darauf bedacht, nicht formelmäßig auf diesem Ansatz zu bestehen. Auch mit Kunden habe ich unsere Vorgehensweise nicht unbedingt besprochen, selbst wenn sie bereits Anwendung fand. Das gehört in die Küche, nicht in den Salon.

Chipotle ist ein besonders gutes Beispiel dafür, warum es im digitalen Zeitalter so wichtig ist, dass eine Marke auch hält, was sie verspricht. Nachdem Chipotle seine Absicht mit dem Slogan „Food with Integrity" erklärt und Fast-Food-Kunden für sich gewonnen hatte, litt die Marke unter mehreren peinlichen Lebensmittelskandalen. Chipotles Absicht, frische und hochwertige Zutaten aus der Region zu verwenden, war ehrenwert, doch die Unfähigkeit des Unternehmens, mit den Skandalen umzugehen, untergrub die Integrität des Markenversprechens.

DIE POSTMODERNE MARKE

"Es ist immer riskant, sich Authentizität zu erschleichen."

Andere in der Werbebranche haben sich dem „guten Zweck" verschrieben. Auch das funktioniert, meiner Meinung nach hat es allerdings zu einem künstlichen Anstieg von CSR-Maßnahmen (Corporate Social Responsibility) geführt: Diese Marke will sich für den guten Zweck X einsetzen, daher brauchen wir jetzt ein CSR-Programm Y, um das auch zu demonstrieren.

An diesem Trend hat sich Chipotle vor Kurzem die Finger verbrannt. Nachdem die Restaurantkette ihre Absicht mit dem Slogan „Food with Integrity" erklärt und Fast-Food-Kunden für sich gewonnen hatte, litt die Marke unter mehreren peinlichen Lebensmittelskandalen, darunter einem schweren E.coli- und Norovirus-Ausbruch. Chipotles Absicht, frische und hochwertige Zutaten aus der Region zu verwenden, war ehrenwert, doch die Unfähigkeit des Unternehmens, dieses Versprechen konsistent zu erfüllen, untergrub die Integrität der Markenpositionierung. Die Strafe? Chipotle musste an der Börse einen Wertverlust im zweistelligen Bereich hinnehmen.

Es ist immer riskant, sich Authentizität zu erschleichen. Das funktioniert nicht. Ein schlecht durchdachter und in den Medien verrissener Versuch stammt von Pepsi. Im Werbespot mit Kendall Jenner aus dem Jahr 2017 wurden Proteste und Spannungen im Zusammenhang mit Vorgehensweisen der Polizei in Amerika (ein heikles Thema) als gesellschaftlicher Hintergrund ausgenutzt. Als Lösung für Polizeigewalt, Rassenunruhen und Wut auf die Politik, so wird impliziert, reiche eine eisgekühlte Pepsi. Die fast einstimmige Reaktion folgte umgehend und auf vielen Kanälen – zu Recht. Pepsi macht sich bei dem Versuch, Coca-Cola vom Thron zu stoßen, den Generationenwechsel zunutze, hat diesmal jedoch weit am Ziel vorbeigeschossen.

Von der Authentizität zum Glauben

Die Macht des *Glaubens* lässt sich in der Forschung eindeutig nachweisen. So führte Ogilvy & Mather eine Studie durch, in der Marken verglichen und in zwei Gruppen eingeordnet wurden: Die Marken der ersten Gruppe verfügten über eine höhere Standpunktbewertung, d. h. über eine starke Weltsicht oder Ähnliches, die Marken der zweiten Gruppe über eine niedrigere Standpunktbewertung. Die Konsumenten nahmen während der Studie die Einteilung der Marken durch ihre Kaufentscheidungen vor und bestätigten damit unsere Vermutung, dass es sich lohnt, wenn eine Marke an etwas glaubt.

American Express startete das Forum OPEN, eine Online-Community, in der sich Gleichgesinnte, führende Unternehmer und Branchen-Blogger zu unternehmerischen Themen austauschen. Mit OPEN können sie sich präsentieren, Tools für die Geschäftsfeldentwicklung nutzen und ihrem Unternehmen Glaubwürdigkeit verleihen.

Wir wissen also, dass eine Marke, die einen starken Standpunkt vertritt, eher in Betracht gezogen wird bzw. die Wahrscheinlichkeit steigt, dass Konsumenten sie in die engere Auswahl nehmen. Außerdem werden sie von Verbrauchern eher wahrgenommen. Wir formulierten einen Algorithmus und wandten ihn im großen Stil auf die BrandZ-Datenbank an, die größte Markendatenbank überhaupt, die von dem zu WPP gehörenden Marktforschungsunternehmen Millward Brown verwaltet wird. Demnach war es 2,2 Mal wahrscheinlicher, dass Marken mit der besten Standpunktbewertung ihren Marktanteil verbessern würden als diejenigen mit der niedrigsten Standpunktbewertung. Prädiktive Analysemethoden wie diese können keine Beweise für den Zusammenhang zwischen Idealen und Geschäftserfolgen erbringen und ich kenne auch keinen Business-Index, der dies rückwirkend leistet. Auf der Makroebene handelt es sich um einen Anscheinsbeweis. Auf der Mikroebene sind für einen Nachweis vertrauliche Unternehmensinformationen nötig. Es könnte sich aber auszahlen, zu glauben.

Warum ist das im digitalen Zeitalter so wertvoll? Aus einem sehr wichtigen Grund: Mit einem starken Standpunkt kann sich eine Marke im digitalen Chaos organisieren.

GEOLOGISCHES SCHICHTENMODELL: WAS WIRKLICH ZÄHLT

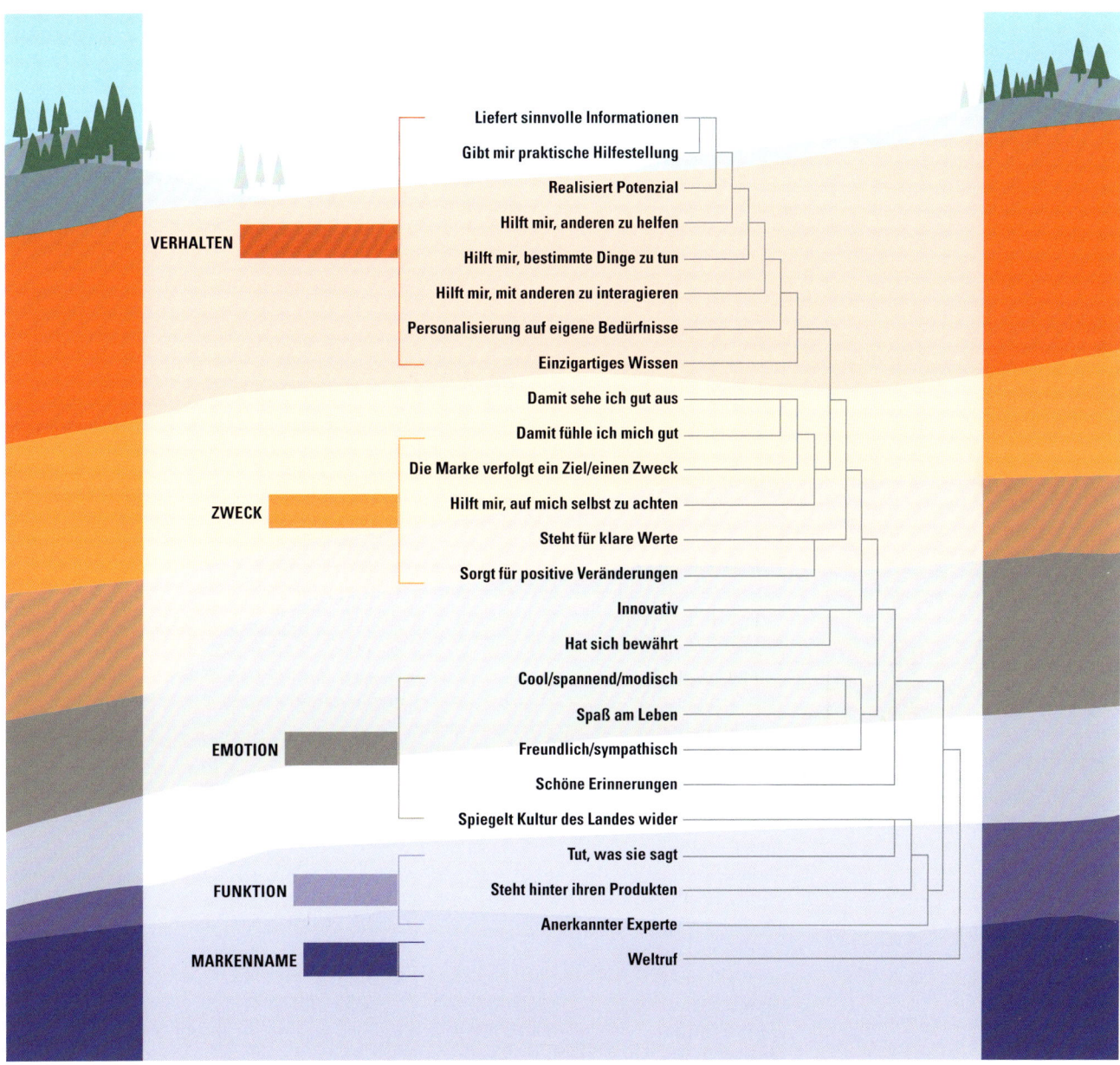

Um Konsumenten etwas zu bedeuten, ist mehr nötig als ein Logo, ein Anwendungsfall oder selbst ein Zweck. Diese grafische Darstellung der Clusteranalyse zur Reaktion von Verbrauchern auf Markenmerkmale zeigt eine neue Hierarchie für das digitale Zeitalter. Verhaltensmerkmale sind nun ganz oben angeordnet und den Befragten viel wichtiger als andere Merkmale in unteren „Schichten". Marken spielen heute deshalb eine Rolle, weil sie Konsumenten dabei helfen, das zu erreichen, was sie erreichen wollen. Die größte Bedeutung kommt also den Marken zu, die nützlich, praktisch und personalisiert sind.

DIE POSTMODERNE MARKE

Aufgabe der postmodernen Marke ist, ihren eigenen Platz im Internet zu definieren, ihr eigenes Ökosystem aufzubauen, das sie mit eigenen Inhalten füllt. Marken agieren als Lektoren: Sie behalten, was gut ist, und streichen, was schlecht ist. Marken agieren als Kuratoren: Sie stellen Informationen auf geordnete und überzeugende Weise aus. Marken bauen unsere Aufmerksamkeitsstückchen wieder zusammen, sie bieten eine Anlaufstelle für Interessierte. Marken ermöglichen Kultur und agieren als Wasserloch für die Herde. Sie bilden eine Enklave in einer fragmentierten Landschaft.

Die „gute" Marke

Seit etwa sieben Jahren fällt uns bei Ogilvy & Mather noch etwas anderes auf: Marken scheinen zwar nicht vom Aussterben bedroht zu sein, sie müssen jedoch härter kämpfen, um Konsumenten etwas zu bedeuten. Auf die Frage, ob Marken für sie eine Rolle spielen, antwortet mehr als die Hälfte der Befragten in Industrieländern und ein noch höherer Anteil in Entwicklungsländern mit „Ja". Da die Latte für das „etwas bedeuten" sehr hoch liegt, erscheint mir dieses Ergebnis durchaus signifikant. Doch unsere Forschung zeigt, dass Konsumenten ihren Marken um einiges mehr abverlangen. Ein Logo, ein Daseinsgrund, ein emotionales Versprechen, eine kulturelle Überzeugung – das alles reicht heute womöglich nicht mehr aus.

Wer genauer untersucht, was Konsumenten wichtig ist, dem bietet sich ein interessantes Bild.

Das, was für Verbraucher wirklich zählt, kann, je nachdem, worauf es sich bezieht, in unterschiedliche Gruppen eingeteilt werden: Markenname, Funktion, Emotion, Zweck und schließlich Verhalten, also das, was die Marke tut, damit sie für Konsumenten relevant ist. Man kann sich das wie ein geologisches Schichtenmodell vorstellen (siehe Darstellung Seite 63). In den verschiedenen Schichten werden Aspekte vorgestellt, die Konsumenten wichtig sind. In der obersten Schicht geht es heute ums Handeln: Welchen Service bietet mir die Marke?

Die Verbraucher wünschen sich weniger leere Versprechungen, die Marke soll durch Handlung zeigen, dass sie auch meint, was sie sagt. Im digitalen Zeitalter sind „gute" Marken im Vorteil. Für viele Marken bedeutet das, dass sie sich starken Veränderungen unterziehen müssen. Früher genügte es, eine Fahne hochzuhalten, vielleicht mit einem neuen Slogan oder einer Positionierungsaussage, und die Transformation begann. Doch in einer Welt, in der es nur noch wenige einprägsame oder aussagekräftige Slogans gibt, eignen sich Handlungen, die eine neue Sichtweise demonstrieren, besser dazu, eine Wahrnehmungsveränderung zu bewirken.

Der moderne Philips-Konzern ist ein aktuelles Beispiel für Behaviour Branding mit einem Innovationsansatz, der Mensch und Design in den Mittelpunkt stellt, dabei die wichtigsten Zielgruppen der Marke intensiv miteinbezieht und demonstriert – statt nur erzählt –, wie Philips als Geschäftspartner im Gesundheits- und Elektronikbereich denkt und handelt.

Gegenüber und rechts: Man könnte meinen, dass es unmöglich ist, Entscheidungsträger in der Wirtschaft mit Emotionen zu erreichen. Doch dem ist keineswegs so! In einer Reihe digitaler Kurzfilme für Philips demonstrierten wir die Innovationskraft und Führungsstärke der Marke für die Bereiche Infrastruktur, Gesundheitswesen und Elektronik einmal auf ganz andere Weise. Unser Kurzfilm „Breathless Choir" (Chor der Atemlosen) erzählt, wie die Gesundheitstechnologie von Philips Menschen mit Atemproblemen dabei helfen kann, ein erfülltes Leben zu führen – einfach atemberaubend! Das fand die Jury in Cannes ebenfalls und zeichnete den Film aus.

DIE POSTMODERNE MARKE

PHILIPS BREATHLESS CHOIR

Als Philips unter dem Motto „Innovation + You" neu durchstartete, vertrat das Unternehmen den ganz konkreten Standpunkt, dass Innovation nicht als Selbstzweck erfolgen sollte, sondern mit dem Menschen im Hinterkopf. Während bei anderen Technologieunternehmen der Schwerpunkt möglicherweise auf dem „Erfinden" oder „Andersdenken" liegen würde, sollte bei dem 1891 im niederländischen Eindhoven gegründeten Konzern der Mensch im Mittelpunkt stehen. Auf diese Weise, so der Gedanke, würde Philips nicht mehr als Glühbirnenmarke, sondern als B2B-Experte für Elektronik und Gesundheitstechnologie wahrgenommen.

Doch wie vorgehen? Philips lebt und atmet Innovation. Probleme werden in einem anthropologischen, designbestimmten Ansatz gelöst – doch die Unternehmenskultur wurde nach außen noch nicht gut genug dargestellt. Also verhalfen wir Philips zu einer mutigen emotionalen Kampagne, die auch die rationalsten Entscheidungsträger der Wirtschaftswelt überzeugen würde.

Zusammen schufen wir den „Breathless Choir" (den Chor der Atemlosen), einen Kurzfilm, der zeigen sollte, wie die Gesundheitstechnologie von Philips Menschen mit Atemproblemen zu einem erfüllten Leben verhilft. Dabei gelang es uns, Emotionen, Authentizität und Überzeugung auf einem Niveau hervorzurufen, wie es B2B-Marken nur selten schaffen.

Unterstützt hat uns Gareth Malone, ein bekannter Chorleiter, der bereits viele ganz unterschiedliche Menschen zusammengebracht hat, um ihre Stimmen zu einem kollektiven Klang zu vereinen. Doch unser Vorhaben würde eine ganz besondere Herausforderung darstellen: Gareth sollte Menschen mit schweren Atemproblemen helfen, gemeinsam zu singen. Wie Claire zum Beispiel, die an Mukoviszidose leidet, oder Lawrence, einem 9/11-Ersthelfer, der ein Drittel seiner Lungenfunktion verloren hat.

Gareth begann ganz langsam, mit ein paar gesprochenen Worten und Konzentration auf die Atmung. Mit Geduld und Übung wuchs die Gruppe zusammen. Was für eine Leistung! Nach ein paar Tagen begannen die Teilnehmer, an sich selbst zu glauben, und nach einer intensiven Probephase durften sie während einer Darbietung im Apollo-Theater in New York City ihr Können unter Beweis stellen: Das Ergebnis war atemberaubend. Zuzusehen, wie Menschen trotz Einschränkungen über sich hinauswachsen, wird auch Sie nicht unberührt lassen und Ihre Meinung über Philips verändern.

Wir brauchten länger als 30 Sekunden, um diese Transformationsgeschichte zu erzählen, und die Entscheidung, einen längeren Werbespot zu drehen, wirkte sich in mehr als zwanzig Märkten stärker als gewöhnlich auf die Konsumentenreaktion und das Sharing-Verhalten aus.

The Economist, *MSNBC*, *The Wall Street Journal* und *LinkedIn* – Wirtschaftsmedien zeigten ihren Zielgruppen einen außergewöhnlich emotionalen Kurzfilm.

„Breathless Choir" demonstrierte auf authentische und unerwartete Weise, wie Philips Innovationen schafft und sich darin von anderen unterscheidet, wie der Konzern Probleme mit dem Menschen im Hinterkopf löst, wie er als Technologiepartner denkt und handelt und wie das Unternehmen seine Grundüberzeugungen in jede Handlung miteinbringt.

DIE POSTMODERNE MARKE

Die inklusive Marke

David Ogilvy schrieb: „Der Konsument ist nicht irgendein Idiot, sondern deine Frau." Umso enttäuschender ist es, dass 40 Prozent der Frauen sich in der an sie gerichteten Werbung nicht wiedererkennen.

Im digitalen Zeitalter ist das weder vertretbar noch richtig. Sexismus ist eine Sünde, die augenblicklich geteilt wird. Oder, wie es Aktivistin Cindy Gallop recht sprachgewandt auf den Punkt brachte: „Die sozialen Medien bieten uns eine ganz neue Möglichkeit, das zu tun, was wir schon immer getan haben: Tratschen bis zum Umfallen."

Pantene nahm Abstand von #notsorry und seiner Empfehlung an Frauen, sich nicht zu entschuldigen, wenn sie nichts falsch gemacht haben. „Be strong and shine" (Sei stark und glänze) hieß es, doch was bitte hatte das alles mit glänzendem Haar zu tun? Es überrascht nicht, dass die Kampagne keine Umsatzsteigerung zur Folge hatte. Pantene hatte versucht, sich eine Agenda zunutze zu machen, die nicht in der Marke verwurzelt war.

Der größte Werbekunde der Welt – und der größte, der sich mit dem Problem befasst hat – ist Unilever. Der Konzern war so mutig, sich die eigenen Daten anzusehen und in seiner (und Ogilvy & Mathers) Arbeit Stereotypen zu sammeln: #Unstereotype zeigt ganz klar, dass fortschrittliche Darstellungen von Frauen nicht nur angenehmer sind (Wen wundert das schon?), sondern auch eine größere Wirkung erzielen. Es geht hier also nicht nur um ein moralisches Argument, sondern auch um ein wirtschaftliches.

Doch bei der Umsetzung steckt der Teufel im Detail. „Femvertising" ist zu einem nicht sonderlich hilfreichen und recht vagen Sammelbegriff geworden und hat auf Twitter zahlreiche Nachahmer gefunden: #thisgirlcan, #inspireher, #girlscan, #likeagirl, #notsorry. Wer davon ausgeht, dass sie alle gleichermaßen wohlbegründet sind, tut der Sache keinen Gefallen. So nahm Pantene Abstand von #notsorry und seiner Empfehlung an Frauen, sich nicht zu entschuldigen, wenn sie nichts falsch gemacht haben. „Be strong and shine" (Sei stark und glänze) hieß es, doch was hatte das alles mit glänzendem Haar zu tun? Es überrascht nicht, dass die Kampagne keine Umsatzsteigerung zur Folge hatte. Pantene hatte versucht, sich eine Agenda zunutze zu machen, die nicht in der Marke verwurzelt war.

Das Zentrum der Debatte scheint sich immer mehr zu verschieben, vom „Feminismus" zum „sanften Feminismus" zur „Girl Power" zur „tief empfundenen Erfüllung". Je stärker die Verschiebung, desto eher wird man versuchen, Beispiele für die wirklichen Wünsche von Frauen zu finden. Wenn Under Armour behauptet „I will what I want" (Ich werde, was ich will), nimmt das Bezug auf die vielen oberflächlich „bestärkenden" Botschaften, denen Frauen heute ausgesetzt sind, die diese wegen ihrer Pauschalisierung in Wahrheit jedoch entmachten. Sportartikel, die es ihnen ermöglichen, das zu tun, was sie wollen, demonstrieren Stärke, nicht Schwäche. Markenbildung, Lektion Nummer 1: Ausgangspunkt ist das Produkt.

Gegenüber oben: Die #LikeAGirl-Kampagne von Always kam bei der Jury in Cannes gut an und sorgte für große Aufmerksamkeit in Presse und sozialen Medien. Hier wird „Girl Power" großgeschrieben – aber fehlt nicht doch der Bezug zum Produkt und ein differenzierter Blick auf die Bedürfnisse von Frauen?

Gegenüber unten: „I will what I want" (Ich werde, was ich will) – ein starker Slogan, der für eine tief empfundene Erfüllung als Frau steht; in einer Welt, in der Frauen kontinuierlich geschwächt werden.

DIE POSTMODERNE MARKE

DIE POSTMODERNE MARKE

In dem bewegenden Fernsehwerbespot „This is Wholesome" (Das ist gesund) für Cracker von Honey Maid, der auf Parallelen zwischen gesunden Familien und gesundem Essen anspielt, wird auch ein schwules Paar als Familienväter gezeigt. Der Spot wurde im März 2014 ausgestrahlt, als sich die Diskussionen um die gleichgeschlechtliche Ehe in den USA gerade in einer heißen Phase befanden. Er erntete viel Lob – und leider auch scharfe Kritik. Doch Honey Maid ließ sich von seinen Gegnern nicht beirren, sondern bekräftigte seine Werte mit „Love", einem Kurzfilm, in dem zwei Künstlerinnen die ausgedruckten Negativkommentare, die das Unternehmen erhalten hatte, zusammenrollten und so miteinander verbanden, dass das Wort „Love" entstand.

Dahinter steckt eine größere Problematik, nämlich die Mentalität der Werbe- und Marketingbranche, die sich wiederum aus der mangelnden Vielfalt in diesen Bereichen ergibt. Es arbeiten einfach zu wenig Frauen im Management oder in Kreativabteilungen. Nicht anders sieht es im MINT-Bereich aus, also in Mathematik, Informatik, Naturwissenschaft und Technik. Aus Digitaltechnologie und kreativer Werbung ergibt sich also das Gegenteil von Vielfalt. Bei meiner Recherche für dieses Buch hat es mich regelrecht deprimiert, dass ich für die Internetpioniere in Kapitel 2 und die Werbegiganten in Kapitel 14 keine einzige Frau fand. Es handelt sich dabei keineswegs um unbewusste Vorurteile meinerseits.

In der Werbebranche wird sich daran erst etwas ändern, wenn im Technologiesektor mehr Frauen arbeiten. Und daraus werden sich auch andere Vorteile ergeben. Shelley Zalis, Pionierin der Online-Marktforschung und Gründerin der „Girls' Lounge", einem Frauennetzwerk, das auf Businesskonferenzen Aktivismus mit Maniküre verbindet, sagt: „Fürsorglichkeit wird immer mehr zur sozialen Norm, und fürsorgliche Unternehmen sind in der Regel erfolgreicher." Shelley kam 2016 für eines unserer Events nach Cannes, wo sie klarstellte, dass es bei der ganzen Diskussion nicht nur um Frauen, sondern allgemein um Geschlechter geht, so zum Beispiel auch darum, wie Männer dargestellt werden.

Als Guinness einen Werbespot mit dem walisischen Rugby-Spieler Gareth Thomas drehte, der sich 2009 als schwul geoutet hatte, erinnerte mich das an etwas: 14 Jahre zuvor verlor Ogilvy & Mather den Guinness-Etat, größtenteils wegen der Empörung, die die erste Guinness-Werbung mit Homosexuellen im Jahr 1995 (gerade bei Lizenzinhabern) ausgelöst hatte – wir waren unserer Zeit eindeutig voraus. Es war der mutige und einsame Versuch, einer sehr maskulinen Marke die Normalität des Schwulseins zu zeigen. Eine 25 Jahre andauernde soziale Revolution hat jetzt dafür gesorgt, dass etwas, das völlig inakzeptabel schien, nicht nur als normal gilt, sondern sogar in den Hochburgen der Männlichkeit angekommen ist.

Auf kommunikativer Ebene hat das Digitale also auch dazu geführt, dass gesellschaftliche Mauern Risse bekamen. Markeninhaber merkten schnell, dass sie ihre Zielgruppen im Internet auf äußerst wirksame Weise erreichen konnten und es nun möglich war, weniger sichtbare Gruppen mit relevanten Inhalten anzusprechen und für die Marke zu interessieren. Es folgte eine vollständige Öffnung der Mauern. Und Zielgruppen, die ein Schattendasein gefristet hatten, rückten ins Rampenlicht.

Gegenüber oben: „Red Label"-Tee, ein Grundnahrungsmittel in Indien und Pakistan, machte eine Transgender-Band zu Botschaftern für ihr Produkt und gab damit ein starkes kulturelles Statement ab.

Gegenüber mitte und unten: Mit dem Proud Whopper zeigte Burger King, dass die LGBTQ-Community innen genauso aussieht wie alle anderen: derselbe Burger, andere Verpackung.

DIE POSTMODERNE MARKE

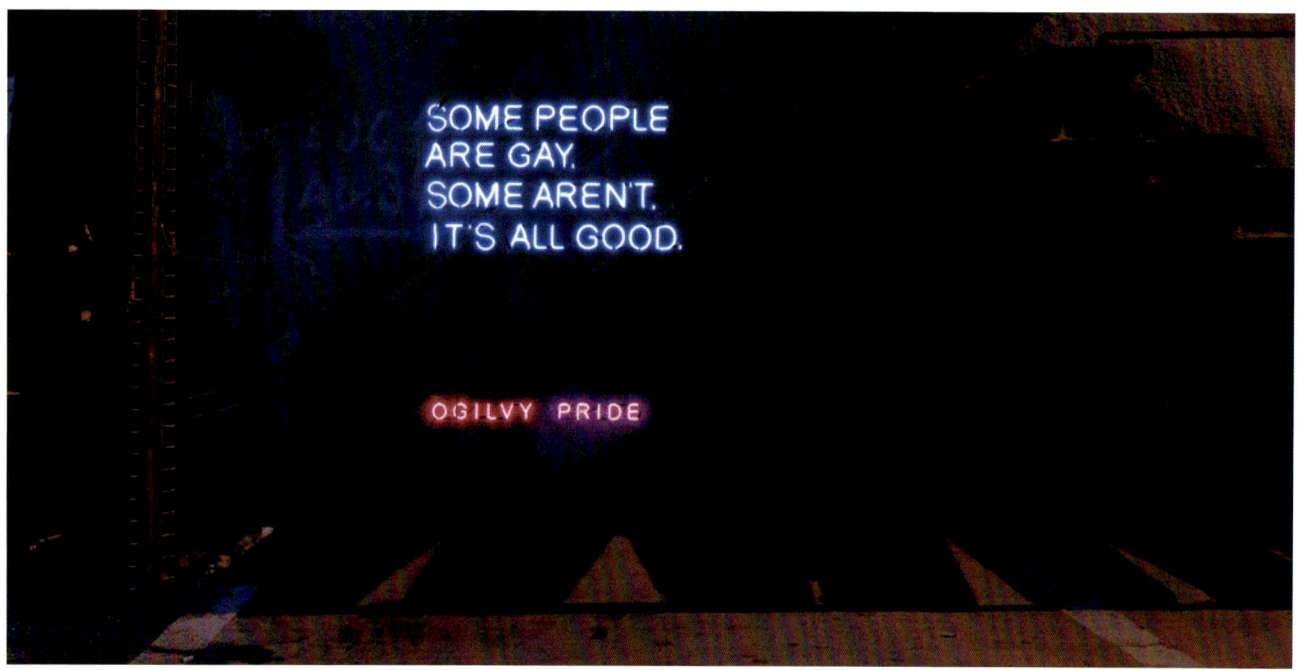

Ein sehr hoher Prozentsatz unserer Mitarbeiter sind Millennials. Wenn wir die LGBTQ-Community unterstützen – seit stolzen zehn Jahren –, dann nicht nur, weil wir der Überzeugung sind, dass das richtig ist, sondern auch, weil es unseren Mitarbeitern wichtig ist.

Dabei ging es nicht nur um den schnellen Zugang zur Kaufkraft vielfältiger Zielgruppen, sondern um Marken, die ihr Verhalten anpassten. Um Marken, für die Vielfalt eine Grundüberzeugung darstellte.

Deutlich wird dies beispielsweise an der LGBTQ-Gleichstellung: Tiffany & Co. wird oft als Verkörperung des Traditionellen betrachtet, doch die Marke stellte existierende Normen infrage, als sie Tradition mit moderner Liebe verband. Zwar hat sich die Definition von zeitloser Liebe nicht geändert, doch ihr Radius hat sich erweitert und es werden neue Konstellationen akzeptiert. Das Unternehmen Tiffany & Co. ging die Problematik direkt an, als es nur zweieinhalb Jahre nach der Legalisierung gleichgeschlechtlicher Ehen in New York ein schwules Paar in einem Werbespot zeigte. Damit bezog die Marke, Symbol für eine lange Tradition im Bereich der Luxusgeschenke, Stellung für Homosexuelle als Mainstream-Zielgruppe.

Als wir 2008 Ogilvy Pride ins Leben riefen, erschien uns eine Identifikation mit dem LGBTQ-Kundenkreis nur logisch – zu einer Zeit, als dieser sich mit zahlreichen Herausforderungen konfrontiert sah. So wissen wir beispielsweise, dass fast 50 Prozent der Millennials eine Marke eher unterstützen, nachdem sie einen LGBTQ-freundlichen Werbespot gesehen haben.

Heute ist das Ogilvy-Pride-Netzwerk in zahlreichen Märkten tätig und klärt Mitarbeiter und Kunden über LGBTQ als Mainstream-Zielgruppe auf. Die Organisation Stonewall zählt nun zu unseren Agenturpartnern – und darauf bin ich stolz.

Im Jahr 2010 gründete ich eine islamische Beratungseinheit innerhalb der Agentur, die wir Ogilvy Noor nannten, was „Licht" bedeutet. Unser Ziel war einfach: Licht auf eine andere Kundengruppe zu werfen, die vom Westen grob vernachlässigt wird. Davon sind sowohl Muslime in ihren Heimatländern betroffen, in denen westliche Unternehmen tätig sind, als auch die ignorierten (und oft extrem stigmatisierten) Muslime, die im Westen leben. 2010 war ich Keynote Speaker auf der American Muslim Consumer Conference und allein auf weiter Flur – obwohl es sich hier um eine wichtige Kundengruppe handelt: 2010 waren 23,2 Prozent der Weltbevölkerung Muslime, 2050 werden es 29,7 Prozent sein (Pew Research Center). Und die große Mehrheit der im Westen lebenden Muslime sehen sich eindeutig als Teil des Mainstreams.

Muslimische Werte sind alles andere als unmodern. Shelina Janmohamed, die für Noor verantwortlich ist, hilft uns dabei, den Muslim der Zukunft zu verstehen: jung; stolz darauf, Muslim zu sein; trend- und modebewusst. Und dennoch fühlt sich die große Mehrheit der Muslime von Marken unverstanden. Wer „halal" lebt, befolgt nicht einfach starre Regeln, sondern hat die zugrunde liegenden islamischen Werte verstanden – und das kann man nicht vortäuschen.

Und schließlich gehört zur inklusiven Marke auch ethnische Vielfalt – besonders in den USA, einem Land mit zahlreichen ethnischen Gruppen: weiß, hispanoamerikanisch, asiatisch und afroamerikanisch.

Als ich nach New York kam, hatte ich einen Mentor, den Afroamerikaner Jeff Bowman – obwohl es eigentlich umgekehrt hätte laufen sollen. Jeff machte später sein „Total Market"-Denken zur Karriere, ein Gegenmodell zum alten Amerika, in dem Agenturen für den allgemeinen Markt bestimmte Segmente und Kunden an Spezialagenturen – für Afro- oder Hispanoamerikaner – abgaben, um die Ethnien jeweils getrennt voneinander zu bedienen. Dieses Vorgehen erschien lange sinnvoll, doch mit dem demografischen Wandel musste das alte Modell hinterfragt werden: Denn alle Minderheiten zusammengenommen bilden eine Mehrheit.

Jeff spricht von der „neuen Mehrheit". Bis 2044 wird sich die Mehrheit der amerikanischen Bevölkerung aus verschiedenen ethnischen Minderheiten zusammensetzen. Die alte Einteilung in einen allgemeinen Markt und einen multikulturellen Markt ist nicht länger sinnvoll, wenn der allgemeine Markt selbst bereits multikulturell ist. Erstens, weil die multi-ethnische Bevölkerung schnell wächst, zweitens, weil der Geschmack der US-Bevölkerung zunehmend interkulturell ist, und drittens, weil die fragmentierten multikulturellen Budgets nie groß genug sind (selbst wenn sie demografisch angemessen berechnet wurden), um eine ebensolche Wirkung zu erzielen, wie es mit einem „Total Market"-Budget möglich wäre.

Ein Gesamtbudget, das die verschiedenen ethnischen Gruppen miteinbezieht, wird in der Regel effektiver sein als ein kleines „ethnisches Budget", das immer Gefahr läuft, gekürzt zu werden, bzw. zu falschen Entscheidungen in Bezug auf die verschiedenen Minderheiten führen kann. Es lohnt sich also, von der Standardposition abzusehen und Werbemaßnahmen nicht ausschließlich für europäischstämmige Weiße zu planen.

Digitale Medien können eine Möglichkeit bieten, Nachrichten an ein breites Publikum zu senden und dennoch ethnische Unterschiede oder Produktpräferenzen zu berücksichtigen – als Teil einer holistischen Kommunikationsstrategie (und nicht in einer taktischen Parallelwelt).

Wer das bezweifelt, sollte sich näher mit den afroamerikanischen Millennials befassen. Dank der hervorragenden Studie *African American Millennials: Young, Connected and Black* (2016) des Marktforschungsunternehmens A.C. Nielsen sehen wir sie heute als technikerfahren, wortgewandt und an der Spitze des digitalen Fortschritts. Eine gute Alternative zur alten Frage nach der Akzeptanz im Mainstream.

7 CONTENT IS KING – DOCH WAS BEDEUTET DAS EIGENTLICH?

„Content" ist im Bereich der Marketingkommunikation eines der am häufigsten gebrauchten und missbrauchten Wörter. Der Begriff wird – bewusst oder unbewusst – mit der Wendung „Content is King" in Verbindung gebracht, dem Titel eines Essays, den Bill Gates am 3. Januar 1996 auf der Microsoft-Website veröffentlichte. „Ich vermute, dass man im Internet das meiste Geld mit den Inhalten verdienen wird, genauso wie es beim Rundfunk auch war", schrieb Gates.

Das Wort Content kam in David Ogilvys Wortschatz nicht vor, wobei er die eigentlichen „Inhalte" jedoch vermutlich schnell erkannt hätte.

In seiner neuen Form und bezogen auf Medien nahm der Begriff zahlreiche Bedeutungen an. Am längsten gehalten hat sich davon vielleicht der „Branded Content".

Branded Content

Branded Content – Markenkommunikation, deren Hauptziel es ist, zu unterhalten statt zu verkaufen – entstand ursprünglich als Unterdisziplin der Werbung, mit eigenen Methoden und Agenturen und einem eigenen Ethos. Der Marke kam dabei im Grunde die Rolle eines Sponsors zu, entweder für alle Aspekte oder als Teil des Unterhaltungsnarrativs.

Dann kam die digitale Revolution: Mit BMWs „The Hire", einer achtteiligen Kurzfilmreihe für Internet und DVD, die 2001 und 2002 produziert wurde, schaffte Branded Content den Durchbruch. Für die 10 Minuten langen Filme, die die Leistungsstärke von BMWs demonstrierten, wurden bekannte Regisseure und Schauspieler engagiert. Der „Content" spielte nun zum ersten Mal eine wichtigere Rolle.

Durch die drastische Disintermediation der Medien war es möglich geworden, Inhalte an alle zu verteilen. Da kein besserer Begriff zur Verfügung stand, klammerte sich die digitale Welt an ein schwammiges, harmloses Wort: Alles, was im Internet zu finden war, ob Blog oder Website, wurde nun Content genannt. Egal ob lang oder kurz, ob vom Kunden oder von der „Crowd". Und als er sich im Cyberspace immer mehr ausbreitete – formlos und sich immer wieder durch Spaltung vermehrend –, wussten wir, dass wir ihn würden zähmen müssen. Also entwickelten Marken und Agenturen das „Content-Ökosystem", ein digitales Territorium, das eine Marke für sich abstecken konnte, in dem die Teile miteinander verbunden waren und die Summe der Teile dem Verbraucher einen Nutzen boten.

„Der Großteil der Inhalte, die für das Internet produziert werden, bleibt ungelesen, ungesehen und ungehört."

CONTENT IS KING – DOCH WAS BEDEUTET DAS EIGENTLICH?

BMW verschaffte sich mit „The Hire" einen klaren Vorteil im Bereich Branded Content. Die online und auf DVD erhältliche Kurzfilmreihe wurde von Hollywood-Regisseuren wie Ang Lee gedreht und zeigte Filmschauspieler wie Clive Owen. Held der Geschichte war jeweils ein Fahrzeug von BMW.

Der Großteil der Inhalte, die für das Internet produziert werden, bleibt ungelesen, ungesehen und ungehört. 2014 veröffentlichte Spotify Daten, die zeigten, dass lediglich 80 Prozent der auf der Musik-Streaming-Plattform angebotenen Lieder angehört worden waren. Daraus folgt, dass 20 Prozent der Musik, etwa vier Millionen Lieder, noch nie angehört wurden. Um etwas gegen diese „musikalische Farce" zu unternehmen, wurde Forgotify ins Leben gerufen, ein neuer Service, der Playlists mit „vernachlässigten Liedern" anbot. Dem folgten weitere Anbieter mit ähnlichen Anliegen: Auf No Likes Yet sind Fotos zu sehen, die auf Instagram kein einziges Like erhalten haben. Und wer sich für Videos interessiert, geht zu Petit Tube, wo die unbeliebtesten Videoclips des Internets zu sehen sind.

Richtig traurig wird es, wenn wir die Anzahl der einsamen, ungesehenen Werbung berücksichtigen. Laut Google werden 46 Prozent der bezahlten Werbevideos nie angesehen. Noch höher ist der Prozentsatz für Bannerwerbung: 56 Prozent der Anzeigen werden ignoriert.

CONTENT IS KING – DOCH WAS BEDEUTET DAS EIGENTLICH?

Dieses Foto zeige ich in Präsentationen als Warnung: Vermeiden Sie die Müllhalde. Werbung darf kein Content-Müll sein. Als Werbeleute müssen wir Inhalte schaffen, die Menschen gefallen und die sie nicht wegwerfen wollen.

All dies hat dazu beigetragen, dass der Begriff Content eher negativ konnotiert ist. Königlich? Nicht wirklich. In betriebsinternen Präsentationen zeige ich dieses Foto und setze Content mit einer digitalen Müllhalde gleich.

Wie kann man die Müllhalde denn nun vermeiden?

Eine klare Definition hilft. Das hier ist meine:

Content

Nomen

Kommunikation, die so gut ist, dass Sie damit Zeit verbringen oder die Inhalte teilen möchten.

Die Latte liegt also sehr hoch. Damit etwas als Content bezeichnet werden kann, muss es Sie so sehr interessieren, dass Sie beschließen, die Inhalte zu lesen, anzuhören oder anzusehen. Und es muss Sie so sehr überzeugen, dass Sie es anschließend mit Ihren Freunden teilen wollen.

Das kann mit einer Kombination aus drei verschiedenen Medientypen erreicht werden: *Paid Media* (bezahlte Werbemaßnahmen), *Owned Media* (selbst betreute und kontrollierte Medien) und *Earned Media* (unabhängig erstellte Inhalte). Mit POE (siehe Seite 134) wird Content noch strikter definiert, nämlich als etwas, das geplant wird.

Doch die Frage bleibt: Warum entscheiden wir uns, bestimmte Inhalte zu konsumieren?

Wenn wir Kunden erklären wollen, was Content sein kann, zeigen wir ihnen einen Filmausschnitt mit David Ogilvy aus den frühen 1980er-Jahren.

Echt jetzt?

„In Zukunft werden wir Inhalte erstellen, keine Werbeanzeigen, Postwurfsendungen oder Ähnliches."

Ja, echt.

„Mir scheint, dass [Print-]Redakteure [mehr] von Kommunikation verstehen als wir Werbeleute", sagt er darin. „Wir Werbeleute sind unbewusst der Überzeugung, dass eine Werbeanzeige wie eine Werbeanzeige aussehen muss. Doch wenn der Leser das sieht, denkt er sich: ‚Das ist nur Werbung, kann ich überspringen.' Stellen Sie sich also immer vor, Sie seien Redakteur."

Genau mit dieser Einstellung muss man an Online-Content herangehen. Im Jahr 2010 begann Ogilvy & Mather damit, Journalisten einzustellen, Leute also, die wussten, wie man Inhalte über einen 30-Sekunden-Werbespot hinaus aufbereitet, nicht nur in Textlänge, sondern auch in Bedeutungstiefe. Journalisten vertiefen ein Thema, das traditionelle Kreativteam (ein Texter und ein Art Director) verdichtet es. Das sind zwei ganz verschiedene Dinge.

Dann suchten wir Leute, die über kuratorische Kompetenzen verfügen – sammeln, präsentieren, ausstellen und korrekte Quellenangaben für Material angeben, das nicht von uns stammt – und die ihre Arbeit mit Stolz erfüllt. Diese zu finden, ist nicht ganz leicht, denn Sie brauchen einen Spezialisten, am besten einen Wissenschaftler, und gleichzeitig einen Generalisten, der über ein breites Netzwerk aus anderen Kuratoren und Experten verfügen sollte, an die man sich bei Bedarf wenden kann. Kuratoren sind, in den gewichtigen Worten der American Alliance of Museums, „Informationsvermittler, die durch fachkundige und kreative Interpretation ein Wissenserlebnis schaffen".

All dies steht für eine Verschiebung in der Agenturwelt, die immer noch nicht erkannt, ja nicht einmal erwartet wird: Agenturen werden zu Verlagen. In Zukunft werden wir *Inhalte* erstellen, keine Werbeanzeigen, Postwurfsendungen oder Ähnliches. Agenturen werden – bzw. sollten – daher aufhören, sich wie Mittelsmänner zu benehmen (die nach einem seit Mitte des 18. Jahrhunderts bestehenden Provisionssystem bezahlt werden), und stattdessen wie Medieninhaber handeln. Jetzt haben wir die Chance, die Ketten der Vergangenheit abzuwerfen – wir müssen sie nur ergreifen.

Auch die Markeninhaber müssen sich selbst als Verleger betrachten.

Als vielleicht erste Marke hat dies Red Bull offen getan. Wenn eine Getränkemarke in der sogenannten Post-Print-Ära ein internationales Printmagazin herausgibt, das innerhalb kürzester Zeit mehr als 3 Millionen Leser monatlich erreicht, zeigt dies, dass die Verbraucher die Überlegenheit der Marke über das Produkt akzeptiert haben. Mit dieser Teilstrategie positionierte sich Red Bull als Verleger mit Fokus auf Interessenbereiche junger Männer, wie Sport und Musik, und verlieh der Marke gleichzeitig gehörig Antrieb.

Dabei betreibt die Marke nicht einfach „Content-Marketing". Vielmehr verfügt sie in Märkten weltweit über Teams, die anderen Marken Werbeplätze verkaufen, den Namen Red Bull jedoch selten erwähnen.

Überlegungen zum Content

Nachdem wir definiert haben, was Content ist, können wir uns jetzt ein bisschen näher damit befassen. Dazu sehen wir uns zunächst die Eigenschaften von Content an.

Bei Ogilvy & Mather haben wir die Erfahrung gemacht, dass Inhalte *magnetisch* wirken können, wenn sie Leute anziehen; oder *immersiv*, wenn man darin förmlich eintaucht; sie können *smart* sein und dem Verbraucher etwas ermöglichen; oder auch einfach nur *praktisch*.

Wie alle Geschäftsleute, die etwas auf sich halten, wenden auch wir gern das Vier-Quadranten-Modell an. Unsere Content-Matrix auf der übernächsten Seite zeigt auf der y-Achse den Bereich von Masse bis Personalisierung und auf der x-Achse den Bereich Erlebnis bis Geschichten.

Wie immer sind Modelle wie dieses nicht in Stein gemeißelt, sondern verfügen über Überschneidungen und Grauzonen.

Dennoch hilft ein Blick auf die Unterschiede dabei, sich dem schwammigen Begriff „Content" etwas zu nähern. Dabei sollten diese jedoch als Mehr oder Weniger betrachtet werden, nicht als Entweder-oder. Außerdem kann die Content-Matrix als Spielwiese dienen, um zwei große Nutzen zu finden: Erlebnis und Interaktion.

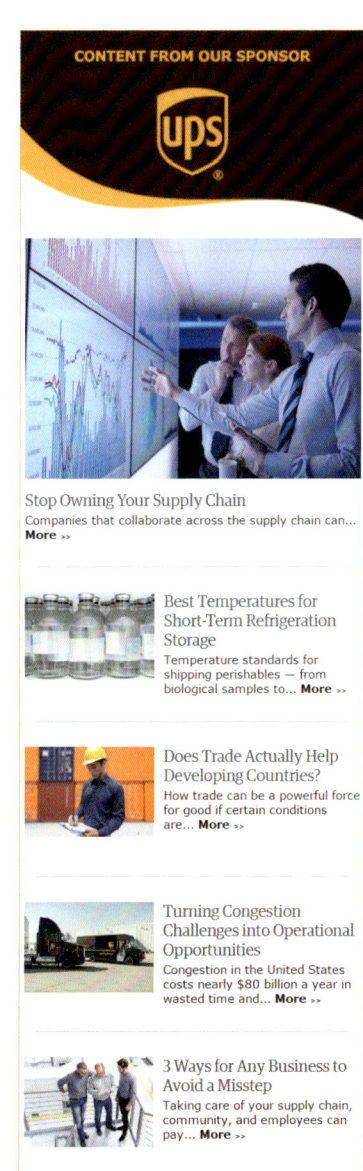

Logistik ist ein komplexer, aber unverzichtbarer Teil modernen Lebens. Durch Markenjournalismus haben wir UPS geholfen, seine Geschäftskunden über die Bedeutung von Logistik für Wachstum und Profitabilität aufzuklären. Dadurch stieg die Bereitschaft, UPS-Leistungen in Anspruch zu nehmen.

Die Content-Matrix

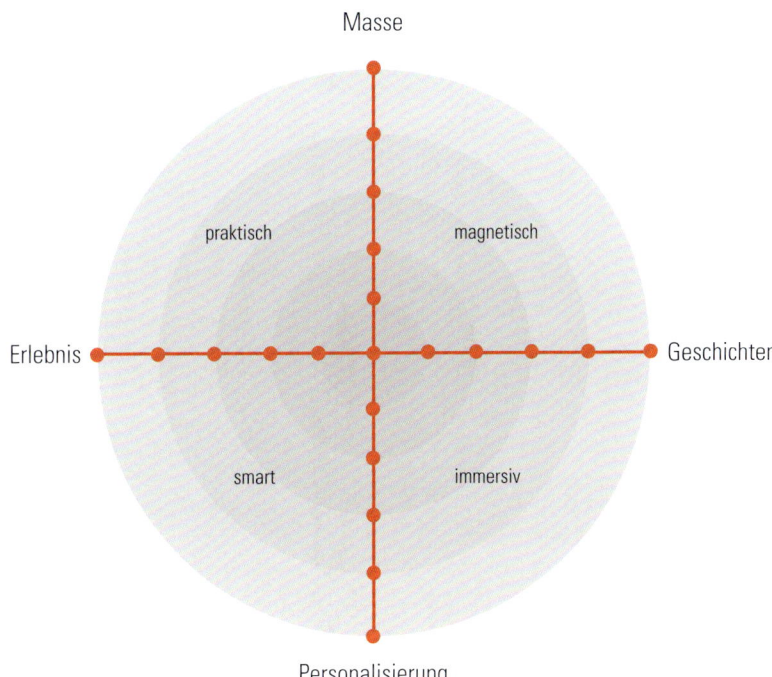

Die Content-Matrix. Content kann magnetisch, immersiv, smart oder praktisch sein.

In der digitalen Welt wird großer Wert auf Design gelegt, Freude entsteht jedoch durch Geschichten.

Weder die Schaffung von Erlebnissen noch die Freude an Geschichten sind auch nur im entferntesten neue Konzepte, allerdings stieg ihre Bedeutung im digitalen Zeitalter spürbar an. Sie sind es, die für wahren Content sorgen.

Content planen

Wer Content strategisch planen möchte, sollte sich zunächst jeden der vier Quadranten der Content-Matrix genauer ansehen.

1. Magnetischer Content

Wie oft kam es in den letzten Jahren vor, dass ein Kunde am Ende des Briefings hinzufügte: „… und bitte, machen Sie daraus einen viralen Hit." Das hören wir ungern. Nicht nur, weil wir dem Konzept eines viralen Hits misstrauen – das Wort „viral" gilt in der Videoabteilung von Ogilvy & Mather als Unwort und wird bei internen Debatten nicht mehr gebraucht –, sondern auch, weil es schwer zu planen oder vorherzusagen ist, inwiefern Inhalte magnetisch wirken werden.

Erst in neuerer Zeit beginnen wir zu verstehen, was hinter diesem Magnetismus steckt.

So wissen wir, dass die magnetische Wirkung von Content mit Erregung zu tun hat. Erregung ist ein Zustand heftiger Gefühlsbewegung, der Menschen dazu anregt, Informationen und Material zu teilen. Erregung führt also unseren Finger zum Share-Button.

Gegenüber: Red Bull hat sich zu einem Medienunternehmen entwickelt, das eben auch Getränke verkauft. Rekordverdächtige Stunts, ein siegreiches Formel-1-Team, internationale Flugtag-Veranstaltungen und Seifenkistenrennen, Musikstudios in verschiedenen Großstädten – und ein Magazin mit einer der höchsten Leserzahlen unter jungen Männern.

CONTENT IS KING – DOCH WAS BEDEUTET DAS EIGENTLICH?

„Es ist oft schwer zu planen oder vorherzusagen, inwiefern Inhalte magnetisch wirken werden."

Das beste Beispiel für User Experience Design ist wohl – zumindest bisher – das Museum of Feelings. Glade verwandelte gut 465 Quadratmeter in Manhattan in ein intensives Pop-up-Erlebnis für die Stimulation der Sinne: sehen, hören, tasten und, ganz wichtig, riechen. Die Räume, die mehr an eine Kunstinstallation als an eine Marketingveranstaltung erinnern, sind so gestaltet, dass sie bei den Besuchern ein Bewusstsein dafür wecken, wie sehr das Umfeld unsere Gefühle beeinflusst. Die Außenseite des Gebäudes verändert, ausgelöst durch eine Sentimentanalyse der Social Media Feeds von New Yorkern, häufig die Farbe, um den Gefühlszustand ihrer Umgebung zu reflektieren. Die Gestaltung des Innenraums basiert auf fünf Emotionen: freudige Erregung, Vitalisierung, Freude, Optimismus und Ruhe.

Im letzten Raum nutzten die Besucher eine Art Lügendetektor, um biometrische Daten, Herzfrequenz und Salzgehalt der Haut zu messen. In Kombination mit externen Aspekten, wie der Temperatur im Gebäude und der Stimmung auf Twitter, wurde daraufhin die passende Farbe über ein Selfie des Besuchers gelegt. So entstand aus einem einfachen Foto ein lebendes Kunstwerk, das die Gefühle des Besuchers besser widerspiegelte als ein gewöhnliches Selfie. Auf diese Weise konnte das tatsächliche emotionale Wohlbefinden einer Person direkt in den sozialen Medien dargestellt werden.

Als ich meinen ersten Vortrag zum Thema verfasste, nannte ich ihn zunächst „Erregungstechniken" – das schien mir jedoch zu sehr an die verschmitzte Sexualtherapeutin Dr. Ruth Westheimer zu erinnern. Doch Erregung ist in der Tat ein wissenschaftliches Forschungsthema. Wir wissen schon seit Langem, dass durch die Fernsehprogrammplanung Erregung sehr effizient hervorgerufen werden kann, doch mit der Möglichkeit, im Internet Inhalte zu teilen, erhielt die Erforschung des Themas neuen Auftrieb.

Es gibt dazu Studien von Taylor, Strutton, Thompson, Cushman, Earl, Binet, Field, Neba-Field, Riebe, Newstead, Mulkan und Berger. Von Jonah Berger, Associate Professor of Marketing an der Wharton School der University of Pennsylvania, haben Sie vielleicht schon gehört. Er schrieb das sehr nützliche Buch *Contagious* (2013).

All diese Experten kommen zu dem Schluss, dass eine heftige Gefühlsbewegung dafür sorgt, dass Menschen Informationen teilen.

Berger konzentrierte sich dabei eher auf die Erregung der Versuchsperson (so führt beispielsweise das gute Gefühl nach körperlicher Betätigung zu einer verstärkten Weiterleitung von E-Mails) als auf die emotionalen Inhalte der Nachricht. Mit Film hat er sich wenig befasst. Als Praktiker wissen wir jedoch, dass es der Content ist, der den Kontext schafft und daher auch für die Erregung verantwortlich ist. Wissenschaftler, die im Bereich Film forschen, haben bestätigt, dass sich emotionaler Content auf das Sharing-Verhalten auswirkt.

- Erregung entsteht durch *positiven* Content.
- Die Gefühlsbewegung muss *heftig* sein.
- Erregung enthemmt und führt dazu, dass wir mehr teilen.

Stimuli, die uns erregen, haben noch einen weiteren Effekt: Wir erinnern uns besser an sie. Je besser das Gefühl das Selbstkonzept der Person widerspiegelt, desto wahrscheinlicher ist es, dass sie die Information teilt.

Und schließlich bestätigen die Wissenschaftler, was wir bereits vermutet haben: Es ist ziemlich schwierig, Content zu erstellen, der zu hoher Erregung führt. Ebenfalls wichtig, damit Informationen geteilt werden: das Überraschungsmoment, das absolut Unerwartete. So schrieben MacDonald und Ewing in Admap, Dezember 2012: „Der entscheidende emotionale Faktor für das Sharing-Verhalten war der Überraschungseffekt."

Dabei beginnt sich ein Funken kreativer Freude auszubreiten. Physiologisch kann das mit dem Neurotransmitter Dopamin und mit der Reizübertragung im Gehirn erklärt werden.

Wer das Internet verstehen will, muss sich also nicht mit Technik, sondern mit Chemie befassen.

Die positiven Energien, die während der Erregung freigesetzt werden, ähneln Prozessen in der Therapie. Das Teilen von Emotionen in den sozialen Netzwerken zeigt unmittelbare Wirkung, eine therapeutische Wirkung.

Was erregt uns so sehr, dass wir unser Glück teilen wollen? Einen Hinweis finden wir vielleicht in einer der erfolgreichsten Werbekampagnen aller Zeiten: Als wir „Share a Coke" in unserer Niederlassung in Sydney entwickelten, hatten wir keine Ahnung, dass die Kampagne derart magnetisch wirken und milliardenfach geteilt werden würde. Überall dort, wo die Kampagne lief – und das war fast überall auf der Welt –, stärkte sie die Beziehung junger Erwachsener zu einer der bekanntesten Marken der Welt.

„Share a Coke" vermittelte das Gefühl, dass die soziale Vernetzung grundlegend für unser soziales und psychologisches Wohlbefinden ist. Junge Erwachsene verbringen immer weniger Zeit mit der Familie und mehr Zeit mit Gleichaltrigen. Und die Beziehung zu Freunden wird enger, je mehr Erfahrungen geteilt werden. Das haben wir schon immer getan, das Internet ermöglicht es uns jetzt allerdings in größerem Rahmen. Zukunftsforscher Stowe Boyd drückt es so aus: „Ich wachse durch die Summe meiner Beziehungen; und meine Beziehungen auch."

Das ist ein Grund, warum mir das Wort „viral" nicht gefällt, und ich versuche, es so wenig wie möglich zu verwenden. Ich verstehe die Analogie durchaus, ich finde nur, dass das Wort eine negative Konnotation hat. Wenn uns die Forschung ganz klar sagt, dass es beim Teilen im Internet um die Freisetzung positiver Energien geht, erscheint es mir wenig passend, von „viral" zu sprechen.

Ebenfalls mit Vorsicht zu genießen sind Internetphänomene, sogenannte „Memes". Die englische Bezeichnung geht auf den britischen Ethnologen und Evolutionsbiologen Richard Dawkins zurück, der den Begriff in seinem Buch *Das egoistische Gen* im Jahr 1976 zum ersten Mal verwendete. Er beschreibt ein Mem als kulturelles Äquivalent zum biologischen Gen.

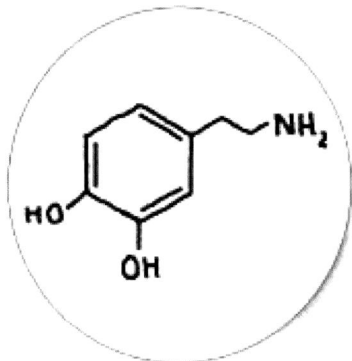

So sieht es aus: Dopamin, das Kreativmolekül. Essen, Sex, Sport – und sogar Werbung – kann dazu führen, dass die Nervenzellen (Neuronen) Dopamin ausschütten, das über den synaptischen Spalt an andere Gehirnbereiche übertragen wird. Dopamin wirkt belohnend und führt dazu, dass wir uns glücklich und motiviert fühlen. Außerdem ist die Dopaminausschüttung ein Zeichen für das Gehirn, dem auslösenden Reiz Beachtung zu schenken.

„Ich mag das Wort ‚viral' nicht und versuche, es so wenig wie möglich zu verwenden."

CONTENT IS KING – DOCH WAS BEDEUTET DAS EIGENTLICH?

Was erregt uns so sehr, dass wir unser Glück teilen wollen? Einen Hinweis finden wir vielleicht in einer der erfolgreichsten Werbekampagnen aller Zeiten: Als wir „Share a Coke" in unserer Niederlassung in Sydney entwickelten, hatten wir keine Ahnung, dass die Kampagne derart magnetisch wirken und Milliarden „Shares" erzeugen würde. Überall dort, wo die Kampagne lief – und das war fast überall auf der Welt –, stärkte sie die Beziehung junger Erwachsener zu einer der bekanntesten Marken der Welt.

Während Gene auf biologische Art vererbbar sind, spielen bei der Vererbung von Memen kulturelle Wiederholung und Interpretation eine Rolle. Beispiele für Meme sind Melodien, Gedichte, Mode und erlernte Fähigkeiten.

Paradoxerweise ist Richard Dawkins' Begriff selbst zu einem Phänomen geworden – und bezeichnet im digitalen Zeitalter alles, das sich schnell verbreitet. Doch in seiner ursprünglichen Bedeutung ging es um die Übermittlung kultureller Informationen – wie beispielsweise des epischen Heldengedichtes Beowulf – und nicht um Internetballast und -treibgut wie Bulldoggen auf Skateboards.

Meine Kollegen von Social@Ogilvy, unserer Social-Media-Abteilung, sprechen sich aus ganz anderen Gründen gegen Viralität aus, denn ein Video, das die Grundvoraussetzungen erfüllt – Überraschungsmoment und Emotion –, erhält dann ein Social-Media-Design, das durch eine ganze Reihe von Interaktionen zur Optimierung der Verbreitung beiträgt.

Im Internet ist magnetisch oft gleichzusetzen mit wild und verrückt: Es ist eine Welt der furchteinflößenden Reptilien, der Wettkämpfe im Karottenessen und der mutierenden Pudel. Ich habe mich einmal hingesetzt und vier Arten des Humors identifiziert, die – wenn gut gemacht – zu einer sicheren Verbreitung eines Videos führen.

1. **Witzig:** Wobei der Witz oft auf Kosten anderer entsteht, wie beispielsweise im beliebten Video-Genre der Missgeschicke.
2. **Scherzhaft – der typische Streich:** Als ein Mann das „verlorene" Bikini-Oberteil aus dem Wasser holen will, taucht plötzlich eine Haiflosse auf.
3. **Niedlich:** Eine Katze hält ein Kabel im Maul, an dem eine Computermaus hängt. „Sie haben gesagt, das ist eine Maus. Sie haben gelogen."
4. **Absurd:** Eine Bulldogge fährt Skateboard.

Es besteht kein Zweifel, dass Humor dieser Art dazu beitragen kann, Inhalte magnetisch wirken zu lassen. Bei Ogilvy & Mather haben wir alle vier Varianten bereits erfolgreich genutzt.

Hier ein Beispiel für einen Streich:

Wir sollten den neuen Service einer Autovermietung bekannt machen: Ein flexibles Abonnement, mit dem man jederzeit und überall einen Wagen nutzen konnte.

Unsere Niederlassung in Paris tauschte die Autos ahnungsloser Bürger auf einem öffentlichen Parkplatz gegen zusammengepresste Schrottautos aus. Die Reaktion der Autobesitzer und ihre wütenden Gesichter bei der Rückkehr zum Parkplatz hielten wir mit einer versteckten Kamera fest. Schauspieler, die sich als Polizisten ausgaben, boten den Betroffenen die Nummer für eine Telefonhotline an und diejenigen, die darauf hereinfielen und anriefen, landeten in einer landesweiten Radiosendung. Während die Autobesitzer über die Vorteile des Automietens aufgeklärt wurden, fluchten sie zum Teil reichlich. Es folgte noch eine ganze Reihe öffentlicher Kraftausdrücke, bevor sich Europcar mit seinem Streich outete. (Selbstverständlich wurden nur die Gespräche ausgestrahlt, für die wir die Einwilligung der Betroffenen erhalten hatten.)

Die Botschaft kam an und die Anzahl der Abonnements verdoppelte sich.

Ein Hund auf einem Skateboard? Ein typisches Beispiel für absurden Humor.

Unten: Unsere Pariser Niederlassung stiftete Europcar zu einem Streich an (und half tatkräftig mit), um den neuen flexiblen Service der Autovermietung bekannt zu machen. Wie? Wir ließen die Autos von Unbekannten verschrotten. Naja, jedenfalls taten wir so! Ahnungslose Bürger fanden bei der Rückkehr zu ihrem Parkplatz statt ihres Autos nur noch einen Schrotthaufen. Als sie bei einer Telefonhotline anriefen, wurde ihnen geraten, die Gelegenheit beim Schopf zu packen und für die Heimfahrt ein Auto zu mieten, worauf sie ihrer Fassungslosigkeit recht unmissverständlich Luft machten. Die Reaktion wurde im Radio übertragen. Mit diesem Streich brachten wir nicht nur die Hörer – und schließlich auch die Opfer – zum Lachen, sondern verdoppelten die Abonnements für Europcar.

Doch hier geht es auch noch um etwas anderes. Ich muss an den großartigen Schausteller P. T. Barnum denken, der im 19. Jahrhundert bereits genau verstand, wie man Menschen in den Zirkus lockt. Sie kamen zu Tausenden, um den ausgestopften Oberkörper eines Affen zu sehen, der an einem Fischschwanz angebracht war. „Treten Sie näher, treten Sie näher – und sehen Sie die Meerjungfrau!" Das war eine recht geschmacklose, aber wirksame Art, Erregung zu schaffen.

Doch heute müssen wir uns höhere Ziele stecken. Wer unterhalten will, muss mehr leisten: Wir müssen Geschichten erzählen. Die Bulldogge auf dem Skateboard ist eine Kuriosität, keine Geschichte.

Eine Geschichte braucht Struktur, ein Thema, eine Stimmung, eine Handlung und Charaktere – statt Karikaturen.

Der Kurzfilm *Sketches* (2013) für die Real-Beauty-Kampagne von Dove ist ein wunderbares Beispiel für Storytelling in der Werbung. Er macht sich die Kraft der Erzählung, der Zuschauerbindung und der weiblichen Empathie zunutze. Wir baten Frauen, sich von einem Phantombildzeichner skizzieren zu lassen. Dieser konnte seine Modelle nicht sehen, sondern zeichnete sie auf deren Beschreibung hin. Es fiel auf, dass die Frauen sich dabei oft auf ihre vermeintlichen Schönheitsfehler konzentrierten. Anschließend baten wir Fremde, die Frauen für den Phantomzeichner zu beschreiben. Deren Urteil fiel um einiges großzügiger aus, sie nahmen das Äußere der Frauen im Ganzen wahr und bemerkten auch Details, die nicht rein körperlich waren.

Als den Teilnehmerinnen die beiden Zeichnungen nebeneinander präsentiert wurden, hätte der Kontrast zwischen der negativen Selbstwahrnehmung und der positiven Außenbeurteilung kaum größer sein können und überraschte sowohl die Frauen als auch die Zuschauer. Die starke emotionale Reaktion erklärt, warum der Kurzfilm zu einem der meistgesehenen Werbevideos der Welt wurde.

Der Unterschied zwischen Selbst- und Fremdbild ist erstaunlich und sorgt für das Überraschungsmoment. Gleichzeitig ist die Reaktion der Frauen auf die Bilder zutiefst bewegend. Eine dopaminreiche Kombination.

2. Immersiver Content

Zen und die Kunst der Marketingkommunikation scheinen auf den ersten Blick nicht viel miteinander zu tun zu haben, doch die digitale Revolution hat sie näher zusammengebracht, als Sie vielleicht denken.

Das Versprechen einer Zweiwegkommunikation war immer Teil der Digitalisierung. Man kann Sie als Individuum ansprechen und dazu einladen, an einem Dialog teilzunehmen. Und dann haben Sie die Möglichkeit, mitzumachen und sich dabei entweder selbst zu finden oder selbst zu verlieren.

Um das näher zu erläutern, kehre ich zu Dove zurück. Stellen Sie sich vor, es stünde in Ihrer Macht als Frau, etwas gegen die negativen Frauenklischees zu tun, die sich in den digitalen ebenso wie in den traditionellen Medien breitgemacht haben. Als wir für Dove eine Anwendung entwickelten, die genau das ermöglichte, machten wir uns bei Facebook nicht gerade beliebt – zumal wir deren eigenen Algorithmus für uns nutzten.

Wir luden Frauen ein, etwas gegen die negativen Werbeanzeigen zu unternehmen, die weibliche Unsicherheiten ganz gezielt ausnutzen. Dabei half uns das „Ad Makeover"-Tool, eine Webanwendung, mit der die Frauen die Werbung auf Facebook selbst kontrollieren konnten. Dazu verknüpften wir die Auktionsplattform für Werbeanzeigen, die normalerweise nur von Marketingfachleuten verwendet wird, mit einer einfachen Kundenoberfläche, auf der Frauen geschmacklose Anzeigen à la „Schwabbelpo?" durch positive Botschaften wie „Der perfekte Po ist der, auf dem du gerade sitzt" ersetzen konnten.

> „Wenn wir Erregung schaffen wollen, müssen wir unsere Ziele heute höherstecken. Wer unterhalten will, muss mehr leisten: Wir müssen Geschichten erzählen."

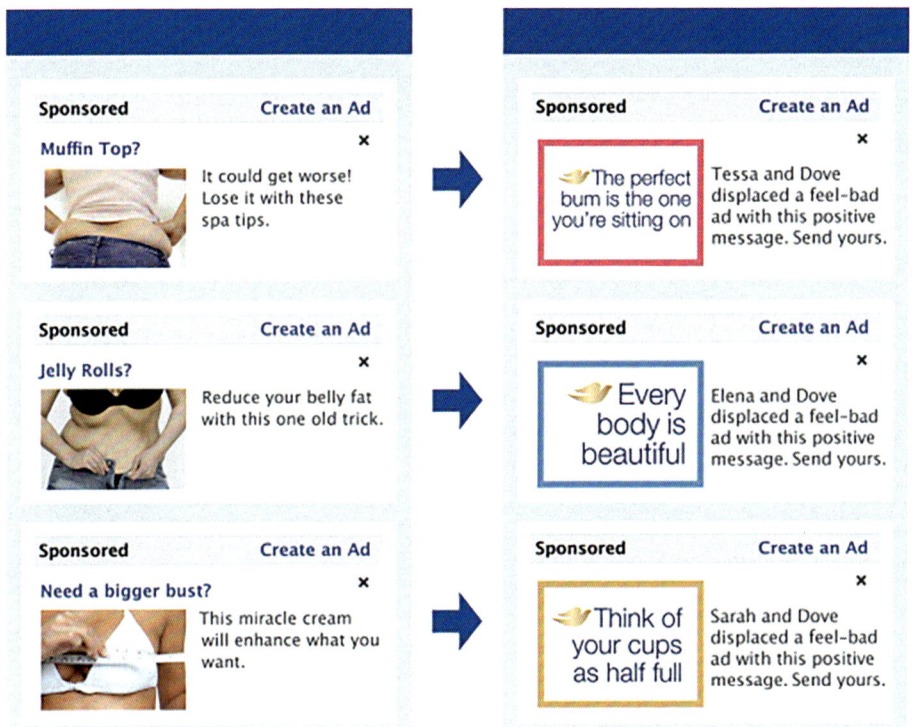

Mit „Ad Makeover" ließen wir Facebooks Algorithmus gegen jene Marketingleute arbeiten, die die Unsicherheiten von Frauen ausnutzen, und gaben Frauen die Möglichkeit, in Werbeanzeigen negative durch stärkende Aussagen zu ersetzen und damit Demütigung in Bewunderung zu verwandeln.

Ein weiteres Beispiel für gelungene Zweiwegkommunikation ist die intensive Interaktion, zu der UPS während der Hauptsaison einlud. Der Paketversand während der Weihnachtssaison 2015 (vom Tag nach Thanksgiving Ende November bis Heiligabend) betrug etwa 60 Prozent des gesamten Jahresversands. Nachdem die Saison 2014 wegen miserabler Wetterbedingungen nicht so glatt gelaufen war, wollte unser Kunde UPS sein Versprechen einer reibungslosen Weihnachtssaison untermauern und garantierte seinen Kunden, nicht nur Geschenke, sondern auch Wünsche zuzustellen. Mit der „Wishes Delivered"-Kampagne lud UPS die Paketempfänger dazu ein, auf UPS.com oder für die sozialen Medien unter #WishesDelivered einen Wunsch einzustellen. Für jeden dieser Wünsche spendete UPS einen Dollar an die Boys and Girls Clubs of America, die Salvation Army und das Toys for Tots Literacy Program. Einer der vielen von UPS erfüllten Wünsche war ein Lastwagen voller Schnee für Schulkinder in Texas, die das weiße Winterwunder noch nie erlebt hatten.

Programme wie diese führen zu sehr hohem Engagement, auch weil sie ein spielerisches Element enthalten: Kann ich das System überlisten und den Facebook-Algorithmus ändern? Kann ich mir einen möglichst schwierig zu erfüllenden Wunsch ausdenken, um zu sehen, ob er dennoch erfüllt wird?

Doch was passiert, wenn das Spiel konkret wird? Bei Videospielen finden wir die Inhalte nicht mehr nur „ganz interessant", vielmehr wird unsere Aufmerksamkeit komplett gefesselt, wir tauchen in eine neue Welt ein.

CONTENT IS KING – DOCH WAS BEDEUTET DAS EIGENTLICH?

UPS nutzte Crowdsourcing und Spenden, um ein Programm ins Leben zu rufen, das während der Weihnachtssaison Wünsche zustellte. Mit „Wishes Delivered" wurde für jeden angenommenen Wunsch ein Geldbetrag an eine gemeinnützige Organisation gespendet. Eine durch und durch interaktive Kampagne, die jedoch erst durch ihre Geschichten immersiv wurde. Wie die von Carson (dem Kind in der Mitte), einem kleinen Jungen, den eine große Freundschaft und tiefe Bewunderung mit Mr. Eddie verband, dem UPS-Fahrer für seine Gegend. Carson besaß sogar seine eigene UPS-Uniform und machte gern Pakete fertig. In den Weihnachtsferien brachte Mr. Eddie mehr als seine üblichen Lieferungen. Diesmal hatte er etwas ganz Besonderes für Carson dabei: Seinen eigenen kleinen UPS-Lieferwagen für Kinder und die Möglichkeit, einen Tag lang ein echter UPS-Fahrer zu sein – wie sein großes Vorbild.

In wissenschaftlichen Studien zu Videospielen wird Immersion als Zustand der absoluten Vertiefung in das Spiel definiert, die derart ist, dass sich der Spieler darin verliert.

Es wurde nachgewiesen, dass es diese Immersion auf drei verschiedenen Ebenen gibt: Zunächst auf der Bindungsebene, einer Zeit der Anpassung und des Erlernens der Befehle; dann auf der Vertiefungsebene, wenn sich der Spieler der Befehlseingaben gar nicht mehr bewusst ist; und schließlich auf der Ebene der totalen Immersion. In diesem Zustand ist der Spieler komplett von der Realität abgeschnitten, es existiert nur noch das Spiel. In einer Studie wurde das so beschrieben: „Ein Zen-artiger Zustand, in dem der Kopf zu wissen scheint, was er zu tun hat, und der Geist sich nur mit der Geschichte befasst."[1]

In der Psychologie spricht man dann von „Präsenzerleben". Es wird eine virtuelle Präsenz geschaffen, die schließlich der Wirklichkeit vorgezogen wird, da durch die Einwirkung von Reizen ein Gefühl des „Dort-Seins" entsteht. Um das zu erreichen, muss die Umgebung anregend wirken und die Sinne des Spielers stimulieren. Jamie Madigan schreibt: „Je mehr Sinne bestürmt werden und je intensiver diese Sinne zusammenarbeiten, desto besser. Einen Vogel fliegen zu sehen, ist gut. Ihn auch noch kreischen zu hören, ist besser."[2]

In ihrer reinsten Form ist für die Kreation von Immersion eine Kombination aus Ideenfindung und Technologiekompetenz nötig. Diese beiden Fähigkeiten findet man jedoch nur selten zusammen.

Für kommerzielle Werbetreibende sind Spiele wichtig, nicht etwa, weil ein Content-Programm ohne sie unvollständig wäre, sondern weil sie inspirierende – und spannende – Merkmale und Methoden enthalten.

Eines haben alle erfolgreichen Spiele gemeinsam: gutes Storytelling. Und wir sollten nicht vergessen, dass schon allein eine gute Geschichte den Verbraucher in ihren Bann ziehen kann. In der Psychologie wird diese positive Sogwirkung „Flow" genannt. In diesem Zustand verschwindet die Schnittstelle zwischen Spieler und Geschichte – bzw. bei Romanen zwischen Leser und Geschichte – und es entsteht komplette Immersion. Die digitale Revolution hat dem nun eine interaktive Komponente verliehen. Im Extremfall kann der Spieler die Geschichte jetzt sogar selbst erzählen.

CONTENT IS KING – DOCH WAS BEDEUTET DAS EIGENTLICH?

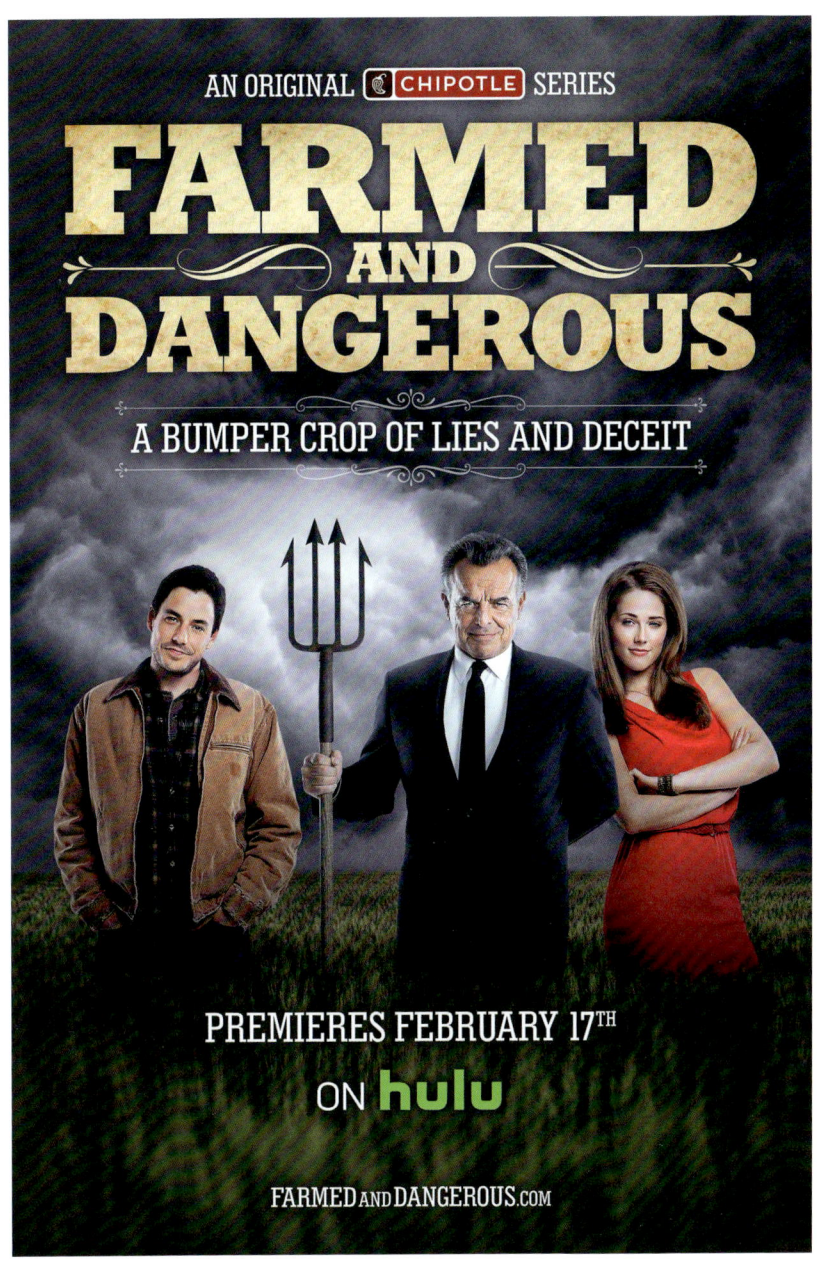

Mit dem Start von „Farmed and Dangerous", einer satirischen Komödie in vier Teilen auf der Online-Plattform Hulu, entschied sich Chipotle gegen eine traditionelle Produktplatzierung und schuf stattdessen eine Serie, die direkt auf den Werten des Unternehmens basierte. TV-Persönlichkeit Jim Cramer nannte die Show mit ihrem originellen Drehbuch und einer Herde explodierender Kühe „eine der witzigsten Serien, die ich je gesehen habe". Leider ist die Werbung immer nur so gut wie das Produkt, und ein E.coli-Ausbruch machte den Erfolg wieder zunichte.

Oder wir können zuschauen. Technisch sehr gut umgesetzt hat das Chipotle mit „Farmed and Dangerous", einer vierteiligen Komödie, in der die Marke mit Agrarunternehmen abrechnet.

Wer immersive Kommunikation plant, muss darauf achten, dass die Inhalte spannend sind und den Verbraucher fesseln. Sonst wird sie ebenso schnell entbehrlich wie die große Masse nicht genutzten Contents.

3. Smart Content

In den letzten 20 Jahren hatten wir es schon oft mit intelligenten Lösungen zu tun, für Autos, Handys, Einkaufswagen und das eigene Zuhause – alles smart. Warum jetzt also auch noch die Inhalte?

CONTENT IS KING – DOCH WAS BEDEUTET DAS EIGENTLICH?

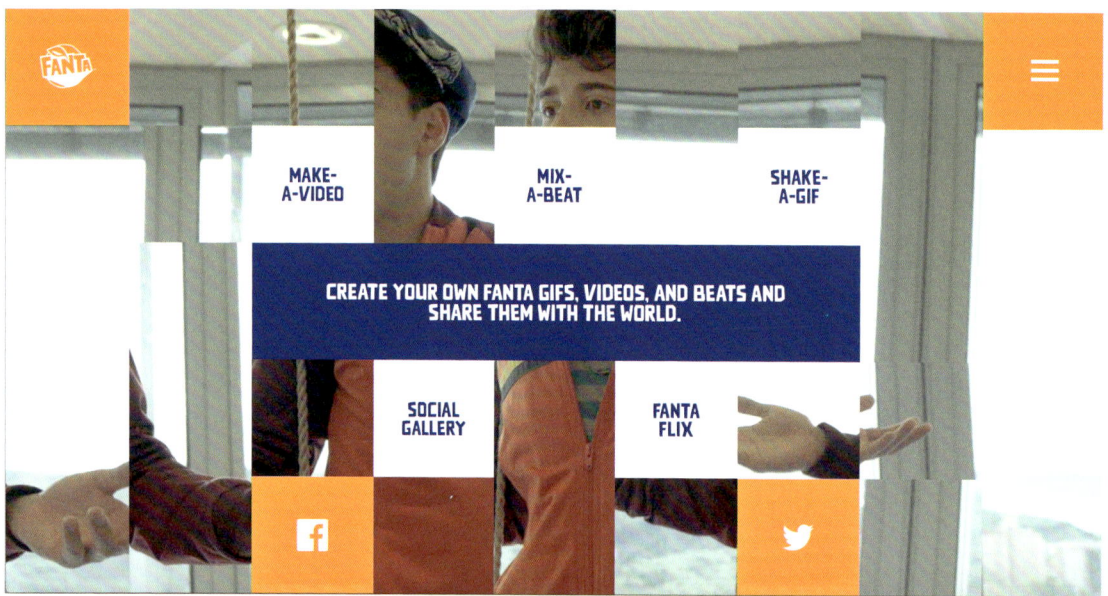

Die partizipative Spielerfahrung steht im Zentrum des innovativen Markenerlebnisses, das unsere Schwesteragentur David für Fanta entwickelte. Statt einer bis ins letzte Detail vorgegebenen Umgebung bot das Unternehmen seiner Zielgruppe eine ganze Reihe von Tools und Materialien, um selbst GIFs, Videos und Musik zu erstellen und mit der Welt zu teilen. So konnte Fanta auf kluge und hilfreiche Art und Weise Aktivitäten anbieten, die seine Zielgruppe ohnehin bereits interessierten.

Für Perrier luden wir mit *Secret Place* zur besten Party der Welt ein. In einem 90-minütigen Film, der wie ein Videospiel funktionierte, hatten Besucher 100.000 Stunden Spielspaß und lebten mehr als 4 Millionen Leben.

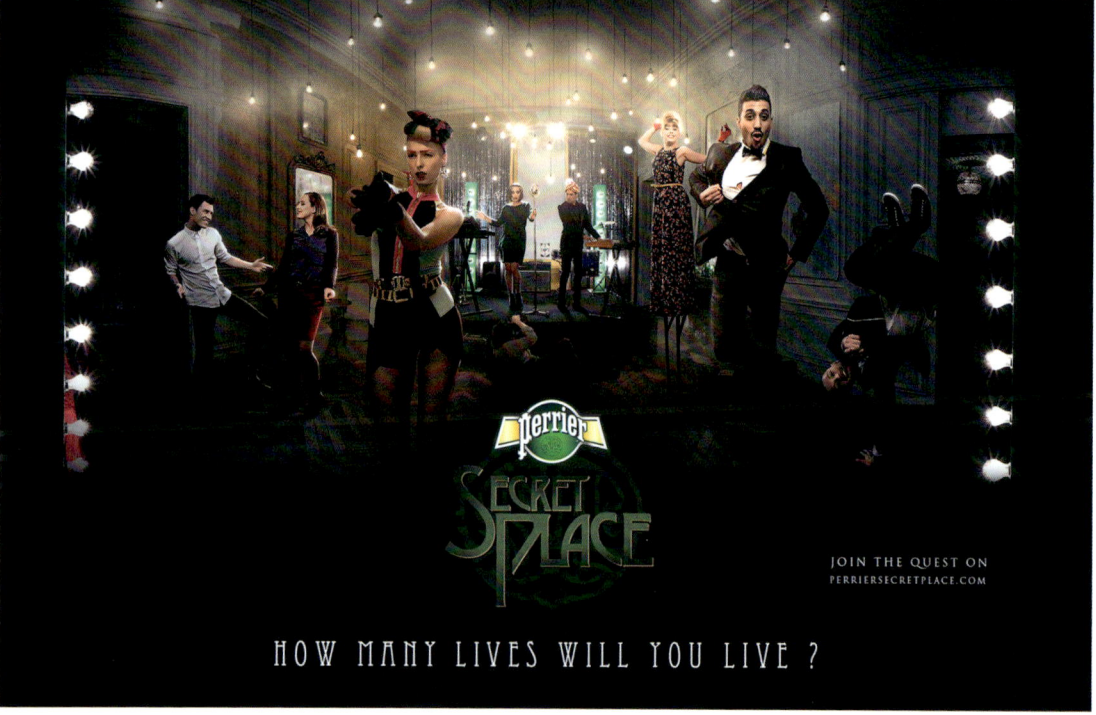

Weil Smart Content im besten Fall bedeutet, dass Sie Ihr Leben besser gestalten können. Hier geht es nicht um Inhalte, die unterhalten, vielmehr sollen sie dem Verbraucher auf sehr personalisierte Weise helfen.

Sie kaufen gern bei Amazon ein und suchen eine Lösung für die Hausautomation? Amazon Echo ist preislich angemessen, in hohem Maße mit anderen Technologien kompatibel, bietet exklusive Angebote auf Amazon sowie Online-Shopping mit Spracherkennung.

Das ist smart.

Sie wohnen in Frankreich und sind schwanger. Sie sind ein bisschen unruhig und fühlen sich unsicher. Sie müssen an so viel denken und so viel lernen. Sie müssen auf Ihre Ernährung (und die Ihres Babys) achten, sie müssen sich genug ausruhen und überhaupt in jeder Phase der Schwangerschaft das Richtige tun. Nestlés „Devenir Maman" hilft Ihnen, den Überblick über die Meilensteine zu behalten und die besten Entscheidungen für sich und Ihr Baby zu treffen.

Das ist smart.

Was steckt denn nun aus psychologischer Sicht dahinter?

Es geht darum, eine Situation selbst zu kontrollieren. Wissenschaftler gehen heute davon aus, dass sich Kontrolle aus einer Reihe verschiedener Einflüsse auf die Persönlichkeit ergibt, die teils durch soziales Lernen entstehen, teils aber auch biologisch bedingt sind. Eine Gruppe niederländischer Forscher beschrieb das so: „Wer das Gefühl hat, in einer Situation die Kontrolle innezuhaben, verfügt über eine Mischung gesellschaftlich wünschenswerter Charakterzüge, die alle mit psychologischem Wohlergehen und erfolgreicher Leistung in Verbindung stehen." Kontrolle ermöglicht Selbstregulation – und diese Funktion kann Content übernehmen: Er kann als Auslöser für oder Verstärker von Selbstregulation dienen.

Hier wirkt die Macht des Designs, die Integration von Information und Nutzungserlebnis.

Im Extremfall führt dies zur „Selbstquantifizierung". Nie zuvor war es möglich, den eigenen Lebensstil und Gewohnheiten, die Gesundheit und Wohlergehen beeinflussen, zu messen. Jetzt geht das. Nicht nur, um abzunehmen oder fitter zu werden, sondern auch für andere Bereiche wie Schlafverhalten, Work-Life-Balance und Stimmungsschwankungen.

Nicht jeder will sich „selbst quantifizieren" – sich digital entblößen –, ich auch nicht! Doch das Grundprinzip, nämlich die sehr personalisierte Stärkung des Verbrauchers, ist enorm wertvoll. Es betrifft die Entscheidungen, die wir als Individuen treffen, und hilft uns dabei, bessere Entschlüsse zu fassen.

Digitaler Content fungiert dabei als Wegbereiter. So kombinierte Nestlé Milo ein Fitnessarmband mit einer App für Bewegung und Ernährung, die Kindern helfen sollte, den Zusammenhang zwischen Nahrungsmitteln und körperlicher Betätigung zu verstehen. Mit Wettbewerben, Videos, Avataren und Echtzeitdaten gingen wir auf die Begeisterung der Zielgruppe für Technologie und Videospiele ein. Statt die Kinder zu zwingen, draußen zu spielen, regten wir sie dazu an, jeden Tag etwas zu tun, um das Ranking ihrer Freunde anzuführen, und unsere Tipps und Tricks zu beachten, um „Champions" in einer selbst gewählten Aktivität zu werden. Sie konnten sehen, wie viel Energie sie dabei verbrannten und wie viele Kalorien sie mit ihren Essensentscheidungen wieder aufnahmen, und wussten so auf einen Blick, wie weit sie noch von ihrem Ziel – einer ausgewogenen Ernährung und ausreichend Bewegung – entfernt waren. Durch die Schaffung von Anreizen und einem Belohnungssystem gaben wir den Kindern die Möglichkeit, verantwortungsbewusst mit ihrer Gesundheit umzugehen und dabei auch noch Spaß zu haben – und sie ergriffen diese Gelegenheit beim Schopf.

Vielleicht lohnt es sich, das Wörtchen „smart" nicht nur in seiner Bedeutung als Adjektiv, sondern auch als Akronym zu betrachten: SMART steht bei der Formulierung von Zielen für spezifisch, messbar, attraktiv, relevant, terminiert.

Nestlés App „Devenir Maman" gibt Frauen die Möglichkeit, mit interaktivem und informativem Smart Content den Überblick über Meilensteine der Schwangerschaft zu behalten.

Mit der digitalen Revolution findet die „smarte" Zielsetzung nicht mehr nur in der Wirtschaft Anwendung, sondern bietet auch Privatpersonen die Möglichkeit, sich persönlich weiterzuentwickeln.

4. Praktischer Content

Und schließlich gibt es praktischen Content. Das mag sich jetzt recht unspektakulär anhören, bietet allerdings starke Möglichkeiten. Inhalte dieser Art bereichern und verbessern das Kollektiverlebnis von Einzelpersonen, Communities und Unternehmen. Mit praktischem Content hat jeder von uns wichtige Ressourcen selbst in der Hand.

Milos Fitnessarmband mit App kombiniert Bewegung, Ernährungstipps und Online-Spiele für gesündere und auch offline aktivere Kinder.

Eine solche Ressource ist Wissen. Für Unternehmen galt Wissen schon immer als etwas, das geteilt werden sollte, doch auf die Bedürfnisse mancher Zielgruppen wurde dabei mehr eingegangen als auf die von anderen. Man denke nur an Autofahrer, für die der Guide Michelin entwickelt wurde, oder Klassiker wie die verschiedenen Shell Guides über das ländliche Großbritannien.

Im digitalen Zeitalter ist eine zeitnahe Wissensverteilung unter Berücksichtigung von Zielgruppe und Standort möglich.

Als Google die Fähigkeiten seines neuen Browsers Chrome unter Beweis stellen wollte, wandte sich das Creative Lab an die kanadische Indie-Band Arcade Fire, um gemeinsam ein interaktives Musikvideo für die Single „We Used to Wait" zu entwickeln.

Mit dem von Künstler, Unternehmer und Regisseur Chris Milk erdachten interaktiven Kurzfilm *The Wilderness Downtown* wurden die Zuschauer Teil der Geschichte. Wenn ein argloser Nutzer seinen Namen und die Adresse seiner Heimatstadt eingab, nahm der Kurzfilm ihn fünf Minuten lang mit dorthin zurück. Zusammen mit einer jugendlichen Version seiner selbst rannte er dann durch bekannte Straßen und umkreiste zum atmosphärischen Sound von „We Used to Wait" das Haus, in dem er aufgewachsen war.

Chrome ist heute der am weitesten verbreitete Browser und Arcade Fire eine der bekanntesten Bands der Welt.

In den Händen eines Redakteurs wird Wissen zum Wettbewerbsvorteil. Es erläutert und begründet eine Sichtweise oder eine Positionierung. Doch nicht nur in Form eines Whitepapers, sondern auch als dynamisches Programm.

Genau so ein Programm entwickelte Ogilvy im Jahr 2014, um interessante redaktionelle Inhalte zu liefern: Der IBM Newsroom bietet Artikel, Videos, Infografiken, E-Books, SlideShare und vieles mehr.

CONTENT IS KING – DOCH WAS BEDEUTET DAS EIGENTLICH?

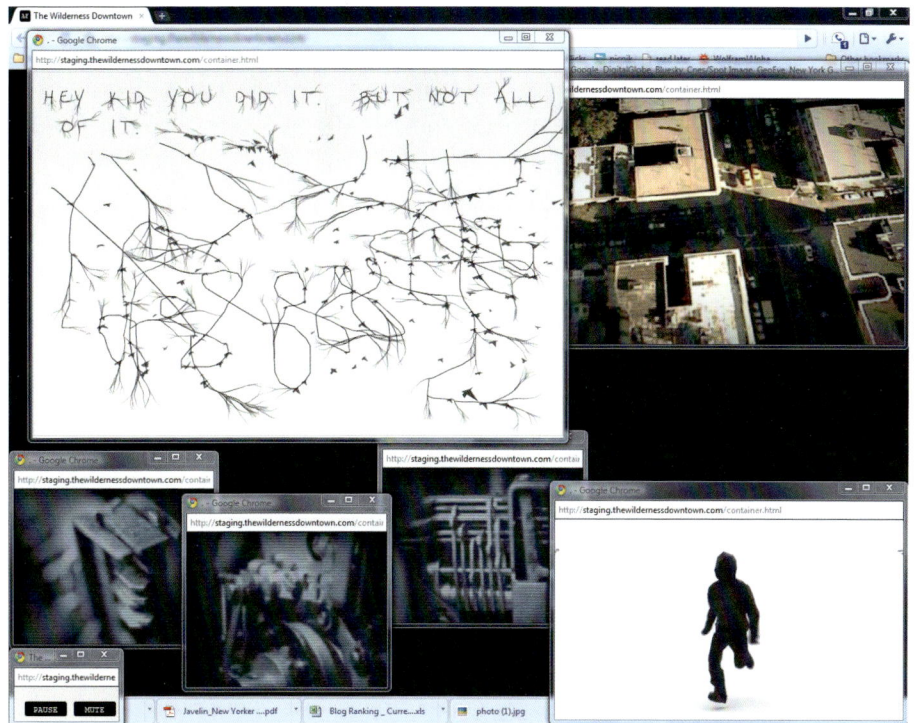

In *The Wilderness Downtown* singt die Kult-Indie-Band Arcade Fire ihren neuesten Song „We Used to Wait" im Hintergrund, während die Zuschauer mit Googles Browser Chrome in die Stadtviertel ihrer Jugend transportiert werden. Mit diesem Experiment des Google Creative Labs, das die Schnelligkeit des Browsers durch das unglaublich interaktive Video demonstrierte, wurde Chrome zum beliebtesten Browser weltweit. Eine ungewöhnlich immersive Weise, ein neues Produkt vorzustellen. Und selten ist derart emotionaler Content gleichzeitig so inhärent praktisch.

Wenn eine Marke fundierte Inhalte liefert, trägt das zu ihrer Glaubwürdigkeit bei. Und Glaubwürdigkeit führt zu Kundenvertrauen. Der Newsroom stellt daher Informationen zur Verfügung, die für die Zielgruppe von Nutzen sind, und verzichtet auf Inhalte, die lediglich als Werbung für die Marke dienen. Mithilfe von Ogilvy war IBM so in der Lage, mit seinen Kunden ins Gespräch zu kommen – statt von der Kanzel zu predigen.

Qualcomm ist ein führender Halbleiterhersteller und baut die Prozessoren für etwa zwei Drittel aller Smartphones, doch die Nutzer seiner Produkte hatte das Unternehmen lange vernachläs-

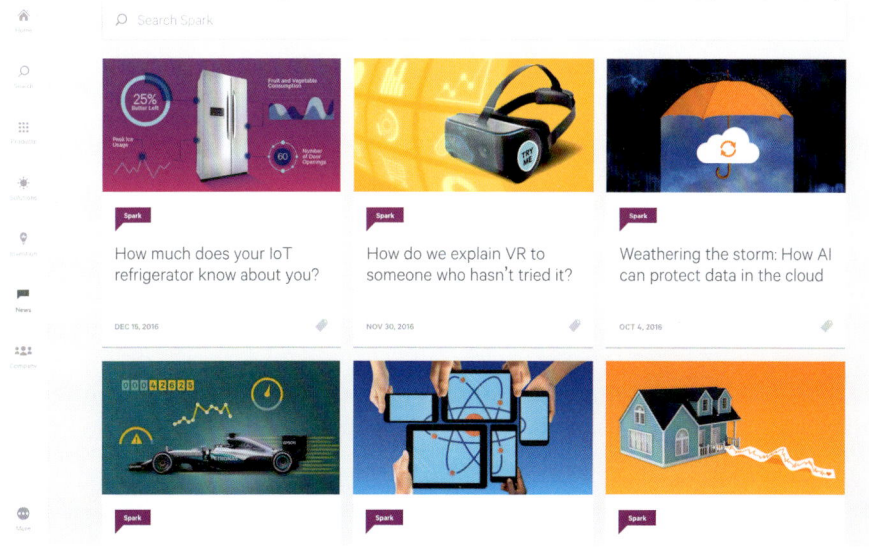

2012 war Qualcomm ein führender Halbleiterhersteller und baute die Prozessoren für zwei Drittel aller Smartphones. Doch bei den Verbrauchern war die Marke relativ unbekannt. Wir wurden beauftragt, die Nutzer mit der zugrunde liegenden Technologie vertraut zu machen und Qualcomm als Ingredient Brand zum Erfolg zu führen – ähnlich wie in den 1990er-Jahren mit dem „Intel Inside"-Programm geschehen. Diesmal ging es um Smartphones statt PCs, und wir nannten unsere Lösung Spark (Funken). Direkt auf der Qualcomm-Website malten wir uns die Zukunft von Kommunikation und Technologie aus und stellten jene Menschen vor, die mit ihren Erfindungen die Welt verändern. Wir engagierten alte Hasen von *USA Today* und *PC Magazine*, die ein Redaktionsteam leiteten und Branded Content entwickelten. Der Funken schien überzuspringen.

Barneys New York konzentrierte sich auf Journalismus, den sich seine Zielgruppe wünschte – und zwar von Barneys. *The Window* ist eine Mischung aus Online-Lifestyle-Magazin und E-Commerce-Website, die gut funktioniert.

sigt. Unsere Aufgabe war es, die Verbraucher mit der zugrunde liegenden Technologie vertraut zu machen und Qualcomm als Ingredient Brand zum Erfolg zu führen.

Daraus entstand Spark. Wir engagierten alte Hasen von *USA Today* und *PC Magazine*, die ein Redaktionsteam leiteten, Branded Content für Websites wie Mashable erstellten, nach Möglichkeiten für Content-Syndication suchten und Tools wie Stumbleupon nutzten. So war Spark in der Lage, praktische, interessante und spannende Inhalte für Erstanwender und technikbegeisterte Nutzer zu generieren und zu verbreiten – immer auch mit einem Bezug zu Qualcomm.

Nachrichten sind eine frei zugängliche Ressource. Doch aus dieser Fülle ergibt sich eine Chance für ein gezieltes Angebot: Wir können Nachrichten, die für unsere Zielgruppe interessant sind, sammeln, zusammenstellen und als Content-Paket liefern.

Was hier zum Erfolg führt und was nicht, wird noch getestet. Aus manch großer Ambition ist am Ende doch nichts geworden.

Denken Sie beispielsweise an General Electric, das unter anderem mit „Pressing" („das nationale Gesprächsniveau erhöhen, rechts, links und in der Mitte") und „Mid-Market" („für den ersten Blick am Montagmorgen") zu einem großen Nachrichtenanbieter werden wollte. Beide gibt es heute nicht mehr. Während auf GE Reports weiterhin erstklassige journalistische Features mit Bezug zum Unternehmen angeboten werden, hat General Electric die Bedürfnisse der Zielgruppe im Fall von „Pressing" und „Mid-Market" falsch interpretiert. Das Unternehmen wollte eine Nachrichtenlücke füllen, die die Leser gar nicht gefüllt haben wollten – jedenfalls nicht von GE.

Praktischer Content kann auch eine aktive Komponente besitzen, beispielsweise als Nutzerplattform. Dann bietet er nicht nur relevante Informationen, sondern dient auch als Inspirationsquelle innerhalb einer Community. Genau das steckt hinter dem Forum OPEN unseres Kunden American Express.

CONTENT IS KING – DOCH WAS BEDEUTET DAS EIGENTLICH?

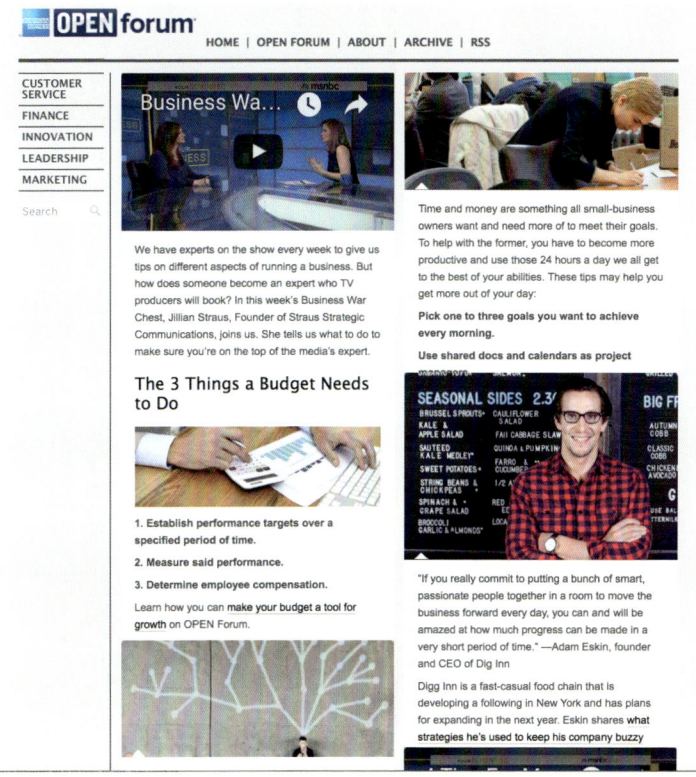

American Express entwickelte das Forum OPEN, eine Online-Community, in der sich Gleichgesinnte, führende Unternehmer und Branchen-Blogger zu unternehmerischen Themen austauschen. Mit OPEN können sie sich präsentieren, Tools für die Geschäftsfeldentwicklung nutzen und ihrem Unternehmen Glaubwürdigkeit verleihen.

Außerdem kann praktischer Content gerade jenen helfen, die sich am Beginn eines ganz neuen Lernprozesses befinden, wie beispielsweise schwangere Frauen. Wie fühlen sich Wehen an? Wie verlässlich ist ein Ultraschall? Welche Musik ist am besten für mein Baby? Das sind nur einige von vielen, vielen Fragen, die einer Frau durch den Kopf gehen, wenn sie erfährt, dass sie schwanger ist. Und diese Verunsicherung bezieht sich nicht nur auf die nächsten neun Monate – nein, auf die nächsten paar Jahre!

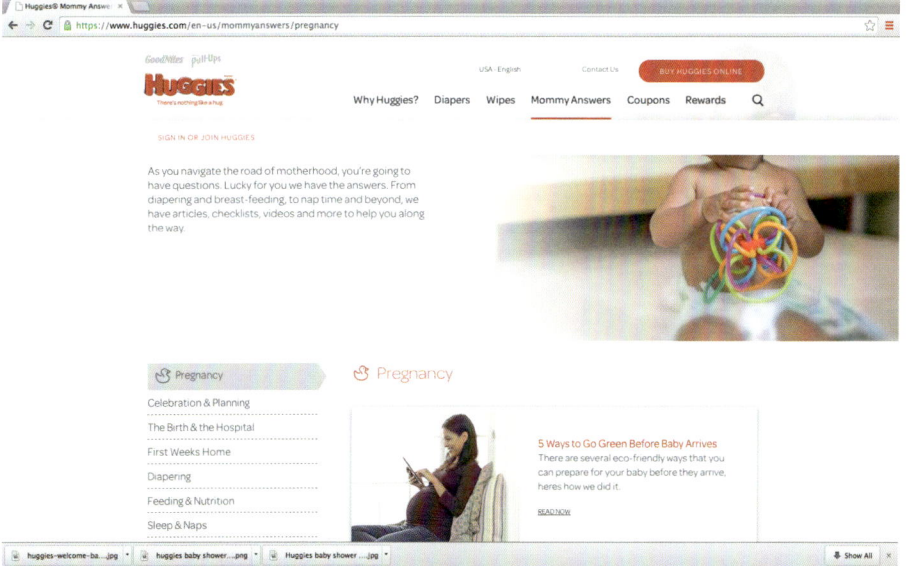

Auf Huggies *Mommy Answers* erhalten Schwangere von Experten und anderen Frauen auf ihre Fragen Antworten rund um das Thema Baby. Indem das Unternehmen die werdenden Mütter frühzeitig anspricht – bevor sie in 90 Prozent aller Krankenhäuser ein Care-Paket des Marktführers Pampers erhalten –, wird *Mommy Answers* zu einer wichtigen Anlaufstelle für neue Eltern und gibt Huggies die Chance, eine dauerhafte Beziehung zu ihnen aufzubauen.

CONTENT IS KING – DOCH WAS BEDEUTET DAS EIGENTLICH?

Ford lädt seine Kunden dazu ein, ihr Traumauto selbst zu bauen. Auf Website oder mobiler App können sie einen maßgeschneiderten Wagen erstellen.

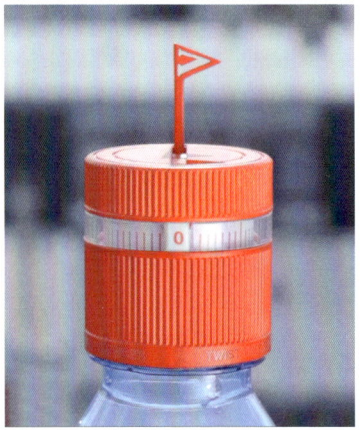

Auch ein Gegenstand kann so ein Tool sein. Für Vittel sollte Ogilvy & Mather darüber informieren, wie wichtig es ist, regelmäßig Wasser zu trinken. Wir bewiesen, dass intelligente Technologie nicht immer auf das Internet angewiesen ist, indem wir einen einfachen mechanischen Timer in den Flaschenverschluss einbauten. Dieser wurde beim ersten Öffnen aktiviert und ließ in regelmäßigen Abständen eine kleine Fahne aufklappen, die daran erinnerte, dass der nächste Schluck fällig ist.

Und schließlich gibt es eine Art des praktischen Contents, deren Reichweite zwar geringer ist, die jedoch innerhalb einer bestimmten Zielgruppe sehr erfolgreich sein kann: praktischer Content als Tool. Ja, auch das ist möglich. In diesem Bereich beeinflusst das digitale Design das Erlebnis am stärksten.

Wie sollte beispielsweise ein Tool aussehen, mit dem Kunden ihr Fahrzeug selbst konfigurieren können?

Oder ein Hilfsmittel, das Gäste durch die Speisekarte führt?

Das Digitale ermöglicht es Unternehmen, ihre Produkte und Leistungen anhand von Informationen in größerem Maße zu kontextualisieren als je zuvor.

Alles beginnt mit einer Idee. Doch die Idee bekommt erst dann Flügel, wenn einige der zur Verfügung stehenden digitalen Dimensionen berücksichtigt werden. Im besten Fall wird sie sich frei zwischen ihnen bewegen.

Als wir für Coke Zero in den USA ein Programm entwickelten, war der Grundgedanke: Du kennst sie erst, wenn du sie probiert hast. Aus Studien wussten wir, dass 85 Prozent der Millennials noch nie Coke Zero getrunken hatten, die Hälfte von ihnen diese Coca-Cola-Variante jedoch jeden Monat trinken würde, wenn sie sie erst einmal probiert hätte. Also nutzten wir die digitale Technologie an einigen eher unpraktischen Orten, um sehr praktische Ergebnisse zu erzielen: Eine Plakatwand, die Coke Zero ausschenkte, ein Fernsehspot, der Shazam-Nutzern eine kostenlose Coke Zero bescherte, und andere „trinkbare Werbung" sorgten dafür, dass Konsumenten Coke Zero probierten und dann kauften.

CONTENT IS KING – DOCH WAS BEDEUTET DAS EIGENTLICH?

Content organisieren

Hat König Content denn jetzt auch irgendwelche Schwächen? Nicht, wenn er auf das ausgerichtet ist, was er am besten kann: erregen, fesseln, helfen und befähigen.

Doch einen Haken gibt es: Content muss organisiert werden.

Und das ist leider nicht so einfach, wie es klingt. Nicht nur müssen wir Marken und Medienpartnern zu einer neuen Art der Zusammenarbeit verhelfen, sondern auch innerhalb der Werbebranche neue Strukturen schaffen. Wie immer, wenn wir etwas Neues und Kompliziertes anpacken, ist es allzu leicht, sich in der Planung und der Strategiesetzung zu verheddern. Diese Aspekte sind zwar wichtig, doch in der Kreativarbeit zählt am Ende nur das, was man tatsächlich tut.

Einmal wurde ich gebeten, einen Satz über Strategie auf eine Sprüchewand in einer unserer Niederlassungen in China zu schreiben. Nach mehrtägigen Strategiegesprächen übersättigt, schrieb ich: „Hervorragende Ausführung ist die höchste Form von Strategie." Das wurde mit einem gewissen Staunen zur Kenntnis genommen.

Doch nie entsprach der Satz so sehr der Wahrheit wie im Fall von Content.

Als Schlachtfeld dient das Content-Studio, das alternativ auch Küche, Zentrale, Newsroom, Hub, Shop und Story Lab genannt wird.

Doch ich will hier von Content-Studios sprechen. Anfang 2016 betrieb Ogilvy & Mather weltweit etwa 126 davon für verschiedene Kunden. Und die Nachfrage steigt weiterhin exponentiell an.

Für eine Coke-Zero-Kampagne fragten wir uns: Warum versuchen, der Zielgruppe den Geschmack zu beschreiben, wenn sie Coke Zero auch einfach selbst probieren kann? Also entwickelten wir die erste „trinkbare Werbung" und boten über unerwartete Kanäle kostenlose Proben an – unter anderem durch eine kleine Veränderung an der klassischen Plakatwand.

CONTENT-STUDIO: SIEBEN GRUNDLEGENDE FUNKTIONEN

Was tun sie? Sieben grundlegende Funktionen:

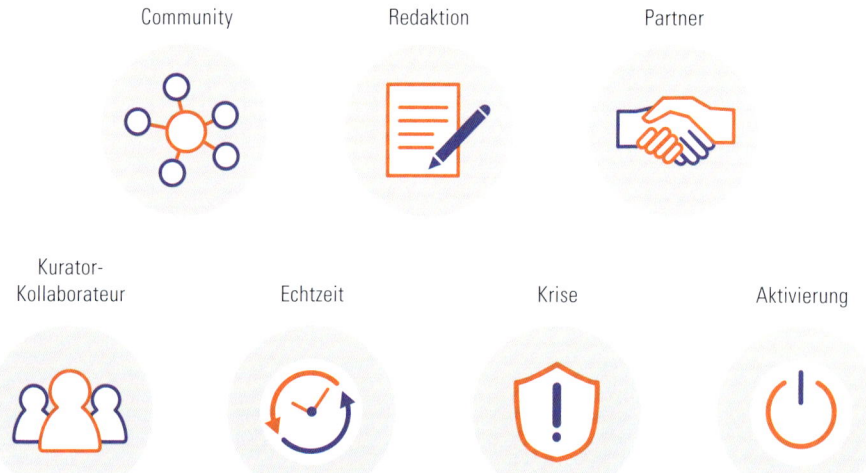

Content-Studios müssen sieben Grundfunktionen erfüllen: Communities aufbauen, redaktionell arbeiten, Partnerschaften bilden, Kuratoren und Kollaborateure sein, in Echtzeit handeln, mit Krisen umgehen sowie auf responsive Weise aktivieren.

Nicht jedes Studio übernimmt dieselben Funktionen. Und in manchen Studios sind bestimmte Funktionen wichtiger als andere.

Doch jedes gute Content-Studio muss zwei Dinge unbedingt tun:

1. Es muss einen Content-Kalender erstellen, der alles Weitere bestimmt, der den Rhythmus des Studios vorgibt. Der Autor Robin Sloan übernahm einen Begriff aus der Wirtschaft und hat uns allen einen Gefallen getan, als er das „Stock-Flow-Modell" populär machte. „Stock" ist dabei das Fundament, der Bestand, der immer vorhanden sein muss. Es ist der Content, den du produzierst und der in zwei Monaten (oder zwei Jahren) noch genauso interessant ist wie heute. Doch:

> „Flow" ist der Feed, sind die Posts und Tweets, die (mehrmals) täglichen Updates, die andere an deine Existenz erinnern.[3]

Unsere Social Manager unterscheiden „Stock" sogar noch in jährlich geplanten und vierteljährlich produzierten „Hero" Content und wöchentlich geplanten und produzierten „proaktiven" Content. Alles andere erfolgt in Echtzeit. Der Ablauf eines perfekten Content-Studios sieht dann aus wie auf dem Diagramm gegenüber.

2. Außerdem muss ein Content-Studio einen zweiten wichtigen Zweck erfüllen: Es muss seine Aktivitäten auf ihre Wirksamkeit prüfen und sie gegebenenfalls optimieren.

Zunächst bereitete mir die Tatsache Kopfzerbrechen, dass es für die Wirkungskontrolle verschiedener Content-Arten keine Tools gab. Doch dann entwickelte eine hochintelligente junge Analystin in unserem New Yorker Team ein System, das die Leistung von Content in Bezug auf verschiedene Metriken – wie beispielsweise Umsatz – maß. Sie nannte es „Pulse".

WIE DAS CONTENT-STUDIO FUNKTIONIERT

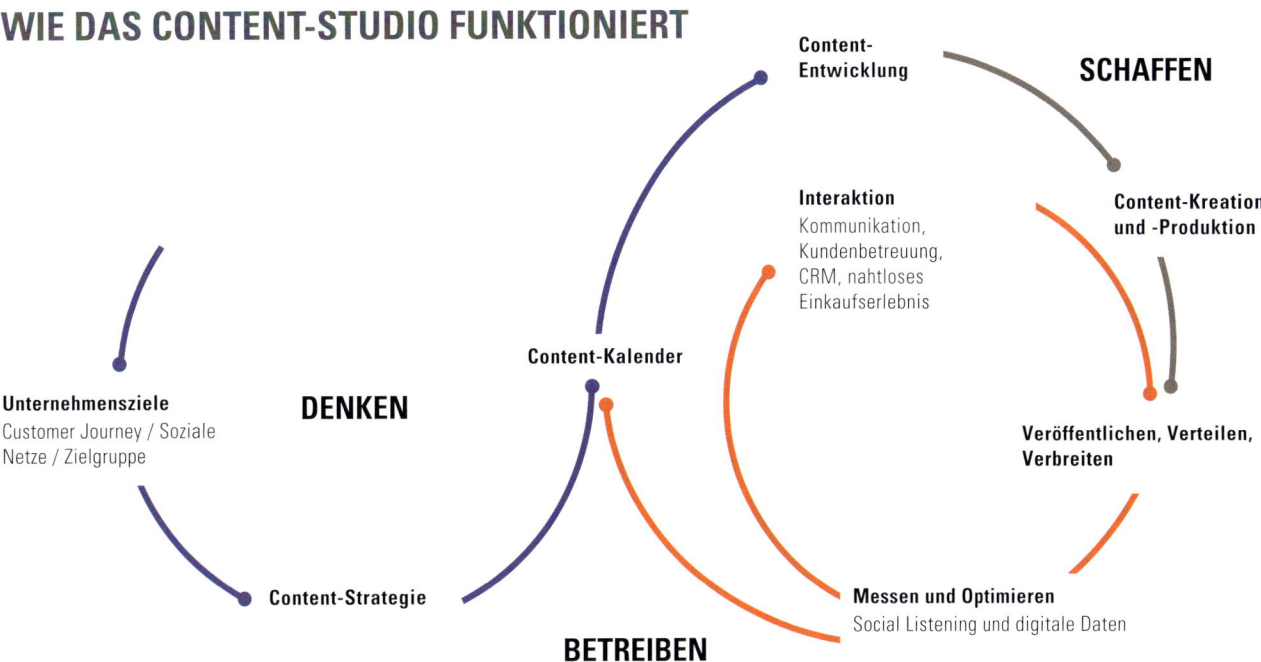

Letzten Endes geht es darum, sicherzustellen, dass König Content hält, was er verspricht.

Ich glaube ganz fest an dieses Versprechen. Das Konzept von Marken und Agenturen als Verleger markiert die erste große Veränderung in unserer Branche seit Erfindung des Provisionssystems in Londoner Kaffeehäusern des 18. Jahrhunderts. Es lässt den endgültigen Niedergang dieses Provisionssystems erahnen, auch wenn die Branche gerade erst dabei ist, sich an „Content" zu gewöhnen.

8 Tipps für Content

1. Versuchen Sie sich nicht als Nachrichtenanbieter für ein Massenpublikum.
2. Setzen Sie die Qualität nicht aufs Spiel: Journalismus ist eine Kunst, keine Ware.
3. Vergrößern Sie die Reichweite! Verbreiten Sie Ihren Content und stellen Sie sicher, dass er Aufmerksamkeit erhält. Seien Sie nicht törichterweise puristisch und meinen, Sie könnten etwas aufbauen und die Kunden kämen dann schon.
4. Begreifen Sie, dass Sie einen Motor für Ihren Content brauchen.
5. Vergessen Sie nicht, warum Sie es tun. Sie bauen Ihren eigenen „ummauerten Garten" auf, an dem die Verbraucher Freude haben sollen. Freude verbessert nachweislich die Informationsverarbeitung – und behindert sie keineswegs.
6. Er soll kleben: Setzen Sie viele Links, gleichen Sie Bestand und Bewegung aus (Stock-Flow-Modell), schaffen Sie Serien und Folgen, schaffen Sie Loops.
7. Vergessen Sie nicht, warum Sie es tun: Wer ist der Markenwächter und wo ist das Gewissen der Marke?
8. Personalisieren Sie. Und nutzen Sie hochpreisigeren Content als Belohnung für treue Konsumenten.

Im Workflow des Content-Studios wird die Content-Strategie des Kunden als Content-Kalender sichtbar. Das passiert nicht einfach so, vielmehr steckt dahinter ein Motor, der Entwicklung, Verteilung und Effektivität antreibt. Das Prinzip bleibt dasselbe, egal ob es um Mastercard mit einer Zielgruppe von 30 Millionen Menschen pro Woche über die digitale und soziale Präsenz hinweg geht oder um eine lokale Restaurantkette, die sich an eine Kundschaft im Hunderterbereich wendet. Das Motto ist „Denken, Schaffen, Betreiben".

CADBURY

Eines der prägendsten Bilder des digitalen Zeitalters ist ein Gorilla am Schlagzeug. Wie kam es dazu? Die Werbekampagne für Cadbury Dairy Milk von 2007/08 ist heute fast zu einem Mythos geworden. Die eigentlichen Tatsachen herauszufiltern ist da nicht ganz einfach.

Alles begann, als die Marke in einer Krise steckte: Wegen Salmonellenverdachts mussten mehr als eine Milliarde Schokoladentafeln zurückgerufen werden. Außerdem war Cadbury längst nicht mehr jedermanns Lieblingsschokolade, sondern verzeichnete eine klare Präferenz nach Alter: Verbraucher über 35 Jahre bezeichneten sie als beste Schokolade, jüngere Konsumenten teilten diese Ansicht nicht.

Also wurde dieser aus zwei Teilen bestehende Auftrag erteilt: die „Liebe zurückgewinnen" und gleichzeitig besonders die jüngeren Verbraucher daran erinnern, dass in Cadbury-Schokolade tatsächlich Milch steckt. Phil Rumbol, der neue Marketingleiter, fügte noch eine weitere Bedingung hinzu: Die Werbung anzusehen solle ebenso viel Spaß machen, wie das Produkt zu essen. Was für ein toller Auftrag für eine Agentur!

Tolle Briefings umzusetzen ist leider meist nicht ganz einfach, besonders wenn man zu viel weiß. Die reguläre Agentur schaffte es nicht. Phil beauftragte daraufhin Fallon, flog geschäftlich nach Australien und fand bei seiner Rückkehr eine Woche später einige Vorschläge auf seinem Schreibtisch.

Eine der Kampagnen-Ideen schien den zweiten Teil des Auftrags zu erfüllen: Glass and a Half Full Productions würde den Milchanteil auf anschauliche Art und Weise darstellen. Außerdem waren bereits vier Konzepte ausgearbeitet, eines davon *Gorilla*.

Es war das genaue Gegenteil von linearer, überzeugender Werbung und sorgte in den oberen Rängen des Unternehmens eher für Verwirrung als für Unterhaltung. Phil erinnert sich an Reaktionen dieser Art: „Also verstehe ich das richtig: Du willst einen Werbespot machen, der doppelt so lang ist wie normal. Schokolade kommt darin nicht vor und eine Botschaft wird auch nicht übermittelt. Spinnst du?"

Was nun folgte, war meisterhaftes Stakeholder-Management. Phil überzeugte seine Vorgesetzten davon, ihn den Spot wenigstens produzieren zu lassen. Als er fertig war und der Geschäftsleitung gezeigt wurde, kommentierte ein Anwesender: „Das wirst du niemals zeigen."

Phil bat seine Vorgesetzten um einen allerletzten Gefallen: „Nehmt den Spot bitte mit nach Hause, zeigt ihn am Wochenende der Familie und schaut euch an, wie sie reagieren." Am Montag kamen die positiven Rückmeldungen: Ja, sie mussten lachen.

Es folgte die Besprechung mit CEO Todd Stitzer mit einer weiteren klaren Absage. Das Marketingteam nutzte die übliche Verteidigungsstrategie: Marktforschung. Sie hatten ihre Vortests gemacht, doch diese waren nicht gut ausgefallen: das „könnte für jede Marke zutreffen", das „hat nichts Neues über die Marke ausgesagt". Natürlich waren das die Antworten auf die falschen Fragen. Denn die Frage hätte lauten müssen: „Fühlt sich das wie etwas an, das Cadbury Dairy Milk tun würde?" Inzwischen stand der CMO allerdings auf ihrer Seite, und die letzten zehn oder 20 Vortests für Cadbury-Werbung ließen – dargestellt als 9-Felder-Matrix von der schlechtesten zur besten – darauf schließen, dass der aktuelle Spot durchaus „vorzeigbar" war.

Entschieden wurde die Sache schließlich durch einen Mitschnitt der Zuschauerreaktionen: vom leisen zum sehr breiten Lächeln. Am 31. August 2007 wurde der Werbespot ausgestrahlt.

Er zeigte sofortige Wirkung. YouTube und Twitter waren gerade einmal ein Jahr alt, doch es hagelte Views und Posts. Und damit kamen auch die Parodien – eine Art Hommage der digitalen Nutzer auf etwas, das sie begeistert. Doch was steckte eigentlich hinter dem Spot?

Wie der enttäuschende Nachfolger eines erfolgreichen Filmes, konnte auch der zweite Werbespot, *Trucks*, die Erwartungen nicht erfüllen. Ihm fehlten die reine Freude und die Ausgelassenheit von *Gorilla* – die Latte lag hoch. Glass and a Half Full Productions sah nicht mehr halb voll, sondern halb leer aus.

Cadburys berühmte *Gorilla*-Werbung enthielt Phil Collins Lied „In the Air Tonight", das dramatische Spannung aufbaute, bevor die Trommelstöcke herunterkrachten. Auf diesen Moment hatte der Gorilla gewartet, und das konnte man sehen.

HALL OF FAME: CADBURY

In der Cadbury-Kultur dreht sich alles um „Freude". Ein weiterer Phil bei Cadbury, Phil Chapman, konnte besonders gut erklären, worum es sich bei dieser Freude handelte: Sie hat mit „Glück" nichts zu tun, ist etwas Vitales, Intuitives, im Fall von *Gorilla* eine wilde Freude, die fast schon etwas Grimmiges hat, die Gefühle frei zum Ausdruck bringt. Diesen Grundgedanken zu definieren ist wichtig. In der Zeit zwischen den beiden Phils schlug Cadbury einen falschen Kurs ein und endete mit Joyville in einem zwar nach Freude benannten, eigentlich jedoch ziemlich freudlosen Bereich. Und im direkten Nachfolger von *Gorilla*, *Trucks*, ebenfalls von Glass and a Half Full Productions, liefern sich Fahrzeuge ein Rennen auf einer Flughafenstartbahn – von Freude ist dabei wenig zu spüren. Ich erinnere mich, was Phil und sein Chef, Cadbury-Präsident Bharat Puri, viel, viel später über ein südafrikanisches Drehbuch sagten, das gerade abgesegnet wurde und in dem eine Frau mit Drillingen schwanger war: „Mit Freude, die man förmlich riechen kann." Vieles hat mit Charme zu tun – und mit Geschick. Der argentinische Regisseur, Juan Cabral, der *Gorilla* drehte, ließ ihn wunderbar aussehen – und fügte sogar noch den Goldzahn ein, der seinem finsteren Blick so viel Charme verlieh, wenn die Kamera eine Nahaufnahme von ihm zeigte.

Und mit einem mutigen und schönen Vibrato war die Freude zurück! *Triplets* erinnerte mit drei ungeborenen Babys, die im Bauch ihrer zufriedenen Mutter a cappella sangen, an die Essenz von *Gorilla*, seine gutmütige Respektlosigkeit.

2007/08 konnte der Umsatzrückgang gestoppt werden und Cadbury verzeichnete sogar einen Umsatzzuwachs von 5 Prozent. Todd Stitzer meldete sich Anfang 2008 bei einer Präsentation der Geschäftszahlen zu Wort und sprach über die Teamarbeit. Dabei verzog er fast keine Miene.

8 KREATIVITÄT IM DIGITALEN ZEITALTER

„Gib mir Gold"

David Ogilvy führte seine eigene Werbeagentur und hatte gleichzeitig die kreative Leitung inne; auch andere haben das geschafft. Doch wenn Sie ein normalsterblicher Werbetreibender sind, der durch die Betreuung von Kunden und die Leitung von Niederlassungen an die Spitze gelangt ist, dann brauchen Sie einen kreativen Partner.

Ich hatte das Glück, Tham Khai Meng an meiner Seite zu wissen, einen freundlichen, ruhigen und bescheidenen Kreativen aus Singapur, der mit an Besessenheit grenzender Begeisterung auf die Qualität unserer Arbeit achtete. Khai hatte in unserem asiatischen Netzwerk elf Jahre lang im Kreativbereich den Ton angegeben. Als ich ihn während eines Abendessens im Restaurant Andaaz in Lahore – mit dem Grillfleisch vor uns auf dem Teller und der Badshahi-Moschee hinter uns aufragend – fragte, ob er zu uns nach New York kommen wolle, plagten mich drei Ängste:

Erstens, dass ich mich absichtlich über die gängige Meinung, man brauche einen bekannten Namen, hinwegsetzte. Zweitens, und noch schlimmer, dass ein Chinese in New York keine Zustimmung finden würde. Und drittens, dass er nicht kommen würde. Aber ich wusste, er war der Richtige.

Und er kam. In New York teilten wir uns den Schreibtisch, was dort völlig unüblich war, jedoch demonstrierte, dass wir eine gemeinsame Agenda verfolgten und nicht entzweit werden konnten.

Im Juni 2008 übernahmen wir eine recht durchschnittliche Leistung und gewannen auf dem Cannes Lions International Festival of Creativity nur ein paar wenige Preise. Ogilvy & Mather stagnierte seit Jahren in der dritten Liga, da preisverdächtige Kreativität für die Agentur aus vielen guten Gründen bereits seit Langem nicht zu den Prioritäten zählte. Einmal lehnte sich Khai zu meiner Schreibtischhälfte hinüber und sagte: „Ich hasse es. Ich kann nicht an einem Ort arbeiten, an dem man sich widerspruchslos damit zufriedengibt, knapp über dem Durchschnitt zu liegen."

Also beschlossen wir, die Nummer eins zu werden – „Network of the Year". Als Ziel setzten wir uns fünf Jahre. Wir erarbeiteten ein Programm für die ganze Agentur, das wir wie eine Kombination aus Militäreinsatz und Wahlkampf behandelten. Unsere Parole lautete: „Gib mir Gold!" Es schien verrückt und unmöglich, doch zu unserer Überraschung erreichten wir unser Ziel bereits nach zwei Jahren.

Ein zentraler Aspekt dieses Erfolgs war unser Kadersystem: Einmal im Jahr bringen wir die besten Kreativen zusammen, um über unsere Arbeit und mögliche Verbesserungen zu sprechen. Eingeladen werden nur Leute, deren Niederlassung zum Kader gehört. Und das wiederum richtet sich nach einem Punktesystem, das anhand der gewonnenen Auszeichnungen berechnet wird. Wir versuchen, uns immer einen interessanten Ort für das Treffen auszusuchen: So habe ich meine Vorträge bereits auf einer barocken Kanzel in Cuzco gehalten, in einem Zelt in der kenianischen Masai Mara und in einem Hotelsaal im schottischen Inverlochy.

Der Schreibtisch, den ich mir mit Khai am internationalen Hauptsitz von Ogilvy in Manhattan teilte: eine gemeinsame Arbeitsfläche für ein gemeinsames Ziel – das Streben nach kreativer Exzellenz und höchster Effektivität.

KREATIVITÄT IM DIGITALEN ZEITALTER

Auszeichnungen für kreative Leistungen sind in der Werbebranche ein zweischneidiges Schwert, denn sie repräsentieren Spitzenleistung nur, wenn die Jury in der Lage ist, diese zu erkennen, und wenn die Rahmenbedingungen der Preisvergabe eine Auszeichnung ermöglichen. David Ogilvy fühlte sich damit nicht ganz wohl, doch auch er freute sich über den mit Preisen einhergehenden Ruhm.

Seit er jedoch die in diesem Foto zu sehenden Clio Awards gewonnen hat, haben sich drei Dinge geändert:

Erstens strömten seit Beginn des Jahrhunderts die Kunden selbst nach Cannes, angelockt durch eine klug durchdachte und sehr erfolgreiche Strategie des Veranstalters. Procter & Gamble startete den Trend, andere zogen nach. Für diese Kunden wurde Cannes zu einer Möglichkeit, die eigene Kreativität zu verbessern, was wiederum einen Wettbewerbsvorteil darstellte.

Einzelne Kunden kamen und gingen, doch in ihrer Gesamtheit machten sie aus einer Veranstaltung, in der es um die Selbstdarstellung ging, etwas Missionarisches, ein Event über den Wert von Kreativität für das Unternehmen. Neue Kategorien, die nicht direkt etwas mit Werbung zu tun hatten, wurden hinzugefügt, wie Effektivität und Technik. Und natürlich gibt es nichts, was teilnehmende Kunden lieber mögen, als die Bühne im Festival-Palais zu betreten oder sich bestätigt zu fühlen, wenn die Agentur ihrer Wahl dort oben ihre Leistung unter Beweis stellt.

Zweitens wurde – zumindest für uns – die wirtschaftliche Ausrichtung immer deutlicher erkennbar. In der Werbebranche ist Erfolg unmittelbar mit einer überproportionalen Anzahl der besten Kreativtalente verbunden, die für einen tätig sind – und in Cannes findet man diese Talente. Ich glaube nicht, dass das, außer im Profifußball, in anderen Bereichen der Fall ist. Cannes eignet sich perfekt für die Anwerbung. Die Stars der Branche wollen für Unternehmen arbeiten, die Kreativität ernst nehmen und für die Gewinnen Zweck der Sache ist – statt überflüssiger Luxus.

Werbung zu machen, die mit kreativen Konventionen bricht, ist eine Kunst – und eine Fähigkeit, die wir kontinuierlich weiterentwickelt haben. Als Khai forderte „Gib mir Gold!", antworteten unsere Kreativteams weltweit mit Arbeiten, die höhere Standards setzten.

David betrachtete Auszeichnungen in der Werbebranche manchmal mit Entzücken und oft mit Skepsis – und zu Recht. Seit er seine Clio Awards gewonnen hat, haben sich die Preisvergaben zunehmend zum Big Business entwickelt.

KREATIVITÄT IM DIGITALEN ZEITALTER

Drittens führte die Zulassung von Holdings – und die Einführung einer Auszeichnung für die „Holding Company of the Year" – dazu, dass der Wettbewerb in Jahresberichten aufgeführt wurde. Bilanzanalytiker nahmen die Leistung unter die Lupe und suchten nach Hinweisen auf zugrunde liegende Stärken oder Schwächen. All dies ereignete sich zu einer Zeit, als Blogger „BDAs" (Big Dumb Agencies bzw. großen, dummen Agenturen) kritisch gegenüberstanden und das Geschäftsmodell beweisen musste, dass es ebenso sexy wie effizient war.

Also beschlossen wir, den 100. Jahrestag von Davids Geburt ganz unkonventionell in Cannes abzuhalten. Am 23. Juni 2011 erwachte die Stadt zu einem riesigen roten Teppich, der die gesamte Croisette bedeckte. Anschließend zerschnitten wir ihn in viele kleine Teile und fertigten „David Ogilvy Red Carpet"-Schuheinlagen, die wir als Neujahrsgruß an Kunden und Freunde verschickten. In jenem Jahr schafften wir es auf den zweiten Platz.

Ein Jahr später, am Nachmittag des 23. Juni 2012, begann sich ein Sieg abzuzeichnen. Eine Glückwunschnachricht meines Kollegen Andrew Robertson von BBDO, eine für ihn typische großzügige Geste, bestätigte es (ihre Auswertung war damals genauer als unsere). Wenige Stunden später stürmte unser Team als Sieger auf die Bühne; seitdem haben wir noch viermal gewonnen.

Natürlich werden auch wir irgendwann wieder verlieren, und das ist gut so. Doch der Wunsch, zu gewinnen und auf den ersten Platz hinzuarbeiten, wurde Teil der Unternehmenskultur von Ogilvy & Mather. Mir wurde klar, dass ich meinen größten Kampf gegen die Größe unserer Agentur führen musste. Denn groß waren wir – und dumm wären wir, wenn wir uns nicht wie eine kleine Agentur verhielten, für die jeder Preis wichtig ist, eine Angelegenheit von Leben und Tod, denn das reflektiert unseren Wert als Schöpfer und Handwerker.

Wir versuchten unser Glück nie nur in Cannes, sondern bewarben uns gleichzeitig immer auch für den Effie, mit dem Effektivität ausgezeichnet wird.

Als wir zum ersten Mal nach Cannes aufbrachen, schafften wir es auf den zweiten Platz und feierten unseren Sieg mit einem Werbebrief, der Stücke des roten Teppichs enthielt. Im Folgejahr wurden wir Erster.

KREATIVITÄT IM DIGITALEN ZEITALTER

Der größte Erfolg muss es wohl sein, wenn man den Grand Prix in Cannes und gleichzeitig den Grand Effie gewinnt. Das gelang uns zum ersten Mal mit dem Kurzfilm *Evolution* für Dove im Jahr 2017 (siehe *Hall of Fame*, Seiten 44–45).

Beweis dafür, dass Agenturen groß und trotzdem nicht dumm sein können. Der Augenblick des Sieges ist kostbar, aber vergänglich. Was bleibt, ist der positive Einfluss des Erfolgs auf die Unternehmenskultur.

Kunst oder Wissenschaft

David mochte das Wort „Kreativität" nicht. In *Ogilvy über Werbung* nennt er es „schrecklich". Vielmehr sah er sich als Ideenerfinder.

Ich glaube, dass Davids Widerwillen gegen dieses Wort, das mittlerweile so viel Akzeptanz gefunden hat, dass damit die Tätigkeit ganzer Branchen beschrieben wird, eine instinktive Reaktion auf die Übertreibung derer ist, die – damals und heute – behauptet haben, Werbung sei eine Kunst und habe mit Wissenschaft nichts zu tun. Diese exklusive Einstellung führte zu Arbeiten, die zwar ganz hübsch, interessant und unterhaltsam waren, aber nicht verkauften.

„Groß waren wir – und dumm wären wir, wenn wir uns nicht wie eine kleine Agentur verhielten."

Und David war in erster Linie Verkäufer. Sein Motto lautete „Verkaufen ist alles" und seine Vorgehensweise gründete sich, zumindest zunächst, auf „wissenschaftliche" Grundsätze. So bewunderte er den Werbemann Claude Hopkins, dessen Buch *Scientific Advertising* (1923) immer noch gelesen wird.

Der ehemalige Werbeplaner Paul Feldwick schrieb ein originelles und intelligentes Buch über die Geschichte der Werbetheorien: *The Anatomy of Humbug* (2015). Darin werden die Dre-

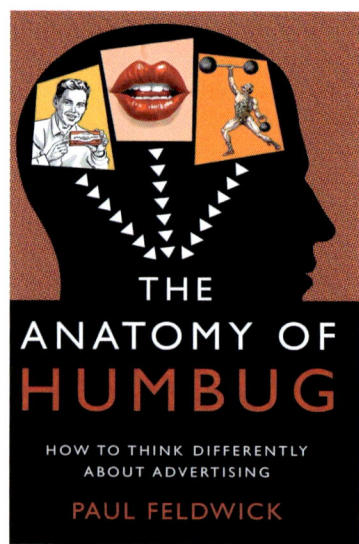

Paul Feldwick fragte sich mit seinem Gespür für strategische Planung, wie Werbung funktioniert. Daraus entstand ein einzigartiges Buch, das die Frage danach, ob Werbung Kunst oder Wissenschaft sei, über 100 Jahre verfolgt. Die Debatte wird uns sicher noch ein weiteres Jahrhundert begleiten.

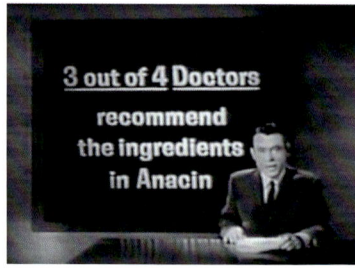

Anacin war eine der ersten Marken, die sich in Werbespots mit der Konkurrenz verglich und behauptete, besser gegen Kopfschmerzen zu helfen als andere Marken. In einem US-Fernsehspot aus den 1940er-Jahren vergleicht ein selbstbewusster Sprecher mit Blick in die Kamera Anacin mit Bufferin, das wiederum doppelt so schnell helfen soll wie Aspirin. Das wird noch getoppt durch die Erklärung, Anacin biete „schnelle, schnelle, schnelle" Abhilfe, und den Vergleich mit einem ärztlichen Rezept – Anacin enthalte ganz besondere Inhaltsstoffe für eine schnelle Wirkung gegen Kopfschmerzen ohne die typischen Nebenwirkungen. Und damit es auch ja jeder versteht, folgt noch die Bestätigung, dass drei von vier Ärzten Anacin empfehlen. Dabei handelte es sich beim Wirkstoff der Schmerztablette um die gute alte Acetylsalicylsäure.

hungen und Wendungen dieser Debatte im Verlauf der Zeit beschrieben: ein epischer Kampf zwischen Kunst und Wissenschaft.

Auf der Seite der Kunst stehen Bill Bernbach und Charles Saatchi, auf der Seite der Wissenschaft Rosser Reeves und David Ogilvy, Claude Hopkins Erben.

Diese „große Debatte" unserer Branche wird wohl nie enden, doch im digitalen Zeitalter erscheint sie in einem neuen Licht.

Die Nebenhandlung war immer etwas subtiler. Darin ging es um die Frage, ob Kreativität am effektivsten wirkt, wenn man den Verstand anspricht oder die Gefühle.

Die Verstandsapostel argumentieren, dass der Zweck von Werbung im Verkauf liegt. Am besten illustriert dies vielleicht Reeves' bekannter Werbespot für Anacin.

Die Gefühlsapostel betonen die wichtige Rolle der Werbung für das Konsumentenverhalten. Emotionen sind der Grund für Markenpräferenzen, erklären sie, und demonstrieren das mit fMRT-Studien und Sympathiezahlen.

Dann gibt es übermäßige Gefühlsenthusiasten wie Kevin Roberts mit seinem Marketingkonzept „Lovemarks", die dem australischen Akademiker Byron Sharp gegenüberstehen, der die Meinung vertritt, Liebe gehe am Kern der Sache vorbei. Vielmehr sei unser Gehirn für das Treffen von Entscheidungen verantwortlich und dieses belohne Einfachheit und leichte Erinnerbarkeit. Auch eine emotionale Entscheidung basiere auf einfachen und präsenten Stichworten, sonst nichts. Die Extreme in der Debatte erkennt man am leichtesten an den bissigen Kommentaren, mit denen die Gegner aufeinander einprügeln.

Interessanter wird es, wenn wir eine weitere, sehr reale Dynamik betrachten: Werbung muss genehmigt werden. Viele Kunden finden es beängstigend, wenn sie emotionale Werbung absegnen sollen, da ihre Wirksamkeit so schwer zu beurteilen ist. Eigentlich bräuchte man dafür eine emotionale Reaktion. Sind Sie bereit, dafür Ihr Innerstes nach außen zu kehren? Woher wollen Sie wissen, dass die Werbung funktioniert? Und wie können Sie Ihr Vorhaben innerhalb Ihres Unternehmens vor jenen verteidigen, die noch mehr Beweise sehen wollen als Sie selbst?

Hier eröffnet sich eine dritte Ebene der Debatte, eine Neben-Nebenhandlung: Wie misst man Kreativität?

Die Wissenschaftler unter den Werbeleuten sprechen sich natürlich für quantitative Tests aus. Und zwar nicht nur für Posttests (gegen die auch die Künstler nur schwer Argumente finden), sondern für Vortests. Und weil niemand riskieren will, Millionen in die Produktion eines Fernsehspots zu investieren, ohne Vortestergebnisse gesehen zu haben, werden Vortests durchgeführt, auch wenn das dafür verwendete Testmaterial äußerst unpassend ist.

Wie will man Emotionen mit Animatics oder gar Photomatics und Stealomatics hervorrufen? Diese sind ein recht primitiver Ersatz für Film, und dennoch erfreuen sich Vortests großer Beliebtheit, da sie scheinbare Sicherheit bieten. Es kam vor, dass Kunden auf einen Einzeiler mit dem Ergebnis des EI-Tests (Effectiveness Index) warteten, um daraufhin ihr OK zu geben – oder eben nicht.

Selbstverständlich weisen die Künstler (und die Vortestfirmen) darauf hin, wie absurd das Ganze ist, und erklären, dass ein Vortest eine Beurteilungshilfe sein sollte und nicht die Entscheidung für den Kunden treffen kann. Doch wir alle wissen, dass es für die Verantwortlichen in einem Unternehmen äußerst riskant ist, einen Werbespot zu zeigen, der in einem Test von Millward Brown schlecht abgeschnitten hat. Und das, obwohl es durchaus sehr erfolgreiche Beispiele für Fernsehspots gibt, die trotz schlechter Testergebnisse und nur aufgrund eines guten Bauchgefühls ausgestrahlt wurden. Ein Beispiel dafür, das als exemplarisch für das digitale Zeitalter gilt, war die Neueinführung von Old Spice (siehe *Hall of Fame*, Seite 104–105).

In den frühen 2000er-Jahren passierte etwas Absurdes: Die Wissenschaft kam der Kunst zur Hilfe. Meinen persönlichen Aha-Moment erlebte ich im Jahr 2008 in Changchun, im Nordosten Chinas. Mit Temperaturen von −20 °C zeigten sich unsere Planer von meiner Städtewahl wenig begeistert. (Mit meiner Entscheidung wollte ich betonen, wie viel wir noch lernen mussten, denn Changchun war die am wenigsten bekannte Planstadt des 20. Jahrhunderts und einige Jahre Hauptstadt des Satellitenstaates Mandschukuo.) Wir hatten Dr. Robert Heath eingeladen, Professor für Werbetheorie an der Universität Bath. Er hielt einen hervorragenden Vortrag über neue Erkenntnisse aus der Neurowissenschaft und deren erstaunliche Auswirkungen auf die Marktforschung.

Einfach ausgedrückt zeigen Gehirnscans, dass Markenpräferenzen zunächst physisch bedingt sind. Sehen Sie sich die Abbildung unten an, die in der oberen Reihe einen Blindversuch und in der unteren Reihe einen Branded Test der Marke Coca-Cola zeigt. Die Gehirnbereiche, die durch die Marke stimuliert werden und aufleuchten, betreffen Präferenz und Erinnerung.

Heath war es gelungen, zu demonstrieren, dass emotionaler Content in der Werbung häufig wirkungsvoller ist als rationale Botschaften. Letztere können vom Gehirn leicht herausgefiltert werden, während Erstere auch bei geringer Aufmerksamkeit verarbeitet werden und dann als eine Art „Gatekeeper" für rationale Entscheidungen dienen, die sich alle Marketer wünschen. Anders ausgedrückt: Es mag zwar einfacher sein, für rationale Werbekampagnen positive Testergebnisse oder eine wissenschaftliche Validierung zu erhalten, doch diese rationalen, produktbasierten Kampagnen riskieren, „am Verbraucher vorbeizuziehen wie ein Schiff in der Nacht". Logik überzeugt, doch Emotion motiviert. Wer Ihre Marke nutzen will, wird für sich selbst eine rationale Begründung finden. Doch erst muss er sie wollen.

„Viele Kunden finden es beängstigend, wenn sie emotionale Werbung absegnen sollen."

Gehirnscans zeigen die unterschiedlichen Reaktionen des Gehirns auf die Marke Coca-Cola bzw. ihren Geschmack. Während eines Blindtests (obere Reihe) aktiviert der Geschmack des Getränks Teile des Gehirns. Doch wenn die Testpersonen wissen, dass es sich um Coca-Cola handelt (untere Reihe), bewirken die mit der Marke verknüpften Bilder und Assoziationen, dass Gehirnbereiche aufleuchten, die Präferenzen und Erinnerungen betreffen.

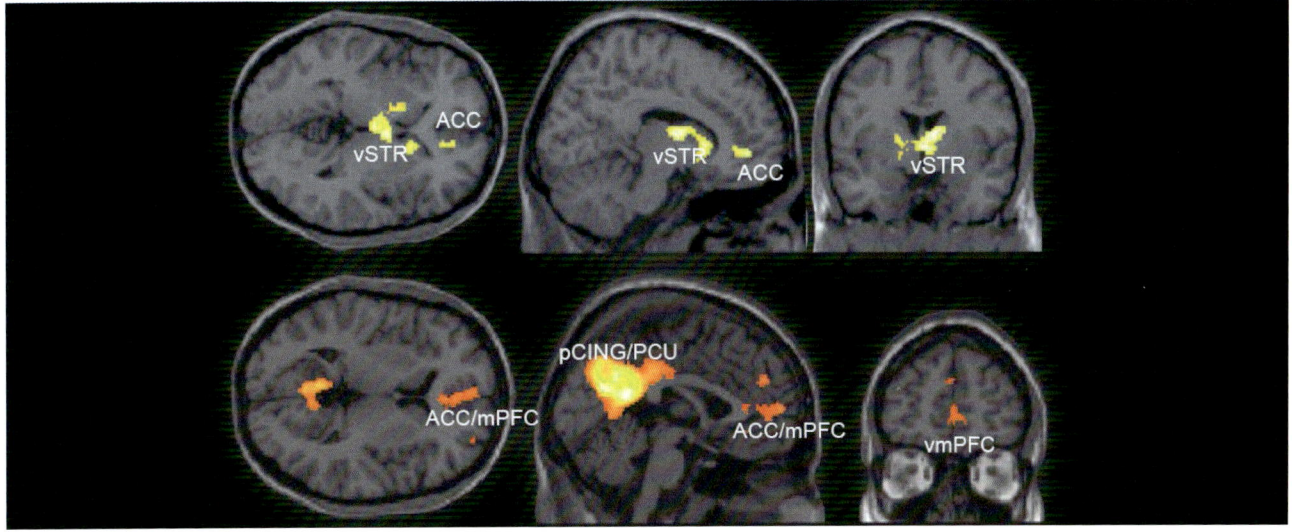

OLD SPICE

Wie viele andere unternahm ich meine ersten vorsichtigen Aftershave-Versuche mit Old Spice. Als Beaujolais Nouveau der Gesichtswässer war es zwar befriedigend, aber ein bisschen blass. Eine Mischung aus Muskatnuss, Sternanis und Zitrusfrüchten in der Kopfnote und schwereren, maskulinen Bestandteilen in der Basisnote.

Eingeführt im Jahr 1938 von der Shulton Company war Old Spice zu einer Großvatermarke und der Moschus muffig geworden. Sie war altmodisch und uncool, eine halbe Milliarde Dollar wert, noch profitabel und mit starker Präsenz. Doch dann fiel die Axt: Unilevers Neueinführung von Körperpflegeprodukten für Männer – eine Produktreihe, die bis dahin nur nebenhergelaufen war. Das war umso gefährlicher, da wenige Jahre zuvor Axe in Amerika auf den Markt kam und die älteste bekannte Waffe – Sex – nutzte, um Old Spice noch weiter zu verdrängen. Axe-Nutzer waren für Frauen ganz einfach attraktiver geworden.

2006 sah es dann richtig düster aus: Old Spice brauchte eine bessere Strategie und eine neue Werbeagentur. Und das half –

Der erste Versuch, Old Spice wiederzubeleben, sieht heute nicht mehr besonders gut aus. Die Kampagne mit Bruce Campbell war zwar ein wichtiger Wegbereiter und verfügte über die nötige Respektlosigkeit, nicht jedoch den Stil und die demografischen Erkenntnisse ihrer Nachfolger.

nach einer Weile. Wieden & Kennedy Portland konzentrierte sich zunächst auf die Geschichte der Marke und auf ihren Platz in der Gesellschaft – die Kulturverfechter wären stolz gewesen. Die Agentur verbrachte zwei Tage damit, die Archive zu durchforsten, um die Markenvergangenheit zu durchschauen. Das

Ergebnis? Eine Strategie, die Old Spice neu positionierte: von „alt" zu „erfahren". Wir sind nicht dein Großvater, sondern dein älterer Bruder. Oder, wie es die Marke ausdrückte: „Experience is everything", Erfahrung ist alles. In Fallstudien findet man ihn nicht und nur wenige Menschen erinnern sich an den Werbespot, mit dem die Neupositionierung eingeführt wurde. Darin schreitet Bruce Campbell durch eine holzgetäfelte Bibliothek. Es war nicht sein Fehler, aber meine Güte, kommt mir das heute schwerfällig vor. Mit dem Werbespot sollten Anspielungen auf altmodisch-charmante Weise kommuniziert werden. Die neue Zielgruppe waren Teenager und junge Leute unter 30.

Doch 2009 passierte auf dem Markt noch etwas, das Anlass zur Besorgnis gab und das ich von der anderen Seite aus beobachtete. Es wurde offensichtlich, dass Unilever dabei war, Dove Men+Care einzuführen, die Erweiterung der Dove-Produktlinie um Pflegeprodukte für Männer. Wir arbeiteten an einer Positionierung, in deren Zentrum Männer standen, die sich in ihrer eigenen Haut wohlfühlen. Ein Super-Bowl-Werbespot würde demnächst produziert werden, der Höhepunkt einer digitalen Strategie um die Microsite dovemencare.com, die bei den Konsumenten Erinnerungen an die vernachlässigten Momente ihrer Männlichkeit wecken sollte.

Unterdessen änderte sich bei Old Spice die Kundenstruktur. P&G hatte im Jahr 2005 Gillette übernommen und als eigenständige Einheit weitergeführt. Doch 2009 wurde am Hauptsitz von P&G in Cincinnati ein neuer Bereich für männliche Körperpflege gegründet, der sowohl Gillette als auch die P&G-Marken – darunter Old Spice – übernahm. Einer der ihm zugewiesenen Kunden war Rishi Dhingra von Gillette. In der hektischen Phase vor dem Dove-Launch wurden die Werbeagenturen neu gebrieft. Rishi erinnert sich, dass er ihnen sagte: „Wir geben euch die Eckdaten vor, lassen euch sonst aber freie Hand." Das ähnelte so gar nicht der normalen Vorgehensweise von P&G. Und damit begann für Old Spice eine Ära der Einzigartigkeit, in der die Marke experimentieren durfte und Begriffe gebrauchte wie „ridiculously masculine" (saumännlich), um die offizielle Strategiesprache („Jungen Männern durch die Phasen des Mannseins helfen") zu ergänzen. Es folgte eine Phase der intensiven Ideenfindung – die Agentur hatte sich vorgenommen, keine vorhersehbare Lösung zu präsentieren. Während des gesamten Prozesses wehrte sie sich gegen Versuche von P&G, die Kontrolle zu übernehmen oder zu rational vorzugehen. Und in Rishi hatten sie einen informierten Kunden gefunden, der das verstand. Das Ergebnis war Isaiah Amir Mustafa, ein NFL-Spieler und relativ unbedeutender Schauspieler, aber eine inspirierende Wahl, um dem Slogan „Ihr Mann könnte so riechen wie dieser" Leben zu verleihen. Den ersten Werbespot drehte Regisseur Tom Kuntz ganz wunderbar.

Die Old-Spice-Kampagne „The Man Your Man Could Smell Like" mit Isaiah Mustafa spielte auf clevere und besonders originelle Weise auf typisch menschliche bzw. männliche Merkmale wie Verlangen, Stolz, Eifersucht und Männlichkeit an, um Axe einen Schlag zu versetzen. Es funktionierte.

Es war ein Wagnis – denn die Agentur hatte darauf bestanden, die P&G-Regel zu brechen, wonach jeder Werbespot zunächst Vortests unterzogen werden muss. Rishi drückt es so aus: „Der wahre Test war die Reaktion der Verbraucher." Und die reagierten – millionenfach. Es ist wahrscheinlich das Bild des attraktiven Rebellen, das Mustafa solche Wirkkraft verleiht. Doch auch das zugrunde liegende Konzept ging auf, das auf der Erkenntnis basierte, dass 60 Prozent der Pflegeprodukte für Männer von Frauen gekauft werden. Wenn Mustafa im Werbespot sagt „Schau deinen Mann an – und jetzt zurück zu mir", simuliert – und kreiert – er ein Gespräch zwischen Mann und Frau.

Im Juli 2010, immer noch mit einem Auge auf Dove, schlägt die Kampagne eine Richtung ein, die noch stärker auf soziale Medien setzt. In zweieinhalb Tagen wurde die „Response Campaign" mit Mustafa gedreht, in der 186 personalisierte Botschaften an Old-Spice-Fans aufgezeichnet und auf Facebook, Twitter und YouTube veröffentlicht wurden. Innerhalb von 24 Stunden erhielt sie 6 Millionen Views, wurde zur beliebtesten interaktiven Kampagne aller Zeiten und gewann den Wettstreit um den meisten „Buzz" (mit 76 Prozent).

Das Ende vom Lied? Dove Men+Care etablierte sich dennoch auf dem viel umkämpften Markt für männliche Pflegeprodukte, doch Old Spice verbesserte seinen Markenwert stark und begann in den Heimatmärkten wieder zu wachsen. Anschließend konzentrierte sich die Marke auf die internationale Expansion. Als sie zwei Jahre später Indien erreichte, hatte sich P&G gegen die Agentur durchgesetzt und seine Vortests wieder als Standard eingeführt. Bei Tests mit indischen Männern landete der Werbespot prompt an der Spitze. Rishi glaubt, dass diese zuvor die amerikanische Werbung gesehen hatten und der Marke daher bereits Sympathie entgegenbrachten.

KREATIVITÄT IM DIGITALEN ZEITALTER

Tim Broadbent, der das Denken von Ogilvy & Mather in diesem Bereich stark beeinflusste, schrieb:

> Was hier passiert, ist Folgendes: Wir wollen etwas und überlegen uns dann eine gute Begründung, warum wir das brauchen. Eine Begründung ist nicht dasselbe wie Motivation, obwohl die beiden in der konventionellen Marktforschung manchmal verwechselt werden.[1]

Wir lernen also über Marken, ohne uns dessen bewusst zu sein, und deshalb geht es an der Sache vorbei, wenn wir uns auf Details in Vortests verlassen, wie die Erinnerung des Kunden an ein Verkaufsargument oder ein entscheidendes Visual. Diese Tests basieren auf psychologischen Modellen, die schon lange vor dem digitalen Zeitalter aufgestellt wurden.

Interessanterweise erzielten Heath und andere mit ihren Versuchen, den perfekten Vortest zu entwickeln, keine großen wirtschaftlichen Erfolge. Vielleicht liegt die Antwort also in der intelligenteren Nutzung der alten Tests?

Wenig später erhielten wir in Form der Studie „Marketing in the Era of Accountability" (2007) den endgültigen Beweis dafür, dass emotionale Kampagnen doppelt so profitabel sind wie rationale Kampagnen. Die Studie sollte auf dem digitalen Bücherregal eines jeden Studenten stehen, doch leider fristet sie nur allzu häufig ein einsames Dasein im WARC-Archiv, während die fruchtlose Debatte darum weitergeht, ob wir nun Künstler oder Wissenschaftler sind.

Stopp!

Die Antwort lautet: Wir sind beides.

Werbung als Wissenschaft funktioniert, weil Werbung Kunst ist.

Binet und Field zeigen in einer Studie mit 880 Kampagnen eindeutig, dass *kreative* Werbung besser abschneidet – für alle relevanten Kennzahlen.[2]

Natürlich bringen uns diese Erkenntnisse wieder zurück zur Problematik der Auszeichnung kreativer Werke. Die Jurys in Cannes tendieren dazu, besonders kreative Werbekampagnen zu prämieren. Tim sagt dazu: „Dafür wurden Jurys kritisiert. Doch sie haben durchaus recht mit ihrer Entscheidung: Emotionale Werbung trägt in der Regel mehr zur Stärkung einer Marke bei. Sie ist besser für den Kunden. Sie hat es verdient, zu gewinnen." Und nicht nur das: Im digitalen Zeitalter wird ihr Ruhm durch den Buzz in den sozialen Medien noch verstärkt, was zu einem positiven Kreislauf der Fürsprache und Begeisterung führt.

In einer Studie wurde nachgewiesen, dass in Cannes ausgezeichnete Kampagnen elfmal so effektiv waren wie Werbung, die keinen Preis erhalten hatte.

Zurück zu David Ogilvy. Als er in der Werbebranche begann, schrieb er keine Werbeanzeigen, sondern beriet einen Kunden. Der daraus resultierende Bericht ist wegen der Schärfe seiner Schlussfolgerungen interessant und führte wegen seiner Bissigkeit dazu, dass Mather & Crowther den Etat verlor (die Arbeit, für die sie später berühmt wurden, folgte nach einer Wiedereinstellung). Doch so unbequem die Ergebnisse für den Kunden auch gewesen sein mögen, sie basierten auf Beobachtung, auf Beweisen, auf Thesen – alles Techniken, die etwas später dazu führten, dass David für George Gallup als Marktforscher tätig wurde.

Doch 1955, 25 Jahre später, attackierte derselbe Ogilvy seinen Freund und Rivalen Rosser Reeves, Gründer von Ted Bates, für seine „harten Fakten" in einem legendären Vortrag in Chicago[3] und stellte ein Manifest für die Markenimagewerbung vor. Plötzlich nahm er an der Debatte über Kreativität – was das ist und wofür man sie braucht – vom scheinbar gegnerischen Lager aus teil.

Zu Besuch in Changchun, einer der unbekannteren Planstädte der Welt, mit dem verstorbenen Tim Broadbent. Tim war ein Freund und Verbündeter im Streben nach größerer Werbewirksamkeit, und die Branche hat seinen Marktforschungskenntnissen viel zu verdanken – nicht zuletzt seine Warnung, dass man den Geschichten, die wir uns selbst (und den Marktforschern) erzählen, nicht immer Glauben schenken darf.

KREATIVITÄT IM DIGITALEN ZEITALTER

In Wirklichkeit war nichts an Davids veränderter Position widersprüchlich. Sie spiegelt lediglich den andauernden Dualismus der Kreativität wider, die weder nur eine Kunst ist, deren genaue Auswirkung auf den Markt nicht nachweisbar ist, noch eine reine Wissenschaft, die man allein durch Regeln und Zahlenbeweise erklären kann.

Paul Feldwick stellt am Ende seines Buches die (unbeantwortete) Frage, welchen Einfluss die digitale Revolution auf Diskussionen dieser Art hat, die die Werbebranche in der Vergangenheit geprägt haben.

Meiner Meinung nach ist ihr Effekt bereits deutlich erkennbar. Sie bestätigt, dass der Dualismus keine „harmlose Verschwörung" darstellt, wie Heath es beschreibt, sondern eine substanzielle und holistische Konvergenz der beiden Aspekte.

In der Regel werden digitale Inhalte in einem Zustand hoher Aufmerksamkeit verarbeitet. Für Agenturen, die einen ganzheitlichen Ansatz verfolgen und das Digitale nicht als Sonderbereich, sondern als Bestandteil der Werbung betrachten, beginnt die Ergänzung künstlerischer, emotionaler Botschaften durch rationale Argumente Wirklichkeit zu werden.

David Ogilvy war ein Anhänger des Direktmarketings – seiner „ersten Liebe und Geheimwaffe" – und gleichzeitig Erfinder des „Markenimage". Das digitale Zeitalter hat die Möglichkeit, zu beweisen, dass die beiden Bereiche keinen Widerspruch in sich darstellen – außer es ist noch etwas anderes im Spiel: Unternehmenspolitik, Vorurteile oder Präferenzen.

Ich sehe es als wunderbare Ironie, dass gerade ein binäres System den Beginn einer Kommunikationsumgebung darstellt, die unitarischer ist als je zuvor.

„Diese Art der Kreativität durchdringt die Welt und kennt dabei keine Schranken, Abteilungen und Mauern."

Alles durchdringende Kreativität

Die „große Fragmentierung" ist für die Kreativität Nachteil und Vorteil zugleich.

Im schlimmsten Fall wird die kreative Wirkung dadurch verringert, dass man die Teile – verschiedenste Botschaften in unterschiedlichen Medien – eigene Wege gehen lässt und das Ganze darunter leidet. Die kreative Fragmentierung folgt aus der Branchenfragmentierung, da die verschiedenen Akteure und Partner angestrengt versuchen, ihren Platz in der Sonne zu finden.

Doch im besten Fall erlaubt sie der Kreativität, die Welt auf Wegen zu erreichen, die man sich früher kaum hätte träumen lassen.

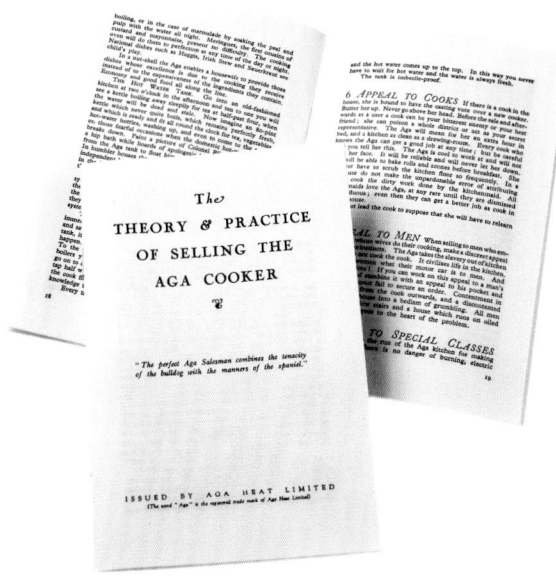

David Ogilvys Handbuch „The Theory and Practice of Selling the AGA Cooker" (Wie man einen AGA-Herd verkauft: Theorie und Praxis) ist ein Meisterwerk des Direktmarketings. 50 Jahre nach seiner Veröffentlichung im Jahr 1935 bezeichnete die Zeitschrift *Fortune* es als bestes Verkäuferhandbuch, das je geschrieben wurde. Es beweist ausgeprägte Kenntnisse über Produkt und Kunden und beschreibt, was für den Verkauf hinderlich bzw. förderlich ist. David merkt an, dass „es für einen Verkäufer keinen schlimmeren Fehler gibt als den, sein Gegenüber zu langweilen". Mit diesem unterhaltsamen Handbuch läuft der Verfasser keine Gefahr, das zu tun. „Ein guter Verkäufer kombiniert die Zähigkeit einer Bulldogge mit den Manieren eines Cockerspaniels", schreibt David. „Wenn Sie Charme haben, versprühen Sie ihn." Suchen Sie online nach dem Handbuch – es ist einfach zu finden – und lesen Sie es, auch wenn Sie sich für Küchen und Herde rein gar nicht interessieren.

KREATIVITÄT IM DIGITALEN ZEITALTER

Als ich Khai bat, ein Adjektiv zu nennen, das diese neue kreative Chance beschreibt, schwieg er einen Augenblick, dann schlug er „durchdringend" vor. Diese Art der Kreativität durchdringt die Welt und kennt dabei keine Schranken, Abteilungen und Mauern.

Das, was ich „verpackte" Kreativität nenne, die Botschaften, die in ordentlichen Bündeln verschickt werden und Ihre passive Nutzung der Medien unterbrechen sollen, ist eigentlich „eindringend". Sie versucht, in klar definierte Bereiche einzudringen. Sie schießt sorgfältig vorbereitete Geschosse in die Welt. Doch „durchdringende" Kreativität breitet sich aus wie eine Flüssigkeit. Khai beschrieb das so:

> Wenn Sie sich die alles durchdringende Kreativität bildlich vorstellen wollen, dann denken Sie an Wasser: Es ist lebensnotwendig und während einer Überschwemmung nicht aufzuhalten. Es fließt durch Risse, die man mit dem bloßen Auge gar nicht sieht. Es ist immer in Bewegung, fließt, erkundet, gelangt überall hinein, bleibt nie stecken. Alles durchdringende Kreativität, das bedeutet, alle Sinne auf Inspiration zu richten und überall nach neuen Ideen zu suchen.[4]

In gewisser Weise ermöglicht uns das digitale Zeitalter, etwas von der Philosophie der Graffitis in den Mainstream zu übertragen. Wir können Botschaften auf ganz neue Weise verbreiten und damit provozieren – so wie Streetart-Künstler Banksy es tut, wenn er konventionelle Botschaften aus ihrem üblichen Kontext reißt und ihnen eine ganz neue Bedeutung verleiht: „Leider ist der gewünschte Lebensstil derzeit vergriffen."

Wählen Sie nicht von vornherein Ihre Mauern aus!

Banksy hat erkannt, dass man konventionelle Formate, wie eine Plakatwand, für unkonventionelle Äußerungen über unser Leben nutzen kann. Was wir daraus lernen? Kreativität lässt sich nicht auf festgelegte Mediapläne beschränken.

KREATIVITÄT IM DIGITALEN ZEITALTER

Wollen Sie wirklich jeden Morgen vom Geruch nach gebratenem Speck geweckt werden? Es besteht nur ein sehr feiner Unterschied zwischen durchdringend und eindringend.

In der digitalen Welt genügt „eindringende" Kreativität unserem Kreativitätsanspruch nicht mehr. Klar können wir Menschen schon morgens beim Aufwachen erreichen, doch schaffen wir es auch, das auf eine Weise zu tun, die ankommt und gleichzeitig überrascht?

Die Grenzen zwischen Kreativität und Effekthascherei sind hier fließend. Manche werden gedacht haben, Oscar Mayer gehe zu weit mit seiner Idee, Gerüche zu digitalisieren. Neun Monate Forschung und Entwicklung später wurde daraus eine mobile App, die den Nutzer zum Geräusch von brutzelndem Speck weckt. Dazu gehört ein Mobilgerät, das den passenden Geruch verströmt.

Besonders wertvoll sind daher inspirierende Denker, die über die „Winzigkeit" der digitalen Welt hinausgehen und uns dazu bringen, die Dinge anders zu sehen, ohne dabei ins Alberne abzurutschen. Leider gibt es davon nur ganz wenige.

Raw: Pervasive Creativity in Asia ist eine Sammlung außergewöhnlicher Alltagskunst, die Fotografen am Straßenrand und in Seitenstraßen entdeckten. Ein Beispiel sind die handbemalten Plüschpferde, die der Mann auf dem Foto verkauft.

KREATIVITÄT IM DIGITALEN ZEITALTER

Mit dem „Liquid And Linked"-Konzept für Content-Exzellenz zeigte Coca-Cola, dass Kreativität so flüssig wie ein Getränk sein kann. Die zugehörigen Videos wurden für den internen Gebrauch produziert, sind heute aber auch auf YouTube zu sehen.

Die gute Nachricht ist, dass die alles durchdringende Kreativität etwas berücksichtigt, was Werbeagenturen bisher wenig interessierte: Auch Verbraucher können sehr kreativ sein. Vor einigen Jahren machten wir uns in Asien auf die Suche nach solchen Beispielen, die wir in einem Buch mit dem Titel *Raw* veröffentlichten (2012).

Es geht also nicht nur um „Der Konsument ist nicht irgendein Idiot, sondern deine Frau", sondern auch darum, zu erkennen, dass sie mindestens so kreativ sein kann wie Sie selbst. Werbung, die das berücksichtigt und die der Kreativität Freiraum lässt, gewinnt mit Durchdringung am meisten. So wird der Verbraucher zum freiberuflichen Texter.

Am besten ausgedrückt hat die Idee der „alles durchdringenden Kreativität" wohl Coca-Cola mit dem Begriff „liquid and linked". Diese Vorstellung brachte zum Ausdruck, dass eine medienneutrale Idee, wenn ausreichend inspirierend, durchdringend und gleichzeitig verbindend wirken kann.

Aber was ist eine Idee eigentlich?

Ich bin fest davon überzeugt, dass der Idee in der Werbebranche des digitalen Zeitalters eine noch bedeutendere Rolle zukommt als zuvor, und dennoch erhält das Wort selten besondere Aufmerksamkeit. Sorgfältigen Analysen wird es schon gar nicht unterzogen.

Vor Ideen, die beim Verbraucher kein bleibendes Interesse wecken, musste man sich immer in Acht nehmen. Gesucht wurde nach der „Big Idea". Doch was macht eine Idee zur Big Idea und warum ist das heute wichtiger denn je? Und was ist eine Idee überhaupt?

Es ist erstaunlich, wie selten auf diese letzte Frage eine präzise Antwort gegeben wurde. Schließlich lebt die Werbebranche von Ideen.

Eines meiner Lieblingsbücher über Werbung ist der mittlerweile ziemlich abgewetzte Band *Practical Advertising* aus dem Jahr 1909. Das Buch wurde von unserem britischen Vorgänger Mather & Crowther jedes Jahr neu aufgelegt. Der Namensbestandteil Mather im Namen unserer Agentur stammt von ihnen, denn dort begann David Ogilvy in den 1930er-Jahren, für seinen Bruder Francis zu arbeiten.

Eine der agentureigenen Werbeanzeigen in diesem Buch zeigt einen wohlgenährten Kunden mit fülligem Gesicht, Eckkragen, einer Krawatte mit Pünktchenmuster und einem Kneifer auf der Nase, der die Zeitung studiert. Die Überschrift lautet: „Looking Twice". Darauf folgt dieser Absatz: „Wie oft kommt es vor, dass Sie zweimal hinschauen müssen, bevor Sie Ihre Werbung finden? Wie viele der geschätzten Leser werden wohl ebenso sorgfältig suchen?"

KREATIVITÄT IM DIGITALEN ZEITALTER

Ja, wie viele wohl? Und das erklärt, finde ich, sehr schön, warum wir Ideen brauchen: Sie helfen den Verbrauchern, Dinge wahrzunehmen.

Aber hat man Sie schon einmal gebeten, zu definieren, was eine Idee ist? Nehmen Sie sich bitte 30 Sekunden Zeit und lesen Sie nicht weiter.

Versuchen Sie es jetzt: Was ist eine Idee? Wenn Sie Stift und Papier zur Hand haben, schreiben Sie Ihre Antwort bitte auf.

So einfach ist das nicht, oder? Und seltsamerweise haben nur wenige Werbeleute eine überzeugende Definition geliefert – oder jedenfalls nicht veröffentlicht.

Also müssen wir uns an einen Philosophen wenden, um eine Begriffsbestimmung vorzunehmen. Und zwar nicht an eine Koryphäe, sondern an einen wilden, untreuen, versoffenen, provokativen Möchtegernphilosophen: Arthur Koestler. Er war ein hervorragender Schriftsteller:

Haben Sie zweimal hingeschaut? Eine Erinnerung unserer Vorgängeragentur Mather & Crowther (London) aus dem Jahr 1909, dass eine Werbeanzeige nur einen Wert hat, wenn sie bemerkt wird.

KREATIVITÄT IM DIGITALEN ZEITALTER

Arthur Koestler – Philosoph, Provokateur und verantwortlich für die beste Definition von Kreativität, die ich je gehört habe. Wenn ich Arbeiten beurteile, betrachte ich sie mit Koestlers Interpretation im Hinterkopf.

Sonnenfinsternis (1940) ist eines der besten Bücher gegen den Totalitarismus, die je geschrieben wurden.

In *Der göttliche Funke* (1964), seinem Buch über Kreativität, definiert Koestler eine Idee als „Bisoziation zweier gewöhnlich nicht miteinander verbundener Bezugssysteme M1 und M2". Vielleicht ist das nicht Philosophie auf höchstem Niveau, dafür aber eine hervorragende Definition – möglicherweise gerade weil er sich selbst mit kreativem Schreiben befasste.

Lassen Sie es uns umschreiben als „eine unerwartete Kombination zweier zuvor nicht verbundener Dinge".

Ich fand diese Definition einer Idee immer hilfreich, wenn ich mir Arbeiten angesehen habe, denn sie erleichtert die Auswahl der stärksten Idee.

Je origineller, raffinierter, fesselnder und interessanter die Kombination ist, desto wahrscheinlicher ist es, dass wir die Idee wahrnehmen – und dass es sich um eine Big Idea handelt.

Ideen sind wertvoll, und in der digitalen Welt brauchen wir starke Ideen, um den Kampf gegen Lärm, Fragmentierung und Gerümpel zu gewinnen.

Doch Ideen nehmen unterschiedliche Formen an.

Ja, es gibt sogar so etwas wie eine Hierarchie der Ideen:

1. Ganz oben befindet sich die *strategische* Idee, die über die Positionierung eines Unternehmens entscheidet und die Firmen- oder Markenplattform festlegt.
2. Dann kommt die *Kampagnen*-Idee: Was verbindet alle kreativen Manifestationen einer Marke?
3. Und schließlich gibt es die *Umsetzungs*-Ideen, kleinere Ideen innerhalb einer Kampagne, die ihr Substanz verleihen.

Strategische Ideen sind längerfristig angelegt als Kampagnenideen. Als ich der Allianz einmal eine neue Idee präsentierte, fragte mich der CEO, wie lange sie damit meiner Meinung nach arbeiten könnten. Ich antwortete: „Mindestens zehn Jahre." Kampagnen sind kürzer: IBM hatte für seine aktuelle Plattform fünf Jahre veranschlagt.

Starke strategische Ideen enthalten in der Regel eine Lösung für Spannungen irgendeiner Art; in Kampagnenideen sind die unerwarteten Kombinationen in Folgen angeordnet; und Umsetzungsideen erhalten ihr Überraschungsmoment aus Produktionsweise oder Erscheinungsort – manchmal weichen sie wie freche Kinder von der Kernidee ab und sind auf gute Führung angewiesen.

Ideen sind abhängig von der Umsetzung: Im Zusammenspiel der beiden liegt eine zweite Ursache für „Größe".

Wenn Alan Parker eine schwache Idee filmt (wozu er sich erst einmal bereit erklären muss), wird das Ergebnis wahrscheinlich immer noch recht gut werden. Wenn Sie aber einem drittklassigen Regisseur eine starke Idee geben, wird das Ergebnis schlecht sein. Ich habe immer eine einfache Matrix für die Prüfung von Ideen verwendet – und meine Kundenbetreuer entsprechend geschult –, da ich der Meinung bin, dass irgendein Prozess besser ist als keiner. Das Konzept ist denkbar einfach, kann der weiteren Karriere jedoch neuen Schwung verleihen!

So würde ich beispielsweise die aktuellen Super-Bowl-Werbespots nach der Matrix auf der Seite gegenüber bewerten, auch wenn das Ergebnis natürlich subjektiv ist.

KREATIVITÄT IM DIGITALEN ZEITALTER

Eine Idee leidet nicht nur unter einer schwachen, sondern auch unter einer inkonsistenten Umsetzung. Der Volvo-Film *The Epic Split* (2013) von Forsman & Bodenfors mit Jean-Claude Van Damme (siehe nächste Seite) gewann in Cannes ganz zu Recht den Grand Prix und ist eine der meistausgezeichneten Umsetzungen des digitalen Zeitalters. Dahinter steckt eine starke Idee: die unerwartete Kombination von *Stabilität* und *Bewegung*. Das Risiko war hoch, die Effekthascherei groß und es kamen dieselben Mittel zum Einsatz wie im bekannten Fernsehspot für Krazy Glue von 1980. Beide schafften es, uns in Erstaunen zu versetzen. Was dabei jedoch oft vergessen wird, ist, dass dieser Volvo-Film lediglich Teil einer breiter angelegten Kampagne war. An die anderen Umsetzungen – ein Hamster, der einen Lkw steuert, oder der Volvo-CEO, der samt Lkw in der Luft hängt – erinnert sich niemand mehr. Sie drückten nicht dieselbe Idee aus und waren selbst auch keine Ideen, sondern Stunts ohne Überraschungsmoment.

Im digitalen Zeitalter kommen Werbeideen zwei Aufgaben zu, die sie, glaube ich, zuvor noch nie übernahmen.

Erstens sind sie zum Managementsystem geworden.

Inmitten des Durcheinanders bieten sie einen Bezugsrahmen für alle Aktivitäten der Marke; einen Richtwert, mit dem alle Maßnahmen verglichen und dementsprechend akzeptiert oder ablehnt werden können; und einen visuellen und physischen Rahmen für die Interaktion zwischen Marke und Verbraucher. Die Idee übernimmt eine redaktionelle Rolle.

Zweitens sind sie das Verbindungsstück zu anderen Ideen in anderen Bereichen, die ebenfalls neu definiert werden. Mein ehemaliger Kollege Brian Collins, der bei Ogilvy & Mather die Brand Integration Group leitete und heute seine eigene erfolgreiche Designagentur führt, bezeichnete die „Marke" als Versprechen und das „Design" als die Ausführung, als Beweis dafür, dass das Versprechen gehalten wurde. Marken sind mehr als ein Mittel für die Identitätsentwicklung oder für die Gestaltung eines Werbeproduktes, vielmehr geben sie dem Unternehmen eine Form. Auf Marken arbeitet man nicht hin, sondern man baut auf ihnen auf.

„Ideen sind wertvoll, und in der digitalen Welt brauchen wir starke Ideen, um den Kampf gegen Lärm, Fragmentierung und Gerümpel zu gewinnen."

IDEE VS. UMSETZUNG

	UMSETZUNG	
	schwach	stark
IDEE stark	starke Idee/ schwache Umsetzung	starke Idee/ starke Umsetzung
IDEE schwach	schwache Idee/ schwache Umsetzung	schwache Idee/ starke Umsetzung

Mit dieser einfachen Matrix können Sie Big Ideas ganz einfach evaluieren. Bewerten Sie dazu die Stärke der Idee auf der y-Achse und die Qualität der Umsetzung auf der x-Achse. Versuchen Sie es selbst einmal mit den aktuellen Super-Bowl-Werbespots. Werbekunden bezahlen mehr als 2 Millionen Dollar für einen 30-Sekunden-Spot, da würde man erwarten, dass all ihre Ideen oben rechts angeordnet wären. Sie würden sich wundern! Eine gute Produktion und ein Star können das Fehlen einer guten Idee nicht wettmachen. Meiner Meinung nach hat nur Werbung im Quadranten oben rechts eine Auszeichnung verdient.

KREATIVITÄT IM DIGITALEN ZEITALTER

Außerhalb der Speditionsbranche erhalten Lkws nur wenig Beachtung. Dennoch sahen mehr als 85 Millionen Menschen zu, als Jean-Claude Van Damme den „gewaltigsten aller Spagate" wagte, um die Präzision und Stabilität des Volvo-Lenksystems Dynamic Steering zu demonstrieren. Zur Kampagne gehörten noch andere Umsetzungen mit weniger bekannten Menschen, die Volvo-Innovationen zeigten, darunter der Werbespot mit einem führenden Volvo-Techniker, der von der Genauigkeit der Lkw-Bodenfreiheit so sehr überzeugt war, dass er dafür sein Leben riskierte. Diese Spots waren nicht so erfolgreich, was nicht daran lag, dass Van Damme fehlte, sondern daran, dass die Kernidee weniger überzeugte.

Für Brian leben Marken in vier Bereichen – Kultur, Umgebung, Produkt und Kopf – und bieten uns eine Vorlage für die Gestaltung von Systemen, die diese Bereiche miteinander verbinden. Im Zentrum steht dabei der Kunde und dessen Erlebnis, also arbeiten neben dem „Storyteller" auch Systemgestalter und Techniker. Wir nutzen die Marke, um Architektur, Geschichte, Kultur und Produkt zu verbinden – und wenn dann ein Auftrag von Hershey's für die Gestaltung einer Plakatwand auf dem Times Square hereinkommt, liefern wir ihnen stattdessen eine Schokoladenerlebniswelt. (Wir verdienten sogar noch an unserer „Plakatwand", als diese zur umsatzstärksten Einzelhandelsfläche in New York City wurde – ein echter Gewinn.)

In Umfragen bringen Kunden immer wieder ihre Enttäuschung über die Fragmentierung ihrer Markenpräsenz zum Ausdruck. Mark Addicks, CMO von General Mills, beschwerte sich, dass Marketingleute „in einer chaotischen Welt leben. Sie sehnen sich nach Ordnung. Sie brauchen ein Regelwerk." Marketer sind angesichts der vielen verschiedenen Kontaktpunkte nicht mehr in der Lage, den Überblick über die Kunden zu behalten, und finden es zunehmend schwierig, diese auf einen Blick zu erfassen.

Die Ursache hierfür liegt in der immanenten Tendenz der digitalen Welt zum Taktischen, zu originellen kleinen Lösungen, die von unten nach oben sprudeln, ohne ein großes Ganzes zu ergeben.

Dem kann ganz einfach vorgebeugt werden: Finden Sie Ihre Big Idea. Und schlachten Sie sie erbarmungslos aus.

KREATIVITÄT IM DIGITALEN ZEITALTER

Storytelling

Hätten Sie vor 30 Jahren jemanden gefragt, was Beowulf (den ich bereits einmal erwähnt habe) mit Werbung zu tun hat, hätte man Sie wahrscheinlich mit einem schrägen Blick bedacht und wäre Ihnen eine Antwort schuldig geblieben. Seitdem scheint jeder zum „Storyteller" geworden zu sein.

Im digitalen Zeitalter kommt nicht nur den Ideen eine bedeutendere Rolle zu, nein, auch die Kraft des Storytellings wurde wiederentdeckt. Sie war zwar immer vorhanden, doch da das Internet es den Werbetreibenden überlässt, Nutzer für ihre Produkte und Leistungen zu interessieren, und sich jene dafür nicht allein auf redaktionelle Inhalte verlassen können, spielt das Storytelling heute eine zentrale Rolle.

Geschichten wirken magnetisch. Und unsere Geschichten müssen genauso gut – oder besser – sein als die der anderen. Was eine gute Geschichte ausmacht, daran hat sich seit Beowulf nicht viel geändert. Man braucht einen Protagonisten, der versucht, etwas zu erreichen. Dabei stößt er auf Hindernisse. Und dann gibt es eine Lösung, die eine Lehre oder einen bestimmten Sinn enthält. Javier Sanchez Lamelas von Coca-Cola, ein brillanter ehemaliger Kunde, sagte einst: „Mit Storytelling ist man in der Lage, Dinge zu sagen, die man sonst nicht ausdrücken kann."

Im digitalen Zeitalter sind unsere Erzählmöglichkeiten ins Unendliche gestiegen. Beowulf wurde rezitiert; Oliver Twist wurde als Fortsetzungsroman in einem Wochenmagazin veröffentlicht. Unsere Geschichten können wir den Verbrauchern jederzeit, in jeder Form und jeder beliebigen Abfolge zur Verfügung stellen. Sie müssen den Konsumenten lediglich belohnen.

Wie? Durch die Ausschüttung von Dopamin, dem Neurotransmitter, der uns im letzten Kapitel begegnet ist und der für unser Glücksgefühl verantwortlich ist. Dieses Glücksgefühl spüren wir als Belohnung, aber auch in Erwartung einer Belohnung – und deshalb lieben wir Geschichten: Wir wollen einfach wissen, was als Nächstes passieren wird.

Mein Kollege Khai schrieb den einprägsamen Satz: „Der Mensch ist ein Geschichten erzählender Affe: Er interpretiert die Welt durch Geschichten und lässt sich von ihnen emotional berühren."

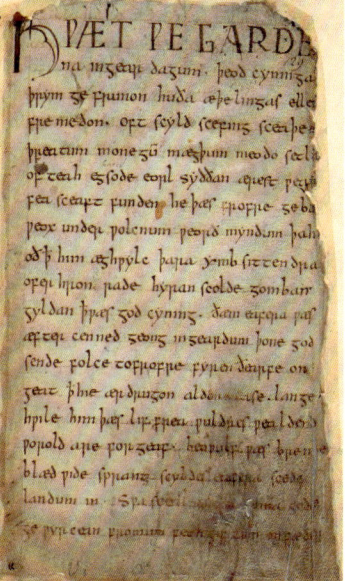

Beowulf: ein Beispiel für die Kunst des Storytellings.

Menschen tragen eine Veranlagung zum Erzählen und Anhören von Geschichten in sich. Wir nutzen sie seit mehr als 100.000 Jahren, um die Außenwelt zu interpretieren.

115

KREATIVITÄT IM DIGITALEN ZEITALTER

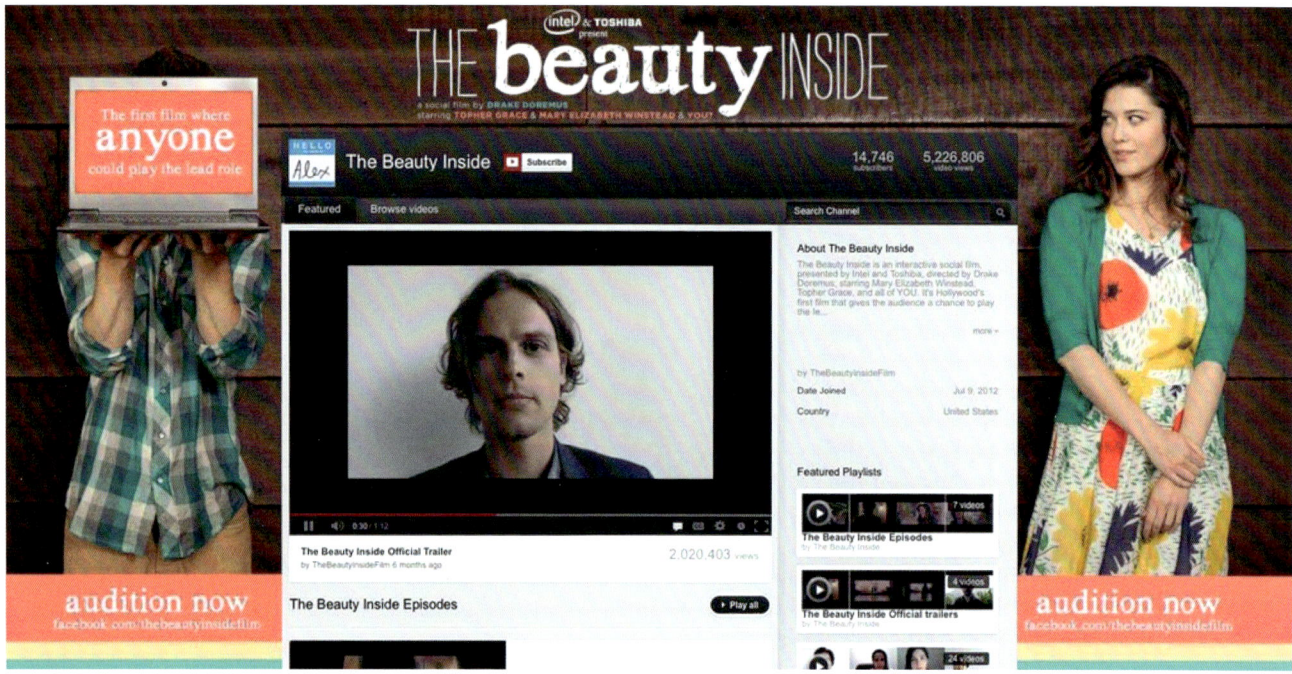

„The Beauty Inside" war ein wegweisender Gesellschaftsfilm von Intel und Toshiba, der sich nicht nur mit dem Konzept der Identität auseinandersetzte, sondern auch die Möglichkeiten der Zuschauerbeteiligung ausweitete. Statt etwas zu kommentieren oder eine Stimme abzugeben, konnte jeder Zuschauer einen Kurzfilm von sich selbst hochladen, um die Hauptrolle des Alex zu spielen – und Teil einer Serie mit mehr als 70 Millionen Zuschauern zu werden. Und was hatten die Marken davon? Das Jahrzehnte alte Marketingprogramm „Intel Inside" wurde wiederbelebt, und das Ultrabook von Toshiba spielte in Alex' ungewöhnlichem Leben eine wichtige Rolle.

„Im besten Fall bildet die Kunst des Storytellings die Grundlage für die Werbung im digitalen Zeitalter."

Er weist auf die entscheidende Bedeutung dessen hin, was Coleridge beim Eintritt in eine Geschichte „bereitwilligen Unglauben" nennt. Wir akzeptieren die Regeln der Geschichte und freuen uns, wenn diese ausgelebt werden. Von einer guten Geschichte erwarten wir, dass sie einen Anfang, eine Mitte und ein Ende hat. Gutes Storytelling in der Werbung berücksichtigt das immer. Wir erkennen ähnliche Handlungen – bei Beowulf ist es die Heldenfahrt. Wir begegnen ähnlichen Archetypen, wie dem Schatten als Feind.

Ein Problem des Storytellings im digitalen Zeitalter ist, dass es fast schon zur Modeerscheinung geworden ist. Jeder Hinz und Kunz ist heute „Storyteller". Mein Freund Stefan Sagmeister brachte es auf einem Storytelling-Festival knallhart auf den Punkt:

> Ich glaube, viele dieser sogenannten Storyteller sind gar keine. Neulich las ich ein Interview mit jemandem, der Achterbahnen entwirft und sich selbst als „Storyteller" bezeichnet. Nein, A…loch, du bist kein Storyteller, du bist ein Achterbahndesigner.

Nun ein Wort der Warnung: Um das Storytelling entwickelt sich nur allzu leicht eine Pseudowissenschaft. Handlungen können formelhaft wirken. Ich habe erlebt, wie Marktforscher versuchten, eine Geschichte auf eine Formel zu reduzieren, obwohl es keine Hinweise dafür gab, dass die Verbraucher das wollten. Und die Archetypentheorie mag der Werbebranche einen hilfreichen Kontext bieten, kann jedoch auch gefährlich sein. In neuerer Zeit bedient man sich gern aus dem Archetypenmodell von Joseph Campbell und seinem einflussreichen Werk *Der Heros in tausend Gestalten* (1949). Campbell befasste sich sein Leben lang mit der Untersuchung von Legenden, Mythen und Volkserzählungen unterschiedlicher Gesellschaften weltweit. Unabhängig von der Kultur identifizierte er bestimmte Geschichten, die immer wieder erzählt werden, und 12 Archetypen, die darin vorkommen. Ob Henry Higgins in *Pygmalion*, Gandalf in *Herr der Ringe* oder Obi-Wan Kenobi in *Star Wars*, die Schilderung des Weisen, der den Helden auf seiner Reise begleitet, klingt allzu bekannt.

Marken müssen Geschichten erzählen und die besten Markengeschichten sind häufig die einfachsten: neu und bekannt zugleich – doch Archetypen dienen dafür selten als Inspiration. Wenn eine Marke zu stark auf die Opposition eines Helden und eines Antihelden beschränkt wird, dann gibt es für die Praktiker auch weniger Möglichkeiten, ihre „Storys" im Sinne der Marke weiterzuentwickeln. Die Vermischung von Elementen verschiedener Archetypen wiederum – auch ein beliebter Trick – kann den Wert der Analyse insgesamt schwächen. Am hilfreichsten sind Archetypen als praktischer Ausgangspunkt für eine sinnvollere Diskussion über Geschichte, Verhalten und Rolle einer Marke in der Welt. Im schlimmsten Fall sind sie nicht mehr als eine Marotte von Markenpfuschern, die die Rolle des Banditen gleich selbst spielen.

Doch auf Kunden, die Regeln mögen und möchten, dass die Figuren in ihren Werbespots wie Archetypen aussehen, wirken sie dennoch attraktiv. Allzu oft habe ich von Kunden gehört: „Aber ‚X' verhält sich nicht wie ‚Y'": ein Garant für schlechte Werbung. Sicher, es gibt fürs Storytelling Regeln, doch je offensichtlicher sie sind, desto weniger gut wirkt die Geschichte.

Im besten Fall bildet die Kunst des Storytellings die Grundlage für die Werbung im digitalen Zeitalter. Und diejenigen, die diese Geschichten erzählen, sollten von den Besten in Hollywood lernen, denn eine mehrteilige Geschichte wird anders verfasst als ein 30-Sekunden-Werbespot.

Nehmen wir zum Beispiel „The Beauty Inside" (2012), eine wunderbare Gemeinschaftsarbeit von Intel, Toshiba und den Zuschauern, die die sechsteilige Serie auf Facebook verfolgten. Die Geschichte erzählt von Alex, dem Topher Grace seine Stimme leiht, der jedoch von verschiedenen Schauspielern und Schauspielerinnen sowie einigen Zuschauern gespielt wird. In Anlehnung an Kafka wacht Alex jeden Tag als derselbe Mensch in einem anderen Körper auf. Mit der Videokamera seines Toshiba Ultrabooks, das er überall hin mitnimmt, zeichnet er sein ungewöhnliches Leben täglich auf. Durch diesen Geniestreich konnte jeder Zuschauer einen Film über Kamera (oder Webcam) aufnehmen und hochladen, der dann als Szene in eine der Folgen integriert und so Teil des Gesamtfilms wurde.

Und so ähnlich war schließlich auch Beowulf entstanden. Das Heldengedicht stammte nicht aus einer Feder, sondern wurde von vielen Köpfen, Herzen und Zungen im Laufe der Zeit erschaffen.

Manchmal findet man die größten Ideen in den kleinsten Dingen – so klein wie ein Atom.

Allein aufgrund seiner Auszeichnungen sollte IBM als eines der innovativsten Unternehmen der Welt angesehen werden. Seine Mitarbeiter gewannen fünf Nobelpreise, fünf National Medals of Technology and Innovation, fünf National Medals of Science und schlappe vier Turing Awards. Mit rekordverdächtigen 6.478 Patenten Ende 2012 hatte IBM in jenem Jahr die meisten US-Patente erteilt bekommen und war damit seit 20 Jahren Marktführer in diesem Bereich. Doch die Öffentlichkeit interessiert sich nicht für Patente und Auszeichnungen.

Wissenschaft und Technologie hingegen finden viele Menschen zunehmend spannend. Im Jahr 2012 stießen wissenschaftliche Themen auf besonders großes Interesse, was auf zwei Ereignisse zurückzuführen ist: die Nachricht über die Entdeckung des Elementarteilchens Higgs-Boson am Kernforschungszentrum CERN und das NASA-Video *Seven Minutes of Terror*, das die Landung des Marsrovers Curiosity zeigte.

Sowohl CNN als auch die *New York Times* kommentierten den Flirt der Öffentlichkeit mit der Wissenschaft. Und die Popularität des Blogs IFLScience, gemessen an den Facebook-Shares, scheint darauf hinzudeuten, dass die Wissenschaft im Mainstream angekommen ist.

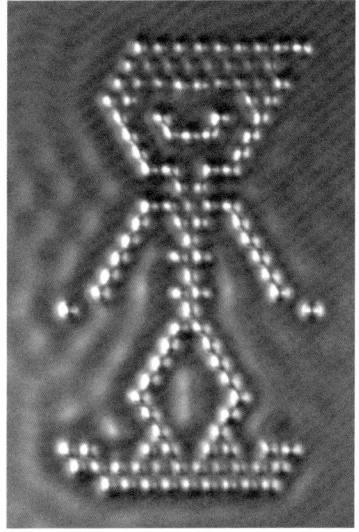

Der IBM-Film *A Boy and his Atom* zeigt, wie innovativ Werbung sein kann. Mit einem kleinen Budget und dem IBM-Rastertunnelmikroskop sowie einer Handvoll Atome produzierten wir einen ganz besonderen Kurzfilm: Das erste IBM-Video, das – quasi über Nacht – eine Million Mal angesehen wurde. Es bekam 30.000 YouTube-Likes, wurde hunderte Male in Artikeln erwähnt, gewann einen Löwen in Cannes, wurde auf dem Tribeca-Festival gezeigt und schaffte es als kleinster Stop-Motion-Film der Welt ins Guinnessbuch der Rekorde. Ein Riesenerfolg!

KREATIVITÄT IM DIGITALEN ZEITALTER

IBM hatte ein Ass im Ärmel, das für diese Zielgruppe bestens geeignet schien: Das Unternehmen ist in der Lage, die Position einzelner Atome zu verändern. Nur wenige Menschen wissen, dass IBM ein Rastertunnelmikroskop erfunden hat, mit dem man einzelne Atome bewusst bewegen kann. Jedes Atom ist eine Million Mal kleiner, als ein einzelnes Haar breit ist. Ebenfalls wenig bekannt ist die Tatsache, dass das Unternehmen das damals kleinste Speichermedium der Welt aus lediglich 12 Atomen gebaut hat, ein entscheidender Schritt Richtung Zukunft, da mit immer größeren Datenmengen auch immer kompaktere Speichermedien benötigt werden.

Doch statt eines weiteren Erklärvideos entschieden wir uns für den kurzen Zeichentrickfilm *A Boy and his Atom*, der aus 242 Standbildern zusammengesetzt war. Wir verwendeten das IBM-Rastertunnelmikroskop und 65 Kohlenmonoxidmoleküle.

Was macht denn nun gute Werbung aus?

Natürlich die Big Idea.

Eine spannende Geschichte.

Etwas, das sowohl die Emotionen als auch den Verstand anspricht.

Und wohl noch so einiges andere.

Werbung muss – um ein Wort zu gebrauchen, gegen das ich mich immer gewehrt habe – „ausgefallen" sein. Am besten eignet sich dieser Begriff für die Beschreibung des Resultats, allerdings wird es in Briefings auch gern als Ziel gesetzt. Doch was heißt das schon? Recht viel allgemeiner kann man ein Ziel kaum ausdrücken.

Ausgefallen bedeutet für mich das Gegenteil von durchschnittlich. Es bedeutet, risikobereit zu sein. Steve Harrison von Ogilvy & Mather Direct in London verfasste dazu in den frühen 1990er-Jahren einen hervorragenden Beitrag. Mein Kunde Salman Amin von S. C. Johnson

Was bekommt man, wenn man ein Meinungsforschungsinstitut und zwei Kunstkritiker zusammenbringt? Kunst, die Amerikaner wollen, Kunstliebhaber jedoch hassen. Ich bin froh, dass mir Komar und Melamids Buch empfohlen wurde: Der Beweis dafür, dass ein wissenschaftlicher Ansatz in der Kunst keine Meisterwerke, sondern Banalität schafft.

KREATIVITÄT IM DIGITALEN ZEITALTER

HOW TO CARVE AN ELEPHANT

There was once, in India, an old woodcarver who was famous for carving elephants. Other people carve elephants, too, of course, but the old man's elephants were, somehow, more galumphing and trumpery. One day, a documentary film-crew was sent to interview him.
"What do you do," he was asked, "to make your elephants so perfect?" This was his reply:

1. "I take my little knife,"

2. "I take a block of wood,"

3. "... and I cut away everything that does not look like an elephant."

„How to Carve an Elephant" von Neil French und Tham Khai Meng: Eine Kurzanleitung für Kreativität, die im digitalen Zeitalter relevanter denn je ist. Achten Sie immer vor allem auf Einfachheit.

zeigte mir einmal ein Buch, das er als Warnung vor dem „Durchschnittlichen" in seinem Büro stehen hat: *Painting By Numbers, Komar and Melamid's Scientific Guide to Art*.

„America's Most Wanted Painting" ist das, was man bekommt, wenn man sich am Durchschnitt orientiert. Damit verbunden ist die Illusion von Sicherheit, die sich in Wahrheit jedoch als die größte Gefahr von allen entpuppt. Im digitalen Zeitalter gerät man damit sehr einfach in Vergessenheit.

Außerdem muss Werbung einfach sein. Einmal bat ich Neil French, einen Kreativen des prädigitalen Zeitalters, ein Poster zu gestalten, um agenturintern zu besseren kreativen Ideen anzuregen. Die Aufgabenstellung war nicht gerade einfach, doch was Neil daraus machte, ist oben zu sehen: „How to Carve an Elephant".

Das digitale Zeitalter hat zu Komplexität auf vielerlei Ebenen geführt, und mir fällt immer wieder auf, dass nicht wenige selbsterklärte „Digital-Kreative" unheilbar kompliziert vorgehen.

Wer bemerkt und angehört werden will, tut gut daran, in allen Bereichen auf wohltuende Einfachheit zu achten.

9 DATEN: DIE WÄHRUNG DES DIGITALEN ZEITALTERS

Der erste schriftliche Bezug zu „Big Data" ist in einer wissenschaftlichen Publikation von 1997 versteckt, doch bei Silicon Graphics International (SGI) sprach man bereits Mitte der 1990er-Jahre davon. Während das Konzept der Big Data gar nicht so neu ist, wie wir manchmal glauben, ist der praktische Nutzen erst durch die Vermehrung der Datenquellen in jüngerer Zeit entstanden.

Wir stoßen kontinuierlich „digitales Abgas" aus, wie mein ehemaliger Kollege Dimitri Maex es nannte. Hier ein Beispiel: Mir gefällt ein bestimmtes Paar roter Socken. Ich kaufe es und liefere damit Informationen über meinen Standort, meine Präferenzen, meine Gewohnheiten und meine finanzielle Situation. Daten dieser Art sind nun schon seit geraumer Zeit verfügbar, allerdings war es bisher schwierig, sie zusammenzuführen. Big Data ist also keine neue Datenart. Neu sind aber eine Vermehrung der – strukturierten und unstrukturierten – Datenquellen und ihre Anwendungsmöglichkeiten:

- **Strukturierte Daten:** Informationen, die in gut organisierter Form gespeichert sind. Beispiele dafür sind: eine Datenbank mit dem Inventar eines Warenlagers oder Kundendaten mit Informationen über das gekaufte Produkt, die Zeit des Einkaufs und die Bezahlmethode.
- **Unstrukturierte Daten:** Informationen, die nicht so organisiert sind, dass sie von Maschinen ausgelesen werden können. Beispiele dafür sind: Blogbeiträge, E-Mail-Posteingänge und Facebook-Feeds.

Da heute fast jede Handlung Daten generiert, müssen diese irgendwo gespeichert werden, um nützlich zu sein.

Hier kommt die „Cloud" ins Spiel. Eine Cloud ist im Prinzip nichts anderes als gemietete Speicher- und Rechenleistung – ähnlich dem Time-Sharing-System an frühen Rechnern, als die Rechenzeit eines Prozessors auf mehrere Nutzer aufgeteilt wurde. Doch während damals eine seltene Ressource rationiert wurde, begünstigt die Cloud die effiziente und kostensparende Verteilung einer reichlich vorhandenen Ressource. Cloud-Server, die weltweit von großen wie kleinen Unternehmen angeboten werden, demokratisieren den Bereich von Big Data durch die Reduzierung der Kosten für Datenspeicherung und -auswertung. Firmen können ihre Anwendungen in einer Public Cloud bauen und hosten und sowohl Datenspeicher als auch Rechenleistung mit der Kreditkarte kaufen. Unternehmen wie Netflix und Uber entstanden in der Cloud und wurden mit dem exponentiellen Anstieg ihrer Datenbestände vom Start-up zum Marktführer.

Mit reichlich vorhandener Rechenleistung können Algorithmen mehr erreichen. Vor zehn Jahren hätte ein Datenanalyst zwei Tage gebraucht, um einen einzigen Kundendatensatz zu analysieren. Er musste die Daten erfassen, den Datensatz säubern und strukturieren und anschließend den Algorithmus starten. Aufgrund dieser Arbeitslast wählte der Datenanalyst die zu verwendenden Daten sorgfältig aus und ging bei der Analyse sparsam vor. Heute kann derselbe Vorgang in wenigen Stunden – oder noch kürzerer Zeit – abgeschlossen werden, doch das Prinzip dahinter bleibt: Wer mit Daten arbeitet, muss sich überlegen, welche Daten er analysieren will und warum – oft eine schwierige Entscheidung.

Dieses Prinzip fehlt bei jenen, die ein persönliches Interesse daran haben, Cloud-Produkte zu verkaufen. Für sie ist die Cloud nicht mehr Mittel zum Zweck, sondern der eigentliche Zweck. Cloud-Anbieter überbieten sich geradezu mit Werbung nach dem Motto „Meine Cloud ist besser als deine".

Cloud-Technologie ist zur Massenware geworden. Infrastructure as a Service (IaaS) und Software as a Service (SaaS) sind heute allgegenwärtig, doch es ist wichtig, genauer hinzusehen, wie und warum sie genutzt werden. So war IBM durch die Übernahme von SoftLayer im Jahr 2013 in der Lage, mit Unternehmen wie Amazon zu konkurrieren, die früher in den Cloud-Markt eingestiegen waren. Doch wie sollte man das eigene Angebot von anderen differenzieren? Es überrascht nicht, dass IBM hierfür seine Expertise in den Bereichen Datenanalyse und Unternehmensberatung heranzog.

Die Nutzung der IBM Cloud bietet leichtere Einblicke und erhöht die branchenspezifischen Auswirkungen von Technologie auf die Unternehmen der IBM-Cloud-Kunden. IBM stellt eine Reihe von Analysetools zur Verfügung – viele davon die besten ihrer Art –, damit Unternehmen aus den in der Cloud gespeicherten Daten maximalen Nutzen ziehen können. Unternehmen, die eine Cloud einrichten, werden bei IBM eher mit einem Spezialisten sprechen können als bei der Konkurrenz.

DATEN: DIE WÄHRUNG DES DIGITALEN ZEITALTERS

Daten werden häufig als die Währung des digitalen Zeitalters bezeichnet. Noch treffender hat es vielleicht Clive Humby im Jahr 2006 ausgedrückt, als er vom „neuen Öl" sprach. Das ist richtig; dennoch ist die Bedeutung von Daten für die Werbebranche nicht neu. David Ogilvy liebte Direktmarketing, weil es auf Daten basierte.

„Seit 40 Jahren", schrieb David, „bin ich wie ein einsamer Rufer in der Wüste und versuche verzweifelt, das Werbeestablishment zu überzeugen, Direktwerbung ernster zu nehmen (…). Sie war meine erste Liebe und später meine Geheimwaffe."

> „Nur weil man Daten sammeln kann, bedeutet das nicht, dass man es auch tun sollte."

Auch wenn David das Direktmarketing liebte, finden wir in den Daten allein nie das Nirwana einer perfekten Lösung. Ich erinnere mich noch gut an den Rat, den man mir gab, als ich von der datenignoranten traditionellen Werbung als Managing Director zu Ogilvy & Mather Direct in London wechselte. Ich hatte schreckliche Angst, dass mich ein Kunde fragen könnte, mit welcher Reaktionsrate auf unsere Briefwerbung zu rechnen sei. „Schau ihm fest in die Augen und sag voller Überzeugung: 4 Prozent", lautete der Rat, den man mir damals gab. (Und übrigens: Es funktionierte!)

Mit den Fortschritten im Computerbereich fielen die Datenkosten bereits vor Beginn des Internetzeitalters. Dennoch blieben die Möglichkeiten der Nutzung auf die verfügbaren Datenquellen beschränkt – und damit hauptsächlich auf die jeweils eigenen Kampagnen, die uns jedoch immerhin erlaubten, mit einer so noch nie dagewesenen Präzision vorzugehen.

Mit der digitalen Revolution kam eine radikale Veränderung, von der Big-Data-Enthusiasten schwärmen: Auch Daten können nun alles durchdringen. Die Einsicht in sämtliche Zyklen, die der Kunde durchläuft, so begeistern sie sich, erlaube es ihnen, die Leben der Verbraucher grundlegend zu verändern. Mit dem Zugang zu personenbezogenen Daten entsteht eine kundenspezifische, kundenzentrierte Welt.

Mir persönlich gefällt der Begriff Big Data nicht sonderlich. Ich stimme Dimitri zu, dass dabei die Betonung zu sehr auf der Technologie und zu wenig auf dem Kundenerlebnis liegt. Big Data hat für Werbetreibende viel Positives gebracht, doch kaum ein Verbraucher würde behaupten, die Datenmengen hätten sein Leben zum Positiven verändert. Wir sind zu sehr damit beschäftigt, die Daten zu erfassen und zu analysieren, statt uns darauf zu konzentrieren, die vielen Informationen dafür zu verwenden, das Leben der Kunden zu verbessern.

Trotz der (verständlichen, wenn auch unaufrichtigen) Begeisterung um Big Data möchte ich auf einige Fallstricke hinweisen.

Die „Big Data"-Fallen

1. Zunächst gibt es etwas, das ich den „Sammel-Irrtum" nenne: Je mehr Daten man sammelt, desto wertvoller werden sie. Immer weitersammeln! Ich sehe keinerlei Hinweise darauf, dass das tatsächlich zutrifft. Die „Größe" von Big Data führt zu diesem Irrglauben. Zwar können Algorithmen mit der Holzhammermethode in Rekordzeit riesige Datenmengen verarbeiten, doch das bedeutet nicht, dass die daraus resultierende Analyse Nützliches bereithält. Nur weil man Daten sammeln kann, bedeutet das nicht, dass man es auch tun sollte. Dimitri empfiehlt stattdessen: „Messen Sie, was Sie messen müssen, und nicht, was Sie messen können. Konzentrieren Sie sich auf die Daten, die zu Ihren Zielen passen." Diese Entscheidung kann Ihnen kein Algorithmus abnehmen.

WERTESPEKTRUM

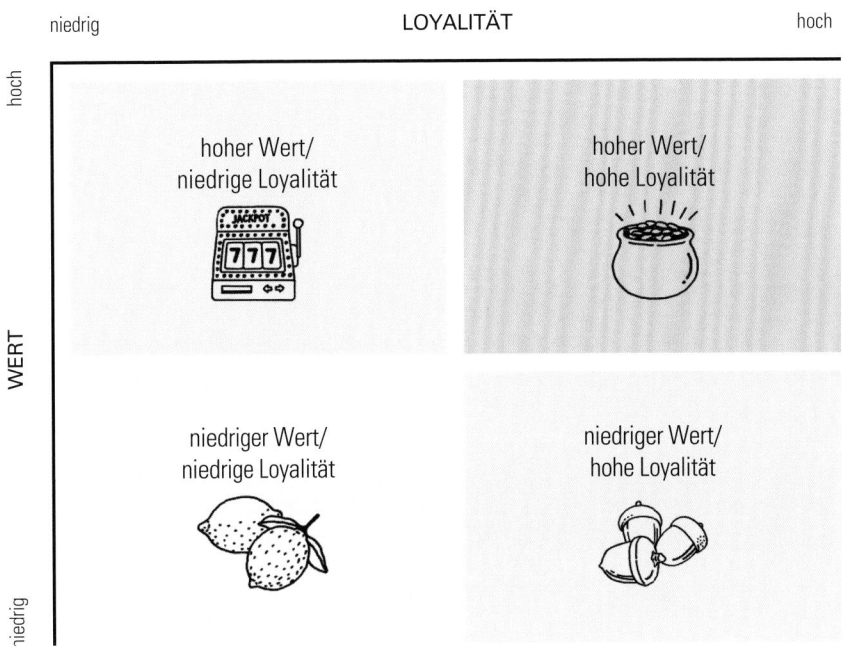

Eine Analyse mit dem Wertespektrum zeigt Ihnen, welche Kunden – so Dimitri Maex – Goldschätze sind, die man finden, Jackpots, die man knacken, Eicheln, die man sammeln oder Zitronen, die man ignorieren sollte.

2. Es gibt ein „Nutz-Defizit": Die vorhandenen Daten werden einfach nicht verwendet. Bei einer fast endlosen Cloud-Speicherkapazität ist es sehr wahrscheinlich, dass Daten, die in einem Bereich eines Unternehmens generiert werden, auch irgendwo gespeichert sind. Was hindert die Betriebe daran, diese zu nutzen? Meiner Meinung nach liegt es am mangelnden Wissen über die Grundlagen der Data Science.
3. Es besteht eine „Isolierung" von Big Data, wie wir sie heute auch in allen anderen Geschäftsbereichen erleben. In Agenturen sind Werbeteam und Direktmarketingleute getrennt. Die Social-Media-Experten sprechen nicht mit dem PR-Team. Bei den Kunden sieht es nicht besser aus: Bei einem Kunden, den ich hier aus offensichtlichen Gründen nicht nenne, entscheidet ein Team über kreative Arbeiten und vergibt die Aufträge, während eine andere Gruppe für die Abnahme des Projekts zuständig ist! Wenn Mitarbeiter hinter Mauern sitzen, können sie nicht mit anderen zusammenarbeiten. Wenn Daten isoliert werden, bringen sie Ihnen überhaupt keinen Nutzen.
4. Es gibt eine „Toleranzgrenze": Big Data scheint sich bestens für Big Brother zu eignen. Werbetreibende haben Regulierung versprochen, doch die Bürger sorgen sich um ihre Privatsphäre. Big Data erlaubt ein effektiveres Vorgehen gegen Kreditkartenbetrug und hat wesentlich zum Kampf gegen den internationalen Terrorismus beigetragen. Doch während diese Fortschritte unsere Welt sicherer machen, fühlen wir uns durch Datenpannen, Enthüllungen über Regierungsüberwachung und das Wissen um den Wert personenbezogener Daten gleichzeitig unsicherer. Je mehr die „Big Data"-Enthusiasten davon sprechen, wie der uneingeschränkte Datenfluss unser Leben verbessern wird, desto mehr schrecken wir vor den Eingriffen in unsere Privatsphäre zurück, die wir zulassen müssen, damit diese Zukunftsvision wahr wird.

Ich denke, es ist an der Zeit, nicht groß, sondern klein zu denken. Was ist an den Möglichkeiten von Big Data klein genug, um schön zu sein?

Probieren wir es mit der „Richtig nützliche Daten"-Auflösung. Kombinieren Sie dafür ein Weitwinkelobjektiv (um die gesamte Unternehmenslandschaft zu sehen) mit einer geringen Schärfentiefe (um darauf zu fokussieren, was die Daten in der Praxis tun können). Doch das Geheimnis liegt darin, beim Problem zu beginnen, nicht bei den Daten.

DATENSÄTZE MIT SINGLE ENTERPRISE POINT OF VIEW

- Search Intent Modelling (SIM): Fachleute helfen Marketern, Keyword-Cluster zu verstehen, und gewähren Einblick in die Denkprozesse der Verbraucher.
- Social Listening: Diese Vorgehensweise läuft (bisher) weniger automatisiert ab als Search Intent Modelling, kann jedoch eine Sentiment- und Bedeutungsanalyse liefern, die Marketingleuten Anhaltspunkte für ihre Arbeit gibt. Genau das nutzten wir für ein Hotel in Las Vegas, dessen Gäste online vom Blick auf den prächtigen Brunnen eines Konkurrenten schwärmten. Diese Information wurde an Kreative, Webentwickler, PR- und SEO-Teams weitergeleitet, die diese nutzten, um mehr Zimmer zu verkaufen.
- Primärforschung: Die Konsumenten nach ihrer Meinung zu fragen mag sich lahm und altmodisch anhören, doch dank der digitalen Revolution ist das heute um einiges günstiger und erzeugt eine weitaus bessere Reaktionsrate.
- Datenpool: Alle Daten an einem Ort zu speichern ist kein technisches Wunderwerk, erfordert allerdings ein bisschen Einsatz. Informationen über Leistung und Kosten werden oft in Finanzsystemen gespeichert, während Marketinginformationen anderswo liegen. Wer diese unterschiedlichen Speicherorte zusammenführt, wird weitaus mehr darüber erfahren, was (nicht) funktioniert – und warum (nicht).

Eine Schlagwortwolke in Form einer Pfeife, wie sie David Ogilvy gefallen hätte! Die nützlichsten Daten können optisch ansprechend dargestellt werden, selbst wenn es nur um einfache Statistiken geht, wie die am häufigsten gebrauchten Begriffe in diesem Buch.

Wenn man Daten geschickt nutzt, kann sich das in den Geschäftszahlen unmittelbar niederschlagen. Caesar's Palace liegt den prächtigen Fountains of Bellagio gegenüber, einer Sehenswürdigkeit von Las Vegas. In Online-Bewertungen schwärmten die Gäste regelmäßig vom fantastischen Blick auf den Springbrunnen, den Caesar's Palace bietet. Statt sich darüber zu ärgern, dass die eigenen Gäste ein Markenzeichen der Konkurrenz mögen, gab Caesar's Palace die Daten an Kreative, Webentwickler, PR- und SEO-Teams weiter, die diese Information nutzten, um mehr Zimmer zu verkaufen.

DATEN: DIE WÄHRUNG DES DIGITALEN ZEITALTERS

Richtig nützliche Daten

Daten sind nicht per se nützlich. Meiner Erfahrung nach müssen richtig nützliche Daten sieben Voraussetzungen erfüllen.

1. „Single Enterprise Point of View" einnehmen

Unternehmen haben stark in Data Warehouses mit „Single Customer View" investiert, in denen alles abgespeichert wird, was das Unternehmen über einen Kunden weiß. So sind Marken in der Lage, das Verhalten einzelner Kunden zu analysieren und über verschiedene Kanäle maßgeschneiderte Botschaften zu versenden. Doch heute werden auch außerhalb der Unternehmen massenweise Daten gesammelt. Das Geschäft, bei dem ich bevorzugt meine roten Socken beziehe, fände es sicher sehr interessant, dass ich auf meiner Facebookseite gerade ein Foto mit grünen Socken „geliked" habe. Die Lösung ist der „Single Enterprise Point of View", bei der unternehmenseigene Datenbanken mit Kundendaten von Plattformen wie Facebook, Tencent, Google und dergleichen zusammengeführt werden (siehe Kasten gegenüber).

„Kunden erwarten von Marken, erkannt zu werden, wenn es ihnen passt, und anonym zu bleiben, wenn sie es wünschen."

2. Plattformhindernisse überwinden

Plattformen tendieren dazu, sich als allwissend zu präsentieren. Das sind sie nicht. Früher war ein Unternehmen im Besitz sämtlicher Kundendaten, doch da sich heute so viele Interaktionen auf Plattformen abspielen, die es nicht selbst kontrolliert, entgehen den Marketingleuten wertvolle Einblicke ins Leben ihrer Kunden – und das ärgert sie. Ja, es stimmt, dass Plattformen Erstaunliches leisten. Es ist unglaublich, was man auf Facebook – der wohl größten Datenbank der Welt – über Verbraucher erfahren kann. All diese Erkenntnisse in der Praxis umzusetzen ist keine leichte Aufgabe. Kunden erwarten von Marken, erkannt zu werden, wenn es ihnen

Das Versicherungsunternehmen MetLife bemerkte, dass immer wieder ein bestimmter „CNN Money"-Artikel ganz oben in den Suchergebnissen erschien, wenn Nutzer nach Lebensversicherungen suchten. Also traten wir als Sponsoren für diesen Artikel auf – und siehe da, neue Versicherungsanträge kamen reihenweise hereingeflattert. Auch wenn uns komplexe Technologien zur Verfügung stehen, sind die einfachsten Lösungen oft am wirksamsten.

passt, und anonym zu bleiben, wenn sie es wünschen. Für die Erfassung und Analyse dieser internen und externen Daten wird – zumindest derzeit – ein höchst komplizierter Mix aus Marketingtechnologien benötigt, der so in keiner Software integriert ist.

Das Problem mit Plattformen und Marketingtechnologien ist, dass sie und die Marketingfachleute, die damit arbeiten, Datenanalyse als Teil der Technologie und nicht der kreativen Strategie ansehen. Sie verwenden nur einen Bruchteil der zur Verfügung stehenden Optionen, da es zu schwierig ist, die Unternehmensorganisation so zu ändern, dass die generierten Erkenntnisse genutzt werden können – auch wenn es zunächst sehr einfach scheint, ein neues, glänzendes Tool anzuschaffen.

3. Zwischen Messung und Wirksamkeit unterscheiden

Mein mittlerweile verstorbener Kollege Tim Broadbent erinnerte uns gern an die Geschichte vom Chirurgen, der sagte: Operation gelungen, Patient tot. Dieser Chirurg gehört der „Messkultur" an. Er mag die Operation zwar vorschriftsmäßig ausgeführt haben, doch eine Bewertung des Prozesses nützt nicht viel, wenn das Ergebnis nicht stimmt.

Im Datenbereich besteht immer die Gefahr, sich auf Messungen statt Wirksamkeit zu verlassen.

In der Messkultur dreht sich alles um Prozesse, in der Wirksamkeitskultur um Ergebnisse. In der Messkultur müssen die richtigen Kästchen angekreuzt, in der Wirksamkeitskultur die richtigen Maßnahmen ergriffen werden. Messkulturen richten den Blick auf die Vergangenheit: „Wie gut war unsere Arbeit?" Wirksamkeitskulturen schauen in die Zukunft: „Wie können wir es nächstes Mal besser machen?"

> „In der Messkultur dreht sich alles um Prozesse, in der Wirksamkeitskultur um Ergebnisse."

Tim gab uns ein Beispiel, das er so tatsächlich erlebt hatte: Ein Kunde stand vor einem Problem, das gleichzeitig eine Chance darstellte. Das Problem war, dass Kunden, die ein Produkt des Unternehmens gekauft hatten, zu einem späteren Zeitpunkt wahrscheinlich kein zweites kaufen würden. Im Marketing spricht man hier von einer niedrigen Wiederkaufsrate. Daraus ergab sich für den Kunden jedoch eine riesige Chance: Unseren Berechnungen zufolge würde ein Anstieg der Wiederkaufsrate auf den Durchschnittswert der größten Wettbewerber einen Umsatzzuwachs von etwa 30 Prozent bedeuten.

Die Konsumentenforschung ergab, dass Kunden das Produkt nicht noch einmal kauften, weil sie es nicht für stabil genug hielten. Sie kritisierten die Produktqualität. Also gingen wir zur Produktionsstätte und befragten Mitarbeiter zur Qualitätskontrolle: „Wie testet ihr die Produkte und welche Standards setzt ihr dabei an?"

Uns wurde gesagt, die Produktqualität werde jedes Jahr besser und die Ziele seien anspruchsvoll. Im laufenden Jahr würden für den Bau der Produkte jeweils höhere Standards gesetzt als im Vorjahr, die Produkte des Vorjahres seien besser als die des Jahres zuvor und so weiter. „Aber", fragten wir, „testet ihr eure Produkte denn gegen die von Wettbewerbern?" „Oh nein", antworteten sie, „wir testen nur gegen interne Richtwerte, das ist die einzig valide Vergleichsmöglichkeit."

Das Problem bei diesem Ansatz ist, dass er auf dem Markt nicht funktioniert. Wenn Sie an einem Wettlauf teilnehmen, können Sie Ihre eigene Bestzeit schlagen und dennoch verlieren, wenn jemand anders schneller läuft. Ja, die Geschäftsführung des Unternehmens erhielt jedes Jahr den Bericht der Produktionsstätte, aus dem hervorging, dass sich die Qualität verbessert hatte. Doch andere Hersteller berücksichtigten bei der Produktion höhere Standards. Und es überrascht kaum, dass sich Konsumenten für das Produkt entschieden, das länger hielt und besser funktionierte. Dieser Kunde gehörte der Messkultur an, nicht der Wirksamkeitskultur. Und das war schlecht fürs Geschäft. Der Umsatz war um ein Drittel niedriger, als er hätte sein können.

DATEN: DIE WÄHRUNG DES DIGITALEN ZEITALTERS

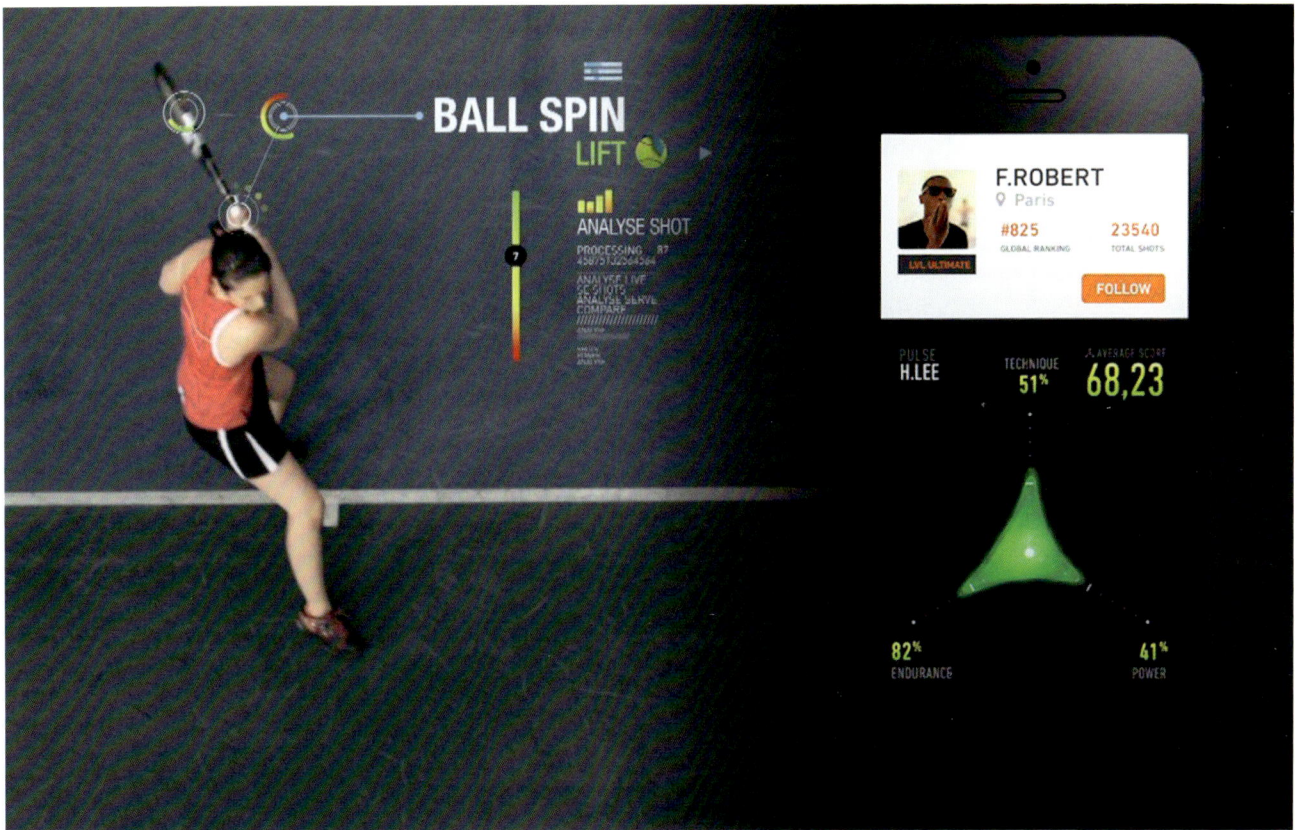

Im digitalen Zeitalter und in der Ära von Big Data verlässt man sich zweifellos allzu gern auf kurzfristige Maßnahmen. Binet und Field wiesen darauf hin, dass „viel zu oft von ‚zeitlich begrenzten Angeboten' gesprochen wird, die ohne Verluste nur für den sofortigen Kauf gelten".[1] Sie fragen: „Warum sich mit langfristigen Maßnahmen aufhalten, wenn man mit den neuesten Big-Data-Tools den Absatz sofort ankurbeln kann?" Die Daten des Institute of Practitioners in Advertising (IPA) lassen vermuten, dass dies dem erfolgreichen Markenaufbau abträglich wäre.

4. Ökonometrische Modelle wiederentdecken

Als Begründer der Ökonometrie im Jahr 1930 gilt der Ökonom und Nobelpreisträger Ragnar Frisch. Dimitri schreibt in seinem hervorragenden Buch *Sexy Little Numbers* (2012): „In der Ökonometrie geht es um die Entwicklung und Anwendung *quantitativer* oder *statistischer* Methoden, um ökonomische Prinzipien nachzuweisen." Dies hilft in den Bereichen Marketing und Verkauf, Vorhersagen über Bedarf und Nachfrage von Produkten und Marken zu treffen.

Im besten Fall können ökonometrische Modelle erklären, was auf dem Markt gut funktioniert und was nicht. So lässt man die Daten für sich arbeiten.

Ökonometrische Modelle können Wunder bewirken. Hier ein Beispiel: Eine ökonometrische Analyse des Zusammenhangs zwischen Marketing und Umsatz hilft Ihnen dabei, vorherzusagen, wie sich die Höhe der Marketingausgaben auf den Umsatz auswirkt. Für manche Marken mag die Korrelation gering sein, weil die wichtigste Variable vielleicht der Preis, die Differenzierung oder der Vertrieb ist. Doch für andere, oft im Verbrauchsgüterbereich anzutreffende Marken besteht ein deutlicher Zusammenhang zwischen Marketingausgaben und Umsatz. Woher aber wissen, wie viel man ausgeben sollte? Mit ökonometrischen Modellen erfahren Sie ganz genau, wie viel Sie investieren müssen, damit es sich für Ihre Marke rentiert.

Hier ist ein gutes Beispiel für den Unterschied zwischen Messung und Wirksamkeit. Was wäre, wenn Sie einen Tennisschläger hätten, der Schlagkraft, Reaktionsschnelle und Platzierung der Bälle messen könnte? Wir haben mit Babolat zusammengearbeitet, um einen Tennisschläger zu entwickeln, der Ihre Schlagtechnik analysiert und Ihnen dann hilft, diese zu verbessern.

Es ist verwunderlich, dass ökonometrische Modelle heute nicht häufiger zum Einsatz kommen, da so viele Rohdaten wie nie zuvor zur Verfügung stehen. Die beste Vergleichsgröße für Wirksamkeit auf dem Markt bieten wohl die britischen IPA Effectiveness Awards. Doch lediglich in 15 Prozent der eingereichten Fallstudien wurden ökonometrische Modelle verwendet. Warum so wenige?

Dafür gibt es gleich drei Gründe:

1. Nur wenige besitzen die dafür nötigen Statistikkenntnisse.
2. Es ist nicht immer möglich, die nötigen Daten konsequent zu erfassen.
3. Marketer haben wegen ihrer Komplexität oft kein Vertrauen in sie.

5. Mit Kennzahlen sparsam umgehen

Big Data rechtfertigt ihr Dasein mit einer Vielzahl von Kennzahlen und neigt dazu, es damit zu übertreiben. Meiner Meinung nach ist es am sinnvollsten, die Anzahl der für eine bestimmte Maßnahme als nötig angesehenen Metriken zu beschränken. Der Grund, warum das nicht so oft getan wird, ist einfach: Man muss vorher nachdenken – und das ist anstrengend. Was versuchen wir zu erreichen und warum? Wenn man sich darüber im Klaren ist und sich daran hält, kann man „eine Version der Wahrheit" schaffen, statt sich in mehreren ungelösten Debatten zu verheddern.

Für manche Kunden haben wir eine einzige Report Card mit gerade einmal fünf Kennzahlen entwickelt, die die Markengesundheit sowie ihren Beitrag zum Geschäftserfolg erfassen. Für andere erstellen wir ausführlichere Dashboards.

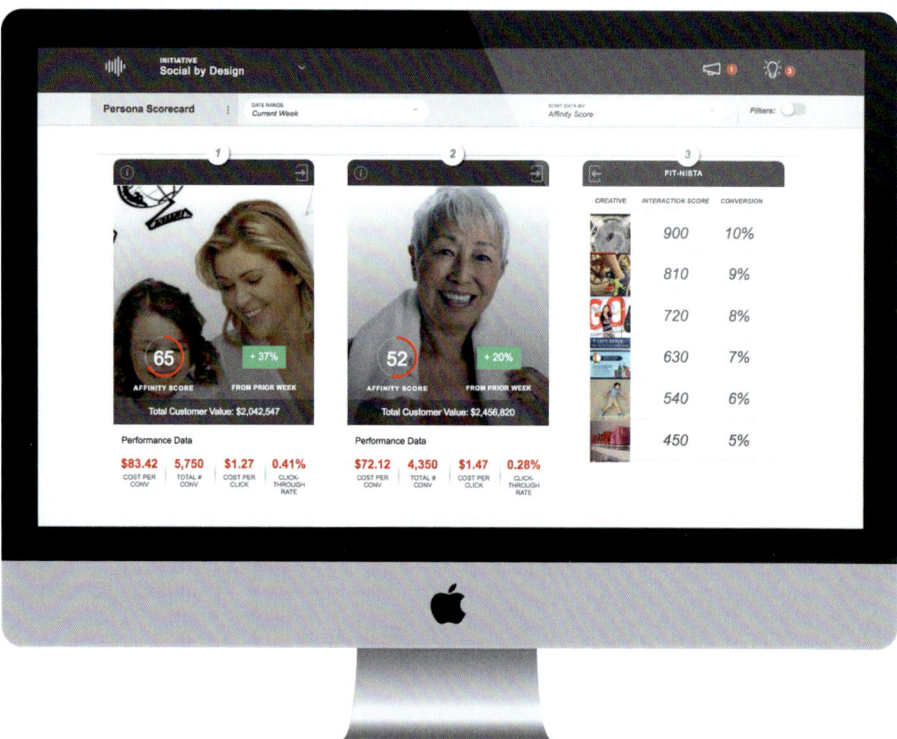

Ein gutes Dashboard wird gemeinsam genutzt. Die Besten werden zu Diskussionsforen über Kennzahlen. Durch die Gestaltung des Dashboards behält man die Marketingziele im Auge: Wer eine Entscheidung darüber trifft, welche Daten Entscheidungsträgern gezeigt werden sollen, muss sich zunächst darüber Gedanken machen, welche Daten wichtig sind. So werden die Kennzahlen an die Ziele angepasst.

6. Erkenntnisse, Erkenntnisse, Erkenntnisse

Richtig nützliche Daten liefern Erkenntnisse. Wir lechzen nach immer mehr davon. Nichts macht mir mehr Freude, als Kreativteams zu sehen, die gar nicht genug davon bekommen können. Es gibt drei verschiedene Erkenntnisarten, die man aus Daten erlangen kann:

1. Kontrolle: Daten können zeigen, ob etwas funktioniert.
2. Verbesserung: Daten können aufdecken, warum etwas funktioniert – oder nicht.
3. Inspiration: Durch Daten können Ideen entstehen.

Schöpferische Einfälle können geradezu magisch wirken – und Daten dienen auf vielerlei Weise als Auslöser. Für mich sind die wichtigsten Punkte:

Priorisierung: Ihre Daten können Ihnen verraten, wen Sie ansprechen sollten und warum.

Manchmal können die Daten selbst die Idee sein – so war es jedenfalls bei der Plakatwand-Kampagne für British Airways. Wir montierten eine Antenne, die Flugdaten von vorbeifliegenden Passagierflugzeugen erfasste, verglichen diese mit den Fluginformationen von Heathrow und stellten sicher, dass das Flugzeug aufgrund von Position und Wetterbedingungen für Menschen in Sichtweite der Plakatwand zu erkennen war. Dieser Prozess dauerte weit weniger als eine Sekunde und löste eine Content-Änderung auf der Plakatwand aus: Nun zeigte ein Kind auf das vorbeifliegende Flugzeug.

DATEN: DIE WÄHRUNG DES DIGITALEN ZEITALTERS

„Nützliche Daten ermöglichen eine ganz neue Kreativität und Präzision im Marketing- und Kommunikationsbereich."

IBM WATSON

Nichts steht so sehr für das Potenzial von Daten für radikale Veränderungen – nicht nur im Marketingbereich – wie der IBM Watson, das kognitive Computersystem von IBM. Beim Cognitive Computing verarbeiten selbstlernende Algorithmen auf eindrucksvolle Weise riesige Mengen strukturierter und unstrukturierter Daten. Wir befinden uns erst am Beginn des kognitiven Zeitalters, doch wir sehen bereits, wohin es uns führen könnte. IBM Watson, das fortschrittlichste kognitive Computersystem der Welt, wurde gebaut, um auf unglaublich schnelle und präzise Weise Wissen aus riesigen Datenmengen zu extrahieren und analysieren. Sein öffentliches Debut feierte Watson im Jahr 2011 in der Quizshow *Jeopardy* (oben), wo der Computer gegen zwei der besten menschlichen Kandidaten aller Zeiten antrat und diese mühelos schlug. Doch das war nur eine Demonstration, um das zugrunde liegende Konzept vorzustellen. Kurz nach seinem Sieg musste Watson an die Arbeit und ackerte mit einer Geschwindigkeit, bei der kein Mensch mithalten könnte, massenweise medizinische Fachbücher durch. 160 Lesestunden pro Woche sind nötig, um in einem einzigen medizinischen Fachbereich auf dem Laufenden zu bleiben. Kein Problem für Watson, der bei Onkologen am Memorial Sloan-Kettering Cancer Center trainiert, um Ärzten überall auf der Welt dabei zu helfen, informiertere Entscheidungen über die Patientenversorgung zu treffen.

Außerdem unterstützt Watson Unternehmen im Customer Service. Verbraucher erwarten heute eine schnelle Reaktion auf ihre Fragen, Kommentare und Beschwerden. Dank Watson können Unternehmen selbst schwierige Fragen schnell und sorgfältig bearbeiten. Watson hilft Finanzdienstleistern, Empfehlungen zur Geldanlage auszusprechen, und er half uns sogar dabei, einen Fernsehspot zu entwickeln! So analysierte Watson alle Texte von Bob Dylan und arbeitete anschließend mit den Textern und Art-Direktoren zusammen, um das Drehbuch für den Werbespot zu schreiben, in dem er mit Dylan auftreten würde. Kognitive Computersysteme, die mit Fachleuten zusammenarbeiten – das ist die wahre Verheißung von Big Data. Riesige Datenmengen allein sind kein Wundermittel, doch in Kombination mit menschlicher Inspiration und kreativem Einsatz können wir dank Big Data noch nie Dagewesenes schaffen.

Personalisierung: Ihre Daten können auf bestimmte Personengruppen hinweisen und Ihnen zeigen, warum diese sich auf eine bestimmte Weise verhalten und wie Sie sie erreichen können.

Präzision: Ihre Daten können dabei helfen, die richtige Botschaft zu erstellen und zur richtigen Zeit über das richtige Medium an die richtige Person zu senden.

7. Optimale Optimierung

Richtig nützliche Daten werden optimal nützlich, wenn sie für die Optimierung bestimmt sind. Wie man das macht? Mit einem geschlossenen Regelkreis.

Wir behalten anhand eines Dashboards genau im Auge, was auf dem Markt passiert, bevor wir überhaupt mit unseren Marketingmaßnahmen beginnen. Wir kontrollieren, dass sie im Einklang mit unseren Zielen stehen, entwickeln ein Testprotokoll und beginnen mit dem Tracking. Wenn unsere Botschaften online sind, prüfen wir sie viermal: in Echtzeit, täglich, wöchentlich und alle drei Monate. Dabei interessieren uns beispielsweise die Customer Journey, der Customer-Lifetime-Value und Indikatoren für die Markenpräferenz. Diese Daten verraten uns, was funktioniert und was nicht, sodass wir unsere Maßnahmen spontan entsprechend anpassen können. Und damit wir uns nicht selbst etwas vormachen, erstellen wir pro Woche und pro Quartal einen Bericht über unsere Ergebnisse und nutzen die Daten für die Planung der nächsten Maßnahme.

Big Data *kann* gezähmt werden, und nützliche Daten ermöglichen eine ganz neue Kreativität und Präzision im Marketing- und Kommunikationsbereich. Doch zum Nirwana werden uns die riesigen Datenmengen entgegen den Prophezeiungen ihrer glühendsten Anhänger nicht führen. Sie unterstützen den Denkprozess, sie erleichtern Schwerstarbeit, die sonst nicht getan werden könnte, sie ermöglichen durch schiere Masse das Erkennen von Mustern, die uns sonst verborgen blieben.

Letzten Endes sind Daten jedoch politisch, auch wenn die Puristen das nur ungern zugeben. Sie können ignoriert werden. Sie können manipuliert werden. Man kann mit ihnen punkten. Man kann ihre Auswirkung verschleiern.

Die Organisationen des digitalen Zeitalters unterscheiden sich nicht von ihren Vorgängern. Solange es funktionelle Spezialisierungen gibt, werden Daten diese politischen Absichten widerspiegeln, ebenso wie jede andere große objektive Wahrheit, die im Schrein des Tempels der Big Data aufbewahrt wird.

10 „VERBINDE!"

„Die Befragten gaben an, das heutige Marketingumfeld nicht vollständig zu verstehen."

So das höflich ausgedrückte Fazit des Marktforschungsunternehmens Forrester, das im Jahr 2015 Kunden dazu befragte, was der Wechsel zum Digitalen für sie bedeute.

Kein Wunder.

Die Medienlandschaft hat sich grundlegend verändert.

In *Ogilvy über Werbung* scheint die alte Welt durch, der jedoch nur wenig Aufmerksamkeit geschenkt wurde. Über Medialeute schreibt David: „Ich habe niemals in der Mediaabteilung einer Agentur gearbeitet; aufgrund meiner Beobachtung derjenigen, die auf diesem Gebiet erfolgreich waren, scheint es mir notwendig, dass sie analytisch denken können sowie die Fähigkeit haben, numerische Daten in nichtnumerischer Form mitzuteilen. Außerdem müssen sie unter Druck arbeiten und geschickt mit Verlagen sowie Fernseh- und Rundfunkanstalten verhandeln können."

Vor etwa 20 Jahren – genau genommen am 1. November 1997 – begann ein umstrittener struktureller Wandel. Damals beschlossen mein Amtskollege Alan Fairnington von JWT Asia und ich, unsere asiatischen Mediaabteilungen zusammenzulegen, um die erste unabhängige Mediaagentur zu gründen: MindShare. Eine Entscheidung, die von WPP, unserem Mutterkonzern, als förderlich begrüßt, von unseren unmittelbaren Vorgesetzten hingegen nicht so gern gesehen wurde. Doch es war klar, dass die Agenturen sich nur dann erfolgreich auf dem Markt behaupten würden, wenn sie über die nötigen Größenvorteile bei der Softwareentwicklung und über geballte Kaufkraft verfügten. Es war die richtige Entscheidung.

Natürlich ging dabei etwas verloren (wie unsere unmittelbaren Vorgesetzten befürchtet hatten), nämlich die ergiebige Schnittstelle zwischen Kreativen und Medialeuten. Wer war für die Mediaplanung zuständig, die Kreativagentur oder die Mediaagentur?

Paradoxerweise war es die digitale Revolution, die einige dieser Ängste genommen hat. Ich habe die „Dies und das ist tot"-Haltung bereits erwähnt, die damit einherging: Die Behauptung „Die Medienwelt ist tot" trifft es tatsächlich ganz gut, jedenfalls bezogen auf die Zeit, in der viele von uns aufwuchsen. Als Kundenbetreuer lernten wir damals noch eine einfache Formel: „80 Prozent Reichweite bei 6 Durchschnittskontakten". Das konnten Kunden mit Fernsehwerbung erreichen. Reichweite und Durchschnittskontakt waren die einzigen Messgrößen für ein unfreiwilliges Publikum mit wenig Auswahl.

WPP Group plc   *J. Walter Thompson*   *Ogilvy*

JWT and O&M Launch MindShare Asia Pacific, The No. 1 Media Operation across Five Markets

FOR IMMEDIATE RELEASE
October 1997

Leading advertising agencies and WPP Group companies Ogilvy & Mather and J. Walter Thompson today announced the creation of MindShare Asia Pacific. The new venture, which will be launched in Hong Kong, China, Taiwan, Singapore and Thailand on 1st November 1997, will be the largest media operation across five markets with billings of over US$1 billion.

MindShare represents a new generation media operation. It offers an integrated service that not only covers traditional media, but also interactive media, sponsorship, event management, barter, programming, syndication and media modelling. Designed to operate in an environment of increasing concentration of media ownership, traditional media price inflation in most markets, media fragmentation and the emergence of new electronic media, MindShare will leverage its size to buy share of voice in the most effective way possible.

MindShare, reporting to WPP, will not only combine the media buying and planning currently undertaken by JWT and O&M, but will also seek to expand its client base, to include media only business.

Miles Young, Regional President, Ogilvy & Mather Asia Pacific, and Alan Fairnington, J. Walter Thompson Regional President, Asia Pacific, said in a joint statement; "MindShare represents a great step forward for the media business in Asia Pacific and will take conventional media wisdom into a new age. Our major investment in MindShare, to build interactive media, research, and event management capabilities, will be re-paid through its ability to provide integrated, innovative and imaginative media solutions to clients across Asia Pacific. We are very proud to be taking this initiative."

It has been announced that Dominic Proctor, formerly Chief Executive of JWT UK will become MindShare's Chief Operating Officer.

MindShare will commence operations in the UK and other European countries during 1998. In the USA, MindShare will be represented by JWT and O&M's existing media coalition called the JWT/O&M Alliance. The benefits of forming MindShare in other Asia Pacific markets is currently being studied.

From Hong Kong, Proctor said: "It is particularly stimulating to start the business in Asia Pacific. The strong regional growth, the lack of competition, the skill and reputation of the two agencies and the entrepreneurial spirit of the region makes this a perfect place to start."

Dickköpfe! Alan Fairnington von JWT und ich lehnten uns weit aus dem Fenster, um die erste unabhängige Mediaagentur zu gründen: Mind-Share. Mit dieser Pressemitteilung aus dem Jahr 1997 machten wir unseren Plan öffentlich, die Mediakaufkraft unserer Agenturen zu bündeln.

Was dann folgte, nannte der Unternehmenstechnologe Steve Sammartino die „Große Fragmentierung": Die Explosion eines geordneten Medienuniversums in abertausende Programmoptionen und die parallel stattfindende Zersplitterung eines homogenen Publikums in eine sowohl zeitlich als auch räumlich fragmentierte Zielgruppe – wobei jedes Fragment potenziell immer mit dem Internet verbunden ist.

PAID, OWNED, EARNED

Paid Media
Von der Marke bereitgestellte Inhalte werden gegen Bezahlung von Dritten verbreitet.

- Display-Werbung
- Pay-per-Click
- Pre-Roll-Werbung
- Fernsehspots
- Printanzeigen
- Außenwerbung

Vorteile
- Garantierte Reichweite
- Kontrolle über die Zielgruppe
- Kontrolle über Botschaft und Zeitpunkt
- Einfach kontrollier- und messbar

Nachteile
- Weniger glaubwürdig
- Gefahr „abzuschalten"; entweder durch den Nutzer selbst oder mithilfe von Technologie
- Kosten pro Impression

Best Practice
- Marken sollten darauf achten, dass der Werbeträger über einen angemessenen Call-to-Action (CTA) verfügt, der sich danach richtet, in welcher Phase der Consumer Decision Journey das Medium genutzt wird.

Owned Media
Von der Marke bereitgestellte Inhalte werden auf markeneigenen oder von der Marke kontrollierten Plattformen verbreitet.

- Social-Media-Feeds
- Verpackungen
- Wireless Advertising
- CRM
- Telefon
- Intranet

Vorteile
- Kontrolle über Botschaft und Zeitpunkt
- Einfach kontrollier- und messbar
- Glaubwürdiger als bezahlte Werbung

Nachteile
- Ohne bezahlte Unterstützung schwer skalierbar

Best Practice
- Marken sollten sicherstellen, dass die eigenen Plattformen über hochwertige Inhalte sowie einen angemessenen CTA verfügen.

Earned Media
Marken-Content wird von Dritten generiert und/oder geteilt.

- Blog-Beiträge
- Bewertungen
- Social-Media-Beiträge
- Mundpropaganda offline
- Influencer-Beiträge
- PR

Vorteile
- Sehr glaubwürdig; nachweislich starker Einfluss auf Kaufentscheidungen
- Keine Kosten pro Impression

Nachteile
- Marke hat keine Kontrolle über Reichweite, Zielgruppe, Botschaft oder Zeitpunkt
- Die Beiträge können positiv oder negativ ausfallen
- Schwer kontrollier- und messbar

Best Practice
- Marken sollten Earned Media fördern, indem sie Best Practices bei der Verbreitung von Inhalten beachten (CTA, Zeitpunkt) und kreativen, emotionalen Content erstellen (soziale Motivation).

Connections Planning verehrt die drei Buchstaben POE – Paid, Owned und Earned Media. Während man Werbeplätze früher „bezahlen" musste (paid), können Marken sie heute durch PR, Social-Media-Beiträge und Partnerschaften auch „verdienen" (earn) oder in Form von digitalen und analogen Kanälen „besitzen" (own). Das digitale Zeitalter hat die verschiedenen Kanäle zwar nicht erfunden, jedoch für eine stärkere Differenzierung bei der Erstellung von Kampagnen gesorgt.

Paid, Owned, Earned

Die Mediaplanung stand nun nicht mehr im Zentrum, sondern das „Connections Planning", da man erkannt hatte, dass es neben der bezahlten Werbung (paid) auch andere Berührungspunkte mit dem digitalen Verbraucher gibt: So konnte man seinen eigenen digitalen Bereich aufbauen und „besitzen" (own) oder sich Reichweite „verdienen" (earn). In Kapitel 7 habe ich die Abkürzung für diese neuen Medientypen bereits erwähnt: POE – Paid, Owned, Earned.

POE bot – und bietet – eine praktische Sicht auf die neue Medienwelt, doch es bleiben einige wichtige Fragen: Woher weiß man, wo man eine Verbindung herstellen sollte? Oder wie viel man für die Herstellung jeder Verbindung ausgeben sollte? Oder wie man die Verbindung überhaupt herstellt?

Viele verlassen sich blindlings auf automatisierte Systeme. Dazu schreibt mein Kollege Ben Richards, Chief Strategy Officer bei Ogilvy & Mather:

Die Mitarbeiter im Mediabereich können einem heute leidtun. Mit der Aufgabe betraut, neue Interessenten für ein Produkt, sagen wir mal Powerade, zu finden, prüfen sie das Wetter. Sie finden Landesteile mit Temperaturen von 22 °C oder höher. Sie sehen, dass morgens mehr verkauft wird als nachmittags. Sie geben ein, der Algorithmus solle Leute finden, die gerade auf ihren Mobilgeräten nach Sportaktivitäten suchen – Leute, die gerade unterwegs sind. Sie geben ein, der Algorithmus solle beim Gebot 20 Prozent unter dem Marktpreis bleiben. Die Transaktion ist erfolgreich. Sie spüren, dass sie gewonnen haben – für heute. Doch sie fragen sich, wo genau die Anzeige eigentlich erscheinen und ob man sie selbst vielleicht schon morgen durch denselben Algorithmus ersetzen würde.

Ebenso wie die Computerbörse die herunterknallenden Telefonhörer, schreienden Börsenmakler und Lochstreifen der traditionellen Börse ersetzt hat, scheint sich auch der Handel mit Werbeplätzen rasant in Richtung Automatisierung zu entwickeln. Doch das geschieht mit wenig Strategie und noch weniger Verantwortlichkeit. „Connections" brauchen wir jetzt mehr denn je.

Kluge CMOs erkannten früh, dass sie ihren Marketingbereich in Richtung digitale Medien lenken mussten. Ihr Ausgabenverhalten hinkte dem Konsumverhalten ihrer Zielgruppen hinterher. Also begannen Leute wie Keith Weed von Unilever oder Clive Sirkin von Kimberly-Clark, für ihre Märkte Kontingente festzusetzen. Unilever schrieb als „Ziel" für digitale Ausgaben einmal vor, diese müssten 20 Prozent der analogen Ausgaben betragen. Damals erschien das sehr ehrgeizig und auch etwas willkürlich. Heute liegt der Anteil bei 24 Prozent, Tendenz steigend.

Das alte Medien-Ökosystem lieferte bemerkenswert wenige Daten: Die Segmentierung des Publikums war auf Alter und Geschlecht beschränkt und die Ergebnisse wurden oft erst 90 Tage später offiziell bestätigt. Ähnlich allgemein gehalten waren die Informationen zu Auflagenhöhe und Leserschaft von Printmedien, die zweimal pro Jahr geprüft wurden. Im Nachhinein ist es erstaunlich, wie wenig wir über die Mediennutzung der Konsumenten wussten, für die wir unsere Leistungen erbrachten.

Heute verfügen wir mit Daten aus erster, zweiter und dritter Hand zusätzlich über die „digitalen Abgase" der Verbraucher: Nutzungsverhalten, Verwendung von Geräten und Verhalten in anderen Bereichen. Digitale Profile mit ihrer Vielzahl an Informationen in Echtzeit helfen uns dabei, die Verbindung zu Konsumenten viel einfacher herzustellen.

Tiefgehende Integration

Doch wir brauchen noch etwas anderes. Wie können wir all diese Informationen über den Verbraucher zusammenführen?

In Befragungen postdigitaler CMOs wurde die Datenintegration regelmäßig als hartnäckigstes Problem genannt. Und in den frühen Jahren wurde nichts weiter getan, als die Integrationsweise zu popularisieren, die wir „zusammenpassendes Gepäck" nennen: Wenn alle Botschaften in den verschiedenen Medien mehr oder weniger gleich aussehen, ist alles in Ordnung.

Dann folgte die „Trichterintegration", ein Kind der frühen 2000er-Jahre. Dabei wurde eine Einteilung in unterschiedliche Phasen vorgenommen, wie beispielsweise Aufmerksamkeit oder Abwägung. Diese wurden dann jeweils über einen Kanal bedient.

> „Im Nachhinein ist es erstaunlich, wie wenig wir über die Mediennutzung der Konsumenten wussten, für die wir unsere Leistungen erbrachten."

EVOLUTION DER INTEGRATION

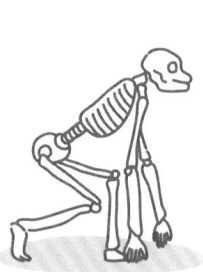 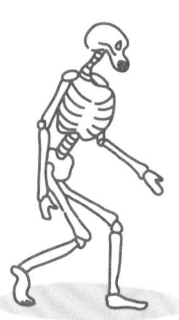 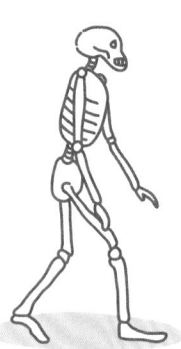 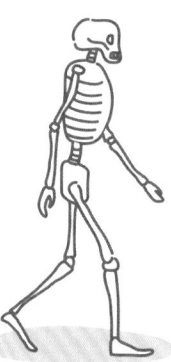 

1. Grafische Integration

„Zusammenpassendes Gepäck" – alle Marketingelemente passen visuell zusammen und verbreiten eine ähnliche Atmosphäre.

2. Trichterintegration

Den unterschiedlichen Kontaktpunkten werden auf gewissenhafte (aber formelhafte) Weise Rollen zugeschrieben.

3. Organische Integration

Werbung, Aktivierung, One-to-One-Marketing und PR werden um die Customer Journey herum integriert.

4. Parallele Integration

Integration über Marken, Untermarken, Segmente, Standorte und Programme hinweg.

5. Dynamische Integration

Kettenreaktion aller Elemente des Unternehmens-, Marketing- und Vertriebsmixes, die in Echtzeit auf dem Markt gemanagt werden.

Siehe – die Evolution der Marketingmenschheit! Ihren Ursprung hat sie in der grafischen Integration, die außer visueller Kohärenz wenig zu bieten hatte. Nach mehreren Zwischenphasen streben wir nach dem heiligen Gral – der dynamischen Integration, bei der alle Unternehmenselemente harmonisch zusammenwirken und in Echtzeit auf dem Markt gemanagt werden.

Heute gilt Integration in der Best Practice als etwas Organisches, mit dem Kundenerlebnis als Zentrum. Ziel ist eine dynamische Integration, bei der Botschaften direkt ins Leben der Verbraucher eingebettet werden.

David Ogilvy glaubte nie an die Desintegration, die in der Nachkriegszeit als Nebeneffekt der fachlichen Spezialisierungen – der „Disziplinen" Public Relations, Direktmarketing, Vertrieb, Werbung etc. – entstand. Außerdem wies er die werbezentrischen Orthodoxien seiner Generation zurück und ermöglichte es Ogilvy & Mather bereits früh, durch Firmenübernahmen alle Disziplinen in einer Agentur zu vereinen. Doch Werbestrategien wurden nach wie vor allzu oft in Werbeagenturen entwickelt und dann für die Umsetzung an andere Disziplinen weitergegeben. Selbst bei einer nahtlosen Zusammenarbeit war die Integration hier nicht tiefgehend, sondern oberflächlich.

Als ich im Jahr 2008 CEO von Ogilvy wurde, nahm ich diese Voraussetzungen als riesigen Vorteil und gleichzeitig als enorme Belastung wahr. Wir vereinten alle Disziplinen unter einem Dach, wie sonst wenige Agenturen, und doch fehlte uns eine tiefgehende Integration. Also holte ich Ben Richards von der Agentur Naked Communications ins Boot, um eine Lösung zu entwickeln. Naked war Wegbereiter der Kommunikationsplanung, doch ihre Definition von Kommunikation reichte nur bis zur Werbung. Konzepte wie Einflussnahme oder Markentreue waren ihr fremd. Ben schuf Fusion™, ein gemeinsames Betriebssystem für alle Disziplinen, das zunächst von einem Unternehmensproblem ausging (und nicht von einem Kommunikationsproblem) und die Customer Journey – die Reise des Kunden – in den Mittelpunkt rückte.

Diese war bis dahin ein recht theoretisches Konstrukt, das höchstens im Direktmarketing Anwendung fand. Jetzt wurde die Customer Journey zu einem verbindenden Konzept, mit dem behindernde und begünstigende Aspekte für die Interaktion mit dem Kunden aufgezeichnet werden konnten.

CUSTOMER JOURNEY EINES STUDENTEN AUS DEM BEREICH WERBUNG

Entdecken
Ankunft an der Universität

Entscheiden
Auswahl der Themen

Teilnehmen
Vorlesungen anhören und etwas über die Kunst und Wissenschaft der Werbung erfahren

Vorbereiten
Konsolidierung des Gelernten und Vorbereitung auf die Prüfungen

Validieren
Prüfungen machen und wissenschaftliche Arbeit abgeben

Feiern
Abschlussfeier genießen

Umsetzen
Bewerbung bei Werbeagenturen, Annahme eines Jobangebotes

Vor 20 Jahren prägte Ogilvy & Mather den Begriff „360° Brand Stewardship" für eine ganzheitliche Integration. Es bestand kein Zweifel, dass die Kombination fachlicher Spezialisierungen weitaus bessere Programme lieferte, doch wir lernten noch etwas anderes: Für tiefgehende Integration ist eine Konzentration auf die *10°, die wirklich zählen,* entscheidend, ebenso wie eine medien- und disziplinneutrale Vorgehensweise.

Tiefgehende Integration wird durch einen ganz speziellen Aspekt des Digitalen ermöglicht: Wir wissen, was Konsumenten beabsichtigen. Im Mittelpunkt steht dabei die Suche – in diesem Fall als Teil des Suchmaschinenmarketings (SEM) und nicht der Suchmaschinenoptimierung (SEO) (siehe Seite 139). Wenn ich hier kurz von „Suche" spreche, meine ich damit, dass wir wissen, *wonach Konsumenten im Internet suchen.*

Der Unternehmer und Journalist John Battelle beschrieb Google bereits 2003 als Datenbank der Intentionen: „Die Datenbank der Intentionen ist ganz einfach eine Ansammlung aller jemals getätigten Suchen, aller jemals angebotenen Suchergebnisse und aller Pfade, die daraufhin genommen wurden", schrieb er. „Diese Informationen stehen in ihrer Gesamtheit für die Intentionen der Menschheit. Sie sind eine riesige Datenbank der Wünsche, Bedürfnisse, Verlangen und Präferenzen, die zu allerlei Zwecken durchsucht, zitiert, archiviert, nachverfolgt und genutzt werden kann."[1] Zur Datenbank der Intentionen zählt Battelle heute auch die sozialen Medien und soziale Check-ins.

All dies beginnt mit dem gar nicht so bescheidenen Keyword, dem gemeinsamen Nenner des digitalen Zeitalters.

Wer – zumindest zum Teil – in der Werbebranche arbeiten möchte, wird möglicherweise einem Pfad wie diesem folgen. Customer Journeys helfen uns dabei, die Freuden und Schwierigkeiten eines Vorhabens zu erkennen, egal ob es darum geht, ein neues Auto zu kaufen, Informationen über ein Hobby zu sammeln oder etwas zu studieren und sich dann um Stellen zu bewerben. Wenn wir verstehen, worum es dem Verbraucher in jeder Phase geht, können wir helfen, statt zu behindern.

„Tiefgehende Integration wird durch einen ganz speziellen Aspekt des Digitalen ermöglicht: Wir wissen, was Konsumenten beabsichtigen."

Hier ist eine Erkenntnis: Die wöchentlichen Suchanfragen bei Google verdoppeln sich bei jungen Müttern fast. Also arbeiteten wir mit Babynahrungshersteller Gerber zusammen, um ihnen die Möglichkeit zu geben, anhand ihrer eigenen Suchbegriffe Informationen rund ums Baby zu finden. Daten zu Suchanfragen zeigen, was eine Person denkt oder beabsichtigt, und wer sich das genauer ansieht, kann herausfinden, was sie wirklich will. Bei jungen Müttern drehten sich viele Fragen darum, wann ein Baby Brei bekommt und wie man ein gesundes Essverhalten fördern kann. Als wir das erkannt hatten, halfen wir Gerber dabei, passgenaue, hochrelevante Videos zu erstellen, um hilfreiche und informative Antworten auf diese Fragen zu liefern. Junge Mütter nahmen dieses Angebot gerne an und Gerber konnte neues Wachstum verzeichnen.

Wie Keywords funktionieren

Google ist bei Weitem nicht die einzige Datenbank der Intentionen. Baidu, Yandex und Yahoo! dominieren die Märkte in China, Russland bzw. Japan. Nahezu jedes andere Portal – von Twitter über YouTube bis hin zu Pinterest – ist eigentlich eine Suchmaschine.

Wenn wir ein Keyword-Universum aufbauen, können wir etwas über Intentionen erfahren, nicht nur auf google.com, sondern auch auf anderen Plattformen. Man kann sich das wie die größte Fokusgruppe der Welt vorstellen: eine gigantische Quelle der Erkenntnisse über unsere Kunden – wer sie sind, was sie mögen und was nicht und welche Phasen sie durchlaufen. Doch für sich allein sind diese Daten ebenso wenig nützlich wie alle anderen auch. Ihr Zauber entfaltet sich erst, wenn zur Intention die Inhalte kommen.

Genau diese Verknüpfung stellten wir her, um Gerber neu zu beleben, eine bekannte, aber altmodische US-Marke für Babynahrung, die fünf Jahre lang sinkende Umsätze hatte hinnehmen müssen. Wir untersuchten das Suchverhalten von Millennials und beobachteten, dass sich die Anzahl der wöchentlichen Suchanfragen nahezu verdoppelt, wenn eine junge Frau Mutter wird. Dann analysierten wir die Anfragen im Detail, um die Fragen zu verstehen, Gemeinsamkeiten zu finden und eine Videothek aufzubauen, die hoch relevante Antworten bereithielt. Wir veröffentlichen Videoinhalte, die sich direkt auf die Suchanfragen bezogen – Fragen über Kinderernährung wie „Wann bekommen Babys Brei?" und „Wie kann man ein gesundes Essverhalten fördern?" –, und versahen sie mit denselben Suchbegriffen, die für die Anfrage verwendet worden waren, um eine leichte Auffindbarkeit in der Google-Suche zu gewährleisten. Und wir nutzten Playlists und Tagging auf YouTube, damit unsere Zielgruppe die Inhalte auch ohne bezahlte Werbeplätze finden würde. Indem wir zunächst Daten erfassten, um wirklich zu verstehen, was junge Mütter beschäftigt, und Gerber dann als DIE Quelle für maßgeschneiderte Tipps zu Fragen rund ums Baby positionierten, verhalfen wir der Marke zu neuem Wachstum.

Etwas, das mich im schlimmsten Fall ärgert und im besten Fall verwirrt, ist die Behandlung der „Suche" als eigene Disziplin, als eine weitere Säule unserer Branche. Hier liegt ein gravierendes Missverständnis vor, denn die Suche verläuft nicht vertikal, sondern horizontal. Sie informiert und hilft allen Kommunikationsbereichen – Werbung, Public Relations und Direktmarketing –, und da Keywords, im Gegensatz zur Geschäftsführung, nicht zwischen den Disziplinen unterscheiden, fungiert die Suche als integrierendes Element im Kommunikationsbereich des digitalen Zeitalters.

Wohl mehr als jeder andere Teil der digitalen Landschaft leidet die Suche unter Akronymitis. Das einfache Glossar gegenüber hat mir geholfen, dennoch einen einigermaßen klaren Kopf zu behalten.

Wie man eine Website bewertet: Owned Media

„Das ist Miles, er leitet eine Werbeagentur." Dieses Sätzchen, mit dem ich auf Cocktailpartys gern vorgestellt werde, leitet eine Unterhaltung ein, vor der mir graut, denn ich weiß genau, was jetzt kommt: „Ich habe eine Website, bin mir aber nicht sicher, ob sie gut ist. Was meinen Sie?"

Ich erwidere: „Was *bezwecken* Sie denn damit?" Darauf gibt es zwei Antworten: Ich will viele Nutzer haben – eine *Zielgruppe* – oder ich will mich dort vorstellen und präsentieren.

GELÄUFIGE SUCHTERMINOLOGIE – EIN GLOSSAR

Suchvolumen/Jahr Anzahl der Suchanfragen pro Jahr für ein Keyword, basierend auf dem Durchschnitt der Suchanfragen in den vergangenen zwölf Monaten. Berechnung: durchschnittliche Suchanfragen pro Monat x 12.

Geschätzte Klicks Die geschätzte Anzahl der Klicks pro Jahr für eine Domaingruppe, eine Domain oder eine URL. Geschätzte Klicks = Anzahl der Suchanfragen pro Jahr x Klickrate für das Ranking. Daraus ergibt sich ein Gesamtbild über Kategorien, Themen und Unterthemen hinweg.

Opportunity-Klicks Die geschätzte Zunahme der Klicks pro Jahr (pro Kategorie, Thema, Unterthema oder Keyword). Anhand einer komplexen Berechnung wird das Ranking aktueller Kunden und Wettbewerber evaluiert, ebenso wie Domains, die zu gut etabliert sind, um verdrängt zu werden. So wird ein Ranking-Ziel für jedes Keyword festgelegt. Opportunity-Klicks = zukünftige Klicks minus aktuell geschätzte Klicks.

Ranking Bezieht sich auf die organische Position in der Google-Ergebnisliste. Seite 1 = Positionen 1–10; Seite 2 = Positionen 11–20. Die Reihenfolge der Suchergebnisse wird mithilfe eines Drittanbieter-Tools für einen konkreten Zeitpunkt ermittelt und angezeigt.

Bezahlte Suche Ein virtuelles Auktionsmodell, bei dem Werbeanzeigen im oberen und unteren Bereich der Suchergebnisseite platziert werden. Die Anzeigen ändern sich von Suchanfrage zu Suchanfrage, die Auswahl erfolgt über den Algorithmus der Suchmaschine und aufgrund der Auktionsergebnisse. Der Algorithmus einer Suchmaschine untersucht die Daten nach mehr als 100 Kriterien, um die relevantesten Anzeigen für eine Suchanfrage zu finden, und nutzt die Informationen aus der Auktion, um zu entscheiden, wo die Anzeigen in den Suchergebnissen angezeigt werden. Wenn ein Nutzer auf eine Anzeige klickt und zur Website des Werbetreibenden weitergeleitet wird, bezahlt dieser je nach der Menge der in der Auktion abgegebenen Gebote. Viele weitere Faktoren können die Auktionsergebnisse beeinflussen, was zu einem sich rasant entwickelnden, hochkomplexen Markt führt, der Kosten und Traffic in Echtzeit generiert.

Suchtrend Änderung des Suchvolumens, dargestellt als Trendlinie der monatlichen Suchvolumina über einen Zeitraum von zwei Jahren. Folgende Möglichkeiten ergeben sich: stark fallend, fallend, unverändert, steigend, stark steigend.

Saisonalität der Suche Zur Ermittlung dieser Kennzahl werden Daten von Google Trends über einen Zeitraum von zehn Jahren betrachtet, um Abweichungen von der Norm für bestimmte Monate festzustellen.

Suchanteil (Share of Search) Der Prozentsatz der verfügbaren Klicks, die wahrscheinlich auf eine bestimmte Domaingruppe entfallen. Dieser ist abhängig vom Suchvolumen für eine ausgewählte Kategorie bzw. ein ausgewähltes Thema oder Unterthema sowie von den geschätzten Klicks für die Domaingruppe oder Domain.

Suchmaschinenmarketing (Search Engine Marketing/SEM) Ein Teilgebiet des Online-Marketings, das auf eine gute Auffindbarkeit in Suchmaschinen abzielt. SEM setzt sich aus bezahlten und organischen Suchergebnissen zusammen (auch SEO genannt, für Search Engine Optimization). SEM beginnt mit dem Wissen, was die Zielgruppe sucht, und liefert dann die entsprechenden Inhalte. Manchmal muss für eine gut sichtbare Position bezahlt werden, manchmal wird sie durch besonders interessanten Content verdient (earned).

Suchmaschinenoptimierung (Search Engine Optimization/SEO) Wurde früher direkt bei oder nach der Erstellung der Website manuell durchgeführt. Wer mit SEO Erfolg haben will, muss genau wissen, nach welchen Informationen/Produkten etc. die Kunden (oder die Zielgruppe) suchen und in welchem Format sie sich die Informationen wünschen, um dann relevante Inhalte für verschiedene Plattformen zu erstellen, die besser sind als der Content von anderen. SEO gilt als Teilbereich der Earned Media, da Sie sich den Erfolg (Sichtbarkeit) nicht erkaufen können, sondern ihn sich verdienen müssen.

„VERBINDE!"

Fangen wir mit den Zahlen an und nehmen wir dafür als Beispiel die Website eines Medienunternehmens. Glücklicherweise führe ich nur selten Verkaufsgespräche mit Vertretern von Medienunternehmen, doch sie verlaufen immer ähnlich: Es wird von „delivering eyeballs" gesprochen, also davon, dass man „Augäpfel liefert", was in der Branche für eine möglichst große Anzahl von Websitebesuchern steht. Diese werden auch „uniques" genannt – kurz für Unique Visitors (individuelle Nutzer) – bzw. Traffic. Das ist die erste Zahl, die Sie interessiert, und traditionell die wichtigste Kennzahl, um den Erfolg einer Website zu bestimmen. Also fragen Sie: „Wie viel Traffic generieren Sie?"

Darauf antwortet der Medienvertreter: „Im Durchschnitt 10 Millionen ‚uniques'. Das ist eine Steigerung von 30 Prozent allein in den letzten vier Monaten."

Sie: „Das hört sich ziemlich gut an."

Damit haben Sie nicht unrecht. Alles im zweistelligen Millionenbereich hört sich ziemlich gut an. Doch was Ihnen der Medienvertreter da eben erzählt hat, ist, dass 10 Millionen individuelle Nutzer – wiederkehrende Nutzer ausgeschlossen – mindestens eine Seite der Website pro Monat ansehen und dass diese Zahlen steigen. Darauf sollten Sie interessiert, aber nicht begeistert reagieren, denn große Online-Zeitungen wie die *Washington Post* und der *Guardian* registrieren mehr als 78 bzw. 120 Millionen Unique Visitors pro Monat.

Als Nächstes fragen Sie den Vertreter vielleicht: „Von wie vielen Seitenansichten sprechen wir hier?"

Was Sie interessiert, ist die durchschnittliche Anzahl der Klicks pro Unique Visitor, die ebenfalls monatlich berechnet wird. Mit jedem Klick entsteht eine neue Seitenansicht. Wenn ein Nutzer eine Seite besucht und dann die Website sofort wieder verlässt, führt das zu einer hohen Absprungrate, und das ist natürlich schlecht. Web-Publisher sprechen nicht gern über ihre Absprungrate, was bedeutet, dass Sie danach fragen sollten. Leser, die nicht abspringen, bleiben auf der Website, scrollen und klicken. Generell kann man sagen, dass ein Zusammenhang besteht zwischen der Anzahl der Seitenansichten und dem Interesse des Lesers. Mehr Seitenansichten bedeuten mehr Zeit auf der Website und eine höhere Wahrscheinlichkeit, dass eine Werbeanzeige Erfolg hat. Denn im Namen Ihrer Kunden sind Sie natürlich an Website-Besuchern interessiert, die auf die Werbeanzeige klicken. Was danach passiert, hängt vom kreativen Content der Anzeige ab und davon, ob sie den Nutzer überzeugt. Zum Beispiel könnte eine kurze Videowerbung in einem Pop-up-Fenster abgespielt werden oder man bittet den Leser, ein Formular auszufüllen, um einen Newsletter zu abonnieren oder ein Sonderangebot Ihres Kunden zu erhalten.

In dem Moment, in dem ein Nutzer auf die Werbeanzeige klickt, zählt das als „Click-through". Wenn kein Klick auf die Anzeige erfolgt, ist das eine Impression, so nennt man das bloße Erscheinen – das Einblenden – der Anzeige auf einer Website. Hier wird davon ausgegangen, dass der Leser die Anzeige sieht und in gewissem Maße zur Kenntnis nimmt. Doch erst wenn er auf die Anzeige klickt, beginnt die Interaktion mit der Marke und das kann gemessen werden. Nach den Seitenansichten wollen Sie vom Medienvertreter also auch wissen, wie es mit der Click-Through-Rate (CTR) bzw. Klickrate aussieht. Die Anzahl der Klicks, die eine Anzeige generiert, wird in Tausendern gezählt und bestimmt zum Teil die Kosten für die Anzeigenschaltung. Der CPM (Cost-per-Mille) bzw. Tausendkontaktpreis gibt an, wie viel ein Werbeplatz pro 1000 Kontakte kostet.

Um während Ihres Gesprächs den roten Faden nicht zu verlieren, können Sie nach weiteren Zahlen fragen, zum Beispiel nach der Conversion Rate. Nachdem das Interesse des Lesers geweckt wurde, ist das nächste Ziel die Conversion, also die gewünschte Reaktion des Lesers auf die Anzeige. Für einen Online-Shop ist eine Conversion der Kauf eines Produktes. Für eine politische Website oder die Website einer gemeinnützigen Organisation spricht man beispielsweise von einer Conversion, wenn der Nutzer Geld spendet oder sich für einen weiteren Newsletter anmeldet, der den Posteingang verstopft. Wenn eine Anzeige in den sozialen Medien geteilt wird, ist das ebenfalls eine Conversion. Wenn daraus ein viraler Hit wird, haben wir eine ganz andere Größenordnung erreicht – dann kann diese eine Conversion zu Millionen weiteren führen, ein Dominoeffekt. Der Konversionspfad, den ein Nutzer bis zur Conversion durchläuft, wird auch Funnel genannt. Ein Besucher, der diesem Pfad folgt, ist ein Interessent. Wenn ein Mitarbeiter eines bekannten Web-Publishers erklärt, sein Unternehmen sei „besessen davon, keine Interessenten zu verlieren", dann bedeutet das so viel wie „die Conversion Rate steigern". Also fragen Sie den Medienvertreter: „Wie sieht es mit Ihrer Conversion Rate aus? Hatten Sie schon Anzeigen oder Inhalte auf Ihrer Website, die zu viralen Hits wurden?"

Eine weitere aussagekräftige Kennzahl ist die Zeitdauer, die ein Nutzer insgesamt auf der Website verbringt. Generell kann man sagen, je länger jemand bleibt, desto besser. Für die meisten Websites bedeutet das mehr Seitenansichten, mehr Ad Impressions und Click-throughs. Doch es gilt auch, dass die Sitzungsdauer weniger aussagekräftig ist als die durchschnittliche Zeit, die ein Nutzer auf einer einzelnen Seite verbringt. Eine gute Website hält das Interesse des Besuchers und die beste Maßzahl hierfür ist die Verweildauer auf einer Seite.

So weit, so gut. Und so viele Zahlen. Neben demografischen Nutzerdaten, die man Ihnen mitteilen sollte, lohnt es sich auch, danach zu fragen, auf welchem Weg die Besucher auf die Website gelangen. Für einen Großteil des Traffics bezahlt der Websitebetreiber. Genauso wie Werbetreibende Google AdWords für bessere und häufigere Anzeigenschaltungen bezahlen, geben Websitebetreiber Geld aus, um in den Suchergebnissen möglichst weit oben zu erscheinen. Fragen Sie also den Medienvertreter: „Wie viel Traffic generieren Sie über die bezahlte Suche und wie viel ist organisch?" Als organischen Traffic bezeichnet man die Anzahl der Besucher, die die Website nicht über bezahlte Suchergebnisse gefunden haben. Man kann darüber streiten, was mehr wert ist, bezahlter oder organischer Traffic, doch man kann wahrscheinlich davon ausgehen, dass Letzterer für höhere Qualität spricht. Eine Website, die über hohe Besucherzahlen verfügt, weil sie weiterempfohlen wird oder weil ihr Content gefunden und von anderen Websites verlinkt wird, ist vermutlich seriöser und erzeugt mehr Interesse als eine Website, die für den ersten Platz in den Suchergebnissen bezahlen muss.

Jetzt wissen wir ungefähr, wie man vorgehen muss, um die Website eines Medienunternehmens zu beurteilen. Doch das Gespräch ist noch nicht zu Ende, andere Partygäste gesellen sich zu uns, alle mit einer eigenen Website. Da es jedoch viele verschiedene Arten von Websites gibt, müssen wir jeweils andere Fragen stellen und unterschiedliche Kennzahlen zur Erfolgsmessung hernehmen. Wir könnten sie in vier Gruppen einteilen:

- Websites von Medienunternehmen, Online-Verzeichnisse und Unternehmenswebsites (zum Beispiel der *Guardian* oder eine Marke wie Dove)
- Blogs und private Websites (zum Beispiel eine Seite auf Tumblr oder milesyoung.com)
- E-Commerce-Websites oder virtuelle Marktplätze (zum Beispiel Amazon und Airbnb)
- Soziale Netzwerke und Sharing-Plattformen (zum Beispiel Facebook und YouTube)

„Eine Website, die über hohe Besucherzahlen verfügt, weil sie weiterempfohlen wird oder weil ihr Content gefunden und von anderen Websites verlinkt wird, ist vermutlich seriöser und erzeugt mehr Interesse als eine Website, die für den ersten Platz in den Suchergebnissen bezahlen muss."

„VERBINDE!"

> „Eine gute Website zieht keine Aufmerksamkeit auf sich selbst, sondern dient als Hub, das den Nutzer an alle Komponenten des digitalen Ökosystems Ihrer Marke heranführt."

Blogs und Informationswebsites konzentrieren sich eher auf Seitenansichten und Sitzungsdauer, E-Commerce-Websites kommt es hingegen hauptsächlich darauf an, Besuche in Verkäufe zu verwandeln. Soziale Netzwerke und Sharing-Plattformen, die ihr Geld mit Werbung verdienen, achten auf die Klickrate, denn ihnen kommt es darauf an, dass die Zielgruppe reagiert. Vieles hängt also vom Geschäftsmodell ab: YouTube und andere Plattformen, die von der Werbung leben, brauchen viele aktive Nutzer, während Streamingdienste wie Spotify davon leben, aus „Augäpfeln" (oder vielmehr „Ohrläppchen") zahlende Kunden zu machen. Glücklicherweise kann unsere Analysesoftware je nach Zielvorgaben die richtigen Kennzahlen auswählen.

Weiter geht es mit der Optimierung, also der Verbesserung der Website: Auswahl der besten Handlungsaufforderung (Call To Action/CTA) durch A/B-Tests; Änderung von Text und Bild; Überarbeitung von Inhalten; oder eine Gesamterneuerung der grafischen Benutzeroberfläche (GUI) zur Verbesserung des Konversionspfades und der entsprechenden Kennzahlen. Und natürlich wird mein Gegenüber mich auch nach Benchmarks fragen – das tun sie alle. Es ist wichtig, Normen zu finden und zu übertreffen, um das Beste aus unserer Website herauszuholen. Hier soll kurz darauf hingewiesen werden, dass Kategorien nach wie vor von großer Bedeutung sind. Kategorien mit niedrigem Involvement offline werden online auch nicht zu hohem Involvement führen. Allerdings können wir versuchen, die Nutzer zurückzuholen, indem wir ihr Browserverhalten mitverfolgen und durch Retargeting ihre Aufmerksamkeit erneut auf unser Angebot lenken.

So viele Zahlen: die Anzahl der Impressions, die Anzahl der Unique Visitors, der Prozentsatz derjenigen, die auf eine Anzeige oder auf Inhalte klicken, die durchschnittliche Sitzungsdauer, die Anzahl der Seitenansichten, die Conversion Rate in jeder Phase des Konversionspfades und so weiter. Und diese Kennzahlen betrachten wir dann auch noch in Bezug auf bestimmte Teilbereiche: Segmente, Kohorten, Zeitraum, Geräte und so weiter.

Waren das jetzt genug Zahlen? Mir jedenfalls reicht es. Sie sind zweifellos wichtig und sollten weder ignoriert noch unhinterfragt hingenommen werden. Doch ebenso wichtig wie die Frage nach den Zahlen ist ein zweiter Punkt: Wie präsentiert mich eine Website, wie stellt sie mich dar? Und mit „mich" meine ich alles, was als Marke bezeichnet werden kann, von einer Einzelperson über eine Automarke bis hin zum Online-Händler. Hier geht es hauptsächlich um Qualität, um traditionelle Designelemente, wie Schriftart, Lesbarkeit, Farbauswahl, die Nutzung von Grafik, Animation und Video, die Dichte und Platzierung von Text und so weiter. Die größte Bedeutung kommt aber wohl dem *Aufbau* der Website zu: Wie wurden die Informationen organisiert und strukturiert, damit das Interessanteste am leichtesten auffindbar ist? Fragen Sie nach einem Webdesigner und wählen Sie einen Architekten!

Doch letztendlich ist eine Website auch nichts anderes als Werbung, und wie bei jeder Werbung muss dahinter eine Idee stecken. Wenn Sie das Glück haben, bereits über eine Markenidee zu verfügen, dann darf sie nicht als „zusammenpassendes Gepäck" daherkommen, sondern muss alle Elemente vereinen und beleben. Nichts ist deprimierender als eine Website, die aussieht als käme sie aus einem Paralleluniversum, als sei sie eine ideenfreie Zone – und sich ebenso anfühlt und verhält.

Und schließlich braucht eine Website ein interaktives Design, das im besten Fall für eine intuitive Navigation sorgt. Je weniger ein Besucher über den nächsten oder übernächsten Klick nachdenken muss, desto besser. Das Ziel ist ein nahtloses Nutzererlebnis, das Spaß macht – der Besucher soll einen positiven Eindruck von Ihrer Marke bekommen und die Website immer wieder besuchen. So weit, so gut. Doch idealerweise sollte das Design den Nutzer zu einer Conversion führen und dabei – und das ist der schwierige Teil – eher wie ein Hilfsmittel als ein Vorzeigeobjekt fungieren.

Eine gute Website zieht keine Aufmerksamkeit auf sich selbst, sondern dient als Hub, das den Nutzer an alle Komponenten des digitalen Ökosystems Ihrer Marke heranführt. Die letzte Frage sollte also lauten: „Welche anderen digitalen Kanäle nutzen Sie?" Die Anzahl der „uniques" und Seitenansichten, die Marktforschungsunternehmen wie comScore oder Nielsen Online zur Verfügung stellen, repräsentieren nur einen Teil der digitalen Zielgruppe einer Marke. Mit der zunehmenden Anzahl derer, die über Mobilgeräte statt über Laptops und PCs im Internet surfen, gewinnen die sozialen Medien immer mehr an Bedeutung. Eine Marke mit einer guten digitalen Strategie kann die Website als Hub nutzen, muss jedoch gleichzeitig ihre Präsenz und die Anzahl ihrer Follower in den sozialen Medien immer weiter ausbauen. Ein eigener YouTube-Kanal, ein Facebook-Profil und Feeds auf Twitter oder Instagram machen Ihre Marke bekannter und fördern die Reichweite. Die Summe der digitalen Teile einer Marke, inklusive der Website, sollte mehr sein als das Ganze.

Intimität und Reichweite

Als E. M. Forster in seinem Roman *Wiedersehen in Howards End* die gerne zitierten zwei Wörter „only connect" (Verbinde!) schrieb, waren diese Teil eines längeren Satzes: „Verbinde die Prosa mit der Leidenschaft, und beide werden erblühen, und die menschliche Liebe wird in ihrem höchsten Glanz erstrahlen."

Hier kommen wir, meiner Meinung nach, zum wichtigsten Stichwort für eine Vision der digitalen Welt, in der Intent und Content, Marketer und Konsumenten, Prosa und Leidenschaft tatsächlich miteinander verbunden sind: Intimität.

Intimität ist möglicherweise das schwierigste Ziel, das man sich setzen kann, da früher oder später wohl ohnehin alles durch Programme ersetzt wird – wie die Mitarbeiter im Mediabereich im Beispiel von Ben Richards. Programmatic Media Trading automatisiert die Preisverhandlung für Werbeplätze auf verschiedenen Medienplattformen. Bereits heute sind etwa 20 Prozent der gesamten Online-Werbeeinnahmen auf Programmatic Advertising zurückzuführen und der Bereich wächst jedes Jahr um mehr als 70 Prozent. Doch mein angesehener Kollege Rory Sutherland von OgilvyOne erinnert uns: „In der Geschäftswelt geht Gewissheit über alles. Große, komplexe Probleme werden genommen, von allem befreit, was sie komplex macht, und dann gelöst, als handele es sich um Optimierungsprobleme." Das ist eine gute Beschreibung für das, was Programmatic Advertising leisten kann: Sich selbst zu etwas optimieren, das Rory „sehr schnelle darwinistische Werbung" nennt.

Natürlich gibt es viel „schlechtes" Programmatic Advertising: Automatisierung führt dazu, dass Sie im Internet noch sechs Monate, nachdem Sie einen Infinity gekauft haben, von BMW-Anzeigen verfolgt werden. Oder es wird vor einem DIY-Video für Schulmaterialien, das sich an Mädchen der Mittelstufe wendet, ein nicht überspringbarer Werbespot für professionelle Elektrowerkzeuge gezeigt. Außerdem ist bekannt, dass etwa 15 Prozent der programmatischen Werbung schlicht auf Betrug basiert. Doch mit „gutem" Programmatic Advertising können wir unsere Zielgruppen nicht mehr nur durch die Auswahl der richtigen Medien, sondern durch Daten erreichen – und meist sogar in Echtzeit. Und wir wissen, dass es doppelt so wahrscheinlich ist, dass ein Konsument auf eine Anzeige reagiert, wenn sie in Echtzeit geschaltet wird.

„VERBINDE!"

ÖKOSYSTEM DES PROGRAMMATIC BUYING

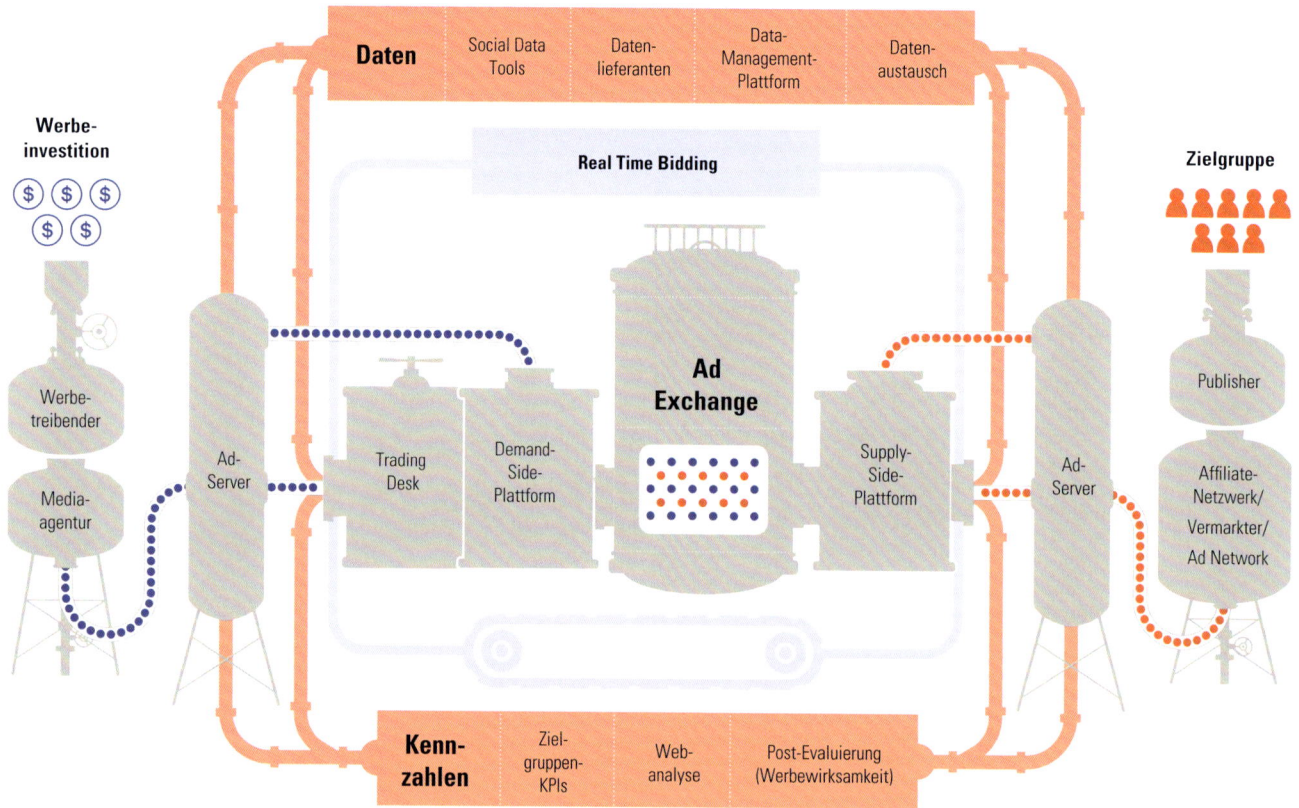

Programmatic Advertising ist wie ein virtuelles Fließband: Am einen Ende wird Geld hineingesteckt, am anderen Ende erhält man das „fertige" Publikum. Im besten Fall wird die Technologie genutzt, um den Konsumenten mit einem intimen Marketingerlebnis zu umgeben. Im schlimmsten Fall kann dieselbe Technologie das Vertrauen in Ihre Arbeit zunichte machen. Seien Sie also klug im Umgang mit programmatischer Werbung.

Wenn es einen Geheimtipp für gute programmatische Werbung gibt, dann ist es meiner Meinung nach ein recht offensichtlicher: Denken Sie daran, dass die Technik lediglich als Hilfsmittel dient. Beginnen Sie mit einem möglichst detaillierten und umfassenden Blick auf den Einzelnen (nutzen Sie alle verfügbaren Quellen). Machen Sie sich dann ein Bild davon, welche kreativen Botschaften bei ihm oder ihr am besten ankommen. Erst jetzt erhöhen Sie die Reichweite. Mit einer Abkürzung zur Reichweite werden Sie immer an Intimität einbüßen.

Hier kommen wir wieder zur Suche, doch diesmal nicht, um die Intentionen der Konsumenten zu verstehen, sondern um sie als Kanal zu nutzen. Sie ist das „digitale Regal", auf dem Ihr Produkt steht, und verfügt über zwei Zonen, die „organische", die Sie besitzen bzw. verdient haben, und die „bezahlte". Die organische Zone bezeichnet eine gute Position Ihrer Marke in den Suchergebnissen, die auf Suchmaschinenoptimierung und die unabhängige Aktivität von Suchalgorithmen zurückzuführen ist oder auf Empfehlungen in den sozialen Medien, auf Blogs etc. Die bezahlte Zone bezeichnet eine gute Position in den Suchergebnissen, für die Sie Geld bezahlt haben.

Was also müssen Sie beachten?

- Ihre Marke muss „always on" sein, mit maximaler Sichtbarkeit auf PC und Mobilgeräten, immer in Koordination mit Ihren Fernsehspots.

- Behalten Sie den Qualitätsfaktor von Google im Auge.
- Nutzen Sie die Erkenntnisse aus der Keyword-Analyse.
- Seien Sie in Google Shopping präsent und lösen Sie Spannungen zwischen Ihrer Marke und den Händlern, die sie verkaufen.

„Gutes" Programmatic Advertising bestätigt ein Grundprinzip effektiver Werbung: Kreative und mediale Prozesse funktionieren nicht getrennt voneinander. Es kann häufig den Anschein haben, dass die Technik diese Trennung erzwingt. Besser ist es, die beiden gemeinsam aufzubauen – doch das funktioniert nur, wenn Sie Intimität säen und Reichweite ernten. Und nicht umgekehrt.

Digitales Video

Es gibt eine Möglichkeit, eine Verbindung zum Konsumenten aufzubauen, die von der digitalen Welt merkwürdigerweise recht langsam angenommen zu werden scheint: digitales Video. Anzeigen, die vor Videos geschaltet werden oder Inhalte unterbrechen (Pre-Rolls bzw. Interstitials), wirken auf Verbraucher eher ernüchternd. Die Nutzung von Fernsehspots als nicht überspringbare Pre-Rolls in digitalen Videos bringt der Marke nicht viel und nervt die Konsumenten, besonders wenn die Inhalte von Werbespot und Video so gar nicht zusammenpassen, wie beispielsweise ein Werbespot für Pick-ups vor einem Make-up-Tutorial für Teenager. Doch warum entfällt auf „gute" Videos immer noch ein relativ geringer Anteil der Online-Werbeausgaben – weniger als 20 Prozent?

Meiner Meinung nach liegt das entweder daran, dass man nicht Teil der Community ist, oder daran, dass man nicht mit den Videomachern zusammenarbeitet.

Viele haben noch nicht verstanden, dass man im Bereich digitale Videos Fans sucht – und kein Publikum kauft. Wer eine Fangemeinde aufbauen will, muss echte Begeisterung wecken; man „erreicht" sie nicht einfach, sondern verschwört sich mit ihr und arbeitet mit ihr zusammen. Wer ein Gespür für diese Mentalität bekommen will, sollte sich The Young Turks (TYT) ansehen, ein rebellisches Online-Nachrichten-Netzwerk, das sich an junge Leute richtet. Fans

> **DER QUALITÄTSFAKTOR VON GOOGLE**
>
> Google beurteilt die Qualität Ihrer Website nach folgenden Kriterien:
> 1. Klickrate
> 2. Landingpage
> 3. Historische Leistung
> 4. Verschiedene Relevanzfaktoren
> 5. Anzeigenrelevanz
> 6. Keyword-Relevanz

Für Weight Watchers strichen wir manuelle Optimierung vom Speiseplan und ersetzten sie durch Technologie, die in Echtzeit Daten futtern konnte. Plötzlich waren wir in der Lage, die Werbeanzeigen von einem Moment zum nächsten zu optimieren – Botschaften, Bilder und Farbkombinationen spontan zu ändern – und damit gleichzeitig unsere Ergebnisse zu verbessern.

DYNAMIC CREATIVE

Ziel: Nutzerakquise – die Anzahl der „Weight Watchers"-Abonnenten erhöhen.

Methode: „Dynamic Creative" mit multivariaten Tests in Echtzeit implementieren.

Ergebnis: „Dynamic Creative" beeinflusst Schlüsselmetriken und führt zu mehr Abonnenten.

↑ Erhöhte Klickrate (CTR)

↓ Niedrigere Cost per Acquisition (CPA)

Manuelle Optimierung verschiedener Angebote und kreativer Kombinationen – nicht zeit- und kosteneffizient.

Wechselnde Botschaften und Farbkombinationen, optimiert in Echtzeit je nach CPA.

Der neue automatisierte Ansatz hat einen Anstieg der Abonnentenzahlen von 56 % zur Folge.

„VERBINDE!"

Das Unternehmen Qualcomm bewies Mut, als es sich dafür entschied, das jährliche Werbebudget nicht in Werbeplätze, sondern in die Produktion eines halbstündigen Thrillers im Hollywood-Stil zu investieren, der online gezeigt wurde. *Lifeline* war Werbung, die die Verbraucher wirklich sehen wollten. Der von Oscar-Preisträger Armando Bo gedrehte Kurzfilm mit Olivia Munn, Leehom Wang und Joan Chen erzählt die Geschichte eines Mannes, der mithilfe des zurückgelassenen Smartphones nach seiner vermissten Freundin sucht. Die Leistungsfähigkeit des Qualcomm-Prozessors Snapdragon spielt dabei eine entscheidende Rolle, und der Held nutzt verbesserte Sicherheitsfunktionen, fortschrittliche Foto- und Videooptionen, hervorragende Verbindungsmöglichkeiten und schnelle Ladezeiten, um seine Freundin zu finden. Der Film, der in Shanghai spielt und in dem 70 Prozent der Dialoge auf Chinesisch stattfinden (China ist einer der wichtigsten Märkte für Qualcomm), wurde 20 Millionen Mal angesehen. Dazu kommen weitere 100 Millionen für Trailer und „Behind the Scenes"-Videos.

„Viele haben noch nicht verstanden, dass man im Bereich digitale Videos Fans sucht – und kein Publikum kauft."

ziehen es anderen Kanälen vor und umlagern die Moderatoren auf Konferenzen, als wären sie Rockstars.

Ich habe im Lauf meines Berufslebens viele Vorstandsetagen gesehen und über die Jahre hat sich dort wenig verändert. Ebenso wenig haben sich die Marketingabteilungen und Werbeagenturen von Unternehmen tatsächlich die Freiheiten eines TYT-Netzwerks genommen. Doch es gibt etwas, das sie alle zur Kenntnis nehmen sollten, etwas, das Wendy Clark von Coca-Cola auf hervorragende Art und Weise förderte: eine Mediainvestition im Verhältnis 70 % : 20 % : 10 %. Dabei sind 70 Prozent „niedriges Risiko, Alltagsgeschäft", 20 Prozent „innovativ" und 10 Prozent werden für „risikoreiche neue Ideen" ausgegeben. Leider ist diese Methode bei Unternehmen bisher wenig verbreitet. Dabei sprechen die Möglichkeiten, die das digitale Video bietet, definitiv dafür, es einmal mit den 10 Prozent zu probieren.

So wäre beispielsweise eine experimentelle Zusammenarbeit mit den Videomachern möglich. Unsere New Yorker Agentur identifizierte die Top 30. Sie eignen sich nicht für die Vorstandsetage, obwohl sie in der digitalen Welt über mehr Verbrauchernähe verfügen als die meisten Influencer. Als Ryan Higa das Lenovo Yoga Tablet vorstellte, reihte sich das nahtlos in seine üblichen Interaktionen mit den Fans ein. Diese akzeptierten daher auch ein offensichtliches Werbevideo, ja, sie warteten sogar genauso gespannt darauf wie auf alle anderen Shows.

Eine Fangruppe, die überproportional viel Einfluss ausübt, sind die „Superfans": die 20 Prozent der Fans, die für 80 Prozent des Einsatzes und der Unterhaltungen sorgen. Superfans helfen dabei, Kommentare zu moderieren, und nehmen in der Zuschauer-Community des digitalen Videoproduzenten eine Führungsrolle ein. Sie gestalten den Entertainment-Flow mit und können erreicht werden, indem man ein Teil davon wird. So integrierten Rhett und Link Werbung für Geico in ihr Videoprogramm, doch die Sendung unterschied sich – bis auf die Sichtbarkeit des Markennamens – nicht von anderen Shows. Die Marke erreichte die Superfans von Rhett und Link einfach dadurch, dass sie die beiden tun ließ, was sie am besten können. Für die meisten Marken ist das leichter gesagt als getan.

Wenn Sie mit Videomachern und Superfans zusammenarbeiten, können Sie eine treue Zielgruppe finden, statt sich nur auf Zuschauerzahlen zu konzentrieren. Denn schließlich ist das, was wir in der Werbebranche Zielgruppe nennen, nichts anderes als eine Community.

Doch es gibt noch eine weitere Möglichkeit, digitales Video erfolgreich zu nutzen: Lernen Sie von Hollywood! Dafür muss der Kunde mutig genug sein, ab und zu eine große Videoproduktion anzugehen. Es werden Handlungen erdacht, die so überzeugend sind, dass man ihnen Aufmerksamkeit schenken muss. Doch anders als bei Kinoproduktionen kann diese Aufmerksamkeit durch eine digitale Verteilungsstrategie skaliert werden.

Intimität und Tiefe

Wie viel Nähe können Sie schaffen? Wie tief können Sie gehen?

Über die Jahre waren die undankbarsten und frustrierendsten meiner Präsentationen jene, die Kunden überzeugen sollten, Programme für das Customer Relationship Marketing (CRM) zu kaufen. Jetzt weiß ich, warum.

Zu Beginn des digitalen Zeitalters erkannte Ogilvy & Mather den Wert langfristiger Kundenbindung im Gegensatz zu einmaligen Verkäufen. Wir führten Tests durch, die zeigten, dass Kunden, die persönlich angesprochen wurden, mehr kauften als andere und außerdem bereit waren, uns Informationen über sich zu geben, wenn sie im Gegenzug nützliche Produktinformationen erhielten. Wir konnten den Customer Lifetime Value (CLC) und den Return on Investment (ROI) berechnen.

Doch wir sahen nur schemenhafte Umrisse: Als Medium diente der Werbebrief, die Datenbank war primitiv, die Daten stammten aus einer einzigen Quelle, der Prozess war schwerfällig und sehr teuer. Und was am schlimmsten war, der Kunde musste dabei richtig viel leisten. Selbst als der Werbebrief zur Werbe-E-Mail wurde, fehlte etwas.

Wie Fanatiker, die glaubten, die einzige Wahrheit zu kennen, hielten wir unsere Präsentationen vor einem Publikum, das dem zwar nichts entgegensetzen konnte, seinerseits jedoch nur wenig tat. Eine Ausnahme bildeten einige wenige Sektoren – wie beispielsweise Fluglinien –, in denen eine Umsetzung relativ einfach möglich war. Doch dort basierte die Kundenbeziehung zunächst eher auf Bonusprogrammen als auf echter Kundennähe.

CRM wurde zum Schimpfwort und manche Unternehmen strichen es gleich ganz aus ihrem Wortschatz, da es Grundprinzipien unnötig in Misskredit brachte.

CRM schaffte es nie, wirkliche Nähe herzustellen – oder echtes Customer Engagement. Wie viele, die sich das Prinzip zu Beginn der digitalen Revolution auf die Fahnen schrieben, waren wir zu sehr von den technischen Möglichkeiten besessen und kümmerten uns zu wenig um das Kundenerlebnis. Doch mit der starken Kombination „Daten plus digital" sind wir heute in der Lage, die Sichtweise des Kunden ins Zentrum unseres Handelns zu rücken – und nicht mehr nur die der Marke.

"VERBINDE!"

Brian Fetherstonhaugh (Chairman und CEO von OgilvyOne) und ich stellen der Agentur DAVE vor. Mit „Miles' Minute" erhielten 24.000 Mitarbeiter weltweit alle paar Wochen Agentur-Updates.

Hi! Ich bin DAVE. Sie haben mich wohl so genannt, weil ich dann wie der hippe Enkel des großen David klinge. Allerdings bin ich mir nicht sicher, ob der mit den Wörtern, für die ich stehe, unbedingt einverstanden wäre:

Data-inspired – auf Daten basierendes

Always-on – immer mit dem Internet verbundenes

Valuable – wertvolles

Experience – Erlebnis

Doch das, wofür ich stehe, würde ihm bestimmt gefallen: Im digitalen Zeitalter Customer Engagement schaffen, das verkauft.

Also erfanden wir DAVE.

Ich bin mir nicht sicher, was David Ogilvy von DAVE gehalten hätte, doch für uns bedeutete er eine Spitzenposition als führende Agentur für Customer Engagement. DAVE ist eine kreative Grundeinstellung, die uns dazu anleitet, ein paar kluge Dinge zu tun:

1. Ein Kundenziel definieren, das sich aus einem Unternehmensziel ergibt, sich davon jedoch unterscheidet: Die Daten verraten uns sehr genau, mit wem wir es zu tun haben, und bieten einen detaillierten Blick auf das Potenzial, das wir erschließen wollen.
2. Aus diesen Kundensegmenten Personas entwickeln, um ihnen ein Gesicht zu geben. Wer sein Gegenüber nicht kennt, kann auch keine Nähe herstellen.
3. Die Customer Journey aufzeichnen: *alle* relevanten Momente – Kontaktpunkte (und Schmerzpunkte) – auf der Lebensreise der Persona. Das muss gewissenhaft erledigt werden, um umfassende Erkenntnisse zu gewinnen. Wir haben viele schlampige Versionen gesehen, doch: Ohne Fleiß kein Preis.
4. Eine Idee für das Customer Engagement entwickeln: Während bei anderen Ideen gewöhnlich das Überraschungsmoment zählt, muss eine Engagement-Idee den Kunden außerdem dazu bringen, selbst eine aktive Rolle einzunehmen. Im Gegensatz zu vielen anderen Ideen geht es hier um die langfristige Perspektive.
5. Einen Entwurf für das Customer Engagement erstellen: Wie wollen Sie das alles zusammenbringen?
6. Aus dem Entwurf einen Plan entwickeln, in dem das Kundenerlebnis aufgezeichnet ist: Wie die Idee in jedem Kanal umgesetzt wird und auf jeden Kontaktpunkt einwirkt. Und wie viel Nähe das Erlebnis erzeugen wird.

"VERBINDE!"

KUNDENZENTRIERTHEIT

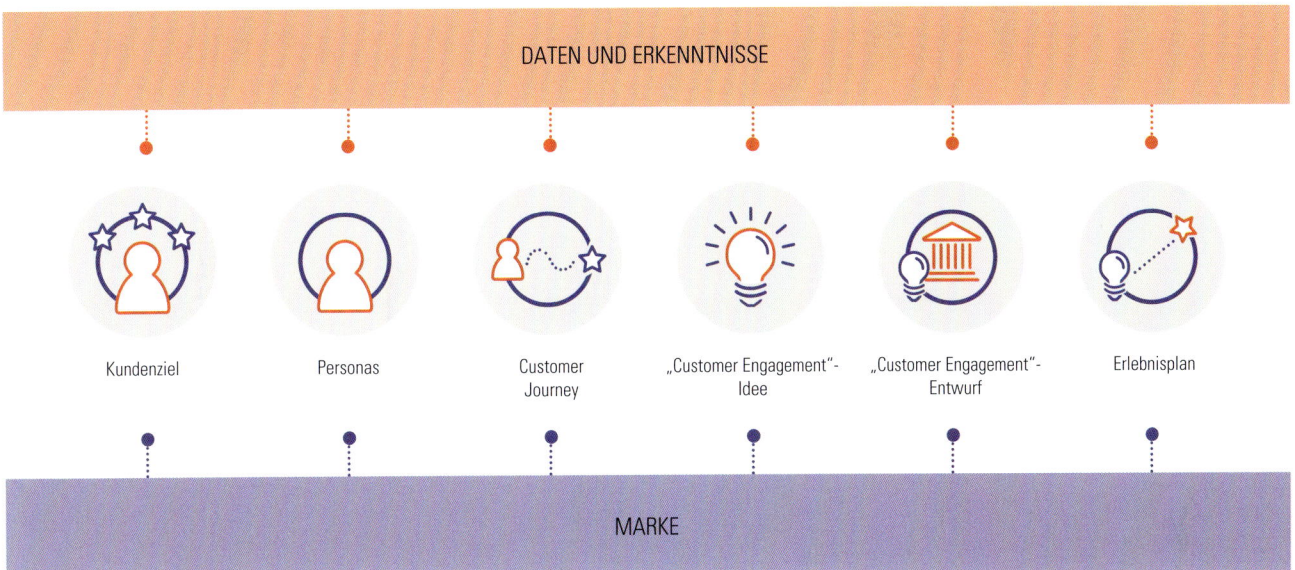

Die Performance-Marke

DAVE (und seine Freunde in der Branche) stehen für den „großen" Sprung, den wir uns erhofft hatten.

Aber können wir das noch überbieten? Gibt es so etwas wie eine Performance-Marke? Eine Marke mit integriertem Customer Engagement, das auch automatisiert funktioniert? Eine Marke, die auf Ergebnisse in Echtzeit reagiert, indem sie den Kanal wechselt und den Kreativmix dynamisch anpasst?

Wir werden es erleben.

Dann verkaufen wir unseren Kunden den digitalen Wandel selbst, besonders jenen, die Online-Marketing betreiben.

Startpunkt ist einfaches Programmatic Buying, doch dazu kommen eine kräftige Dosis digitaler Analyse, um die Ergebnisse zu optimieren, und eine Anwendung auf alle Kanäle, sowohl die bezahlten als auch die unbezahlten. Dann übernimmt DAVE die Führung ins Customer Engagement, bis das Kundenerlebnis komplett kanalübergreifend wirkt und das Online- mit dem Offline-Verhalten in Verbindung gesetzt werden kann.

Um das zu realisieren, müssen wir mit 30 verschiedenen Technologiepartnern zusammenarbeiten und eine Marketing-Cloud schaffen, in der wir unsere Daten speichern können.

Am Ende ist also doch alles verbunden. Das Zitat von E. M. Forster geht folgendermaßen weiter: „Lebe nicht länger in Fragmenten."

Es erscheint machbar.

Mit DAVE – und ähnlichen Methoden – erreichen wir systematische Kundenzentriertheit: das gelobte Land des digitalen Zeitalters.

11 KREATIVE TECHNOLOGIE: DAS OPTIMUM

Es gab eine Zeit in der prädigitalen Welt, da wäre der Begriff „kreative Technologie" als Widerspruch in sich angesehen worden. Selbst heute ist er noch nicht unbedingt im Mainstream-Denken angekommen. Künstler versus Geeks, Technophobe versus Technophile, „rechte" Gehirnhälfte versus „linke" Gehirnhälfte, ... So könnte man noch eine Weile fortfahren, wobei die Heftigkeit der Gegensätze langsam abzunehmen scheint. Denn eines der größten „Unds" des Und-Zeitalters ist die Konvergenz von Kreativität und Technologie – das Optimum für den digitalen Wandel.

Es beginnt mit Code

Wir alle nutzen Code, selbst wenn wir Java nicht von PHP und C++ nicht von Ruby unterscheiden können – oder niemals von Unix oder Lisp gehört haben.

Code ist überall. Damit das Stromnetz – und unsere Gesellschaft – funktioniert, brauchen wir Code ebenso wie Elektrizität. Wie ein unterirdischer Fluss durchströmt Code jeden Aspekt unseres Lebens. Er ist überall bei uns zu Hause und sorgt dafür, dass die Waschmaschine läuft, die Musik spielt und der Kühlschrank funktioniert. Unsere Wirtschaft basiert auf Code, oft in Form von schnellen, aber – unter IT-Aspekten betrachtet – uralten Systemen, die frühe Programmiersprachen wie Cobol und Fortran nutzen. Schon lange ist er auch in unseren Autos angekommen, sodass Mechaniker heute gleichzeitig auch IT-Spezialisten sein müssen. Und langsam aber sicher erobert Code sogar die bescheidene Glühbirne.

Einfach ausgedrückt ist Code eine Handlungsanweisung an einen Computer in einer Sprache, die Menschen verstehen und verwenden können und die der Computer in seine eigene Maschinensprache übersetzt. Über Logikgatter wird der Computer angewiesen, das vom Programmierer gewünschte Ergebnis zu liefern.

Es kann gut sein, dass Sie in der Werbung arbeiten, weil Sie es eben gerade vermeiden wollten, mit Dingen wie Code in Berührung zu kommen, doch natürlich steckt er in Werbung ebenso wie in jedem anderen Aspekt unseres Lebens.

Wer wissen möchte, wie Code funktioniert, sollte sich ein paar Stunden Zeit nehmen, um Paul Fords Essay *What is Code* (2015) zu lesen.

Ich werde kein Programmierer mehr, weiß aber, dass diese Berufsgruppe aus der Werbung im digitalen Zeitalter nicht mehr wegzudenken ist. Programmierer bauen das Fundament. Es gibt – sowohl moralisch als auch funktionell gesehen – guten und schlechten Code. Und es gibt besonders sensiblen Code, wie die streng bewachten Algorithmen, die im Hochfrequenzhandel und von Suchmaschinen genutzt werden. In der Werbebranche entscheidet heute der Programmierer darüber, wer kreative Technologie gut bzw. schlecht umsetzt.

KREATIVE TECHNOLOGIE: DAS OPTIMUM

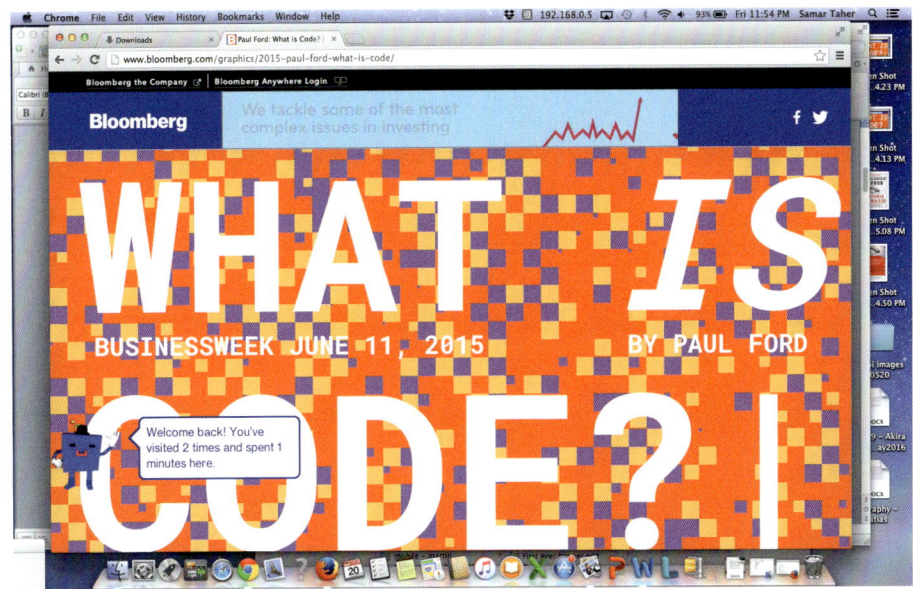

Code ist das Fundament, auf dem das digitale Zeitalter gründet, doch so mysteriös, wie er manchmal scheint, ist er gar nicht. Wer mehr darüber erfahren will, dem sei Paul Fords Essay *What is Code?* empfohlen.

Was macht einen erstklassigen Programmierer aus, wie wir ihn uns bei Ogilvy & Mather wünschen? Natürlich muss er oder sie die wichtigsten Programmiersprachen beherrschen und sich mit Technologiestapeln, IT-Architektur und IT-Infrastruktur auskennen. Doch das ist nicht alles. Wir brauchen einen eleganten Programmierer, der Code sowohl für Mobilgeräte als auch für PCs schreiben kann, sowohl für eine niedrige als auch für eine hohe Bandbreite. Wir brauchen jemanden, der die nötigen Sozialkompetenzen mitbringt, um mit Kunden, Datenanalysten, Kundenbetreuern und Kreativen gleichermaßen umzugehen. Wir brauchen jemanden, der die Bedeutung des Nutzungserlebnisses versteht und auf eine minderwertige Benutzeroberfläche ebenso allergisch reagiert wie auf minderwertigen Code. Alternativ ist eine Kooperation mit dem tollpatschigsten, technikorientiertesten Informatiker der Welt denkbar, wenn er mit Produkt- und UX-Designern zusammenarbeitet, die ein Gespür für das Kundenerlebnis haben. Und doch, selbst unsere technikorientiertesten Entwickler müssen auf eine Verbesserung – statt eine Behinderung – der kreativen Anwendung hinarbeiten. All das muss natürlich koordiniert werden und dafür brauchen wir eine neue Berufsgruppe.

Wir nennen sie Digital Producer, ein Kind des digitalen Zeitalters. In der Technologiebranche werden Digital Producer oft als Projektmanager eingesetzt, denn die überall zu findenden Spezialisten müssen koordiniert, umschmeichelt und motiviert werden. Doch ein Digital Producer ist mehr als ein besserer digitaler Projektmanager: Er ist der Hüter der Vision, die Verbindung zum Kunden und oft auch der Talentsucher für das Projekt. Digital Producer sitzen im Zentrum des Projektes und verwalten alles, von der User Journey zur Marktforschung, vom Design zur IT-Roadmap. Kurz: Der Digital Producer ist der Projektleiter.

Dann brauchen wir die Digital Creatives: die Leute, die sich alles ausdenken – von der Bannerwerbung zur kontext- und standortabhängigen Plakatwand, von Unternehmenswebsites zu Speisekarten-Apps für Schnellrestaurants –, die Texte dafür schreiben und das Ganze gestalten. Am einen Ende der Skala arbeiten sie mit InDesign und Photoshop und programmieren ein bisschen HTML5 und CSS. Am anderen Ende sind sie Künstler, Techniker und Architekten, Designvirtuosen und hervorragende Programmierer. Sie sind schnell und geschickt genug, um eine erste Version des Produktes in Silicon-Valley-Geschwindigkeit herzustellen, ohne dabei die ästhetischen Ansprüche und die Werte der Marke aus dem Auge zu verlieren.

„Programmierer sind aus der Werbung im digitalen Zeitalter nicht mehr wegzudenken."

KREATIVE TECHNOLOGIE: DAS OPTIMUM

Und schließlich gibt es eine ganz seltene Spezies: den Erfinder. Die Person also, die Technologie so strategisch und gleichzeitig kreativ betrachtet, dass etwas ganz und gar Neues entsteht. Es ist der Erfinder, der fragt, ob der Tennisschläger als Trainer dienen könnte; ob es mit virtueller Realität möglich wäre, ein Hotel hautnah zu erleben, obwohl man sich auf der anderen Erdhalbkugel befindet; ob Kinder sich mehr bewegen würden, wenn man ihr Lieblingsgetränk mit einem Fitness-Tracker und einem Trainingsprogramm verbände. Erfinder erkennen, dass der – explizite oder implizite – Zweck eines Objektes die Lösung für ein anderes Problem darstellt.

Diese vier Berufsgruppen stellen keine Hierarchie dar – und sie so zu behandeln wäre meiner Ansicht nach Pest für eine kreative Unternehmenskultur. Vielmehr bilden sie eine Aufwärtsspirale, bei der jeder den anderen positiv beeinflusst.

Der Digital Producer leitet die digitalen Projekte, wobei seine Aufgabe eher der eines Fluglotsen als der eines Piloten gleicht. Er oder sie sorgt dafür, dass die unterschiedlichen Bereiche diszipliniert zusammenarbeiten. Im digitalen Zeitalter entsteht auf diese Weise äußerst innovative Werbung – wie unsere „Plane Spotting"-Plakatwand für British Airways (siehe auch Seite 129).

DER KREATIVPROZESS IM DIGITALEN ZEITALTER

Producer
Wir müssen ein Team aus ganz unterschiedlichen Spezialisten leiten – und dabei im Zeit- und Budgetplan bleiben –, um im Herzen von London ein noch nie dagewesenes Erlebnis zu ermöglichen, das zum digitalen Ökosystem von BA passt. Eine groß angelegte, integrierte Kampagne auf unterschiedlichen Kanälen, gestützt durch eine gemeinsame Technologie und Datenplattform.

Erfinder
Wenn wir eine Antenne für den ADS-B-Empfang mit Geofencing und Daten von Heathrow kombinieren, können wir Flugzeug, Flugnummer und Flugziel identifizieren. Der Bildwechsel auf der Plakatwand wird nur ausgelöst, wenn das Flugzeug darüberfliegt und die Wetterbedingungen so gut sind, dass es von der Straße aus sichtbar ist.

Programmierer
Wir brauchen einen Algorithmus, der alle Daten miteinander verbindet: ADS-B-Empfang, Fluginformationen von Heathrow, GPS-Koordinaten und aktuelles Wetter. Der Algorithmus löst den Bildwechsel auf der Plakatwand aus, wenn die vorgegebenen Bedingungen erfüllt werden.

Kreative
Wir brauchen eine Idee, die verzaubert: Ein Kind soll zum Himmel aufsehen und ein Flugzeug beobachten – und Passanten dazu anregen, es ihm gleichzutun. Wenn wir dafür die normale Anzeige auf der Plakatwand unterbrechen, erhält die Aktion noch größere Aufmerksamkeit. Egal wofür wir uns entscheiden, die Werbung muss sich nahtlos in die Marke BA einfügen.

KREATIVE TECHNOLOGIE: DAS OPTIMUM

Das Frontend

Im Frontend sorgt die Kombination aus Kreativität und Technologie für das Nutzungserlebnis, einen hart umkämpften Bereich, dessen einfache Abkürzung UX (für User Experience) über seine Komplexität hinwegtäuscht. Mit der zunehmenden Weiterentwicklung des Internets entstand die Notwendigkeit, dem Nutzer die Identifikation damit zu erleichtern. Das erste UX-Konzept stammt von Don Norman aus dem Jahr 1998, hat sich jedoch im Lauf der Zeit in eine etwas andere Richtung weiterentwickelt. Norman verstand darunter eine menschzentrierte Gestaltung. Er schreibt: „Ich habe mir den Begriff ausgedacht, weil ich der Meinung war, dass Human Interface und Benutzerfreundlichkeit zu kurz greifen: Ich wollte einen Begriff, der alle Erlebnisse, die eine Person mit einem System hat, abdeckt, also auch Industriedesign, Grafik, Oberfläche, physische Interaktion und Bedienungsanleitung."[1] Heute versteht man unter UX eher das Zusammentreffen von Informationsarchitektur, Forschung, Strategie, Inhalten, Psychologie und visueller Gestaltung.

Paradoxerweise wird UX – etwas, das angeblich alles so viel einfacher machen soll – nie mit einfachen Worten erklärt. Es ist unmöglich, ein übersichtliches Schaubild zu finden: Sie wirken alle, als hätten betrunkene Heuschrecken eine Tintenzeichnung angefertigt. Ich habe eine Theorie, woran das liegen könnte: Aus UX sind eine Reihe von Spezialisten hervorgegangen, die ihre Beziehung zueinander nie wirklich geklärt haben. Jede Spezialisierung hat ihre eigene Auffassung davon, was genau sie beinhaltet, und alle haben ein persönliches Interesse daran, das nicht allzu klar zu definieren. Die Schaubilder von Ogilvy & Mather waren leider auch nicht viel besser, weshalb ich unsere Leute bat, eine einfache und leicht verständliche Übersicht zu erarbeiten. Hier ist das Ergebnis:

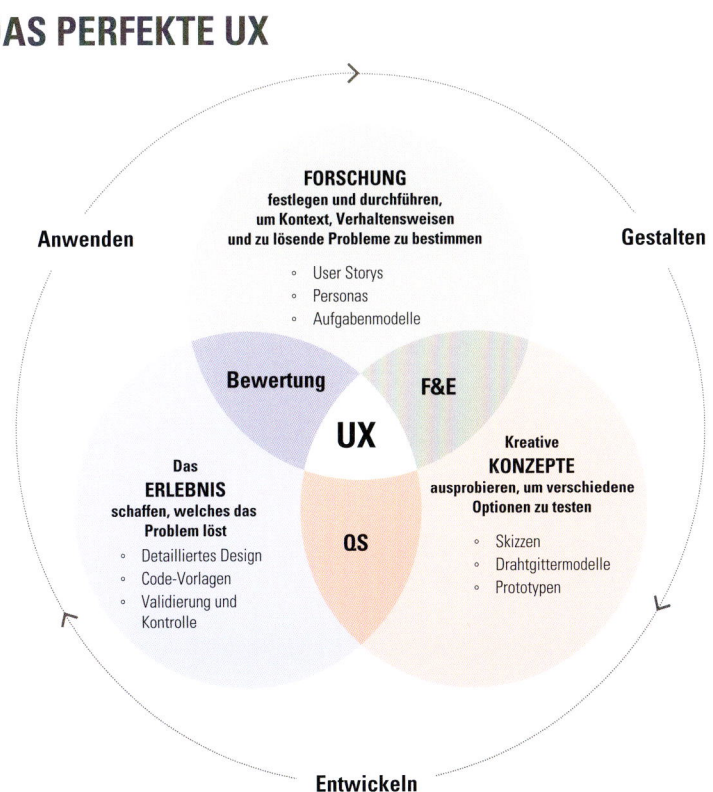

Dieses Schaubild mag nicht perfekt sein – jeder UX-Experte weiß, dass es immer noch Verbesserungsmöglichkeiten gibt –, liefert jedoch einen guten Überblick über den UX-Prozess.

Sie sehen, dass der UX-Designer an der Schnittstelle von Kundenbedürfnissen, Unternehmensbedürfnissen und deren projektspezifischer Umsetzbarkeit sitzt. UX ist eine Philosophie ebenso wie eine Praktik und in vielerlei Hinsicht jedermanns Aufgabe, vor allem in einer Agentur. Das sage ich jetzt nicht nur so: In manchen Projekten übernimmt der UX-Designer die Arbeit des Planers. In anderen die des Visual Designers.

Als wahrer Allrounder muss sich der UX-Designer in einer Agentur je nach Projekt und Plattform in den folgenden Bereichen sicher bewegen:

- Copywriting
- Informationsdesign
- Sound Design
- Motion Design
- Grafikdesign
- Interface Design
- Interaktionsdesign
- Code

Warum diese Bandbreite? Weil UX für die Werbung im digitalen Zeitalter von entscheidender Bedeutung ist. Das Nutzungserlebnis fungiert oft als Unterscheidungsmerkmal einer Marke. Uber wird gern als Beispiel für eine großartige User Experience genannt, wobei der Zauber hier weit über die elegante App hinausgeht: Uber liefert genau die Informationen, die wartenden Reisenden am wichtigsten sind, wie Fahrtpreis und Wartezeit, und kombiniert das mit einer effektiveren und nutzerfreundlicheren Verteilung von Kapital und Arbeitskräften in Form von Wagen und Fahrern. All dies verwandelt ein schlechtes Kundenerlebnis – den undurchsichtigen Taximarkt – in ein großartiges. Das Gesamterlebnis eines Verbrauchers mit Uber ist so gut durchdacht, dass es fast reibungslos funktioniert.

Und das bringt uns zu einer neuen, breiter angelegten Definition dessen, was UX beinhaltet: Wenn Sie über die wunderbare Website einer Fluglinie einen Flug buchen, der Check-in reibungslos funktioniert, der Flug dann aber schrecklich ist, dann hatten Sie ein schlechtes Nutzungserlebnis. Zwar kann der UX-Designer den Flug selbst nicht beeinflussen, wohl aber, wie die Fluglinie reagiert. Der UX-Designer ist also für die Verbesserung jedes einzelnen Aspektes einer Interaktion zwischen Marke und Konsumenten verantwortlich. Eine ebenso wichtige wie vage Aufgabe.

Das Backend

Das Backend ist der Motor – und für Unternehmen und Agenturen oft auch Grund zur Enttäuschung.

Doch vor der Enttäuschung kommt die Angst.

Wer sich auf dem Markt für Marketingtechnologie umsieht, weiß, dass er boomt. In den USA allein hat sich die Anzahl der Anbieter zwischen 2014 und 2015 *verdoppelt*.

KREATIVE TECHNOLOGIE: DAS OPTIMUM

Und natürlich hat jeder Anbieter eine Verkaufsmasche. Es ist lehrreich, sich Produktvorstellungen anzusehen, häufig einfache „Flash"-Demos, die Verbraucher ködern, allerdings nur zeigen, dass das Produkt unter kontrollierten Bedingungen und auf einfachen Plattformen reibungslos funktioniert. Es sieht so einfach aus – ist es aber nicht.

Peter de Luca hat ein Phänomen identifiziert, das er das „20-Prozent-Problem" nennt. Und er muss es wissen, denn er ist Leiter unseres Bereichs für Marketingtechnologie und verbringt sein ganzes Leben damit, dort Ordnung zu schaffen. Peter hat beobachtet, dass Unternehmen auf die Frage „Welchen Anteil der zur Verfügung stehenden Funktionen eurer Marketingtechnologie nutzt ihr?" häufig „20 Prozent" antworten oder etwas in dieser Größenordnung.

Die Gründe dafür sind primär struktureller Art. So kann es sein, dass beim Kauf der Softwarelizenz die nötigen Strukturen fehlen, oder aber zwischen den Arbeitsgruppen bzw. Abteilungen, die von der Technologie profitieren sollen, organisatorische Diskrepanzen bestehen. Enttäuschte Kunden, die den wahren Grund für ihr Problem nicht kennen, suchen sich häufig einen neuen Anbieter, um eine Software mit Funktionen zu kaufen, die sie nicht zu haben glauben (über die sie jedoch oft bereits verfügen). Danach werden sie immer noch enttäuscht sein.

Das Problem liegt also nicht in der Technologie, sondern in den internen Strukturen.

Wenn Sie überlegen, welche Arbeitsgruppen oder Abteilungen in der Organisation Ihres Kunden harmonisiert werden sollten, dann werden es wahrscheinlich die folgenden sein:

- Marketing: Hier arbeiten die Planer und Strategen, die sich Kampagnen ausdenken und diese mit Blick auf konkrete Unternehmensziele gestalten.
- Operations bzw. Kampagnendurchführung: Sie arbeiten mit den Marketingtechnologien oder den Anbietern, die die Hauptarbeit leisten.

Scott Brinker aktualisiert seine bekannte Grafik regelmäßig, da ständig neue Marketingtechnologien auf den Markt kommen. Und ja, man kann den Inhalt fast nicht lesen. Ein Wort der Warnung: Technologie ist nur dann hilfreich, wenn die Kompetenzen und Strukturen vorhanden sind, um sie optimal zu nutzen. Und vergessen Sie darüber nie die Big Idea!

KREATIVE TECHNOLOGIE: DAS OPTIMUM

WIE MARKETING-AUTOMATION NICHT FUNKTIONIERT

- Das **Marketing-Team** legt einen undurchdachten Kampagnenvorschlag vor – ohne Zielgruppenauswahl, Testplan oder Strategie für das Customer Engagement auf verschiedenen Kanälen. Das kann an mangelndem Wissen über verfügbare Daten, frühere Kampagnenerfolge oder vorhandene Funktionen der Technologieplattform liegen.
- Für diesen einfachen Kampagnenvorschlag genügen dem **Operations-Team** die Basisfunktionen der Plattform, um eine Zielgruppe zu erstellen, eine einfache E-Mail-Vorlage zu entwerfen und die Kampagne zu starten.
- Da diese Spontankampagne so einfach angelegt ist, generiert sie nur wenige Daten für das **Analytics-Team**, das damit keine aussagekräftigen Analysen durchführen und folglich nur einfache Berichte erstellen kann.

Ein einfacher Vorschlag führt zu einer einfachen Umsetzung und wenigen Erkenntnissen. Daraus ergibt sich eine – auf 20 Prozent der verfügbaren Funktionen – begrenzte Nutzung der Technologie.

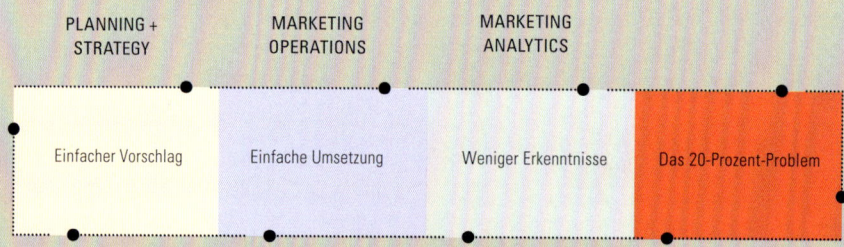

So funktioniert Marketing-Automation laut Peter de Luca.

WIE MARKETING-AUTOMATION FUNKTIONIERT

- Das **Marketing-Team** denkt strategisch. Es zeigt sich innovativ in der Auswahl der Kanäle. Es kennt die verfügbaren Daten. Es gestaltet komplexere, stärker personalisierte Kampagnen. Es weiß, was die Software kann. Kurz: Es bietet dem Operations-Team einen Anreiz, interessantere Kampagnen durchzuführen.
- Wenn das **Operations-Team** mehr Input zu strategischen und innovativen Customer-Engagement-Strategien bekommt, wird es versierter im Umgang mit der Technologie-Plattform und dazu veranlasst, die verfügbaren Funktionen besser auszureizen. Es koordiniert verschiedene Kanäle und wendet komplexe Geschäftsregeln an, um ein personalisierteres Erlebnis zu schaffen.
- So stehen dem **Analytics-Team** mehr Daten zur Analyse und mehr Tests zur Evaluierung zur Verfügung. Es versteht besser, was funktioniert und was nicht. Es kann aussagekräftigere Berichte und Dashboards für das Marketing-Team erstellen, die diesem wiederum als Inspiration für weitere Kampagnen dienen.

Dieser positive Kreislauf setzt sich nun automatisch fort.

KREATIVE TECHNOLOGIE: DAS OPTIMUM

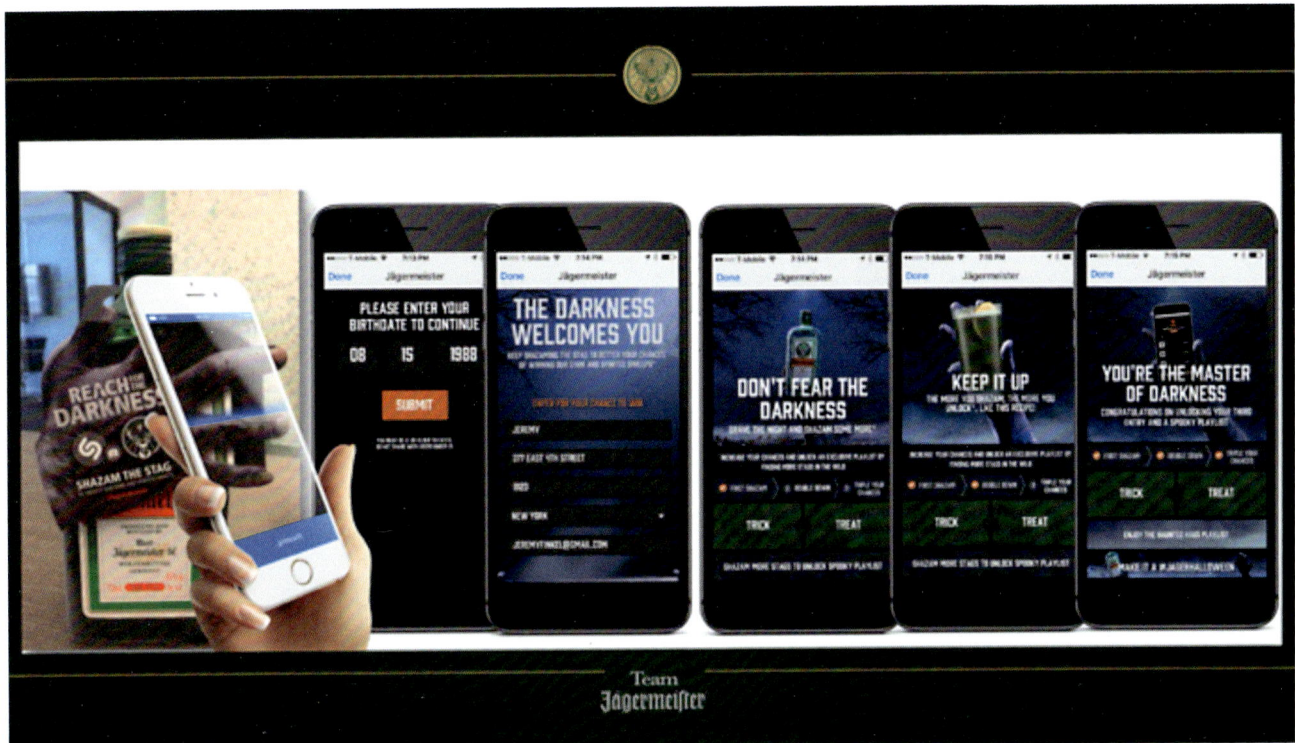

- Analytics: Hier werden Daten verarbeitet, Erkenntnisse erlangt und Kampagnenberichte erstellt.

Und was passiert, wenn alles wunderbar harmonisiert ist und sich das Backend von seiner Schokoladenseite zeigt? Erstens passt dann auch die Investition einer Marke in Marketingtechnologie mit der Beziehung zusammen, die sie sich mit ihren Kunden wünscht. Und zweitens kann man so Großartiges erreichen.

Neues Territorium – wie weit entfernt?

Der größte Hype um die digitale Revolution beinhaltete zum Zeitpunkt des Schreibens das Versprechen eines neuen Territoriums, nämlich das der virtuellen Realität (VR) und der erweiterten Realität (Augmented Reality / AR). Doch wie weit ist es noch bis dorthin? Und kann man es überhaupt erreichen?

Da die beiden Begriffe häufig verwechselt oder falsch verwendet werden, will ich sie zunächst definieren. In beiden Fällen geht es darum, mit Technologie ein intensives Erlebnis zu schaffen, doch:
- Bei der virtuellen Realität findet dieses Erlebnis in einer virtuellen Umgebung – beispielsweise in einem Film – statt, und es wird physische Präsenz simuliert.
- Bei der erweiterten Realität findet das Erlebnis in einer echten physischen Umgebung statt, die mithilfe digitaler Möglichkeiten ergänzt wird.

Dazwischen liegt ein Graubereich – die Mixed Reality.

Jägermeister tat sich für die automatisierte Multi-Kanal-Kampagne „Shazam the Stag" mit Shazam zusammen, um Millennials ein Unterhaltungserlebnis zu bieten. Da die Marke wusste, dass ihre Zielgruppe Momente liebt, die soziales Kapital erzeugen, erstellte sie hinter den Kulissen der Techno-Szene ein digitales Ticket, das an alle Flaschen, Schilder und Regalstopper in den Geschäften angebracht wurde und Zugang zu einer Welt der selbst gemixten Cocktails, der personalisierten Playlists und des Backstage-Zugangs eröffnete. Ein Kunde musste dafür lediglich ein Foto des Jägermeister-Hirsches machen. Den Rest erledigten Shazam und die Backend-Technologie.

KREATIVE TECHNOLOGIE: DAS OPTIMUM

Da Kinder sich meist wenig begeistert zeigen, wenn es ums Zähneputzen geht, nutzt die App „Toothbrush Games" erweiterte Realität, um zu sorgfältigerem Putzen anzuregen. Ein zweiminütiges Spiel mit einem Live-Video des Kindes beim Zähneputzen neben einigen witzigen Zeichentrickfiguren macht eine nervige Notwendigkeit zum spannenden Wettbewerb. Der Geniestreich? Das Spiel funktioniert nur, wenn das Mikrofon des Smartphones das Geräusch des Zähneputzens erkennt.

Üblicherweise findet in allen Fällen die „Zustellungsmethode", also wie etwas erlebt wird, die größte Beachtung. Doch möglich wurden derartige Erlebnisse erst durch Innovationen im Backend der Technologie, zu denen wesentliche Fortschritte in einzelnen Bereichen in ihrer Gesamtheit beigetragen haben.

Zum einen sind das Fortschritte in der Wahrnehmung, z. B. durch die 360°-Perspektive.

Zum anderen Fortschritte bei den Prozessen.

So weit, so gut. Und man muss schon ein Herz aus Stein haben, um angesichts des Erlebnisrausches, den dieser Innovationscocktail hervorrufen kann, völlig unberührt zu bleiben.

Nachholbedarf besteht allerdings im Bereich der Hilfsmittel, die wir für das VR-/AR-Erlebnis brauchen. Hier sind weitere technologische Fortschritte nötig – und das kann noch eine Weile dauern.

So kann man derzeit eine VR-Brille entweder selbst aus Pappkarton bauen und ans Handy anschließen oder ein VR-Headset für den Gaming-PC kaufen. Die erste Option ist billig, die zweite sehr teuer. Und mal ganz ehrlich: Die erste ist instabil und primitiv, die zweite schwer und unbequem. Es muss noch viel getan werden, bis die Chips klein genug sind, um in eine trendig aussehende Brille eingesetzt zu werden und dabei so schnelle und hoch aufgelöste Bilder zu liefern, dass sie mit der Wirklichkeit vergleichbar sind. Und damit sind wir noch nicht einmal beim größten Versprechen von VR und AR angekommen: der Haptik.

Haptische Wahrnehmung entsteht durch den Tastsinn. Technologen meinen damit eine auf Berührung basierende Interaktion mit einem Computer. Mit einem haptischen Controller können digitale Objekte in einer virtuellen Welt berührt und verändert werden. Dafür ist eine bidirektionale Gehirn-Computer-Schnittstelle nötig und man „lernt", dass man virtuelle Objekte fühlen kann. Gut gemacht wirkt das erstaunlich real: Ich habe schon Leute gesehen, die zusammenzuckten, als ein virtueller Hammer auf ihre unwirkliche Hand fiel. Doch die Idee einer massentauglichen App für die nahe Zukunft ist eine haptische Illusion. Das Frontend hinkt dem Backend hinterher – und das wird wohl auch noch etwas länger so bleiben.

KREATIVE TECHNOLOGIE: DAS OPTIMUM

Jene, die an der Weiterentwicklung dieser Technologien arbeiten, stellen sie und ihre Folgen gern als harmlos dar. Doch was passiert wirklich, wenn reale und virtuelle Welt ununterscheidbar werden. Ist das ein Vorteil? Werden wir besser kommunizieren – oder eher schlechter? Haben wir mehr vom Leben – oder weniger? Beantworten kann das zu diesem Zeitpunkt noch niemand, doch wir sollten uns zumindest diese Fragen stellen. Denn ob vor uns wirklich ein „Metaversum" dahinsaust, ist noch nicht bewiesen.

Obwohl sich das vielleicht anders anhört, stehe ich VR/AR keineswegs negativ gegenüber. Vielmehr betrachte ich sie als spannende Entwicklungen, die aus ihrem Kerngebiet – der Spielewelt – in die Werbebranche überspringen werden.

Das können wir damit erreichen:

- **Perspektive**: Wir können ganz in etwas eintauchen. Wenn wir ein Produkt simulieren, wird das Erlebnis so intensiv wie nie. Denken Sie nur an Werbung für Armbanduhren: Seit Jahren wollen uns die Uhrenhersteller weismachen, dass wir mit 2D sehen können, wie es im Inneren des Gehäuses aussieht. Jetzt werden wir dort hineingehen können, um uns die Mechanismen einer perfekt gefertigten Rolex oder Piaget ganz genau anzusehen.
- **Kontext**: Wir bekommen zusätzlichen Nutzen durch Erklärungen und Hinweise. Stellen Sie sich vor, Sie packen eine neue Küchenmaschine aus und benutzen sie zum ersten Mal. Dabei erfahren Sie nicht nur, wie man sie zusammenbaut und verwendet, sondern auch, wie man eine Mayonnaise macht, bei der jeder Tropfen Öl perfekt in die cremige Mischung eingearbeitet wird. Sie lassen Ihre Maschine mal schneller, mal langsamer laufen, während Sie das Gefühl haben, Martha Stewart stünde persönlich neben Ihnen, um Sie einzuweisen.
- **Intensität**: Emotionale Werbung kann hundertmal intensiver wirken – allerdings hat das seinen Preis. In der Werbung spricht man im Zusammenhang mit großen Produktionen gern von einer „Hymne". „Hymnische Realität" wird so manches Corporate Advertising blass aussehen lassen. Wenn Ihnen der Regenwald wichtig ist, wie viel eindrucksvoller wird es sein, ihn immersiv zu erleben, statt nur durch die Beschreibung eines Dritten.

Jim Beam stellt einen beliebten Bourbon her, den Devil's Cut, doch von außen sieht man nicht, was diesen Whiskey so besonders macht. Dazu muss man wissen, wie er hergestellt wurde, und um das zu demonstrieren, arbeitete Jim Beam mit Bottle Rocket zusammen. Sie schufen ein immersives VR-Erlebnis, das zeigt, wie ein Bourbon zum Devil's Cut wird. Nur mit VR gelangen Sie direkt in die Flasche!

KAMERAS, HEADSETS UND HAPTIK

Früher war für die Erstellung eines 360°-Videos eine speziell dafür vorgesehene Kamera nötig. Heute ist die Technologie so weit ausgereift, dass Bridgekameras für 360°-Aufnahmen überall erhältlich sind. Animierte VR entsteht ebenso wie normale Computeranimation in einer virtuellen Umgebung.

Headsets tragen einen Großteil zum VR-Erlebnis bei, indem sie Augen und Ohren in eine virtuelle Umgebung eintauchen lassen. Sensoren erkennen Kopf- und Körperbewegungen und erwecken das Gefühl, man bewege sich durch diese künstliche Welt. Komplexere Setups verfügen über externe Sensoren, die einen virtuellen Raum schaffen, in dem sich der Nutzer bewegen kann. Es gibt teure Hightech-Headsets und billige Pappmodelle, in die das Handy als Bildschirm eingefügt wird. VR-Headsets werden mit erstaunlicher Geschwindigkeit weiterentwickelt: Während heute noch die meisten kabelgebunden sind, wird die nächste Generation kabellos sein und damit zu einem noch stärkeren Realitätsgefühl beitragen. In Systemen der Zukunft, die viel kleiner und weniger aufdringlich sein werden, wird man sich wahrscheinlich auf Mixed Reality konzentrieren und so dafür sorgen, dass die reale Welt ein Teil der gewählten virtuellen Umgebung werden kann.

Mit Haptik fühlen sich Simulationen echter an. Jeder, der schon einmal ein modernes Videospiel gespielt hat, wird das Vibrieren des Controllers kennen, das zu einer Handlung aufruft. In VR ist das Ganze etwas komplexer. Zwar ist die Idee dahinter dieselbe, doch kommt ein weiteres Element dazu: Haptische Controller ermöglichen es dem Spieler, Objekte in der virtuellen Umgebung „anzufassen". Um vorzutäuschen, dass der Spieler die Objekte tatsächlich berührt, gibt der Controller physische Rückmeldung. Das ist heute. Die Geräte der Zukunft werden Hand- und Fingerpositionen im Raum ablesen und passenderes Feedback geben – und damit für ein noch stärkeres Realitätsgefühl sorgen. Es besteht das Potenzial, weit über Unterhaltungsanwendungen hinauszugehen – im Guten wie im Schlechten. Lesen Sie das Buch *Ready Player One* über eine dystopische Welt, die auf virtueller Realität und Haptik basiert. Der gleichnamige Film erschien 2018 in den Kinos.

Doch ich sehe den praktischen Nutzen von VR/AR hauptsächlich im informativen Bereich. Ein Rundgang durch das Alamo, bei dem Interessantes mitgeteilt wird, scheint eine logische Anwendung. Andererseits wäre kontinuierlicher, irrelevanter Kontext auf der Fahrt zur Arbeit eher anstrengend.

Das Gleiche gilt auch für die Werbung. Während die Tendenz automatisch in Richtung glanzvoller Verbraucheranwendungen geht, scheint die Demonstrationsfähigkeit von VR/AR auch für eine Nutzung im B2B-Bereich zu sprechen, besonders in hochwertigen Kategorien wie bei der Auswahl neuer Firmenwagen oder eines Architekten.

Im Konsumgüterbereich kommt automatisch alles infrage, was sich für eine Demonstration eignet: von der kunstvollen Anfertigung von Luxusgütern bis hin zur Wirksamkeit von Pflegeprodukten, der Leistung eines neuen SUVs oder dem trendigen Design eines mediterranen Ferienresorts.

Mit Pokémon Go scheint eine Ära der erweiterten Realität begonnen zu haben: Tausende Pokémon-Fans liefen dabei durch die Stadt und versuchten, computergenerierte Fantasiewesen einzufangen. Doch bei Erlebnissen im Unterhaltungsbereich wird es nicht bleiben, vielmehr wird AR auch in Tourismus, Bildung und Medizin Einzug halten. Ich gebe zu, es ist unwahrscheinlich, dass ich Pokémons jagen werde – aber eine historische Tour durch London oder Peking mit einer AR-Reise-App wäre fantastisch. Mit der Realitätserweiterung durch das Digitale entstehen jede Menge Verbindungen – in die Vergangenheit, in die Gegenwart, in die Zukunft und zu alternativen Versionen dieser drei.

VR und AR sind die Technologien des Augenblicks, doch mit dem zunehmend omnipräsenten Internet der Dinge (Internet of Things / IoT) entstehen neue Möglichkeiten der Verschmelzung mit einer steigenden Anzahl verbundener Geräte. Tracker und Smartwatches haben die Funktionen unserer Mobilgeräte bereits erweitert und Marken einen weiteren Kanal eröffnet.

Doch dieselben Technologien, die Frontend und Backend, virtuelle und erweiterte Realität ermöglichen, regen auch zu anderen Erfindungen an, die die Grenzen zwischen Werbung, Produktentwicklung und Marketing weiter verschwimmen lassen.

Und hier ist wieder ein Wort der Warnung angesagt, denn letztendlich sind all dies nur technische Möglichkeiten. Sie sind nur so interessant, spannend und dauerhaft wie die Ideen, die dahinterstecken – und die Marken, die dafür bezahlen.

Gegenüber: VR, AR und Mixed Reality sind für die Erzeugung eines Erlebnisses auf verschiedene technologische Neuheiten angewiesen, die rasant weiterentwickelt werden. Während viele dieser Geräte derzeit noch recht schwierig zu finden sind, wird VR-Technologie für Verbraucher immer unauffälliger, und die Preise sinken merklich. Bald – wann genau, ist noch nicht absehbar – werden die Geräte nutzerfreundlich und günstig genug sein, damit nicht nur Erstanwender, sondern auch Mainstream-Kunden daran interessiert sind.

Die Dash Buttons von Amazon sind einfache, an ein Produkt gekoppelte Geräte, die über eine WLAN-Verbindung verfügen. Wenn Sie den Dash Button an Ihrem Mobilgerät eingerichtet haben, können Sie per Knopfdruck ein bestimmtes Produkt auf Amazon bestellen. Kein Waschpulver mehr? Drücken Sie den Dash Button, um eine neue Packung nach Hause geliefert zu bekommen. Das innovative Gerät leistet mehr, als nur eine Verbindung zum „Internet der Dinge" herzustellen: Es verbindet das Internet mit Marken. Stellen Sie sich einmal vor, was man mit solchen Geräten noch alles tun könnte!

KREATIVE TECHNOLOGIE: DAS OPTIMUM

WO SIND ALL DIE POKEMÓN HIN?

Im Sommer 2016 wurde eine Bewegung gestartet, die Menschen überall auf der Welt – wenigstens eine Zeit lang – in ihren Bann zog.

Mit der Entwicklung eines Nebenprojektes – eines Videospiels, bei dem die Nutzer in ihren Städten Monster jagen und auf ihrem Smartphone digitale Bälle werfen, um diese zu fangen – machte das relativ unbekannte Unternehmen Niantic die erweiterte Realität massentauglich. Das Spiel Pokémon Go wurde am 6. Juli 2016 eingeführt und die Welt flippte aus.

Warum der plötzliche Hype? Erstens, weil es bereits seit den späten 1990er-Jahren ein erfolgreiches Pokémon-Franchise gab. Zweitens wegen einer inhärenten viralen Plattform, deren Spieler quasi als lebendige, Monster jagende Werbespots durch die Welt liefen und mit ihrem Verhalten die Aufmerksamkeit verwirrter Passanten auf sich zogen. Und drittens wegen des schnell einsetzenden App-Store-Effekts.

Pokémon Go begann als Experiment der Google-Abteilungen Maps und Earth.

Pokémon Go war bereits eine Woche nach Einführung die meist heruntergeladene App aller Zeiten, mit 7,2 Millionen Downloads im Vergleich zu schlappen 2,2 Millionen für Angry Birds 2. Und mit mehr als 500 Millionen Downloads in wenig mehr als einem Jahr blieb Pokémon Go an der Spitze. Der kostenlose Download mit In-App-Käufen brachte Apples App-Store in jenem Monat Rekordumsätze ein. Pokémon Go verdiente mit AR-Monstern echtes Geld.

Mitte Juli befand sich der Pokémon-Wahn in vollem Gange. Als im New Yorker Central Park ein seltener Pokémon entdeckt wurde, schwärmten tausende Spieler dorthin, um Punkte zu sammeln und ihren Tabellenplatz zu verbessern. Nur wenige bemerkten Sänger Justin Bieber in der Menge: Alle konzentrierten sich auf die Monster im Smartphone-Display und nicht auf reale Celebrities in ihrer Mitte! Berichten zufolge waren manche Nutzer durch das Spiel derart abge-

600 Millionen $	5,4 Milliarden Meilen	43 Minuten
Umsatz in 90 Tagen.	sind Pokémon-Go-Spieler gelaufen.	wurden pro Tag mit der App verbracht.
2,5 Mal schneller als Candy Crush Saga.	Fast einmal um Pluto herum.	Zum Vergleich Whatsapp: 30 Minuten.
Quelle: AppAnnie	*Quelle: GameSpot, 27. Februar 2017.*	*Quelle: SimilarWeb, 8. Juli 2016, US Android App Data.*

KREATIVE TECHNOLOGIE: DAS OPTIMUM

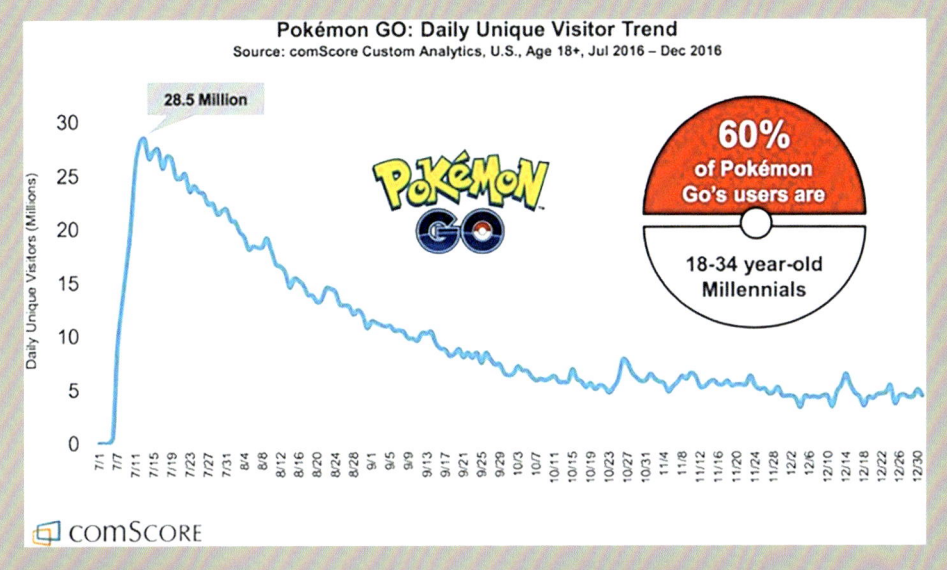

Ein bekanntes Muster: Ein Hype führt zu einem dramatischen Anstieg der Unique Visitors. Dann folgt eine Phase des Rückgangs, bis das natürliche Niveau der wirklich interessierten Nutzer erreicht ist. Spiele für Mobilgeräte – wie Candy Crush Saga und Clash of Clans – scheinen von Hypes besonders betroffen zu sein.

In London wurde ein Werbeplakat für neue Pokémon-Features entdeckt – eigentlich passend für ein Spiel, das in der realen Welt stattfindet, allerdings erstaunlich „un-erweitert". Selbst die digitalsten aller Plattformen greifen auf traditionelle Methoden zurück, um Aufmerksamkeit zu erregen und Nutzerzahlen zu steigern.

lenkt, dass sie sich selbst in Gefahr brachten: Ein Spieler fiel von einem Felsen, andere wurden ausgeraubt, während sie in unbekannten Straßen Monster suchten. Nach nur wenigen Wochen erreichte die App ihre höchste Nutzerzahl: 28,5 Millionen Unique User.

Doch dann holte die Realität Pokémon Go doch noch ein: Ab dem Spätsommer sank das Interesse plötzlich und die Nutzerzahl pendelte sich schließlich bei etwa 5 Millionen ein. Dieses Muster – plötzliches Masseninteresse, das schnell wieder nachlässt – ist typisch für die Modeerscheinungen des Internetzeitalters. Ähnlich erging es beispielsweise auch beliebten Handyspielen wie Candy Crush Saga und viralen Sensationen wie der ALS Ice Bucket Challenge (Seiten 168–169).

Doch die fallenden Nutzerzahlen bedeuten keineswegs eine Schicksalswende für Pokémon Go. Seit Einführung des Spiels haben 5 Millionen hochaktive Nutzer unglaubliche 1,7 Milliarden Dollar eingebracht. Und Pokémon hat uns gezeigt, was möglich ist: AR-Erlebnisse sorgen mit Fantasiewelten, die die Realität überlagern, für unglaublichen Nutzereinsatz und enorme Verdienstmöglichkeiten. Mit der zunehmenden Erweiterung der Realität durch das Digitale werden wir eine Bereicherung unserer Sinne erleben und scheinbar in der Lage sein, durch 5.000 Jahre Zivilisation zu reisen – durch Raum und Zeit, von einer Welt zur nächsten – und nebenbei ein paar Monster zu fangen.

DIE DREI SCHLACHTFELDER

12 DIE DREI SCHLACHTFELDER: SOZIALE MEDIEN, MOBILITÄT, CONTINUOUS COMMERCE

Während das digitale Zeitalter langsam erwachsen wird, bleiben drei große, heiß diskutierte Schlachtfelder, deren Zukunft noch nicht entschieden ist. Das Erste sind die sozialen Medien.

Die sozialen Medien wieder sozial machen

Wenn es jemals einen digitalen Garten Eden gab, dann war es wohl die Frühphase der sozialen Medien, als man noch naiv und hoffnungsvoll war und Freundschaften grafisch dargestellt und auf scheinbar endlose, experimentelle Weise erweitert werden konnten.

Diese frühe Auffassung von sozialen Medien – die Aufmerksamkeit, die zuerst der sozialen Grafik des Einzelnen und dann der kollektiven Verbreitung durch Mundpropaganda galt – scheint immer noch ihre Gültigkeit zu haben, aus heutiger Sicht allerdings nicht mehr ausreichend zu sein. Da es keine präziseren und detaillierteren Vergleichsmöglichkeiten gab, galt ganz einfach: Je mehr Fans (oder Follower), desto besser. Die Anzahl der geteilten Inhalte oder der Follower wurde zur akzeptablen Messgröße für die Markenbeliebtheit. Doch die schiere Masse der

NUTZUNGSDAUER UND REICHWEITE DER GRÖSSTEN SOZIALEN NETZWERKE BEI 18- BIS 34-JÄHRIGEN

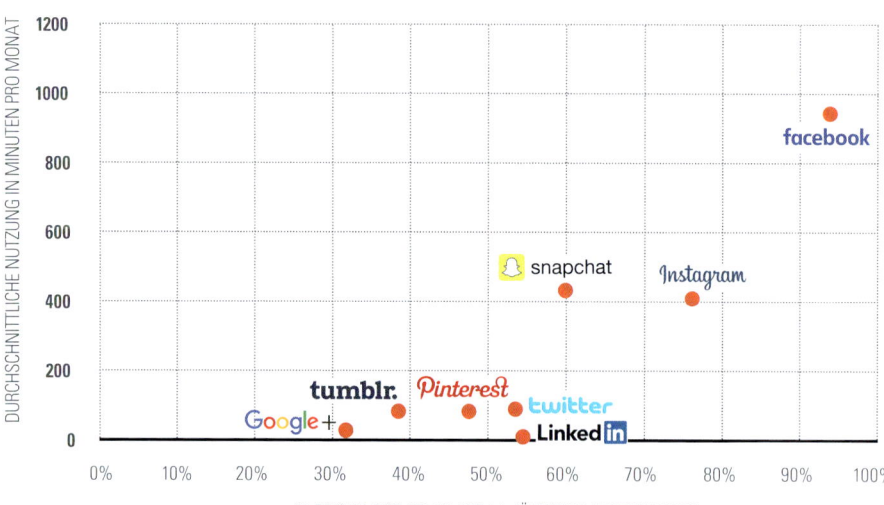

Facebook ist das soziale Netzwerk Nummer 1 in den USA. Laut comScore nutzt fast jeder 18- bis 34-jährige Amerikaner Facebook mehr als 1.000 Minuten – fast 17 Stunden – pro Monat. Aber behalten Sie Instagram im Auge! Das Netzwerk entwickelt sich zur Lieblingsplattform der jüngeren Millennials.

DIE DREI SCHLACHTFELDER

Verbindungen war überwältigend. 2015 verbrachte der Durchschnittsamerikaner 3,7 Stunden täglich am Smartphone; Lateinamerikaner hielten sich durchschnittlich 6,1 Stunden pro Tag in den sozialen Medien auf.

Das Marketing verabscheut die Leere, also stürmten die Marken die sozialen Netzwerke, und die Verbreitung von Markeninhalten über die sozialen Medien stieg rasant an.

Doch etwas stimmte nicht. Die Nutzer waren unzufrieden. Unsere Forschung zeigte, dass beinah 80 Prozent der Social-Media-Nutzer die Online-Werbung für mittelmäßig bis schlecht hielten. Andere Studien ergaben, dass 80 Prozent der B2C-(Business-to-Customer-)Inhalte von Verbrauchern nicht bemerkt wurden.

Was war passiert?

Im Wettrennen um die meisten Fans waren die Fans zur Zielgruppe geworden, und die Marken taten sich keinen Gefallen, als sie damit begannen, undifferenzierte Werbebotschaften an sie zu übermitteln – eigentlich typisch für analoges Marketing.

Die Inhalte waren oft oberflächlich. Als Audi in #PaidMyDues mit einer Reihe „künstlerischer" Bilder arbeitete, erntete die Marke viel Kritik. Die Fans bestanden darauf, dass auf Instagram wieder Fotos von Autos gezeigt würden – schließlich war das der Grund, warum sie Audi folgten.

Authentizität ist in sozialen Netzwerken wichtig. Als Audi mit #PaidMyDues im Instagram-Feed zu sehr von seiner Kernkompetenz abwich, forderte die Zielgruppe die Marke auf, wieder zum Thema Auto zurückzukehren.

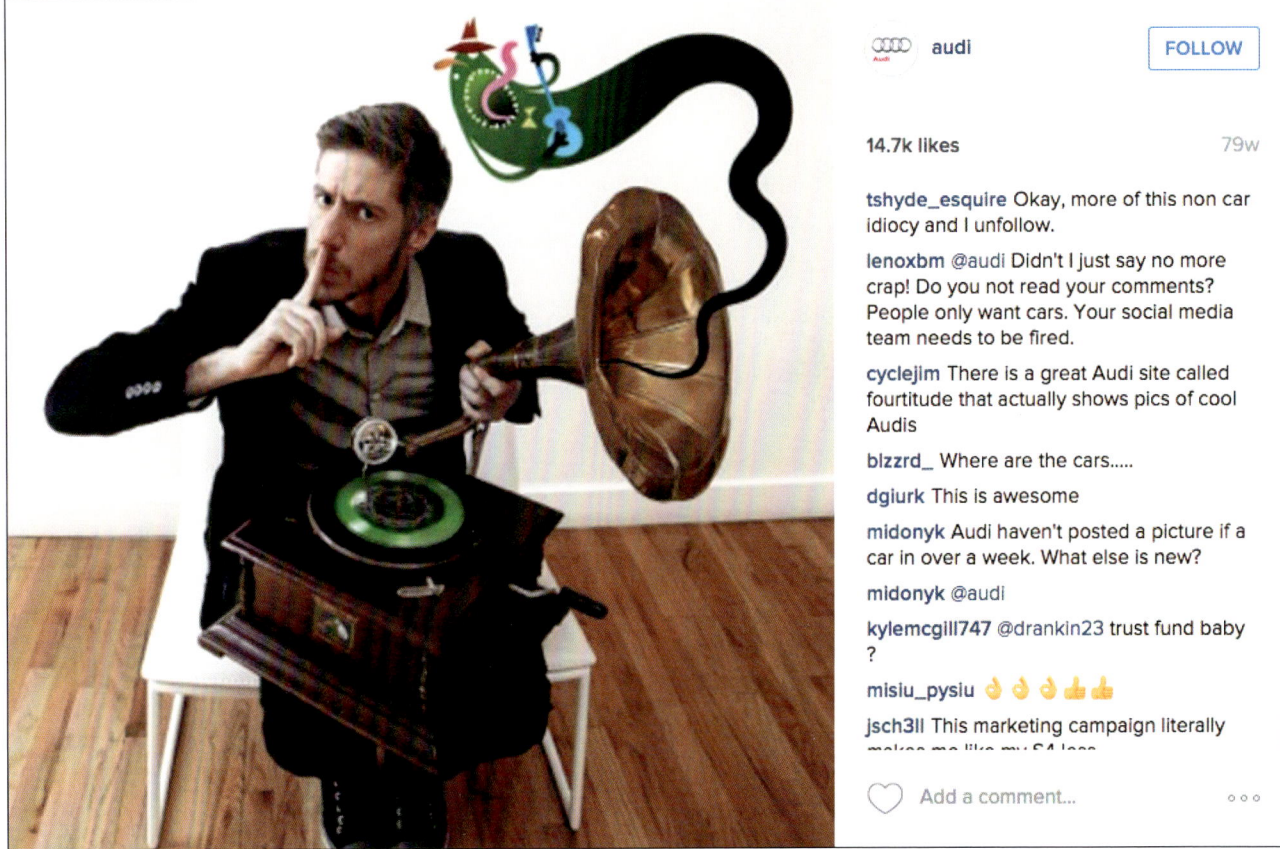

DIE DREI SCHLACHTFELDER

Hashtags können gefährlich sein. Das bekam die Polizeibehörde der Stadt New York (NYPD) zu spüren, als ihr Hashtag #MyNYPD gegen sie verwendet wurde, um Kritik an den Methoden bei der Verbrechensbekämpfung zu üben.

Außerdem können sinnlose Online-Aktivitäten nach hinten losgehen, wie das New York Police Department (NYPD) feststellen musste, als es mit dem Hashtag #MyNYPD einen unnötigen Weg einschlug.

Kein Wunder, dass die Zielgruppe zurückschlug – was blieb ihr anderes übrig.

Um sich selbst zu schützen, begannen die Nutzer damit, ihr soziales Umfeld einzuschränken, sich in kleinere private Netzwerke zurückzuziehen, nach Mauern für ihre Gärten zu suchen. Geschlossene und intime soziale Netzwerke wie WhatsApp, WeChat oder Facebook Messenger – „ummauerte Gärten" – erlebten einen Boom. Gleichzeitig begannen die sozialen Medien, verstärkt Filteralgorithmen einzusetzen.

2014 bemerkten wir eine geringere Aktivität auf Kundenwebsites und ließen mehr als 100 soziale Präsenzen weltweit analysieren. Dabei stellten wir einen Rückgang der organischen Suche fest – bevor Anbieter wie Facebook das erkannt hatten bzw. zugaben.

Einfach ausgedrückt waren diese Daten der Beweis für das Ende einer Ära: Die organische Verbreitung von Inhalten durch Mundpropaganda war nicht mehr möglich. Die Nutzung der

FACEBOOK ZERO

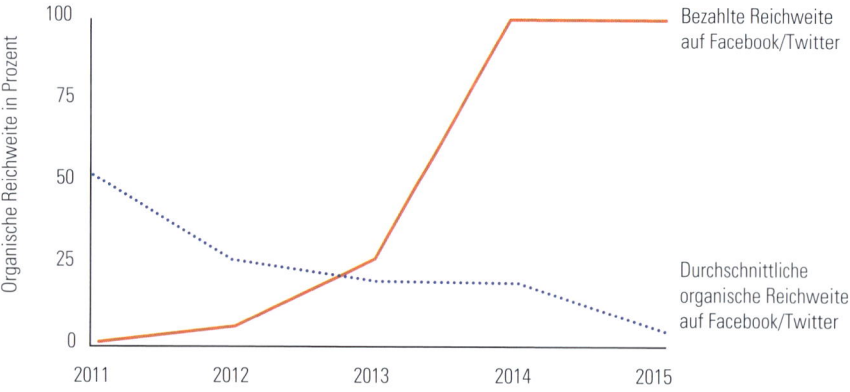

Als die Chancen, durch die organische Suche auf Facebook gefunden zu werden, schwanden, zeigten sich Marken zunehmend bereit, für das Erreichen ihrer Zielgruppen zu bezahlen.

sozialen Medien fiel nun überwiegend nicht mehr in den Bereich „Earned" des Paid-Owned-Earned-Modells, sondern in den Bereich „Paid".

Gleichzeitig begannen wir, besser zu verstehen, was ein Fan eigentlich ist. Bis dahin war die Branche von einer Wunschvorstellung beherrscht: Markeninhaber wollten glauben, dass jemand, der etwas Positives über ihre Marke sagt, automatisch ein Fürsprecher der Marke sei. Doch das ist nicht zwingend der Fall.

Gewiss, es mangelt nicht an „Likes" und Followers. 84 Prozent der Befragten in elf Märkten gaben an, einer Marke, einem Produkt oder einem Service zu folgen oder ein „Gefällt mir" hinterlassen zu haben. Mehr als die Hälfte hatte sogar mit der Marke kommuniziert, wobei 79 Prozent nie eine Antwort erhielten – eine heilsame Erkenntnis, die etwas Luft aus den Blasen um soziales Marketing lässt. Etwa sechs von zehn Nutzern sind „Sharer": Sie teilen ihre Markenerlebnisse mit anderen – und zwar sowohl die positiven als auch die negativen.

Ein Follower ist nicht automatisch ein Hauptgewinn – dafür muss man die wahren Fürsprecher einer Marke finden, und das sind nur zwei von zehn Followern. Sie sind aktiver und suchen die direkte Interaktion mit der Marke. Sie mögen den Umgang mit Marken und verfügen über ein Netzwerk, in dem viel über Marken gesprochen wird. Sie wollen News. Sie brauchen Rückmeldung. Und sie sind schonungslos in ihrer Kritik. Sie diskutieren schlechte Markenerlebnisse fast ebenso gern online wie „Sharer". Die im Direktmarketing bewährte Vorgehensweise „Kunden werben Kunden" kann schnell umschlagen in „Kunden verlieren Kunden".

Neben diesen ernüchternden Tatsachen bleiben außerdem viele Maßnahmen des Social-Media-Marketings ungeplant, ungemessen und ungenutzt.

Die Zukunft liegt in etwas, das wir „tiefsozial" nennen. Die sozialen Medien sind in gewisser Weise erwachsen geworden. Es ist wichtig, die Marketing- und Sendungsmentalität abzulegen und gegen die Denkweise eines Verlegers mit maßgeschneidertem Angebot einzutauschen. Statt oberflächlicher Inhalte zählen anspruchsvolle Erkenntnisse, interessante Geschichten – und ganz besonders die Gespräche, um die es den Pionieren der sozialen Medien ursprünglich ging.

VON SOZIAL ZU TIEFSOZIAL

ELEMENTAR

Kampagnen und Taktiken

Plattformpräsenz statt -strategie

Unkoordiniertes Community-Management

Kreativer Schwerpunkt liegt auf Kanälen für kleinere taktische Ideen

STRATEGISCH

Ad-hoc-Integration ins Unternehmen

Kommunikationskanal, nicht an Geschäftsergebnisse geknüpft

Einsatz der sozialen Medien in manchen Phasen der Customer Journey

Soziale Medien werden im Kreativbereich erst nachträglich bedacht

TRANSFORMATIV

Aufbau von Marken, Unternehmen und Ansehen

Soziale Medien wirken über die Plattform hinaus

Soziale Medien werden in jeder Phase berücksichtigt

Kreative Ideen sind Alleinherrscher; Kanäle dienen den Ideen

Die Nutzung der sozialen Medien reicht von elementar über strategisch bis hin zu transformativ – wenn Taktiken tiefgehenden Erkenntnissen und spannenden Geschichten weichen – in jeder Phase der Customer Journey.

HALL OF FAME: DIE ALS ICE BUCKET CHALLENGE

DIE ALS ICE BUCKET CHALLENGE

Wenn Sie das zur Smithsonian Institution gehörende National Museum of American History in Washington besuchen, werden Sie dort einen ganz gewöhnlichen Eimer finden. Einen Eimer? Warum das denn bitteschön? Nun, damit begann eine der aufsehenerregendsten Marketingkampagnen des digitalen Zeitalters.

Im August 2014 schütteten sich Stars, Wirtschaftsgrößen und Millionen andere freiwillig einen Eimer eiskalten Wassers über den Kopf und spendeten mit dieser Geste etwas für die relativ unbekannte Nervenkrankheit Amyotrophe Lateralsklerose (ALS). (Manche erhöhten allerdings lieber den Spendenbetrag, um ihrem eiskalten Schicksal zu entgehen – wie US-Präsident Barack Obama und der britische Premierminister David Cameron.) Die ALS Association traf das plötzliche Interesse an der Krankheit gänzlich unerwartet; die Challenge war nicht intern erdacht worden, und die Organisation bemerkte erst, dass etwas Ungewöhnliches im Gange war, als das Spendenrinnsal zu einem Spendenwasserfall wurde.

Der Eimer, mit dem die Bewegung begann und den Jeanette Senerchia früher benutzte, um ihren Fußboden zu wischen, ist heute stolzer Teil der Ausstellung „Giving for America" der Smithsonian Institution.

Was war passiert? Um das herauszufinden, müssen wir zuerst nach Pelham fahren, eine Kleinstadt in Westchester, New York, nur eine halbe Stunde im Zug von der Grand-Central-Station und doch Lichtjahre vom geschäftigen Manhattan entfernt. Die nicht einmal 7.000 Einwohner kennen einander gut oder kennen jemanden, der wieder jemanden kennt. Genau diese freundliche, gemeinschaftliche Atmosphäre war Voraussetzung dafür, dass die ALS Ice Bucket Challenge funktionierte.

In Pelham lebte Jeanette Senerchia, eine nette, bescheidene Frau, deren Mann Anthony an ALS erkrankt war. Für diese relativ unbekannte Nervenkrankheit, auch Lou-Gehrig-Syndrom genannt, gibt es derzeit keine Heilung. Oft lebt eine an ALS erkrankte Person nur noch wenige Jahre, da die für die Muskelbewegungen verantwortlichen Nervenzellen sehr schnell degenerieren. Professor Stephen Hawking lebte bekanntermaßen ein halbes Jahrhundert mit der Krankheit, doch er hatte mehr Glück als viele andere. ALS ist tödlich.

Jeanette hatte eine „sehr kleine" Stiftung, wie sie es nannte, die ein bisschen Geld sammelte, um für ALS zu sensibilisieren und den betroffenen Familien zu helfen. Der Mann ihrer Cousine, ein Profigolfer in Sarasota, zu dem sie ein sehr gutes Verhältnis hat, schickte ihr eines Tages eine SMS, in der er schrieb: „Schau auf deine Facebook-Seite". Dort war die Ice Bucket Challenge zu sehen, auf die er in seinem Netzwerk gestoßen war, die jedoch bis dahin nicht mit einem bestimmten Zweck verbunden und auch auf keine große Resonanz gestoßen war. Also dachte er an Jeanette und ihre „sehr kleine" Stiftung. Jeanette erzählte mir, sie habe zurückgeschrieben „Das soll wohl ein Scherz sein!", die Herausforderung dann aber doch angenommen. Anschließend nominierte sie gute Freunde in Pehlham. Und diese nominierten ihre Freunde und so weiter. Ausgehend von ein paar wenigen Einwohnern breitete sich die Challenge zunächst in der Gemeinde aus, dann in Nachbarstädten und schließlich auf Facebook, wo sie riesige Wellen schlug.

Der Gigant der sozialen Netzwerke ist kein nebulöses Universum der Unbekannten, sondern ein Netzwerk der Communities, in dem sich überzeugende Inhalte und Ideen rasend schnell weiterverbreiten. Nach wenigen Wochen hatte Facebook-Gründer Mark Zuckerberg die Herausforderung angenommen (nominiert von Chris Christie, Gouverneur von New Jersey), ebenso wie andere Prominente, darunter Justin Timberlake, David Beckham und Justin Bieber, dessen Video allein eine Million „Likes" erhielt.

Und aus den „Likes" wurden Spenden. In nur einem Monat sammelte die ALS Association in den USA beinah 100 Millionen Dollar, im Vergleich zu schlappen 2,7 Millionen Dollar im selben Vorjahreszeitraum. Mehr als zwei Millionen Videos und 4,5 Millionen Erwähnungen auf Twitter sättigten die sozialen und traditionellen Medien und sorgten für einen sprunghaften Anstieg der Sensibilisierung für die Krankheit. Suchanfragen über ALS nahmen stark zu; der entsprechende Wikipedia-Eintrag wurde im August 2014 2,7 Millionen Mal aufgerufen, im Vergleich zu 1,6 Millionen Mal in den vorangegangenen 12 Monaten.

Doch einige Kritiker sprachen in Verbindung mit der ALS Ice Bucket Challenge von

Facebook-Gründer Mark Zuckerberg nimmt die ALS Ice Bucket Challenge an. Nominiert hat ihn Chris Christie, der Gouverneur von New Jersey. Mark Zuckerberg forderte daraufhin Microsoft-Gründer Bill Gates, Facebook-COO Sheryl Sandberg und Netflix-CEO Reed Hastings heraus.

„Slacktivism", einer Mischung aus Unterhaltung und Empathie zur Vermeidung eines ernsthaften Engagements für die Sache. Zwar verfolgte die Kampagne dank Jeanette einen guten Zweck, doch lief die Stiftung Gefahr, zu einer Randbemerkung in den YouTube-Kommentaren reduziert zu werden, da der Schwerpunkt auf dem Eimer statt dem Zweck, den LOLS statt ALS zu liegen schien. Andere zeigten sich besorgt über die plötzliche Konzentration von Spendengeldern auf eine Sache, wo sie sonst vielen verschiedenen Zwecken zugutegekommen wären. Es überrascht kaum, dass jene, die mit der Krankheit zu tun haben, die Kampagne verteidigten und sich über die großflächige Sensibilisierung und die riesige Unterstützung freuten.

Es kann durchaus sein, dass die Kritiker diesmal falsch lagen.

Erst vor Kurzem entdeckten Forscher ein neues Gen, das mit der Krankheit in Verbindung gebracht wird und Aufschluss über den Krankheitsauslöser und Behandlungsmöglichkeiten geben könnte. Dieser Durchbruch wurde durch die ALS Ice Bucket Challenge finanziert: Von den 115 Millionen Dollar Spendengeldern, die während der acht Wochen eingegangen waren, in denen sich die Kampagne viral verbreitet hatte, wurden 77 Millionen Dollar für die Forschung verwendet. Eine Million Dollar – ein Tropfen im Eimer – ging an die klugen Wissenschaftler der University of Massachusetts Medical School, die für die Entdeckung verantwortlich waren.

Es gibt wohl wenig, das so sehr belebt, wie sich einen Eimer eiskalten Wassers über den Kopf zu schütten. Der größere Schock kam aber vielleicht in Form der ungeplanten Kampagne, die Spaß, Gruppenzwang und eine Prise Online-Narzissmus kombinierte und einen wissenschaftlichen Durchbruch erntete. Möglich war dies durch die Verbindung von kleinstädtischer Vertrautheit und Social-Media-Buzz.

DIE DREI SCHLACHTFELDER

Was bedeutet das?

Erstens, dass die sozialen Medien in allen Phasen der Customer Journey eingesetzt werden sollten. Am Beispiel britischer Telefonanbieter sehen wir, dass es die Unternehmen nicht einmal schaffen, ihre Präsenz in den sozialen Medien für die Phasen Aufmerksamkeit, Abwägung und Kundenbindung optimal zu nutzen.

VERGLEICH BRITISCHER TELEFONANBIETER IM VERLAUF DER CUSTOMER JOURNEY

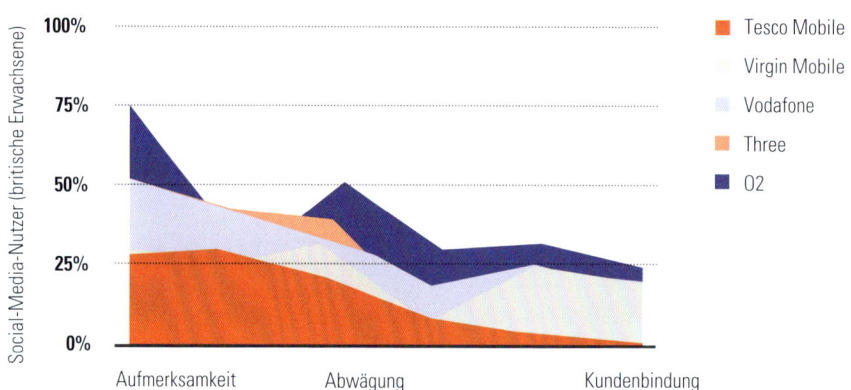

Bei der Interaktion mit Konsumenten in den sozialen Medien sind die Telefonanbieter in Großbritannien unterschiedlich gut. O2 macht immerhin manches richtig, schafft bei einer Mehrzahl der britischen Social-Media-Nutzer ein Bewusstsein für die Marke und nimmt einige mit in die zweite Phase. Doch keines der Unternehmen schafft es auch nur annähernd, die sozialen Medien über die gesamte Customer Journey optimal zu nutzen.

Zweitens, dass es zwar leicht ist, von „Gesprächen" zu sprechen, jedoch recht schwierig, das Konzept tatsächlich zu verstehen. Wenn man es analysiert und grafisch darstellt, erkennt man, welche Inhalte die Gesprächspartner interessieren, welche Plattformen sie nutzen und wie sie sich in sozialen Medien verhalten (siehe Grafik gegenüber).

Drittens, dass manche Gesprächspartner in den sozialen Medien wichtiger sind als andere. Journalisten sind dafür ein wenig überraschendes Beispiel. Sehen Sie sich nur die Zahlen unten an.

INFLUENCER SIND WICHTIG

Die sozialen Medien verfügen über besondere Macht, wenn sie Einfluss auf die Influencer ausüben. Journalisten nutzen die sozialen Medien für die Recherche, die Überprüfung von Informationen und die Veröffentlichung von Artikeln.

DIE DREI SCHLACHTFELDER

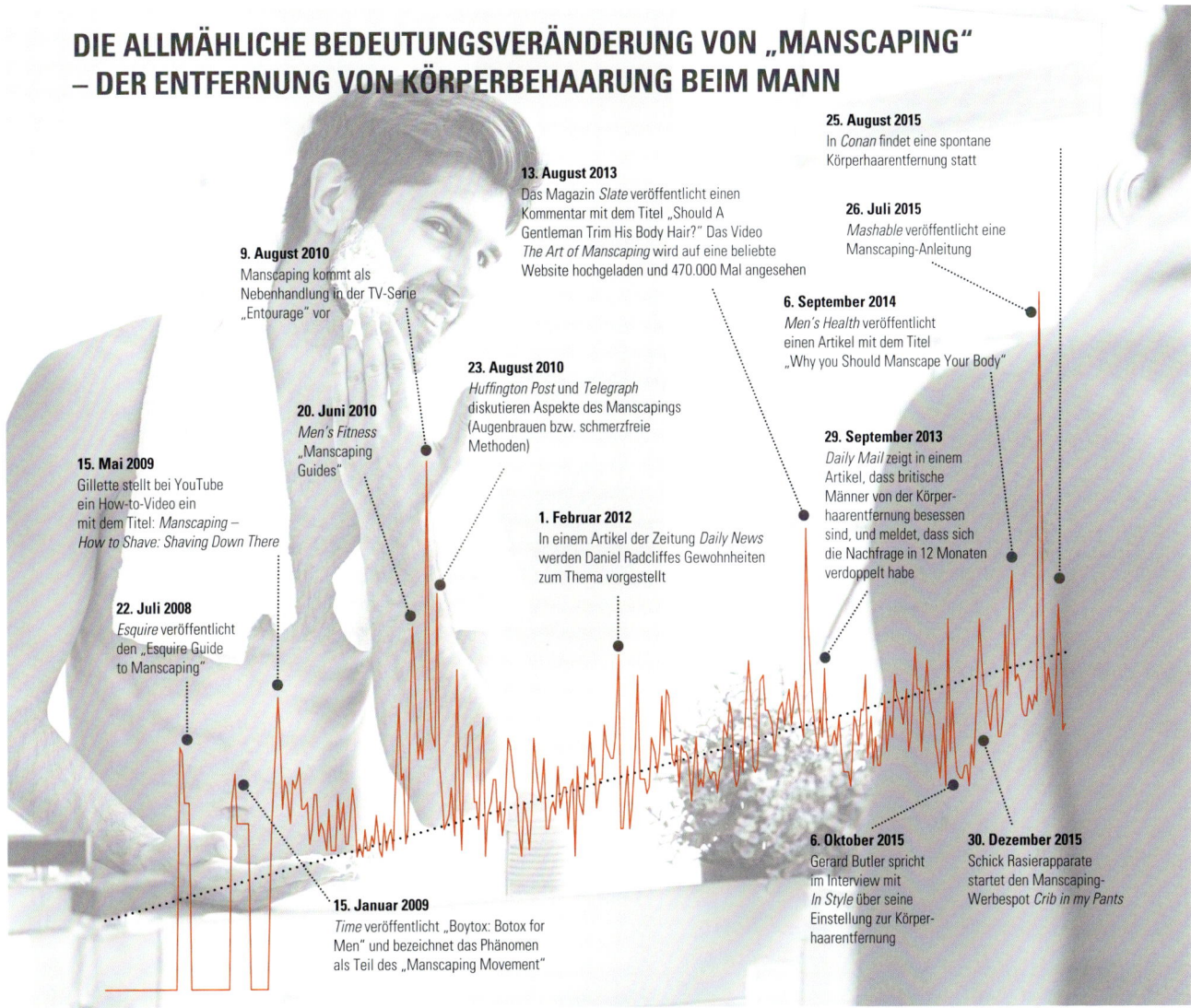

Doch nicht nur Journalisten können Einfluss ausüben: Im Prinzip hat jeder das Potenzial dazu, und oft sind Influencer gar nicht als Anhänger eines bestimmten Themas erkennbar. Mit einer Analyse können Sie die für Sie wichtigen Meinungsmacher identifizieren und einstufen.

Eine effektive Nutzung der sozialen Medien ist also keine leichte Aufgabe. Das Berufsbild des Community Managers hat sich stark verändert und die Kompetenzen, die er oder sie mitbringt, sind Gold wert. An dieser Stelle sollten Sie nicht sparen! Ihr persönlicher Einsatz ist wichtig: Sie leiten die Community, eine Personengruppe, die Ihnen in gewisser Weise „gehört" (so die ursprüngliche Definition), stimulieren und unterstützen diese jedoch auch jeden Tag, jede Stunde und jede Minute durch eigene Beiträge (siehe Grafik S. 173).

Darüber hinaus müssen Community Manager über die proaktive Mentalität eines Verlegers verfügen und die nötige Energie haben, um ein konsistentes Markenerlebnis zu schaffen.

Letztendlich sind es Ideen, die zu Gesprächen anregen, und je überzeugender die Idee, desto lebhafter die Reaktionen in der Community.

„Gespräch" ist ein einfaches Wort und dennoch schwer zu beschreiben. Wenn man aufzeichnet, wie sich eine Idee über einen längeren Zeitraum in der Suche entwickelt, sieht man, wie sich der soziale Dialog verändert.

DIE DREI SCHLACHTFELDER

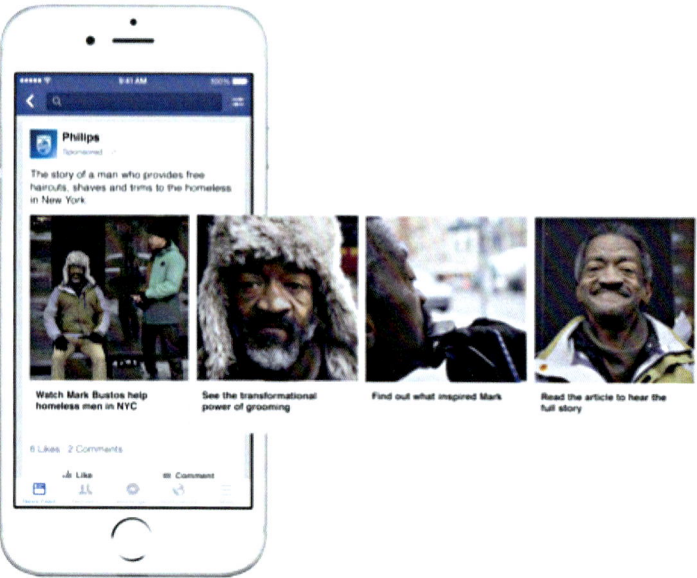

Hier sehen Sie eine Social-CRM-Kampagne für Rasierapparate von Philips Norelco. Zuerst identifizierten wir auf Facebook die passende Zielgruppe. Dann machten wir auf die Marke aufmerksam: Wir zeigten Werbevideos, in denen der New Yorker Star-Hairstylist Mark Bustos das Selbstbewusstsein obdachloser Männer stärkte, indem er ihnen kostenlos die Haare schnitt. Und schließlich führten wir die Kunden mit weiteren Produktinhalten weiter in den Trichter hinein, um die Verkaufszahlen zu steigern.

Social CRM

Doch am spannendsten für die Zukunft ist wohl das relativ neue Konzept des „Social CRM", besonders für jene, die einmal im Direktmarketing tätig waren.

Vor ein paar Jahren erwarb Ogilvy & Mather eine kleine belgische Agentur, die heute zu unseren größten Assets weltweit zählt: Social Lab war eines der ersten Unternehmen, das Verbraucher in den sozialen Medien gezielt ansprach – zur richtigen Zeit und mit den richtigen Themen. Das Ergebnis ist eindeutig: Unsere gezielt eingesetzten Inhalte schneiden in den sozialen Medien 2,5 Mal besser ab als anderer Content.

Social Lab nutzt Lookalike-Modelling, um statistische Zwillinge zu finden, Personen also, die Bestandskunden ähneln. Dabei machen sie sich alle bereits bestehenden Interaktionen

DIE EVOLUTION DES COMMUNITY-MANAGERS

Definition von Community: Keine feste Personengruppe, die Sie „besitzen" und führen, sondern aufblitzende Momente der Möglichkeiten, basierend auf einem gemeinsamen Interesse

2009
„Sind Sie auf der Suche nach einer beruflichen Neuorientierung? Wie wäre es mit Community-Manager?"

AdAge

2010
„Der begehrteste Marketingjob ist aktuell wahrscheinlich der des Community-Managers."

AdAge

2011
„Community-Management hat sich im letzten Jahr zum heißen Thema entwickelt, das auf immer mehr Interesse stößt."

2012
„Community-Management (…) wird mit der zunehmenden Bedeutung der sozialen Medien immer wichtiger."

Mashable

2013
„Community-Manager verfügen im Internet über die größte Macht."

web-strategist.com

2014
„Es gibt immer mehr Plattformen, auf denen die Community mit einer Organisation kommunizieren kann."

#cmgrchat

2015
„(…) wenige hochwertige Inhalte, die Millionen sehen, statt den Community-Manager dazu aufzufordern, für eine Handvoll Fans Updates zu posten."

The Guardian

zunutze, sprechen die Nutzer immer wieder an, testen und testen noch einmal, lassen dabei keine Handlung aus, verfolgen alle Aktionen immer wieder und in jeder Phase, vom Erstkontakt bis hin zum Verkauf.

Ich werde oft gefragt: Wie messt ihr die Wirksamkeit von sozialen Medien?

In der Vergangenheit war es schwierig, darauf eine gute Antwort zu geben, da die Anzahl von Likes, Shares und Impressions eben nur einen vorübergehenden Eindruck vermittelte. Der Goldstandard wäre natürlich der Promotorenüberhang, der etwas darüber aussagt, wie wahrscheinlich es ist, dass Konsumenten eine Marke weiterempfehlen würden. AT&T hat das vor einigen Jahren im Rahmen des Programms „At Summer Break" erfolgreich ausprobiert. Doch dieser Ansatz ist mit anspruchsvollen ökonometrischen Modellen verbunden (im Fall von AT&T wurden sie von Management Consultants erstellt) und daher für das Tagesgeschäft oft zu teuer.

Doch auch Social CRM kann eine Antwort liefern. Solange eine URL, ein Trackingsystem und ein Attributionsmodell vorhanden sind, um das Nutzerverhalten im Netz zu verfolgen, ist es möglich, den Weg des Kunden entlang der Customer Journey nachzuvollziehen – und zu sehen, wann er abspringt.

Besonders Facebook scheint damit sehr weit von dem idyllischen Garten Eden der Frühphase entfernt zu sein. Doch als Eldorado, in dem die Kassen klingen und nackte Verkaufszahlen winken, kann uns die Plattform gute Dienste erweisen.

Die Rolle des Community-Managers, der Verleger, Kundenbetreuer, Markenwächter und Social-Media-Experte zugleich ist, hat sich im Lauf der Jahre deutlich verändert.

Wunderbare Mobilität

Die Überschrift habe ich sorgfältig ausgewählt, denn es soll hier nicht darum gehen, was Mobiltechnologie ist, sondern darum, was sie ermöglicht. Aber zuerst wollen wir uns ansehen, was Mobilgeräte nicht sind.

Im September 2000 wurde ich als Sprecher zur WAP Enhanced Services and GPRS Conference in London eingeladen. Ich argumentierte damals, dass Mobiltelefone in der *Verkaufsförderung* eingesetzt werden würden. Das war ein kontroverser Standpunkt, da die Werbebranche gerade dabei war, das Handy als neues Werbemedium für sich zu beanspruchen. Natürlich würde sie auch nicht davor zurückschrecken, den Tadsch Mahal zu nutzen, wenn Wirkung (einfach!) und Reichweite (weniger einfach!) nachgewiesen werden könnten.

Ich lag nicht ganz richtig, aber immerhin teilweise: Handys eignen sich wegen ihrer Nähe zum Entscheidungspunkt besonders dann, wenn es um Informationen über Angebote und Schnäppchen an einem bestimmten Standort geht.

Mobilgeräte sind kein besonders wirksames Werbemedium, dennoch hält sich der Wunsch, sie als solche anzusehen und zu verwenden. Handys sind mehr als lediglich ein Gerät, ein Kanal oder ein Medium:

Das Wunderbare an Mobiltechnologie ist, dass sie Mobilität ermöglicht. Mobilgeräte passen zu unserem neuen Lebensstil und werden die bei Weitem wichtigste Plattform des digitalen Zeitalters sein.

Angetrieben wird das alles heute von einer wahren Explosion mobiler Verbindungsmöglichkeiten. Mein ehemaliger Kollege Martin Lange schrieb in einer internen Mitteilung:

> Telekommunikationsanbieter sind heute im Grunde Versorgungsunternehmen, die eine notwendige Dienstleistung erbringen ... Der Zugang zu Mobilgeräten wächst weltweit um einiges schneller als der Zugang zu lebensnotwendigen Gütern.

Und damit meinte er eine verbesserte Wasser-, Strom- und Sanitärversorgung.

Je mehr Nutzer mit dem Internet verbunden sind, desto mehr Verbindungs- und Datenpunkte entstehen und desto größer ist die Nachfrage nach mehr Dienstleistungen. Einzige Einschränkungen sind Infrastruktur, Reichweite, Bandbreite – und Regulierungen.

Hier entsteht etwas gänzlich Neues: ein Ökosystem der Interaktionen. Die aus der ständigen Verbindung zum Internet hervorgegangene Mobilität wird zur Kommunikationsressource – allerdings immer nur als ein Bestandteil des Gesamtangebots für den Kunden (siehe Kasten auf Seite 176).

Im Westen wurde dieses Ökosystem hauptsächlich von Apple ermöglicht, in China von WeChat. Die Handys selbst werden zunehmend zu einem Gehäuse für Sensoren, die Daten sammeln und bereitstellen.

Doch um nahtlose Mobilität zu gewährleisten, sind ein Zusammenwirken von Software, Vertriebsmodell und Abrechnung (inklusive Verbindung zur Währungsumrechnung) sowie eine Verknüpfung mit dem Geschäft nötig.

Calvin Carter, der globale Mobilitätsguru von Ogilvy & Mather und Leiter unseres Tochterunternehmens Bottle Rocket in Dallas, erzählt, er habe die Firma einen Tag nach Steve Jobs Eröffnung der iPhone-Plattform gegründet. Damals berechnete Apple für die Bereitstellung einer App auf der Website nur 30 Prozent Provision, und Calvin erkannte eine Chance. An jenem Abend ging er nach Hause, entwarf fünf Apps und begann, diese mit ein paar gleichgesinnten Innovatoren zu bauen. Vier der fünf Apps schlugen fehl. Doch eine, die App für National Public Radio in den USA (siehe Bild auf Seite 178), war ein voller Erfolg – und führte zur Gründung von Bottle Rocket.

Alle Eltern wissen, wie schwierig es ist, ein Kind dazu zu bringen, Wasser zu trinken. Farbenfrohe zuckerhaltige Getränke üben eine starke Anziehungskraft aus, doch Kinder brauchen Wasser, um sich gut zu entwickeln. Nestlé wollte dafür einen unterhaltsamen Anreiz bieten und nutzte etwas, das Kinder ebenfalls lieben: das Smartphone. Das Unternehmen veröffentlichte ein Kinderbuch, zu dem eine App gehört: Mithilfe der Handykamera können die Kinder einen kleinen Fisch treffen, der in ihrem Bauch lebt, den Tummyfish. Die App wird von den Eltern täglich mit Informationen gefüttert und das Verhalten des Tummyfish passt sich an die Getränkewahl des Kindes an: Wasser macht ihn fröhlich und verspielt, mit zuckerhaltigen Getränken wird er traurig und träge. Die Kinder werden für eine gesunde Getränkewahl belohnt und können zusehen, wie ihr Tummyfish mit der Zeit immer größer wird. Die Eltern sind in der Lage, das Trinkverhalten ihres Kindes zu beobachten und Verhaltensänderungen anhand von täglichen Erinnerungen und Statistiken nachzuverfolgen.

Burger King nutzt üblicherweise 15-Sekunden-Werbespots, doch das ist kaum genug Zeit, um Verbrauchern zu erklären, warum der Whopper besser ist als ein Burger der Konkurrenz. Doch was, fragte sich das Kreativteam in Ogilvys Partneragentur David, was, wenn der Werbespot ein digitales Erlebnis auslöst? Handys und Geräte mit Sprachsteuerung wären dafür bestens geeignet. Smart-Home-Geräte oder Mobiltelefone liegen häufig in der Nähe des Fernsehers oder in Hörweite eines Computers. Android-Handys und Google Home beobachten kontinuierlich, was um sie herum geschieht, und warten auf den Befehl „Okay, Google". Das machte sich Burger King zunutze und aktivierte Google Home und die Android-Sprachsteuerung mit der Frage „Okay, Google, was ist in einem Whopper?" am Ende eines Werbespots. Daraufhin begannen tausende Geräte, die Zutatenliste im Wikipedia-Eintrag zum Stichpunkt Whopper vorzulesen.

Doch eine App kann immer nur ein „Häppchen" Markenerlebnis bieten. Heute gibt es Millionen von Apps und in einer Art natürlicher Selektion wird die Streu vom Weizen getrennt. Warum? Weil es zwar unbedeutend aussehen mag, einer Marke Zugang zum Handy zu gewähren, eigentlich jedoch gar nicht so unbedeutend ist. Und wenn es nicht funktioniert oder sich nicht gut anfühlt, dann führt dies zu einem besonders negativen Markenerlebnis. Auch mit Häppchen kann man sich den Magen verderben.

Gut umgesetzt kann Mobilität transformativ, ja disruptiv wirken. Sie verändert den konventionellen – den „Bricks and Mortar" – Einzelhandel in etwas, das Calvin „Bricks and Mobile" nennt, also eine Mischform aus klassischem Geschäft und mobilen Angeboten. Unser Handy haben wir immer dabei. Eine Studie hat gezeigt, dass Konsumenten ihr Mobiltelefon 150 bis 200 Mal pro Tag in die Hand nehmen. Ihm gilt der erste Blick am Morgen und der letzte am Abend. (Und laut Gallup behalten nahezu zwei Drittel der Amerikaner ihr Handy auch nachts in unmittelbarer Nähe.)

Die Grafik gegenüber zeigt, wie das die Wettbewerbsstrategien von Schuhhändlern in den USA beeinflusst.

Über Mobilgeräte können Marken auf vielerlei Weise mit ihren Kunden interagieren. Einzelhändler konzentrieren sich bei ihren mobilen Angeboten auf mehr als nur den Verkauf an sich oder Versuche, Konsumenten (z. B. mit Gutscheinen) in stationäre Geschäfte zu locken. Vielmehr nutzen sie sie auch, um Kunden, die in den Laden kommen, weiter zu motivieren, um sicherzustellen, dass diese nach dem Kauf zufrieden sind, und um diese Zufriedenheit durch Kundenservice langfristig zu gewährleisten.

Mobilität gelingt nur mit dem Motto „Mobile First".

MOBILES INTERNET FRÜHER

Das mobile Internet ist ein brandneues Spielzeug ohne messbare Auswirkung und daher wenig beachtet.

Das mobile Internet gilt als weiterer Kommunikationskanal für den Mediamix.

Traditionelle Kennzahlen aus dem Online-Marketing werden angewendet.

Jedes Unternehmen braucht eine App, egal ob sie Kunden oder Marke etwas nutzt.

Handyspezifische, kontextbezogene Informationen werden nicht genutzt.

MOBILES INTERNET HEUTE

Fortschrittliche Unternehmen entwickeln Kommunikationsplattformen, die „Mobile First", wenn nicht gar „Mobile Only" sind.

Das Handy gilt als Service-Touchpoint, der durch Kundenzentriertheit oder Entertainment einen Wettbewerbsvorteil darstellen kann.

Es gibt spezielle Kennzahlen für mobiles Internet, die in einen Bewertungsrahmen eingebunden werden können.

Investitionen sind zielgerichteter und berücksichtigen das Nutzenversprechen der Marke und die Bedürfnisse der Kunden.

Selbstlernende Systeme wie Google Now analysieren verschiedene Arten externer Daten, um einen kontextbezogenen Nutzen zu schaffen.

DIE DREI SCHLACHTFELDER

Es ist schwer, mobil zu konkurrieren, da die Nutzer weniger Zeit auf einzelnen Seiten verbringen, oft gleichzeitig etwas anderes tun und zwischen den Anwendungen häufiger hin- und herspringen als am PC. Es ist nicht einfach, Konsumenten dazu zu bringen, ein Video anzusehen, einen Artikel zu lesen oder verschiedene Produkt- oder Leistungsmöglichkeiten zu recherchieren. Die Umsetzung für das mobile Internet ist schwieriger als für den PC und verlangt dem IT-Team mehr ab. Es ist daher wichtig, zu wissen, dass „Mobile First" immer anspruchsvoller ist, als nicht-mobile Inhalte einfach entsprechend anzupassen.

Doch zu einer vollständigen Content-Strategie gehört mindestens eine Optimierung für Mobilgeräte. Oft wird darunter lediglich eine Umformatierung der Inhalte, also eine visuelle Optimierung, verstanden (sodass Nutzer nach unten scrollen statt den Bildschirm horizontal und vertikal zu verschieben). Doch das ist nur ein kleiner Teil der mobilen Optimierung. Die meisten Apps verlassen sich auf Daten, die außerhalb des Mobilgerätes liegen. Was passiert aber, wenn die Internetverbindung unterbrochen wird? Entwickler sprechen in diesen Fällen vom „Flugzeugmodus"-Problem. Eine App muss auch mit einem unregelmäßigen Datenstrom funktionieren. Wenn Daten aus verschiedenen Quellen abgerufen werden, wirkt sich das auf Prozessor und Übertragungsrate aus. Es ist keine einfache Aufgabe, Daten von Altsystemen auf die Apps von Mobilgeräten zu übertragen, dabei mit der zur Verfügung stehenden Bandbreite auszukommen und Schnelligkeit zu gewährleisten.

DIE MOBILE EINZELHANDELSLANDSCHAFT AUF EINEN BLICK

Mobile Innovationen eröffnen Möglichkeiten, besonders in Kombination mit einem immersiven Einkaufserlebnis. Die erfolgreichsten Schuhmarken wissen das und können sich mit den Besten messen – Starbucks und Amazon zum Beispiel –, die mobiles Internet nicht nur nutzen, um mehr zu verkaufen, sondern um Beziehungen zu pflegen.

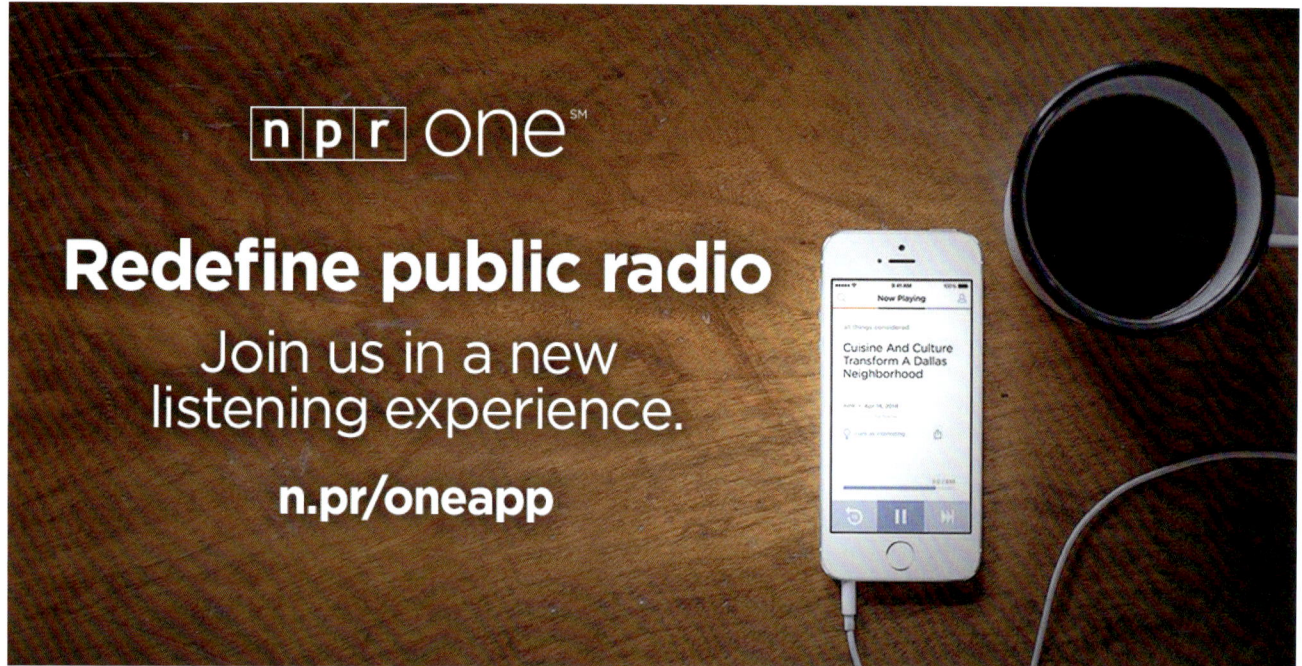

NPR ist ein Zusammenschluss öffentlicher Hörfunksender in den USA, auf den sich viele Amerikaner für gut recherchierte Berichterstattung, Analysen und Unterhaltung verlassen. Allerdings ist es nicht immer ganz einfach, eine Sendung anzuhören. NPR-Stationen werden lokal betrieben und entscheiden, welche der Sendungen des Netzwerkes zu welcher Zeit ausgestrahlt werden. Die Lieblingssendung anzuhören kann daher eine Herausforderung darstellen. Dieses Problem löste Bottle Rocket mit der App NPR One: Damit kann man alle NPR-Sendungen überall und jederzeit anhören.

Auch auf Konsumentenseite bestehen gewisse Herausforderungen. Google und Nielsen führten eine Studie durch, um herauszufinden, welche Ähnlichkeiten und Unterschiede es zwischen dem Konsum von Content auf Mobilgeräten und am PC gibt. Die Studie zeigte, dass 40 Prozent aller mobilen Suchanfragen einen Bezug zum jeweiligen Standort hatten. Tendenz steigend.

Die Lokalisierung mobiler Angebote wirkt sich in Entwicklungsländern stärker aus als in anderen Teilen der Welt. Das Kommunikationsunternehmen Tone stellt in unterversorgten Regionen Verbindungsmöglichkeiten bereit: In Indonesien bekommen lokale Fischer von Tone ein Paket, das ein Handy, fachliches Informationsmaterial und Zugang zu vergünstigten Daten beinhaltet. Mit der Zeit lohnt sich der Service für Betreiber und Nutzer, da die Fischer durch Angebote wie GPS, Wetter und Angelführer bessere Kenntnisse erlangen.

Mit „Mobile First" sollten Sie immer versuchen, Inhalte zu lokalisieren und anhand verschiedener verfügbarer Daten nützlich zu machen. Denken Sie an Raum und Zeit, bevor Sie einfach irgendwelche alten Inhalte umformatieren. Und passen Sie Content an den lokalen Kontext an, um seine Relevanz zu erhöhen.

Calvin ist ein Technikfreak, der Bleistifte mag. Er empfiehlt gern, einen Entwicklungsprozess mit dem Bleistift zu beginnen – und mit einer glasklaren Vorstellung davon, was man auf einem kleinen Bildschirm tun kann. Er spricht von Lo-Fi-Techniken, um Hi-Fi-Lösungen zu schaffen. Hier seine Gründe:

1. Wenn Sie Designsoftware nutzen, dann bestimmt die Software, was Sie tun. Aber wenn nur Sie, Ihre Hand, ein bisschen Blei und ein Blatt Papier zusammenarbeiten, dann gibt es keine Regeln.
2. Sie werden nie beim ersten Versuch die perfekte Lösung finden. Mit analogen Werkzeugen wie Bleistift und Whiteboard ist es einfach, Ideen zu verwerfen, die nicht gut genug sind.
3. Sie können öffentlich arbeiten. Bei Bottle Rocket wird heute alles an die Wände gezeichnet, damit eine dynamischere Zusammenarbeit mit anderen möglich ist.

Der nächste wichtige Schritt ist Reichweite. Ich muss Ihnen sagen, der Friedhof für Apps mit geringer Reichweite ist überfüllt.

Unserer Erfahrung nach gibt es vier Möglichkeiten, mobile Programme zu entwickeln, die eine möglichst große Nutzerzahl ansprechen:

Erstens: reibungsloser Komfort. Mobile Apps, die dafür sorgen, dass etwas automatischer, nahtloser und schneller funktioniert, geben dem Nutzer das, was er braucht – ohne aufdringliches Upselling.

Zweitens: substanzielle Befriedigung. Ein Produkt kann über seine physische Dimension hinaus mobil erweitert werden, sodass das analoge und das digitale Erlebnis miteinander verschmelzen.

Drittens: eine Hyperpersonalisierung des Programms. Mobilgeräte sind treue Begleiter und wir vertrauen ihnen viel über uns an.

Und viertens: ein ultra-kontextuelles Kundenerlebnis. Unser Handy weiß, wie viel Uhr es ist, wo wir sind, wie das Wetter ist und einiges mehr. Doch die meisten Marken – mit wenigen Ausnahmen wie z. B. Google Now – sind bei der Nutzung dieser Daten sehr sparsam.

Und was erwartet uns in der Zukunft?

Bis 2020 wird eine weitere Milliarde Menschen das Internet nutzen – und zwar mobil. Dazu kommen etwa 25 bis 50 Milliarden neue IoT-Geräte, wie Wearables, Sensoren und Smart-Home-Anwendungen sowie IoT-Systeme für Autos, Infrastruktur und Produktionseinrichtungen.

Die aktuelle mobile Infrastruktur verfügt nicht über die nötige Bandbreite, um zukünftige Bedürfnisse zu erfüllen. Mit neu hinzukommenden Services – Video, virtuelle Realität, Smart Homes und intelligente Autos – wird der Datenverbrauch massiv zunehmen.

Die Technologie macht Fortschritte, und 5G verspricht, die Lösung für diese Herausforderungen zu sein, doch eine weltweite Einführung von 5G-Mobilfunknetzen liegt noch in weiter Zukunft und ist mit enorm hohen Kosten verbunden. Vielleicht trifft Sie ohnehin schon fast der Schlag, wenn Sie Ihre Handyrechnung bekommen, und darin ist noch keine Investition in die 5G-Infrastruktur enthalten. Auf absehbare Zeit werden wir neue Services, Inhalte und Anwendungen für aktuelle Netzwerke planen und später entsprechend weiterentwickeln. Und wir müssen einen Weg finden, dies für alle bezahlbar zu machen.

Ein Tipp: Beginnen Sie mit einem Bleistift und gehen Sie erst später zu Software über. Zuerst Lo-Fi, dann Hi-Fi.

Google und Facebook haben bereits damit begonnen, unterversorgte Gemeinden mit Internetzugang auszustatten, was zwar den unternehmenseigenen Zielen entspricht, Menschen miteinander zu verbinden, aber sicher auch dazu dient, Verbrauchersegmente zu erschließen, die später kommerziell genutzt und zu Geld gemacht werden können.

Wenn wir es richtig machen – und ich hoffe, das tun wir –, müssen wir ein Kollaborationsmodell zwischen Betreibern, Markenplattformen und Konsumenten finden, das die positiven Aspekte des Internets verbreitet, ohne dabei noch mehr störende Werbung einzusetzen.

Continuous Commerce

Die Online-Giganten nutzen ein ganz klares Geschäftsmodell, das Jeff Bezos sehr prägnant beschrieb:

> Es gibt zwei Arten von Unternehmen: Die einen arbeiten hart, damit die Kunden mehr zahlen, die anderen arbeiten hart, damit die Kunden weniger zahlen. Beide Ansätze können funktionieren. Wir gehören ganz klar in die zweite Gruppe.[1]

Der erste Ansatz funktioniert deshalb, weil viele Kunden bereit sind, mehr zu zahlen, wenn sie dafür mehr bekommen – auch Immaterielles. Doch vielleicht ist diese Entscheidung gar nicht so endgültig. Manchmal lohnt sich ein Einkauf bei Amazon, ein andermal kauft man lieber woanders. Und Marken, die ihre Produkte über Amazon vertreiben, wissen, dass es keinen

Die Restaurantkette Chick-fil-A® ist für ihre Hühnchen-Sandwiches bekannt – und für lange Warteschlangen. Um die Wartezeit zu verkürzen, entwickelte das Unternehmen eine App, mit der Kunden ihr Essen bestellen und bezahlen. Anschließend kann man einfach ins Restaurant gehen, das Essen abholen oder sogar dort essen. Alles funktioniert reibungslos.

FÜNF FEHLER, DIE MARKEN BEIM MOBILEN NUTZUNGSERLEBNIS MACHEN
1. Marken sehen das mobile Internet oft als weiteren digitalen Kanal an, dabei ist es grundlegend anders.
2. Marken sind auf die rasanten Veränderungen im mobilen Bereich nicht vorbereitet – nicht nur was die Technologie betrifft, sondern auch in Bezug auf die Art, wie Nutzer damit umgehen.
3. Marken nutzen die Analysemöglichkeiten und Einblicke im mobilen Bereich nicht ausreichend, um eine persönliche Beziehung zu Kunden aufzubauen.
4. Marken verstehen nicht, wie stark die Personalisierung im mobilen Bereich ist und wie relevant die richtigen mobilen Apps für Nutzer sein können.
5. Marken haben nicht erkannt, wie sehr der mobile Bereich zur Dezentralisierung beiträgt. Mobile Erlebnisse werden sich weiterentwickeln und aus immer mehr Mikrointeraktionen bestehen, die besser in den zeitlichen und räumlichen Kontext des Nutzers passen.

Lego, eine Marke, die lange Zeit ausschließlich Produkte für das analoge Spiel herstellte, hat ihre Reichweite in den letzten Jahren enorm erweitert. Noch bevor der Lego-Film Zuschauer weltweit begeisterte, hielt die Marke, die für Spielspaß beim Selberbauen steht, Einzug in die Welt der Videospiele. Doch mit Lego Mindstorms EV3 ging man noch einen Schritt weiter und integrierte das eigentliche Legospiel in eine digitale Umgebung: Das Kind nutzt zunächst das Mobilgerät als Leinwand und überlegt sich, was es bauen möchte. Die App macht aus der Idee einen Bauplan und anschließend kann der fertige Roboter mit dem Mobilgerät ferngesteuert werden.

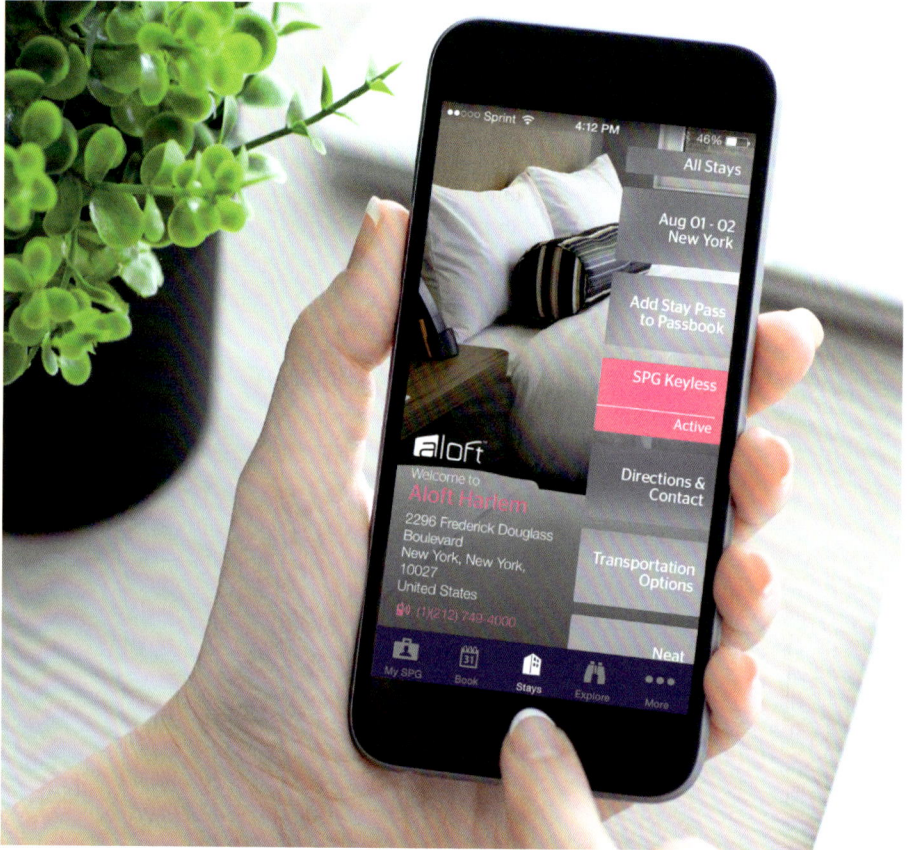

Starwood Hotels schlug einen anderen Weg ein und sammelte Kontextdaten, um das Reiseerlebnis zu verbessern. SPG Keyless ist eine mobile App, die den Gast anhand von Buchungszeit und geografischer Nähe automatisch ein- und auscheckt. Die Bluetooth-Funktion ermöglicht einfachen Zugang zu Zimmer, Aufzügen, Pools und Saunen. Mit Push-Benachrichtigungen bleibt der Gast immer auf dem Laufenden und kann Check-in, Check-out und den Besuch der Rezeption ganz umgehen. Und am wichtigsten: Die App funktioniert nur, wenn Nutzer sich für das SPG-Treueprogramm registrieren. So werden wichtige Daten gesammelt, mit denen das Erlebnis weiter personalisiert werden kann.

Punkt gibt, an dem sie enden und Amazon beginnt. Sie wissen, dass Amazon keine isolierte Handelsplattform ist und dass das Marketing weitergeht, den gesamten Vertriebsweg entlang.

Doch Amazon ist mehr als nur ein Einzelhandelsriese. Die Plattform dient Käufern heute als erste Anlaufstelle für Informationen. Amazon – nicht Google – wird von vielen mobilen Verbrauchern genutzt, um Preise zu vergleichen, besonders beim „Showrooming" (wenn sie ein Produkt in einem konventionellen Geschäft ansehen und sich gleichzeitig online nach günstigeren Preisen dafür umsehen). Eine Studie zum Showrooming hat gezeigt, dass sich Käufer sogar doppelt so häufig für Amazon entschieden als für Google. Marketingleute und Verkäufer müssen sich mit den Folgen auseinandersetzen.

Doch warum überhaupt Internethandel?

Umsätze aus dem Onlinehandel machen heute etwa 8 Prozent aller Einzelhandelsumsätze in den USA aus, mehr als 14 Prozent in Großbritannien und etwa 12 Prozent in China. Es wird damit gerechnet, dass diese Zahlen in allen drei Märkten weiter steigen werden, in China gar um etwa 20 Prozent pro Jahr. Es besteht absolut kein Zweifel, dass die meisten Einzelhändler sowohl in der analogen als auch in der digitalen Welt tätig sein müssen. Dabei ist es nicht empfehlenswert, den Konsumenten zwei verschiedene Einkaufserlebnisse zu bieten, denn diese erwarten einen nahtlosen Übergang von einer Welt in die andere. Etwa 80 Prozent der Käufer gaben sogar an, es sei wahrscheinlicher, sie als treue Kunden zu gewinnen, wenn man ihnen ein nahtloses, kanalübergreifendes Erlebnis böte.

Die Frage lautet also: Wenn die digitale und die analoge Welt miteinander verschmelzen (das tun sie) und die Konsumenten eine nahtlose Einheit der beiden belohnen (das tun sie), warum unterscheiden wir dann zwischen E-Commerce, M-Commerce und traditionellem Einzelhandel?

Das erscheint nicht sehr sinnvoll.

Ich wäre sehr dafür, das „E" aus E-Commerce in den Mülleimer der mittlerweile sinnlos gewordenen Bezeichnungen zu werfen.

Der Handel wird nicht mehr nach Zeit und Raum eingeteilt: Sie befinden sich nicht in einem Modus, wenn Sie zu Hause sind, in einem anderen, wenn Sie zur Arbeit fahren, und in einem dritten, wenn Sie ein Geschäft betreten, Ihren Computer hochfahren oder das Handy anschalten (als wäre es jemals aus).

„… Handel ist immer dann, wenn Sie Produkte suchen, Preise oder Produkte vergleichen oder etwas einkaufen, egal wann und wo."

Amazon mag ein Online-Gigant sein, blieb dabei aber sehr beweglich. Das Unternehmen aktualisiert sein Technologie-, Werbe- und Logistikangebot kontinuierlich, um die Online-Plattform zu ergänzen und zu verbessern. Mit seinem Leistungsangebot zum Preisvergleich schneidet Amazon besser ab als Google.

Nein, Handel ist immer dann, wenn Sie Produkte suchen, Preise oder Produkte vergleichen oder etwas einkaufen, egal wann und wo. Handel ist überall, jederzeit. Bei Ogilvy nennen wir das Continuous Commerce.

Doch oftmals bedient der Internethandel die Bedürfnisse der Konsumenten nicht oder nur teilweise. Manche Plattformen sind technisch stark, bieten jedoch ein schlechtes Kunden- und Markenerlebnis. Manche verfügen über wunderschöne Bilder und überzeugende Geschichten, liefern jedoch keine verlässliche und skalierbare technische Infrastruktur. Viele Plattformen bedienen nur einen Kanal, obwohl wir wissen, dass mehr als 80 Prozent der Konsumenten auf dem Weg zum Kauf mindestens zwei Kanäle nutzen.

Selbst Marken, die den Übergang vom traditionellen Geschäft hin zum Onlinehandel gut geschafft haben, machen nicht alles richtig. Eine langsame Ladezeit der Website, fehlende mobile Optimierung, ja, alles, was eine nahtlose Integration von Geräten stört, wirkt sich negativ aus. Forscher der Aberdeen Group wiesen nach, dass Unternehmen mit Omni-Channel-Vertrieb 89 Prozent der Kunden binden können, im Gegensatz zu 33 Prozent für jene, die nicht kanalübergreifend präsent sind.

Viele Händler scheitern daran, dass sie sich lediglich auf den Verkauf konzentrieren und damit nur einen Teil des Beziehungspotenzials zu ihren Kunden nutzen – denn diese Beziehung beginnt lange vor dem Verkauf und endet mit dem ersten Einkauf noch längst nicht.

DIE DREI SCHLACHTFELDER

Showrooming – das Probieren von Waren im Geschäft mit anschließendem Online-Kauf – ist sehr praktisch für Kunden, kann für konventionelle Einzelhändler allerdings zum Problem werden.

WIE MAN AMAZON ERFOLGREICH NUTZT

Grundlegendes: Stellen Sie sicher, dass Ihr Produkt auf Amazon korrekt beschrieben und mit passenden Bildern versehen ist, dass Ihr Eintrag für die Amazon-Suchmaschine optimiert ist und dass Ihr Vorrat und Ihr Vertriebssystem den Anforderungen dieses Kanals standhalten.

Auf Kundenkommentare achten: Mit den Produktbewertungen von Amazon erfahren Sie etwas über die Intention des Konsumenten, das Nutzungserlebnis und die Tendenz, das Produkt weiterzuempfehlen. Vergleichen Sie eigene Produktkommentare mit denen von Wettbewerbern. Prüfen Sie geografische und demografische Daten für Segmentierungsstrategien.

Tipps zur Preisgestaltung: Amazon ist wegen seiner Preise und der einfachen Nutzung DIE Informationsquelle für „Showroomer". Mit Amazon 1-Click wird eine Suche mit einem Klick zum Kauf. Wenn Sie Ihr Produkt auf Amazon verkaufen wollen, müssen Sie sich bewusst sein, dass Ihre Wettbewerber sowohl on- als auch offline zu finden sind. Berücksichtigen Sie dieses neue Konsumentenverhalten und die Sichtbarkeit, wenn Sie Ihre Preise festlegen.

Den Käufer kennen: Warum nutzt er Amazon? Was ist ihm wichtig? Wie können Sie die auf Amazon zur Verfügung stehenden Werkzeuge nutzen, um seine Bedürfnisse zu befriedigen?

Zugriffszahlen erhöhen: Lernen Sie, welche Möglichkeiten Sie auf Amazon, aber auch anderswo haben, um potenzielle Käufer auf Ihre Amazonseite zu führen. Wie können Sie Ihren Trichter mit Kunden füllen, die bereit sind, auf Amazon einzukaufen?

Zahlen prüfen: Setzen Sie sich mit den Daten auseinander, die Sie von Amazon bekommen, und erstellen Sie Ihre eigenen KPIs. Lassen Sie beide Datensätze in einem leicht anwendbaren Dashboard zusammenfließen.

Geld klug einsetzen: Prüfen Sie Ihre Strategien für Traffic und Conversion, passen Sie diese an und feilen Sie an Ihren Marketingausgaben. Vergleichen Sie Ihre eigenen Initiativen auf Amazon mit denen von Wettbewerbern.

Das Angebot optimieren: Wenn Sie bereits über einige Daten verfügen, prüfen Sie, welche Produkte sich gut verkaufen. Wie können Sie Produkte und Verpackung für diesen Kanal so optimieren, dass die Verkaufszahlen sogar noch stärker steigen?

Alle verfügbaren Tools nutzen: Nutzen Sie CRM-Software und Amazon Vine, um Käufer zu identifizieren, die das Produkt wahrscheinlich positiv bewerten würden, und geben sie ihnen einen Grund, das auch zu tun.

Meist ist der erste Verkauf noch nicht profitabel. Der wahre Wert liegt in der langfristigen Kundenbindung.

Mein Kollege Rory Sutherland hat mich an eine Rede erinnert, die David Ogilvy im Jahr 1965 vor der Life Assurance Agency Management Association hielt. Damals sagte David:

> Ich selbst habe bei drei Anbietern Lebensversicherungen abgeschlossen. Keiner hat mir jemals einen Brief geschrieben und vorgeschlagen, ich solle doch weitere Versicherungen abschließen. Das Einzige, was sie mir zuschicken, sind Hinweise zur Prämie. Diese Dummköpfe.

Was David hier vorschlägt, ist die Nutzung von Briefwerbung als Teil des Omni-Channel-Vertriebs, um eine altbekannte Chance wahrzunehmen: Cross-Selling und Upselling bei Bestandskunden ist leichter als Neukundenakquise. Das ist „Direktmarketing" – in gewisser Weise ein Vorläufer des Continuous Commerce, auch wenn einige Aspekte, wie beispielsweise die Testverfahren, leider verloren gegangen sind. Rory bringt das gut zum Ausdruck, wenn er sagt:

> Aus dieser Art der Werbung, wenn auch in der Vergangenheit weniger umjubelt, können wir für das digitale Zeitalter viel lernen. Es geht darin um kontinuierliche, responsive Interaktion und um allmähliche Verbesserungen – statt um Kampagnen, die schnell gestartet und ebenso schnell wieder vergessen werden. Der Ansatz ist eher stochastisch als deterministisch. Und im besten Fall bestimmt hierbei der Konsument den Zeitplan, nicht der Werbetreibende. Es geht um Zielmomente ebenso wie um Zielmärkte. Und eine Generalisierung soll, soweit möglich, zugunsten von Disaggregation vermieden werden.

Continuous Commerce kann auf drei Säulen aufbauen:

Omni-Channel-Vertrieb

Was bedeutet das? Ganz einfach: Kontinuität für Marke und Konsumenten über verschiedene Kanäle, Geräte und Standorte hinweg, um Verkäufe jederzeit und überall zu ermöglichen. Es gibt unzählige Möglichkeiten, dem Verbraucher Produkte oder Leistungen anzubieten (soziale Medien, Internet, mobiles Internet, Kiosksysteme etc.), und Konsumenten kaufen nachweislich mehr, wenn ihnen verschiedene Einkaufswege zur Verfügung stehen. Daraus könnte man sogar schließen, dass jede Marketingkommunikation eine Einkaufsmöglichkeit beinhalten sollte, egal ob Werbebanner, Kioskterminal oder Werbeplakat.

So wird's gemacht – und das richtig gut:

Adidas ist im Omni-Channel-Vertrieb ganz vorne dabei und integriert Offline und Online in beide Richtungen nahtlos. Die Marke führt Kunden mit ihren „endlosen Regalen" von der analogen in die digitale Welt, wo sie sich zusätzliche Waren ansehen können, die im konventionellen Geschäft derzeitig nicht vorrätig sind. Wer die mobile App nutzt, bekommt maßgeschneiderte Benachrichtigungen, wenn ein neuer Sportschuh auf den Markt kommt, kann sich verschiedene Modelle ansehen, die Schuhe online reservieren und dann im Geschäft abholen. Dieses Vorgehen wird keineswegs nur an einzelnen Standorten umgesetzt. Vielmehr integriert das Unternehmen alle Geschäfte weltweit in sein optimistisches – „Impossible is nothing" – Omni-Channel-Vertriebsmodell.

Mehr und mehr wird das Handy zum Zentrum des nahtlosen Einkaufserlebnisses, zum Ort, an dem alle Kanäle zusammenlaufen.

Daher sind die sozialen Medien (die den Handel unterstützen, aber bitte nicht als „Social Commerce" bezeichnet werden) besonders gut geeignet, um die psychologischen Einkaufsvoraussetzungen zu erfüllen. Der Verbraucherpsychologe Paul Marsden wies darauf hin, dass soziale Netzwerke unsere Fähigkeit zum sozialen Lernen nutzen können. Aus der Sozialpsychologie wissen wir, dass Käufer „Thin-Slicing" betreiben: Sie blenden die meisten Informationen aus und behalten nur „dünne Scheiben" wichtiger Informationen, die durch bestimmte Reize abgerufen werden, sowie eine Reihe fester Regeln, die bei der Entscheidungsfindung helfen.

So eine Regel kann beispielsweise besagen, dass es sich lohnt, zu tun, was andere tun. Was die machen, kann doch gar nicht falsch sein. Unser brasilianischer Kunde Magazine Luiza nimmt in diesem Bereich eine Spitzenposition ein, und CEO Frederico weiß um die starke Wirkung sozialer Beweise. Er startete Verkaufsseiten in den sozialen Medien, die die brasilianische Begeisterung für soziale Netzwerke mit einer hohen Penetrationsrate im Direktvertrieb kombinierten. Daraus entstand Magazine Voce (Dein Geschäft): Facebook-Nutzer können bis zu 50 Lieblingsprodukte auswählen. Wenn ein Freund nachweislich aufgrund dieser Empfehlungen einen Einkauf tätigt, bearbeitet Magazine Luiza die Bestellung und zahlt dem vermittelnden Freund eine Provision.

Ein nahtloses Einkaufserlebnis bedeutet, dass sich Marken während des Marketings ebenso verhalten wie während des Verkaufs. Das ist bisher oft nicht der Fall, da dafür verschiedene Bereiche innerhalb einer Organisation zuständig sind. Zwar sollten die Tage für diese isolierten Vorgehensweisen gezählt sein, doch gibt es sie meiner Erfahrung nach noch viel zu häufig.

Huggies hat diese Mauern bereits eingerissen – eine wesentliche Voraussetzung für den Erfolg der Marke. Wissen Sie, wie viele Windeln in den USA online verkauft werden? Schätzungen von Tabs Analytics zufolge machten Online-Verkäufe 2017 22,4 Prozent des Gesamtumsatzes aus. Die Anzahl der Online-Verkäufe stieg sogar, während die Kategorie insgesamt schrumpfte.

Kundenbindung

Etwas fehlt im knallharten Internethandel und das sind Emotionen – aus gutem Grund, denn schließlich geht es darum, eine effiziente Handelsplattform zu betreiben. Dennoch bin ich der Meinung, dass Emotionen zu einem nahtlosen Einkaufserlebnis dazugehören.

Wenn Sie nun denken, das sei ziemlich soft für ein derart hartes Geschäft, dann bedenken Sie Folgendes:

Unser Partner Motista geht an Emotionen mit Big Data heran: Das Unternehmen hat in sieben Jahren mehr als eine Milliarde Emotionsdaten von 1,2 Millionen US-Kunden hunderter Einzelhändler analysiert. Diese zeigen eindeutig, dass eine emotionale Bindung der Stoff ist, der den Omni-Channel-Vertrieb zusammenhält. Motista-CEO Scott Magids betont: „Wir wollen dort einkaufen, wo wir uns zugehörig fühlen."

Was Handel ist, kann man leicht definieren, doch bei der Frage, warum wir ein Geschäft wählen, wird es emotional: das kann ein Gefühl der Zugehörigkeit oder manchmal des Ausbrechens sein oder der Wunsch nach Luxus oder, wie Magids sagt, die Stärkung der Familie.

DIE DREI SCHLACHTFELDER

Mit den „endlosen Regalen" verbindet Adidas seine Online- und Offline-Bereiche nahtlos und bietet den Kunden ein integriertes Einkaufserlebnis, den perfekten Omni-Channel-Vertrieb.

Motistas emotionale Datenbank kann Licht ins Dunkel bringen. Um herauszufinden, welche finanzielle Auswirkung emotionale Bindung und Konvergenz haben, teilten wir die Einzelhandelskunden in drei Gruppen ein:

1. Zufriedene Kunden, die Produkte nur in konventionellen Geschäften vergleichen und kaufen.
2. Zufriedene Kunden, die Produkte im konvergenten Einkaufserlebnis vergleichen und kaufen.
3. Emotional gebundene Kunden, die Produkte im Omni-Channel-Vertrieb vergleichen und kaufen.

Anhand dieser Segmente beantworteten wir folgende Fragen:

1. Wie hoch ist der Gewinn, wenn man einen zufriedenen Kunden, der nur konventionelle Geschäfte nutzt, in den Omni-Channel-Vertrieb umleitet?
2. Wie hoch ist der Gewinn, wenn man über den Omni-Channel-Vertrieb eine emotionale Bindung fördert?

Die Antwort lautet „hoch".

Im Luxusbereich steigt der Jahresumsatz von 637 Dollar pro zufriedenen Kunden, der in konventionellen Geschäften einkauft, auf 1.157 Dollar für zufriedene Kunden im Omni-Channel-Vertrieb. Mit dieser annähernden Umsatzverdopplung wird der Vorstellung, den Omni-Channel-Vertrieb könne man ignorieren, der Garaus gemacht.

Wer noch einen Schritt weitergeht und eine emotionale Bindung fördert, erhält ein noch attraktiveres Ergebnis. Im Luxusbereich geben Kunden im Omni-Channel-Vertrieb mit emotionaler Bindung 1.640 Dollar pro Person aus. Eine Umstellung hin zum Omni-Channel-Vertrieb mit emotionaler Bindung bedeutet also eine unglaubliche Umsatzsteigerung von 257 Prozent pro Kunde.

DIE DREI SCHLACHTFELDER

Für die Marke Patagonia ist Nachhaltigkeit so wichtig, dass Verbrauchern sogar erklärt wird, warum sie ihre Produkte *nicht* kaufen sollten! Was anderen Marken schaden würde, nutzt Patagonia als Wettbewerbsvorteil: Konsumenten treffen informiertere Entscheidungen, die sich wiederum auf die Produktmarketingentscheidungen des Unternehmens auswirken und der Marke treue Kunden bescheren.

Der Luxusbereich ist hier übrigens keineswegs eine Ausnahme. Ähnliche Muster zeichnen sich bei Discountern ab, dem Einzelhandelssegment mit der bisher niedrigsten emotionalen Kundenbindungsrate.

Manchmal sind es scheinbar recht unbedeutende Dinge, die Emotionen auslösen.

Nehmen wir Patagonia. „Patagoniacs" haben ein sehr persönliches Verhältnis zu „ihrer" Marke. Sie können Verlogenheit förmlich riechen und nehmen kein Blatt vor den Mund. Auf patagonia.com strahlt die Marke vom ersten Moment an Authentizität aus, mit großartigen Fotografien von Athleten, die in Outdoorbekleidung von Patagonia unberührte Natur erleben. Unter den Fotos befindet sich der Name des Fotografen – in den meisten Fällen ist das der Abenteurer selbst. Doch den größten Gewinn bringt die in jedem Printkatalog erscheinende, überaus populäre Artikelserie „Notes from the Field" ein. Zwar mag diese Ergänzung relativ unbedeutend erscheinen, doch trägt sie enorm zur Authentizität der Marke bei und demonstriert eine in das Gesamterlebnis eingeflochtene Liebe zum Detail und zur Transparenz.

Diese authentischen Augenblicke sind jedoch nicht auf großartige Fotografien und Texte beschränkt. Das Storytelling der Marke wird digital konsistent fortgeführt. So beispielsweise mit dem Online-Magazin „Tin Shed", einer dynamischen Microsite, deren Name an den Wellblechschuppen erinnert, in dem Kletterer und Patagonia-Gründer Yvon Chouinard sein Unternehmen für Kletterausrüstung in den späten 1960er-Jahren startete. Ein Foto zeigt, wie das Innere des Schuppens, der hinter dem Firmensitz im kalifornischen Ventura steht, heute aussieht. Die multimediale Benutzeroberfläche platziert den Besucher in der Mitte des Raumes und gibt ihm die Möglichkeit, sich anhand von 360-Grad-Technologie zu jeder Wand umzudrehen. Interaktive Objekte und Previews geben einen Eindruck davon, wie viele neue Videos, Bilder und Artikel Patagonia-Botschafter weltweit zugeschickt haben. Während es primär darum geht, den Besuchern ein störungsfreies Erlebnis zu bieten, ihr Interesse zu wecken und sie zu inspirieren, können diese auch jederzeit Links teilen oder den Produktkatalog ansehen.

Patagonia ist seit Langem Branchenführer im Bereich soziale und ökologische Verantwortung. Unternehmerische Transparenz ist ein wichtiger Teil der Firmenkultur und führt zu Selbstprüfung und Verbesserung. Neben der Unterstützung dutzender CSR-Initiativen bestärkt das Unternehmen seine Mitarbeiter darin, sich jedes Jahr einen Monat für einen guten Zweck zu engagieren, der ihnen am Herzen liegt, und spendet 1 Prozent des Umsatzes an Umweltorganisationen weltweit. Als wir das Konzept für die Website patagonia.com erstellten, wussten wir daher, dass Inhalte dieser Art nicht irgendwo unter „Über uns" versteckt sein durften. Sie gehörten nach ganz vorne, mussten zentral zu sehen sein und einen eigenen Menüpunkt erhalten.

Und wenn ein wichtiges Thema oder eine Neuigkeit veröffentlicht werden musste, gab die Marke dafür sogar die Startseite frei. In den Footprint Chronicles werden Besucher auf die unvermeidbaren ökologischen und sozialen Auswirkungen aufmerksam gemacht, die die Kleiderherstellung mit sich bringt – ein ungewöhnliches Vorgehen. Und als eine Marke, die „am wenigsten schädlich" sein will, startete Patagonia mit eBay die Common Threads Initiative, in der sie Konsumenten aufruft, gebrauchte Ausrüstung zu kaufen oder Ausrüstung zu verkaufen, die nicht mehr gebraucht wird. Auf diese Weise wird der Produktlebenszyklus verlängert.

Yvon Chouinard ist der geborene Anführer – ein echter Outdoor-Typ, der seinem Unternehmen, den Mitarbeitern und treuen Kunden mit seinem moralischen Kompass die Richtung vorgibt. Für Chouinard – und Patagonia – steht ökologische Nachhaltigkeit an erster Stelle.

Patagonias Einsatz gerät auch in der Wildnis nicht ins Wanken. In Werbekampagnen werden die festen Überzeugungen des Unternehmens neu formuliert und die Begeisterung für Outdoor-Aktivitäten mit der Nachfrage nach leistungsstarker Ausrüstung und einem echten Interesse an der Umwelt verbunden. Ein nachhaltiger und hoch profitabler Kreislauf entsteht.

DIE DREI SCHLACHTFELDER

Erlebnis

Das nahtlose Einkaufserlebnis muss an jedem Kontaktpunkt begeistern. Wenn ich etwas online kaufe, es aber am selben Abend tragen will, dann erwarte ich, dass ich es im Geschäft abholen kann. Wenn meine Größe im Laden nicht vorrätig ist, erwarte ich, dass der Verkäufer es mir kostenlos zuschicken lässt.

Natürlich könnte ich noch mehr erwarten, zum Beispiel Beratung vor dem Kauf. Hyperpersonalisierter Kundenservice – eine Säule des Continuous Commerce – kann das: Aufgrund meiner Loyalität, meiner Interaktion mit der Marke und meiner Kaufhistorie wird ein auf mich zugeschnittenes Angebot zusammengestellt (statt dafür einfach gestaffelte Kriterien zu verwenden) und auf unterschiedliche Arten bereitgestellt.

Im Allgemeinen hinken die digitalen Kanäle in puncto Einkaufserlebnis den traditionellen Geschäften jedoch hinterher. Eine unserer Studien zeigte beträchtliche Unzufriedenheit: Etwa 23 Prozent fanden die Nutzung von Websites (meistens) frustrierend, 25 Prozent die Nutzung mobiler Apps.

Oft liegt das Problem im System. So erinnert uns unser Partner Salman Amin von S. C. Johnson gerne daran, dass viele Systeme und Prozesse, die dem „Always-on"-Einkaufserlebnis

Der Kindle Mayday-Button ist – was das nahtlose Einkaufserlebnis angeht – am oberen Ende des Spektrums angesiedelt. Auf Knopfdruck öffnet sich direkt in der App ein Fenster für den Video-Chat. Ein Supportmitarbeiter steht unmittelbar zur Verfügung und kann den Nutzer durch das Erlebnis führen, indem er beispielsweise Bilder auf dem Bildschirm verschiebt. Plötzlich verschwindet die Grenze zwischen Intention und Aktion. Stellen Sie sich vor, welche Möglichkeiten sich dadurch eröffnen! So könnte Ihnen eine Bekleidungsmarke einen Modeberater zur Seite stellen, während Sie überlegen, welches Outfit für die Verabredung am Abend am besten passt.

zugrunde liegen, gar nicht „always on" sind, also nicht 24 Stunden am Tag, 7 Tage die Woche und 365 Tage im Jahr laufen.

Das reicht nicht.

Marken müssen sich mit sich verändernden Arbeitspraktiken und Geschäftsprozessen auseinandersetzen und Anbieter und Dienstleister verwenden, die für einen störungsfreien Betrieb sorgen und bei Einschränkungen des IT-Systems Workarounds finden.

Doch es gibt auch jetzt schon inspirierende Beispiele für ein wunderbar umgesetztes Erlebnis.

Die (in Bezug auf Verkaufszahlen) effektivsten Online-Einkaufserlebnisse nutzen sowohl multimedialen als auch statischen Content. Die Verwendung von Videos zur Produktpräsentation ist mittlerweile üblich. Tools, die es Konsumenten ermöglichen, Details zu vergrößern, Farben zu ändern und Produkte selbst anzupassen, sind ebenfalls häufig im Einsatz. Live-Chat-Fenster gehen automatisch auf, damit Nutzer die Möglichkeit haben, echten Menschen Fragen zu stellen – statt nur Standardformulierungen von Bots zu lesen –, um passende Produkte leichter zu finden. Luxusmodemarken wie Versace gehen noch einen Schritt weiter und bieten festgelegte Live-Feeds von Modeschauen mit eingebetteten digitalen Mechanismen, um das angesehene Produkt (oder ein ähnliches) zu kaufen.

Studien haben gezeigt, dass sich all diese Strategien positiv auf die Umsatzzahlen auswirken. Besonders effektiv sind Videos. Aus einer Studie von EyeViewDigital.com wissen wir, dass 80 Prozent der Nutzer ein Video mit Mode-Content anklicken und dass es 1,6 Mal wahrscheinlicher ist, dass diese Nutzer ein Produkt kaufen.

„Zu viel des Guten" scheint derzeit in Bezug auf gut geplante und umgesetzte Online-Einkaufserlebnisse mit Multimediaeinsatz gar nicht möglich zu sein. Mit dem Einzug von erweiterter und virtueller Realität in den Internethandel wird den Verbrauchern einiges geboten werden, und Online-Verkaufsplattformen müssen sich verändern. Vielleicht ist dann auch der Moment gekommen, da digitale Geräte zu effektiven Verkaufsinstrumenten werden.

DIGITALE TRANSFORMATIONEN

13 DIGITALE TRANSFORMATIONEN

Die digitale Revolution hat fast jeden Aspekt des menschlichen Daseins auf den Kopf gestellt: Sie beeinflusst, wie wir zu den Regierungen stehen, die über uns bestimmen, und wie wir sie wählen; sie beeinflusst, wie wir unsere Freizeit verbringen und wohin wir reisen; sie beeinflusst, wie wir gesellschaftliche Probleme wahrnehmen – und wie man sie löst.

In *Ogilvy über Werbung* können wir nachlesen, was bei der Werbung für Tourismus, Politik oder einen guten Zweck zu beachten ist. Viele der Grundprinzipien sind gleich geblieben. Doch unsere Möglichkeiten bei der Vorgehensweise haben sich durch die digitale Revolution radikal verändert.

Digitale Politik

David Ogilvy hielt sich an die Regel: Keine politische Werbung. Nicht oft, aber doch ab und zu hat Ogilvy & Mather diese Regel gebrochen – jedoch immer in einer Partneragentur und nur, wenn Mitarbeiter ein persönliches Interesse daran hatten. Eine solche Ausnahme waren die indischen Parlamentswahlen im Jahr 2014, als wir Piyush Pandey, Executive Chairman und Creative Director für Ogilvy & Mather Indien und Südasien, die nötigen Freiheiten für seine Arbeit ließen. So konnte eine Kampagne für einen Kunden erstellt werden, dem das persönlich wichtig war – Narendra Modi – und die außerdem zeigte, wie stark der gesamte Bereich von der digitalen Revolution beeinflusst wird.

Einfache Anti-Korruptions-Poster wie dieses profitierten von neuen Techniken, wie Hologrammen oder Animation.

Der Inder Narendra Modi war ein früher Nutzer der sozialen Medien und einer der ersten Politiker, der sie verwendete. Der „König der sozialen Medien" wurde schließlich Premierminister. Trotz des Lärms um Donald Trump verfügt Modi auf Twitter über 20 Millionen Follower mehr als der US-Präsident.

In der politischen Werbung herrschte immer ein Eltern-Kind-Verhältnis: Der Politiker erklärte den Bürgern, was gut für sie ist. Jetzt kann das Kind sprechen. Die erste Hürde bestand darin, die Partei Bharatiya Janata davon zu überzeugen, dass eine Einzelperson im Zentrum der Kampagne stehen sollte. Doch als das geklärt war, war der Weg frei für den „Modi-Moment". Dafür bediente sich Modi der Sprache der Wähler, statt die förmliche Ausdrucksweise des nationalen Fernsehens zu verwenden.

DIGITALE TRANSFORMATIONEN

Diese anonyme Facebook-Seite, die an den Tod eines Aktivisten erinnerte, soll Auslöser für die Revolution in Ägypten im Jahr 2011 gewesen sein. Heute, zwei Revolutionen später, liest man auf Facebook Meinungen für und gegen die beiden Ereignisse.

Modi war ein früher Anhänger der sozialen Medien, er musste sich für die Kampagne also nicht verstellen. Piyush kommentierte: „Ein Mann, von dem man eigentlich keine technologische Vorbildung erwartete, entschied sich für digitale Technologie. Und das hatte starke Auswirkungen auf die größte politische Bewegung der letzten Jahre in Indien." Obwohl Piyush und die beauftragte Agentur Modis gesamte Kampagnenwerbung übernahmen, antwortete Piyush auf die Frage nach der digitalen Umsetzung bescheiden: „Ja, ich habe für die Kampagne mit Modi zusammengearbeitet, aber den digitalen Teil hat er allein gemacht. Und davor ziehe ich den Hut." Der Modi-Moment bestand aus einer Reihe einfacher, für alle Bürger bestimmten Sätze, die zunächst in den sozialen Medien an jene verbreitet wurden, die dort präsent waren, und später auch an alle anderen – das Sahnehäubchen auf einem sehr traditionellen Mediakuchen.

Können die sozialen Medien dieser Kuchen sein? Während des Arabischen Frühlings war man jedenfalls dieser Ansicht. Ein Demonstrant drückte das so aus: „Wir nutzen Facebook, um unsere Proteste zu planen, Twitter, um sie zu koordinieren, und YouTube, um die Welt daran teilhaben zu lassen." Damit hat er die Rolle der sozialen Medien sehr treffend beschrieben. Doch es handelte sich damals nicht um eine „Social-Media-Revolution", sondern um eine Revolution, bei der die sozialen Medien (zunächst) eine große Rolle spielten. In den späteren Phasen der verschiedenen Revolutionen neigten die sozialen Netzwerke allerdings eher dazu, die Mehrheit zu spalten, da jedes neue Lager mit einem anderen stritt. Die sozialen Medien sind ein Hilfsmittel, das mehreren Herren gehorcht. Das Medium ist nicht die Agenda.

2012 organisierte unsere Agentur in Tunis ein Event gegen Apathie und eine Rückkehr zur Diktatur, das in den sozialen Medien geteilt werden sollte: Wenn man ein großes Poster, das den abgesetzten Diktator Ben Ali zeigte, herunterriss, kam eine Warnung zum Vorschein.

DIGITALE TRANSFORMATIONEN

An der üblichen Darstellung der beiden Präsidentschaftskampagnen Barack Obamas – als Coming-of-Age der neuen und Verdrängung der traditionellen Medien – erkennt man ein bemerkenswertes Missverständnis in Bezug auf die Macht der sozialen Medien. Die Wahrheit ist etwas komplizierter.

Es begann im Jahr 2004 – als die Ausläufer der Antikriegsdemonstrationen mit den Folgen der Dotcom-Blase zusammenfielen – mit der Kampagne für die Nominierung des demokratischen

Rechts: Diese Scheune in Ohio steht symbolisch für die Begeisterung, die Obamas Wahlkampf 2008 entfachte. Ein Online-Aktivist besorgte sich im Internet die korrekten Pantone-Farbnummern und das Logo-Design, stellte ein Gerüst auf und bemalte die ganze Scheune mit Obamas Slogan und Wahlkampflogo.

Unten: Für Obamas Wahlkampf nutzte man, wie für jedes gute Direktmarketing, erprobte Techniken, wie Mitglieder werben Mitglieder, Wettbewerbe und A/B-Tests. Der berühmte „I will be outspent"-Brief wurde in 17 Versionen getestet, bevor man ihn an eine lange Empfängerliste verschickte. Er brachte an einem Tag Spendengelder in Höhe von 2,4 Millionen $ ein.

DIGITALE TRANSFORMATIONEN

Für Trumps Wahlkampf, der am besten für seine Tweets bekannt ist, analysierte man die Daten von Facebook-Werbung, um Zielgruppen selektiv und effektiv anzusprechen. So wurden Spendengelder eingetrieben und Anhänger mobilisiert, ähnlich wie es auch Obamas Wahlkampfteam getan hatte.

Präsidentschaftskandidaten Howard Dean. Einer der jungen „Überlebenden" der geplatzten Internetblase war das charismatische Energiebündel Thomas Gensemer, der gemeinsam mit Joe Rospars und anderen Gründern der später als Blue State Digital bekannten Firma mit E-Mail-Marketing und Database-Management experimentierte, um eine geschlossene Antikriegskoalition aus Alt und Jung zu formieren. Das Geld floss in die Kampagne der Demokraten: Und das, so Thomas, „veränderte die Art und Weise, wie wir alle über Wahlkampfökonomie dachten".

Für Obama wandten sie im Jahr 2008 eine ähnliche Strategie an und bestanden darauf, im Wahlkampf insgesamt eine zentrale Rolle einzunehmen, die von der Spendensammlung über das Marketing bis hin zur Organisation der Außeneinsätze reichte. David Plouffe, der Wahlkampfmanager, willigte ein. Sie begannen die Kampagne mit einem inspirierenden Kandidaten und nutzten die Dynamik von Facebook und Twitter. Doch die eigentliche – und wichtige – Arbeit lag im traditionellen Database-Management: die Verbindung der Datenbanken von Spendern, Aktivisten und Wählern. Thomas erklärt: „Da fängst du plötzlich an, die Leute multidimensional wahrzunehmen, wo sie vorher nur mit einer bestimmten Transaktion in Verbindung gebracht wurden."

Wieder begannen die Gelder zu fließen: 500 Millionen Dollar online im Jahr 2008, 690 Millionen Dollar im Jahr 2012. Und wofür wurden sie ausgegeben? Für traditionelles Fernsehen, was mehr Redezeit und einen riesigen Vorteil bedeutete. Das ist ein besonders schmerzlicher Punkt, denn für die Wahlen im Jahr 2016 verließ sich Donald Trump auf einen Vorsprung durch Earned Media: „Authentizität" über Twitter.

Doch was noch wichtiger war: Millionen Menschen setzten sich für die Kampagne ein. Der Manager eines Regionalbüros in Cuyahoga, Ohio, konnte sehen, dass Wähler X, der ein paar hundert Dollar gegeben und an einige Türen geklopft hatte, ein wertvolles Ziel war, um das man ein ganzes Erlebnis schaffen konnte, mit einem Zweck: seine oder ihre Arbeitskraft zu gewinnen. Also finanzierten die Gelder einen der größten Außeneinsätze aller Zeiten: Zehntausende bezahlte Angestellte, Millionen Freiwillige, alle sangen dasselbe Lied – und waren in den sozialen Medien vernetzt. (Ein Hinweis an alle nicht-amerikanischen Leser: Das amerikanische Wählerregister und die langen Wahlkampfphasen machen es schwierig, diese Vorgehensweise eins-zu-eins zu exportieren – obwohl die Nachfrage aus allen politischen Lagern vieler Länder groß war.)

Trumps Wahlkampfteam förderte ein Video mit einer Rede von First Lady Hillary Clinton aus dem Jahr 1996 zutage, das während der Schlussphase des Wahlkampfs in einer Facebook-Kampagne genutzt wurde, um afroamerikanische Wähler abzuschrecken.

Clintons Wahlkampfteam verbrachte viel Zeit und Mühe mit „kreativen" Programmen, die junge Leute ansprechen sollten, und vernachlässigte dadurch potenzielle Wähler der Arbeiterklasse.

Details der digitalen Präsidentschaftskampagne in den USA im Jahr 2016 kommen immer noch ans Licht, allerdings kennen wir mittlerweile einige Aspekte:

- Hillary Clinton verfügte über einen massiven finanziellen Vorsprung: mehr als 1 Milliarde Dollar verglichen mit Trumps 650 Millionen Dollar.
- Donald Trumps Mischung aus Tweets und Wahlkampfkundgebungen brachte ihm einen enormen „Earned Media"-Vorteil ein.
- Clintons Online-Team konzentrierte sich auf stilvolle, anspruchsvolle Facebook-Videos für junge Wähler.
- Brad Parscale, der für Trump die digitale Leitung übernommen hatte, betrieb eine traditionellere, datenbasierte Kampagne mit beträchtlicher finanzieller Wirkung, führte komplexe Analysen durch und lernte durch Tests kontinuierlich dazu.
- Dazu kamen gezielte Versuche der Wählerunterdrückung im Fall von wichtigen Clinton-Anhängern, wie beispielsweise Afroamerikanern.
- Clinton mied gegen Ende des Wahlkampfes die traditionelle Werbung und konzentrierte sich stärker auf ihre Facebook-Präsenz. Eine Investition in traditionelle Medien in wichtigen Swing States, wie Pennsylvania und Wisconsin, wurde in Erwägung gezogen, jedoch nicht umgesetzt.

Digitale Regierung

E-Government begann mit einer einfachen „Technologisierung der Regierungsverwaltung", doch es dauerte ein bisschen, bis die Angestellten des öffentlichen Dienstes verstanden, worum es wirklich ging: die Umgestaltung der Regierungsprozesse ausgehend vom Nutzer, dem Bürger.

Paradebeispiele hierfür sind zwei kleine Länder: Singapur und Estland. Der intelligente Inselstaat Singapur trieb die „digitale Transformation" der Beziehung zu seinen Bürgern mit öffentlichen Dienstleistungen im Top-down-Ansatz voran. Im Gegensatz dazu bot Estland ein dezentralisiertes Programm, das von der Regierung angestoßen wurde und in das die Privatwirtschaft, speziell die Banken, stark investierten. Mit einer Identifikationsnummer (ID) und einem Passwort erhalten die Bürger Zugang zu Leistungen. Beide Länder verfügen über eine leicht bedienbare Benutzeroberfläche und eine hohe Nutzerzufriedenheit. Estland geht noch einen Schritt weiter: So kann man dort in lediglich 20 Minuten ein Unternehmen mit Firmensitz in der EU gründen.

Doch klein ist einfach; groß ist schwierig. Wie schwierig das ist, zeigt wohl nichts besser als das Fiasko um die Website Healthcare.gov, die der amerikanischen Regierung als digitales Zentrum für Obamacare – als „Health Insurance Marketplace" – diente. Damals musste sich, wie jemand sehr treffend bemerkte, zum ersten Mal ein Präsident der Vereinigten Staaten im Rosengarten des Weißen Hauses für eine nicht funktionierende Website entschuldigen. Offizielle Nachfragen enthüllten eine Reihe von Gründen für das Versagen und jeder einzelne davon sollte uns das Gruseln lehren:

- Ein Team, das überzeugt davon war, die perfekte Lösung entwickeln zu müssen, das jedoch nicht genug Zeit für die Umsetzung einplante.
- Starre Vorgaben für die Auftragsvergabe, die zur Beauftragung eines unpassenden Dienstleisters führte.
- Schlechte Kontrolle, da eine einheitliche Führung fehlte.
- Resistenz gegen schlechte Nachrichten und exzessive „Pfadabhängigkeit": Wir müssen das Flugzeug landen, sonst …

Es hätte auch uns erwischen können.

In der Folge wandten sich die USA – vielleicht überraschenderweise – an den britischen Government Digital Service (GDS), obwohl Großbritannien erst recht spät zum E-Government gekommen war. Der GDS entstand aus der Empfehlung von Martha Lane Fox, innerhalb des Cabinet Office (wo auch Richard H. Thalers „Nudge Unit" aus Verhaltensforschern untergebracht war – siehe Kapitel 15) eine Abteilung zu gründen, die den nötigen Biss hat, um „jegliche Strategie und Vorgehensweise infrage zu stellen, die einer effektiven Leistungsgestaltung entgegenwirkt".

Mein ehemaliger Kollege Russell Davies übernahm als Erster die strategische Leitung und beschrieb die Abteilung als „das, was du bekommst, wenn du ein kleines Ministerium nimmst und Webentwickler und eine kleine Kreativagentur dazugibst".

Dem Konzept lag die Annahme zugrunde, dass Prozesse effizienter werden, wenn man sie am Menschen ausrichtet. Der GDS ist heute wohl das beste Beispiel dafür, wie man das Nutzungserlebnis ins Zentrum des Regierungsangebots stellt, um anschließend die grundlegenden Prozesse komplett zu verändern – für relativ einfache Vorgänge wie die Anmeldung eines Fahrzeuges ebenso wie für komplexere, z.B. die Ausstellung einer Vollmacht. 20 Jahre lang boten Regierungen im Grunde formularbasierte Leistungen online an. Doch warum nicht den gesamten Ablauf umstellen?

DIGITALE TRANSFORMATIONEN

Wenn Sie den e-Estonia Showroom besuchen, sehen Sie eine Zukunftsvision, die so interessant ist wie jeder Apple Store. Für 100 Euro können Sie sogar e-Estländer werden und vom digitalen Personalausweis ebenso profitieren wie ein echter Estländer.

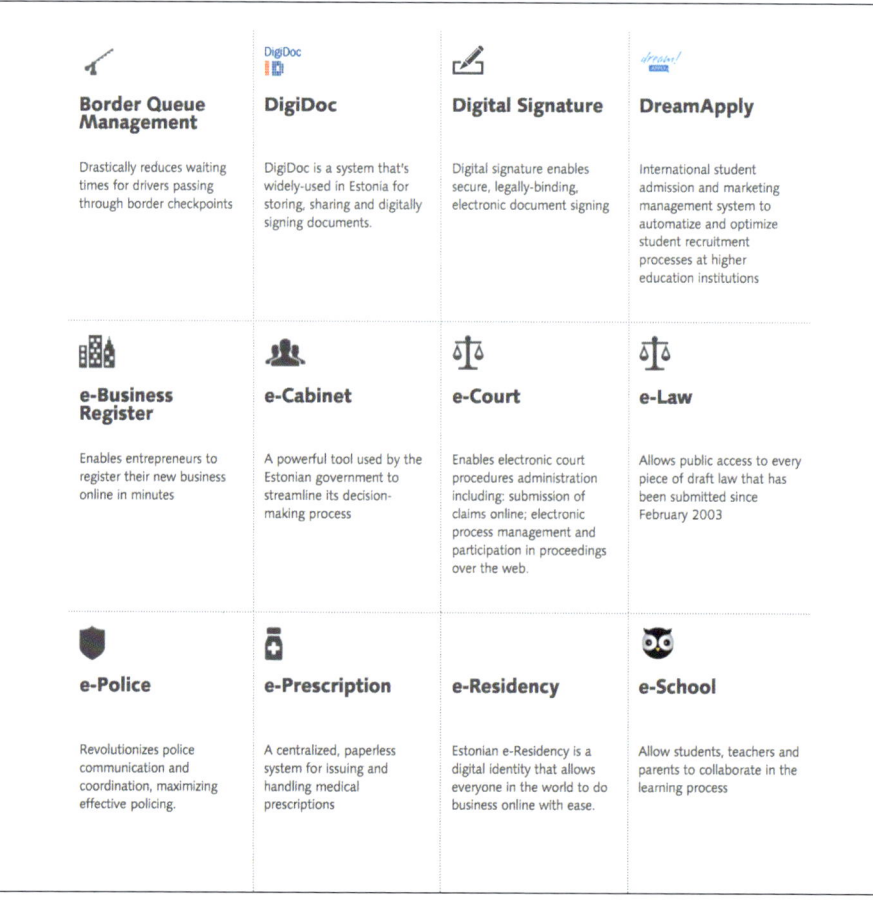

Border Queue Management
Drastically reduces waiting times for drivers passing through border checkpoints

DigiDoc
DigiDoc is a system that's widely-used in Estonia for storing, sharing and digitally signing documents.

Digital Signature
Digital signature enables secure, legally-binding, electronic document signing

DreamApply
International student admission and marketing management system to automatize and optimize student recruitment processes at higher education institutions

e-Business Register
Enables entrepreneurs to register their new business online in minutes

e-Cabinet
A powerful tool used by the Estonian government to streamline its decision-making process

e-Court
Enables electronic court procedures administration including: submission of claims online; electronic process management and participation in proceedings over the web.

e-Law
Allows public access to every piece of draft law that has been submitted since February 2003

e-Police
Revolutionizes police communication and coordination, maximizing effective policing.

e-Prescription
A centralized, paperless system for issuing and handling medical prescriptions

e-Residency
Estonian e-Residency is a digital identity that allows everyone in the world to do business online with ease.

e-School
Allow students, teachers and parents to collaborate in the learning process

Zentraler Bestandteil des Angebots ist die Website GOV.UK: schmucklos, übersichtlich und einfach, ohne Beiwerk, das vom schnellen und unkomplizierten Zugang zu Informationen ablenken würde. Russell stoppte ein Webdesignprojekt mit „Schnickschnack", cleveren Symbolen und technischen Spielereien. Man wollte nicht möglichst digital sein, sondern zeigen, was das Digitale in seiner Einfachheit leisten kann. Das Motto lautete „Das Produkt ist der Service ist das Marketing", und Russell, der ehemalige Planer, wurde zum Anti-Planer, zum Nicht-Marketer.

Das mag freilich eine allzu puristische Utopie sein. Und Regierungen nutzen alle – sowohl analogen als auch digitalen – Kommunikationskanäle, um ihre politischen Ziele umzusetzen. Doch der Trend hin zu einem immer besseren Nutzungserlebnis wird sich – angetrieben von der „Uberisierung" und der „Amazonisierung" kommerzieller Transaktionen – immer weiter verstärken.

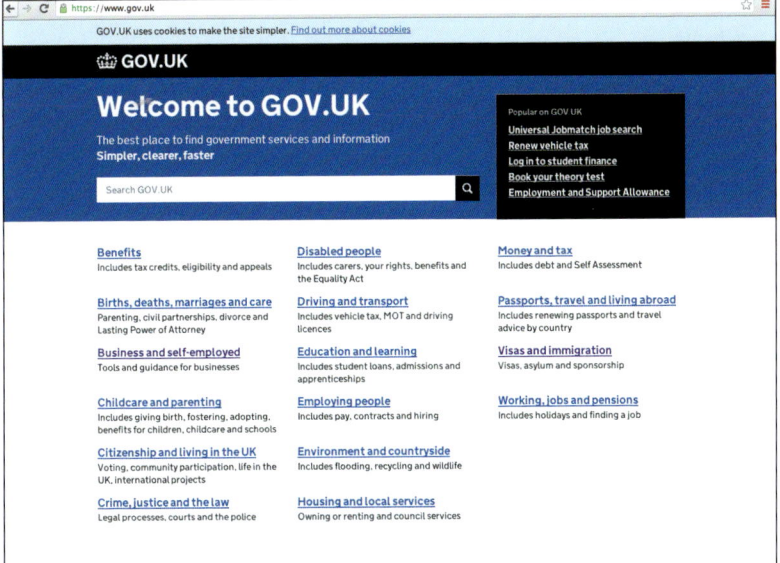

Die britische Website GOV.UK wurde von einer beliebten Zeitung in „boring.com" umbenannt, heimste jedoch einige Preise ein, darunter den D&AD Black Pencil. Russell Davies, strategischer Leiter des britischen Government Digital Service, hatte die Website radikal gestrafft und alles gelöscht, was einen einfachen Zugang zu den gewünschten Informationen erschwerte. Diese auf das Wesentliche reduzierte Einfachheit – und eine durchgängige, unauffällige Schriftart – erinnert an klassische Informationskampagnen der Regierung, wie man sie aus der Vergangenheit kennt.

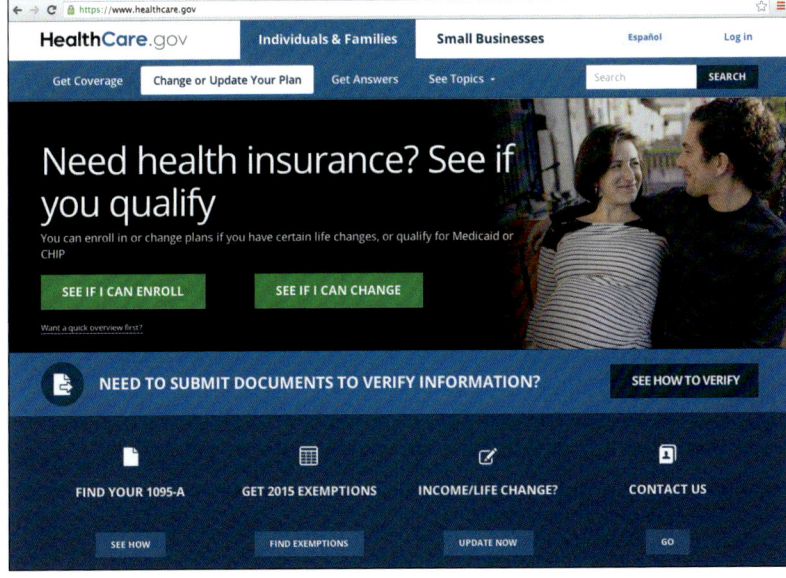

Die im Oktober 2013 ins Leben gerufene amerikanische Website Healthcare.gov erzielte unterdessen 20 Millionen Besucher, konnte jedoch nur 500.000 Transaktionen abschließen, was die Verantwortlichen in Verlegenheit brachte. Präsident Obama hielt den Kopf dafür hin: „Wie bei jedem Gesetz, bei jeder großen Produkteinführung kommt es am Anfang zu Pannen. Das passiert bei jedem neuen Programm." Nach diesem Debakel bat man den britischen Government Digital Service um Unterstützung. Weniger ist anscheinend doch mehr.

DIGITALE TRANSFORMATIONEN

Incredible !ndia verhalf dem Land zu einer ganz eigenen Identität, bildete bekannte Stätten auf ungewöhnliche Weise ab, betonte die landschaftliche Vielfalt des Landes und verband Menschen aus aller Welt durch die indische Gastfreundschaft. Angesichts einer Nation, die Hightech und ein reichhaltiges kulturelles Erbe vereint, ist es nur logisch, wenn Incredible !ndia für sein Ziel, Indien zum Touristenziel Nummer eins zu machen, sowohl traditionelle als auch digitale Medien nutzt.

Digitaler Tourismus

David Ogilvy widmete in seinem Buch *Ogilvy über Werbung* ein ganzes Kapitel der Fremdenverkehrswerbung. Schließlich galt er, wie er es selbst ausdrückte, als „der große Experte für Touristikwerbung". Der Anstieg und die Demokratisierung internationaler Reisen fand zu seinen Lebzeiten statt: So wuchs die Zahl der Reisenden von nur 25 Millionen im Jahr 1950 auf 435 Millionen im Jahr 1990. Heute verzeichnen wir mehr als eine Milliarde Reisende pro Jahr.

DIGITALE TRANSFORMATIONEN

Der indische Bundesstaat Madhya Pradesh ist riesig und verfügt über viele Sehenswürdigkeiten, war jedoch nie die erste Wahl für Besucher. Ogilvy nutzte das traditionelle Handschattenspiel, um zu zeigen, dass man Vorstellungen von Stätten und Orten auch ohne Fotografien hervorrufen kann. Untermalt wurde diese enorm erfolgreiche und höchst ungewöhnliche Tourismuswerbung mit einem Volkslied, das Raghubir Yadav sang, ein Schauspieler aus Madhya Pradesh.

Die digitale Revolution hat seit 1990 die Urlaubssuche, den Kauf und die Zurschaustellung des Urlaubserlebnisses stark vereinfacht. Dabei kommt der Kommunikation eine besondere Rolle zu: Sie soll das Gesamterlebnis verbessern und den Urlaub beispielsweise schon vor dem Kauf erlebbar machen. Recht viel näher kann man einem „Probeurlaub" kaum kommen.

Eine der erfolgreichsten Touristikwerbungen des digitalen Zeitalters war „Incredible India". Die Kampagne sollte dem negativen Indienbild – heiß, dreckig, hässlich – entgegenwirken und mit wunderbaren Fotografien Vorstellungen von einem Land wecken, das zwar anders ist, jedoch die Sinne anregt, statt Unbehagen hervorzurufen. In seiner Autobiografie *Pandeymonium* schreibt Piyush Pandey, seine Mutter habe immer gesagt, sie reise gern, worauf er geantwortet habe „*Muijhe ghumaane ka bahut shauk hai*" (Ich veranlasse die Menschen gern zum Reisen). Die Kampagne vereinte digitale und analoge Elemente, sie erzeugte „Buzz", verbreitete Angebote und bot den individuellen Programmen der indischen Bundesstaaten ein digitales Zuhause. Auch Piyush warb für zwei von ihnen.

Mit den sozialen Medien können wir ein Reiseziel heute bereits im Voraus erleben. Wer kennt nicht diese Mischung aus Neid und Mitfreude beim Betrachten des Facebook-Feeds eines Freundes, der von seinem Urlaub berichtet? Würden wir da nicht am liebsten gleich selbst hinfahren? Genau diese Emotionen versuchten wir für Kapstadt hervorzurufen, indem wir Reisende (in einer extensiven digitalen Werbekampagne) baten, einen Fünf-Tages-Trip nach Kapstadt in ihrem Facebook-Profil anzeigen zu lassen. Im Gegenzug bekamen sie positives Feedback von Freunden und eine Chance, die Reise tatsächlich zu gewinnen. Immer mehr Menschen erfuhren auf diese Weise von der Schönheit der Stadt und erhielten Geheimtipps für ihre Reise. Kapstadt profitierte von der impliziten Empfehlung der Facebook-Nutzer.

Es war überraschend einfach. Da Cape Town Tourism nicht über die nötigen Gelder für sensationelle Fernsehspots verfügte, kaperte es den Ort, an dem ohnehin alle ihre Urlaubserlebnisse teilen: Facebook. Wer sich anmeldete, konnte Kapstadt in fünf Tagen virtuell erkunden. Nutzer erhielten personalisierte Inhalte für ihre Timeline, die zeigten, was es in einer der schönsten Städte Afrikas zu sehen und tun gab. Dafür drehte Cape Town Tourism 150 Videos aus der Perspektive des Betrachters, knipste 10.000 Schnappschüsse und schrieb 400 Statusaktualisierungen. Auf diese Weise konnten die Teilnehmer Kapstadt über ihr Facebook-Profil besuchen – und all ihre Freunde auch.

DIGITALE TRANSFORMATIONEN

Ein Land ist die Gesamtheit seiner Bürger. Was, wenn man sie alle bäte, über ihr Land zu sprechen? Genau das taten wir mit unserer unterhaltsamen Kampagne „Random Swede" für Schweden, um den Tourismus des Landes wieder anzukurbeln. Die Kampagne machte sich den Stolz der Schweden auf ihr Land und ihren historischen Einsatz für die Meinungsfreiheit zunutze und bot potenziellen Touristen die Möglichkeit, 5.000 zufällig ausgewählte schwedische Staatsbürger anzurufen, die sich für die internationale Telefonhotline „Dial-a-Swede" angemeldet hatten. Schließlich gibt es keinen besseren Weg, ein Land kennenzulernen, als sich mit seinen Einwohnern zu unterhalten.

190.000 Anrufe aus 186 verschiedenen Ländern wurden registriert und 36.000 Schweden stellten sich als „Botschafter" zur Verfügung. Was die Anrufer zu hören bekamen, gefiel ihnen: Sie erfuhren, dass die Schweden offene und direkte Menschen sind, die gerne Fragen über ihr Land beantworten; dass es in Schweden mehr gibt als nur die wenigen größeren Städte und dass die Schweden ihr Land lieben und sich freuen, wenn Touristen kommen.

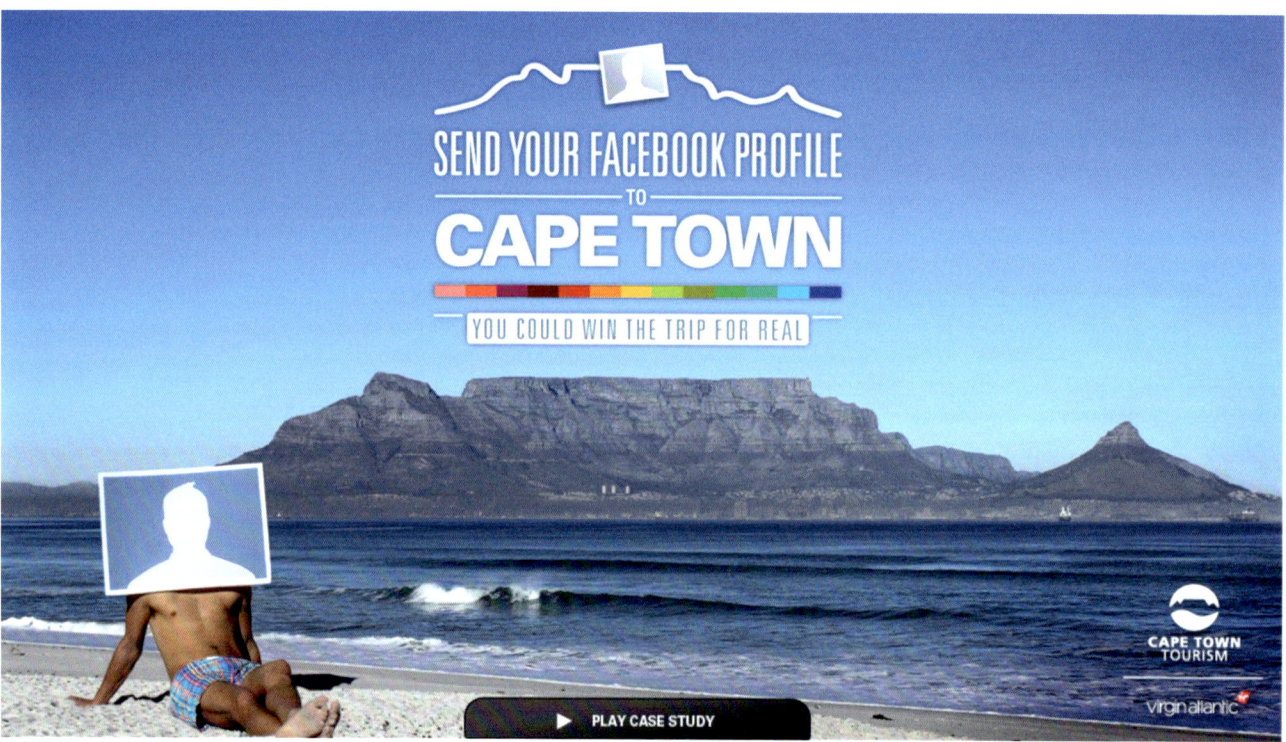

Mit der Kampagne „Send Your Facebook Profile to Cape Town" wollte man bei potenziellen Reisenden ein Interesse für Kapstadt als Reiseziel wecken. Kapstadt ist für viele Menschen so weit entfernt, dass die Sehenswürdigkeiten der Gegend relativ unbekannt bleiben. Vielleicht hat man von den Wundern der „Mother City" zwar gehört, doch den Tafelberg, die Weinberge um Stellenbosch oder die V&A Waterfront mit eigenen Augen zu sehen ist noch einmal etwas ganz anderes. Und wenn Sie die Reise nicht selbst unternehmen können, dann kann Sie vielleicht Ihr Facebook-Profil mit auf die 5-Tages-Tour nehmen. Die sorgfältig vorbereiteten virtuellen Touren waren erfolgreich: Im Jahr nach der Kampagne stieg die Anzahl der Urlaubsbuchungen für Kapstadt um 118 Prozent.

DIGITALE TRANSFORMATIONEN

Oben und Mitte: Wie interessiert man Menschen so sehr für ein Land, dass sie es besuchen wollen? Man gibt ihnen ein Telefon und lässt sie mit einem Einheimischen sprechen! Ihre Fragen über Schweden beantwortet von einem Schweden – so erfährt man wirklich etwas über ein Land! 13.000 Anrufe wurden allein in der ersten Woche der Kampagne gezählt.

Ein anderer Ansatz? Überlegen Sie sich die verlockendste Stellenanzeige der Welt. Beispielsweise für einen „Inselhüter in einem Weltkulturerbe der UNESCO" mit einem Gehalt von 100.000 $ und dem Aufgabengebiet „Schwimmen, Schnorcheln, mit Einheimischen anfreunden". Genau das hat Tourism Queensland getan – und mehr als 1,4 Millionen Menschen aus 200 Ländern verschickten ihre Videobewerbungen online.

Digital Social Responsibility

Die „Corporate" Social Responsibility wandelte sich im digitalen Zeitalter von einer Art selbstherrlicher Philanthropie, bei der ein „guter" Zweck finanzielle Unterstützung erhielt, zu einer tiefer gehenden Auseinandersetzung mit den Problemen, an der alle Stakeholder beteiligt sind: Mitarbeiter und Kunden, Liefer- und Absatzketten. Sie existieren nicht mehr in Isolation und müssen sich für Informationen nicht länger auf Hochglanzbroschüren verlassen, sondern sind digital vernetzt und kommunizieren online miteinander.

Das ehrgeizigste Beispiel hierfür, an dem ich selbst beteiligt war, sind wohl die Bemühungen von Unilever, ökologische Verantwortung ins Zentrum des gesamten unternehmerischen Handelns zu rücken. Als Paul Polman die Leitung des Konzerns übernahm, erklärte er, er wolle die Umsätze der Gruppe verdoppeln und gleichzeitig die negativen Folgen für die Umwelt halbieren – ein ehrgeiziges Vorhaben. Ich bin mir nicht sicher, ob Paul viele Berechnungen anstellte, bevor er diese Gleichung aufstellte, doch er ging mit Entschlossenheit und Eifer an die Arbeit und zeigte, dass seine Vorstellungen tatsächlich umsetzbar waren. Allerdings mussten sich dafür alle Unternehmensbereiche auf dasselbe Ziel ausrichten. In manche kam schneller Bewegung als in andere, und ich erinnere mich, dass Paul sagte, auf die größten Herausforderungen stoße man immer in der Mitte einer Organisation. Doch bald wurde klar, dass im Zentrum des unternehmerischen Handelns eine grundlegende Produktphilosophie stehen würde, die alles bestimmte, was Unilever tat.

Das konnte der Einkauf von Palmöl aus nachhaltiger Produktion für die Eisherstellung sein oder die Aufzucht von Hühnern in Freilandhaltung, deren Eier für die Herstellung von Mayonnaise verwendet wurden. In jedem dieser Fälle war ein nachweislicher Nutzen ersichtlich, der mit milliardenfachem Konsum echte, skalierbare Wirkung zeigte.

Als Keith Weed uns zum Kommunikationsprogramm briefte, das den Unilever Sustainable Living Plan begleiten würde, ließ er keinen Zweifel daran, dass mit früheren Vorgehensweisen gebrochen, eine strahlende Zukunft signalisiert und eine besondere digitale Mobilisierung all jener geschaffen werden sollte, die an den Prozessen beteiligt sind – von den Produzenten und Erzeugern bis hin zum Endkunden. Das Ergebnis war ein Content-Ökosystem, das aus verschiedenen Elementen bestand, von Videos, die für die Probleme sensibilisierten und millionenfach angesehen und geteilt wurden, bis hin zu gründlich recherchierten Leitartikeln.

Farewell to the Forest: Ein uralter Baum spricht: „Ich hätte es mir in meinen 117 Jahren nicht vorstellen können, dass es einmal so kommen würde. Es mag sich verrückt anhören, aber ich bin heute in der Stadt wahrscheinlich sicherer als im Regenwald. Ihr seid die einzigen Lebewesen, die jetzt noch helfen können, und wenn ich in eure Gesichter sehe, dann weiß ich, dass ihr es auch tun werdet." Damit kommuniziert Unilever, dass die Produkte des Unternehmens aus nachhaltiger Produktion stammen und dem Regenwald nicht schaden.

DIGITALE TRANSFORMATIONEN

Unilever bewies, dass es gut fürs Geschäft ist, als Unternehmen Gutes zu tun. Und das positive Image, das dadurch in der Gesellschaft entstand, half Unilever im Jahr 2017, eine feindliche Übernahme abzuwehren.

Die Welt zu retten ist ein großes Vorhaben, doch dieselben Prinzipien gelten für jede soziale Aufgabe: Zuerst müssen Sie auf das Problem aufmerksam machen und andere davon überzeugen, dass es wichtig ist. Dann identifizieren Sie Ihre Unterstützer und mobilisieren sie. Die Möglichkeiten der Mobilisierung für „Social Responsibility"-Projekte sind die große Stärke des Digitalen. Im Extremfall ist es damit sogar möglich, politische Veränderungen herbeizuführen. Eine von David Ogilvys Lieblings-NGOs war der World Wildlife Fund, für den wir in verschiedenen Ländern nach wie vor tätig sind. In Thailand erdachten wir ein Programm gegen den Elfenbeinhandel: Da Elefanten im thailändischen Alphabet einen eigenen Buchstaben haben, wurden Prominente und Bürger dazu aufgerufen, diesen aus ihrem Namen zu streichen. Nach und nach wurden 1,3 Millionen Menschen aktiv. Der Premierminister Thailands fühlte sich auf dem Höhepunkt der Kampagne gezwungen, sich während einer Pressekonferenz für die Bekämpfung des Elfenbeinhandels auszusprechen.

Als in Frankreich die Möglichkeit der gleichgeschlechtlichen Ehe diskutiert wurde, schloss sich unsere Pariser Niederlassung mit Google+ und der in diesem Bereich besonders engagierten Organisation Tous Unis pour l'Egalité zusammen, um mit Google Hangouts, dem Videokonferenzdienst des Unternehmens, die erste gleichgeschlechtliche Ehe Frankreichs zu schließen. Französische Paare wurden mit einem Bürgermeister in Belgien (wo die gleichgeschlechtliche Ehe bereits legal war) verbunden, der die Trauung virtuell durchführte. Millionen beteiligten sich – und machten auf einen entscheidenden Unterschied zwischen den beiden Ländern aufmerksam.

Unilevers zahlreiche Marken unternahmen wichtige Schritte, um die von Paul Polman und Keith Weed beschworene rosige Zukunft zu schaffen. 2016 konnte man die Auswirkung der Maßnahmen sehen und messen. Die anhaltenden Impulse aus Unilevers Nachhaltigkeitsinitiative veranlassten die Marke dazu, das Ende der alten Welt zu verkünden und zu zeigen, wie die Marken des Verbrauchsgüterriesen einen Neubeginn einläuteten.

DIGITAL SOCIAL RESPONSIBILITY: DREI REGELN

1. Meiden Sie alles, was auch nur annähernd nach Greenwashing riecht. Stülpen Sie sich nicht einfach ein Thema über, ohne sich tatsächlich dafür einsetzen zu wollen.
2. Seien Sie bereit, Ihr Publikum zu schockieren, damit es versteht, wie wichtig Ihr Thema ist.
3. Geben Sie klare Anweisungen: Was erwarten Sie von den Menschen und wie wird das die Problematik verbessern?

DIGITALE TRANSFORMATIONEN

Des Einkäufers bester Freund? Diese einfallsreiche Außenwerbung für Battersea Dogs and Cats Home, ein Tierheim in London, ist eines der besten Beispiele für digitale Ideen in Aktion. Wenn arglose Shopper einen Flyer mitnahmen, folgte ihnen ein unverschämt goldiger Hund durchs Einkaufszentrum, auf der Suche nach einem neuen Zuhause.

Wer um Spenden bitten möchte, muss zunächst Interesse an der Sache wecken. In *Ogilvy über Werbung* schreibt David, dass bei der Werbung für gemeinnützige Zwecke das Hauptziel sein muss, Spendengelder für die Organisation zu sammeln. Daran hat sich im Grunde nichts geändert, außer dass immer mehr Spenden digital – auf Online-Plattformen – eingehen. Mit der Weiterentwicklung digitaler Kommunikationskanäle wirkte sich die aggressive, unkontrollierte Spendenerhebung zunehmend kontraproduktiv aus. In manchen Ländern war diese Vorgehensweise nach Einführung von Datenschutzgesetzen außerdem illegal geworden. Mutige Organisationen, wie die britische Royal National Lifeboat Institution, holen nun erst Einwilligungen ein (Opt-in-Verfahren), bevor sie mit potenziellen Spendern kommunizieren. Bisher haben sie noch keinen Schiffbruch erlitten. Doch dies zeigt einmal mehr, wie wichtig es ist, in der Öffentlichkeit ein Bewusstsein für ein Problem zu schaffen – was nur mit kreativer Kommunikation möglich ist. Außerdem sollte man die Spender mit größtmöglichem Respekt behandeln, denn das „Spendererlebnis" ist schließlich nur eine weitere, vielleicht höhere Form des Nutzungserlebnisses.

Eine Marke kann sich eindeutig zu einem gesellschaftlichen Thema positionieren und so zu wichtigen Veränderungen in der Gesellschaft beitragen. Doch wenn Sie Google heißen, können Sie noch mehr tun: Sie können diese Veränderung aktiv herbeiführen. 2013 war die gleichgeschlechtliche Ehe in Frankreich noch immer illegal und innerhalb der Gesellschaft war eine hitzige Debatte im Gange, von der man noch nicht wusste, wie sie ausgehen würde. Google erkannte eine Möglichkeit, gleichgeschlechtlichen Paaren zu gesellschaftlicher und rechtlicher Anerkennung zu verhelfen und gleichzeitig auf den neuen Videokonferenzservice „Google Hangouts" aufmerksam zu machen. Da die gleichgeschlechtliche Ehe in Belgien bereits legalisiert worden war, konnten französische Paare – über Hangouts – vor dem Bürgermeister von Marchin ihr Ehegelübde ablegen. Gleichzeitig zeigten sie damit, was Technologie und Gesellschaft für uns alle erreichen können, wenn sie sich zusammentun.

DIGITALE TRANSFORMATIONEN

Im Bestfall kann Werbung mehr leisten, als nur das Denken oder Handeln von Einzelpersonen zu verändern. Manchmal kann gute Werbung auf soziale oder ökologische Probleme aufmerksam machen und zu einem Wandel in der Gesellschaft insgesamt beitragen. Als der Buchstabe „Chor Chang" – in dem auch das thailändische Wort für „Elefant" steckt – aus den Namen von Prominenten, Zeitungen und Unternehmen verschwand, wurden die Thailänder auf den Schaden aufmerksam, der durch den Elfenbeinhandel entstand. Im Anschluss an die Kampagne fanden in Thailand entsprechende Gesetzesänderungen statt, illegale Elfenbeinlager wurden zerstört, Elfenbeinhändler mussten ihre Tätigkeit aufgeben und der Elfenbeinhandel verschwand.

Die britische Royal National Lifeboat Institution ist als erste gemeinnützige Organisation dazu übergegangen, vor der Kommunikation mit potenziellen Spendern deren Einwilligung einzuholen. Es ist noch zu früh, um aussagekräftige Schlüsse zu ziehen, doch es scheint, dass so zwar eine kleinere, dafür aber eine stärker engagierte Spenderbasis entsteht.

HALL OF FAME: NESCAFÉ

NESCAFÉ

Die digitalen Fallberichte, die in den Branchenmedien besprochen werden, verfügen häufig über intrinsischen Sex-Appeal. Sie sind oft klein, manchmal interessant, doch nicht immer logisch. Für diesen letzten Eintrag in der Hall of Fame habe ich daher bewusst ein Beispiel für digitale Transformation gewählt, das viel komplexer und weit weniger sexy ist. Es riecht ein wenig nach „Das Imperium schlägt zurück".

Als Nestlé, der ultimative multinationale Konzern, sich daranmachte, das digitale Denken in den Herzen und Köpfen seiner globalen Netzwerke zu verankern, tat er das mit großem Ernst, mit Disziplin und missionarischem Eifer. Es ging nicht darum, „hundert Blumen erblühen" zu lassen, im Gegenteil. In der Frühphase der digitalen Revolution blühten sie: tausende Kampagnen in hunderten Märkten, keine davon skaliert, keine lernte von anderen, die Summe der vielen Teile erfüllte keineswegs das Versprechen der kumulativen Investition.

2011 setzte sich Nestlé das Ziel, als erster Konzern im Bereich Fast Moving Consumer Goods (FMCG) das Digitale und die sozialen Medien zu nutzen, um Marken aufzubauen und Kunden zu begeistern. Nestlé holte Pete Blackshaw ins Boot, einen Pionier der Mundpropaganda, und übergab ihm die globale Leitung für digitales Marketing und soziale Medien. Pete rief DAT ins Leben, das Digital Acceleration Team – Kompetenzzentrum, Motor des Wandels und, was für Pete am wichtigsten war, Mittel für eine schnelle Skalierung. Eine Außenstelle im Silicon Valley behält externe Entwicklungen im Blick: Sie kommuniziert mit Innovatoren und erfährt von interessanten Neuheiten. Doch die Aufgabe des DAT ist sehr praktisch, sehr bodenständig angelegt. Sie reflektiert Petes Überzeugung: „Die Grundlagen bleiben grundlegend." Das Digitale soll im Zentrum des Nestlé-Ansatzes „Brand Building the Nestlé Way" verankert sein. Es ist kein Anhängsel, kein isolierter Bereich und keineswegs ausschließlich für die Umsetzung zuständig: Das Digitale ist die Einsatzzentrale.

Ein gutes Beispiel für eine frühe digitale Transformation auf Markenebene ist Nescafé. Als Sean Murphy, der sich unermüdlich für globale Marken einsetzte, zur strategischen Geschäftseinheit „Kaffee" stieß, war Nescafé keineswegs eine coole Marke, dafür aber eine für das Portfolio wichtige und eine, die der Konzern unbedingt neu beleben wollte (das Verb „invigorate" hatten sie sorgfältig ausgewählt). Oder, wie Sean es ausdrückte: „Die Marke, die die Welt aufzuwecken pflegte, muss erst selbst wieder aufwachen." Nescafé sollte also versuchen, die Millennials anzusprechen, die die Marke sonst einfach ignorieren würden. Und dafür musste sie entsprechend aussehen.

Die Designagentur cba verwandelte das Mischmasch verschiedener visueller Identitäten in eine Wortmarke mit stilvollem roten Akzent. Dazu gab es eine moderne rote Tasse: Symbole wie geschaffen für das digitale Zeitalter. Es erforderte mehr Mut, als man vielleicht meinen könnte, den Ballast über Bord zu werfen, doch als dies einmal erledigt war, bewegte sich Nescafé in einer neuen Welt, in der sie auch mit anderen Getränken, wie beispielsweise Softdrinks, konkurrierte. Im Zentrum der Nescafé-Kreativplattform stand die Idee „It all starts with a Nescafé".

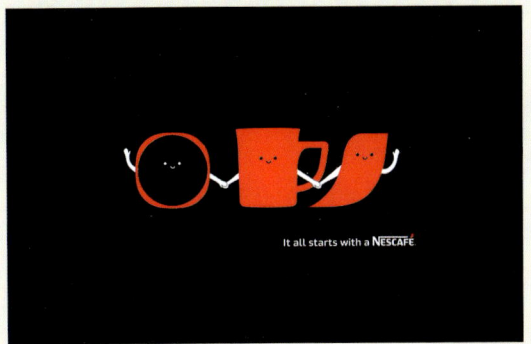

Drei Bilder, die die Neuausrichtung von Nescafé zeigen, deren Präsenz eher an die von Softdrinks erinnert.
Oben: Das typische Rot symbolisiert Wachsein.
Rechts oben: Eine Internet-Lounge in Tokio.
Rechts unten: Einige der einfachen digitalen Stichworte, die Gespräche in Gang brachten und der Marke neues Leben einhauchten.

Wir trinken 6.000 Tassen Nescafé pro Sekunde, das heißt eine halbe Milliarde pro Tag. Doch unsere „Kaffeemomente" unterscheiden sich von Gelegenheiten, zu denen wir alkoholfreie Getränke oder Bier konsumieren. Sie sind oft viel intimer und in sich selbst Gesprächsmomente.

Doch wie macht man aus Inspiration Konsum? Dafür war unsere Niederlassung in Deutschland zuständig. Dort erstellte man Posts für Facebook, Instagram und Snapchat und verbreitete sie in verschiedenen Sprachen an Nestlé-Märkte weltweit, um der Marke eine Stimme zu verleihen – und zu Gesprächen anzuregen. Gleichzeitig verschob Nescafé als erste große Marke ihre Internetpräsenz auf Tumblr. Damit wertete sie die Bedeutung traditioneller Websites ab und steigerte die Interaktion mit einer jüngeren Zielgruppe. Statt zwei Millionen verschlafener Follower verfügt Nescafé heute über 40 Millionen engagierter Fans – die immer häufiger online einkaufen.

14 FÜNF GIGANTEN DER WERBUNG IM DIGITALEN ZEITALTER:
Greenberg, Kagami, Nisenholtz, Jensen und Porter

Für *Ogilvy über Werbung* wählte David sechs große Persönlichkeiten, die seiner Meinung nach die moderne Werbung stark beeinflusst haben: Albert Lasker, Stanley Resor, Raymond Rubicam, Leo Burnett, Claude Hopkins und Bill Bernbach. Ich habe für dieses Buch dasselbe getan und ein digitales Pantheon zusammengestellt.

Dabei war der „kreative Stempel" – wie bei Davids Auswahl auch – das wichtigste Entscheidungskriterium, doch drückte sich bei meinen fünf Kandidaten die Kreativität jeweils auf ganz unterschiedliche Art und Weise aus. Außerdem steht jeder von ihnen für einen wichtigen Aspekt in der Entwicklung digitaler Kreativität und digitaler Werbung. Ich hoffe, dass Sie meine Entscheidungen nachvollziehen können! Manche Namen mögen weniger bekannt sein, doch meiner Meinung nach macht das die Auswahl umso interessanter. Doch natürlich bin ich offen für Alternativvorschläge.

Bob Greenberg

Bob Greenberg hat sich mit derselben Devise wie sein langjähriger Kunde Nike einen Namen als Digitalpionier gemacht: „Just Do It" – egal wie die digitale Problemstellung aussieht, und in der Regel vor allen anderen. Kein Wunder, dass seine Agentur R/GA bei den wichtigsten digitalen Innovationen eine große Rolle spielte.

Wenn man mit Bob Greenberg zusammensitzt, fühlt man sich, als säße einem ein elisabethanischer Magus gegenüber. Das hat sowohl mit seiner Erscheinung als auch mit seiner Aura zu tun. Er sieht in der Tat außergewöhnlich aus: Bob trägt immer schwer zu definierende schwarze Kleidung, den einzigen Kontrast bilden drei massive Armbänder aus Stahl. Auf dem Kopf sitzt ein schwarzer Hut ohne Krempe, aus dem hinten die grauen Haare bis auf die Schultern fallen. Dieser digitale Dr. Dee des 21. Jahrhunderts logiert unpassenderweise in einem von Norman Foster entworfenen hypermodernen Bürogebäude mitten in New Yorks Hudson Yards. Seine Räume erstrecken sich über die gesamte 12. Etage – eine Fläche von zwei Fußballfeldern. Auf den Regalen hinter Bob stehen zig Buddhas aus Stein, die alle sorgfältig ausgewählt (und vor dem Kauf mit einem Rasterelektronenmikroskop geprüft) wurden und aus nur einer – relativ unbedeutenden – Epoche stammen, der Nördlichen Qi-Dynastie von 550 bis 577. Inzwischen wagt sich Bob mit der Nördlichen Wei-Dynastie (386–534) auf neues Gebiet vor. Die Auren von Sammler und Sammelstücken scheinen miteinander zu verschmelzen, und wenn Bob spricht, tut er das auf eine leise, bedächtige, sanfte und gelassene Weise, die von einer höheren Erleuchtung zu künden scheint.

Bobs moderner Arbeitsplatz befindet sich weit entfernt vom bürgerlichen Chicago, wo er in den 1940er-Jahren als eines von drei hochkreativen Kindern aufwuchs.

Er fühlt sich in New York noch immer als Chicagoer, nicht zuletzt wegen seiner Architektursucht – nein, das ist keineswegs übertrieben! Dabei gehörte Bob in Chicago keineswegs zum Establishment. Wegen seiner Legasthenie betrachtete er sich immer als Autodidakt. Die Lese-Rechtschreib-Schwäche hat Bob mit anderen hochkreativen und wegweisenden Unternehmern wie Steve Jobs, Richard Branson und Charles Schwab gemein – eine Tatsache, auf die er stolz ist. Ohne Verbitterung erinnert er sich daran, wie seine Schwester in rasendem Tempo eine Buchseite nach der nächsten verschlang. Dafür bemerkte Bob damals, dass er die Welt anders wahrnimmt, eine Eigenschaft, die er für eine bemerkenswerte berufliche Laufbahn nutzte.

Bobs großer Beitrag zum digitalen Zeitalter stammt aus seiner Sichtweise als Produzent. Denn das ist er – und diese Perspektive hat er in eine Philosophie verwandelt, die kohärent und inspirierend zugleich ist und in der Technologie und Kreativität zusammenwirken.

Alles begann, als sein etwas älterer Bruder Richard im Studio von Pablo Ferrero zu arbeiten begann. Pablo war ein aus Kuba stammender Grafikdesigner, der sich zum größten Filmtiteldesigner aller Zeiten entwickelte: Er verlieh Filmen ihre visuelle Note. Die Greenberg-Brüder betraten die spannende Welt von Ferrero, Charles Eames und Saul Bass, und deren Kreativität wirkte ansteckend: Bob und Richard beschlossen, ein eigenes Studio zu eröffnen, das sich – was sie niemandem verrieten – im Untergeschoss ihres Wohnhauses an der 130 East 38th Street, zwischen Lexington und Park Avenue befand: auf 6 mal 20 Metern. Sie richteten es ein und kauften eine Trickfilmkamera. Der Begriff grafische Animation existierte damals noch gar nicht. Bald bezogen sie größere Räume und erstellten Hunderte von Vorspannen und Spezialeffekten.

Bob begann damit, Technologien zu entwickeln – für Film, Video und Computergrafik. „Das habe ich gemacht, weil das einfach mein Ding ist", sagt er. 1982 kauften die Brüder die erste Berkeley-Unix-Lizenz und entwickelten eigene Software. Außerdem nutzten sie zahlreiche Produkte von Silicon Graphics.

Eines Tages, im Jahr 1993, machte sich Bob auf, um Jim Clark zu treffen, einen der Gründer von Silicon Graphics, der sich wegen der Konkurrenz durch PCs und Macs gerade in einer schwierigen Lage befand. Bob erzählt:

Er fluchte ziemlich viel und fragte mich: „Was zum Teufel machst du hier?" Und ich stammelte, „Äh,...", konnte mich dann aber nicht mehr erinnern, warum wir das Treffen vereinbart hatten und was ich dort eigentlich wollte. Doch schließlich fiel mir wieder ein, dass ich vorhatte, mit ihm über interaktive Werbung zu sprechen. Und Jim sagte: „Interessant. Komm, ich will dir was zeigen."

Und er zeigte ihm Mosaic, den ersten Browser, der breite Anwendung finden würde und an dem er gemeinsam mit Marc Andreessen gearbeitet hatte. Bob war beeindruckt und beschloss bei seiner Rückkehr nach New York, die Welt der Filmeffekte zu verlassen, um eine Agentur für interaktive Werbung zu eröffnen.

Bobs Agentur R/GA besteht mittlerweile in ihrer dritten Inkarnation und gilt als Ikone des digitalen Zeitalters. Sie gehörte nie zum Mainstream, sondern näherte sich der Werbung immer aus technologischer Sicht. Sie war der Cartier der Websites. Keine andere Arbeit symbolisiert Bobs Leistung besser als die für Nike+ (siehe *Hall of Fame*, Seiten 214–215).

Um das Jahr 2013 wurde eine ungewöhnliche Geschenkschatulle bei R/GA abgeliefert. Darauf war ein Wappen mit Bobs Barett, seiner Brille und – einem FuelBand eingraviert. Die Schatulle enthielt ein Paar Schuhe in Sonderanfertigung. Es war einer dieser seltenen Momente,

„Bobs großer Beitrag zum digitalen Zeitalter stammt aus seiner Sichtweise als Produzent."

eine überraschende Dankesbekundung eines Kunden. (Das kam so selten vor, dass Bob zugab, zunächst gedacht zu haben, es handele sich um eine neue Produktprobe.) Wofür der Dank? Für die Entwicklung einer digitalen Plattform, auf der sich mehr als 40 Millionen Kunden tummelten.

2001 war das noch ganz anders. Damals gewann R/GA auf sehr konventionelle Art und Weise einen kleinen digitalen Nike-Etat. Seitdem warteten sie mit einer Überraschung nach der anderen auf. Nike glaubte damals nicht, jemals das nächste „große Ding" zu werden: Doch sie schafften es. Mit dem FuelBand begann der Kult um den vernetzten Athleten. Irgendwann redete man – wahrscheinlich Apple – Nike ein, auf die Entwicklung von Geräten zu verzichten. Doch die Marke besaß nun eine Plattform mit mehr als 60 Millionen Nutzern, die auf einer ungewöhnlichen Metrik – Fuel – basierte, die einfach anwendbar ist, Erfolge belohnt und tief in das eintaucht, was Erfolg für den Nutzer bedeutet. Und auch bei Nike ist die digitale Landschaft mit der physischen Welt verbunden – mit den konventionellen Geschäften nämlich.

Nike+ führte die Marke in einen neuen Raum und Bob denkt in Räumen. Bauhaus-Gründer Walter Gropius schrieb: „In der bildenden Kunst liegt das Ziel aller kreativen Anstrengungen darin, dem Raum eine Form zu geben." Bob begann mit 16 Jahren, sich für die Bauhaus-Bewegung zu interessieren, und das frühere Büro der Agentur war eine Hommage an Gropius. Dass Mies van der Rohes Farnsworth House als Vorbild für Bobs Ferienhaus gilt, überrascht nicht. Das Einraumhaus aus Glas und Stahl bringt die deutsche Moderne perfekt zum Ausdruck. Seine geradlinige Struktur vereint Kunst und Technologie: Es ist ein Ort, an dem der menschliche Geist im Zeitalter der Massenproduktion aufblüht. Bobs fünftes Haus wird von Toshiko Mori gestaltet und steht hoch über dem Hudson Valley. Da es aus Glas gebaut ist, kann man keine Gemälde aufhängen – also stehen dort noch mehr Steinbuddhas.

Das derzeitige, von Norman Foster gestaltete Büro ist weit mehr als ein Raum. Es ist ein Manifest. Es verbindet den physischen Raum mit der digitalen Landschaft. Herzstück ist die Technologieplattform, doch Kabelsalat gibt es hier nicht – Bob hat für perfekte Ordnung gesorgt. Wenn Sie in den Büroräumen eine seltsame innere Ruhe verspüren, hat das seinen Grund: Bobs spezielles Beleuchtungssystem, das sich automatisch an den Sonnenzyklus anpasst. Wenn Sie den Konferenzraum in Coelinblau haben möchten, können Sie das einstellen. Und wenn die Tage länger werden, wird das Licht wärmer. Ein Sonnenuntergang wie auf einer Karibikinsel? Kein Problem. Die Leuchten sind so an der Kassettendecke angebracht, dass das Licht nicht direkt nach unten strahlt und die Mitarbeiter ermüdet, und die einzelnen Kassetten verfügen über Schalldämmung. Ein Bereich des Büros ist für Gyrokinesis und Gyrotonic vorgesehen. Ein derart ruhiges Arbeitsumfeld mag übermäßig angenehm erscheinen, doch natürlich steckt dahinter ein guter Grund: „So wollen wir unsere Mitarbeiter ganz systematisch unterstützen, um das zu bekommen, was für uns am wichtigsten ist: Mitarbeiter, die uns treu bleiben." Keine leichte Aufgabe in einer Stadt, in der das digitale Duopol Google und Facebook tausende Mitarbeiter einstellt.

Die Technologie ermöglicht die Zusammenarbeit intern – aber auch mit London oder Shanghai. Das Geld wird in Bildschirme investiert, nicht in die Dekoraktion der Wände, die – bis auf Bobs Sammlungen – leer sind. Es ist Luxus, wenn man sich als Sammler betätigen kann und genug Platz hat, seine Stücke auszustellen. Nur wenige Menschen können wohl ihre Motorradsammlung am Arbeitsplatz unterbringen, doch hier stehen wertvolle BMWs, darunter eine erst vor Kurzem wieder zusammengebaute Rizoma aus dem Jahr 1973, das Herzstück der Sammlung, und eine ganze Flotte Rennmotorräder von Ducati. Die kleine Ausstellung vergangener Technologien – von der Schreibmaschine bis zum Mac – würde in ein Designmuseum passen. Und dann ist da die Kunst: Bob verfügt über eine der größten Sammlungen von Art brut – Kunst von Außenseitern und Autodidakten, farbenfrohe Gemälde, die häufig als Serie angeordnet sind, Anarchiekleckse in dieser geordneten Umgebung. Natürlich steckt dahinter ein mobil organisiertes kuratorisches System.

Bob missfällt, dass Architekten Technologie als Teil des Gebäudes betrachten. Für ihn bildet sie hingegen die Basis für ein kollaboratives Arbeitsumfeld. Er versteht nicht, warum Norman Foster, der Architekt des R/GA-Bürogebäudes, sein berühmtes Comcast-Gebäude in Philadelphia nicht auch als digitale Landschaft betrachtet; oder Frank Gehry sein Facebook-Gebäude. Bobs Räume sind so gestaltet, dass Mitarbeiter dort gerne zusammenarbeiten, und nicht, damit man sich dort groß fühlt. Einmal las er in der angesehenen *Harvard Business Review* einen Artikel, in dem stand, dass kreativen Organisationen mit mehr als 150 Mitarbeitern etwas verloren geht. Hier hilft der Raum dabei, es zurückzugewinnen.

Bobs „Kollaborationsgen" stammt aus seiner Zeit in der Filmproduktion, in der es hochkollaborativ zugeht – viel mehr als in der traditionellen Werbung. Für einen großen Film arbeiten schon einmal 1.500 bis 2000 Menschen an den Spezialeffekten.

Zu dieser kollaborativen Grundhaltung kommt der Drang, Innovationen zu schaffen. Bob definiert sein Geschäftsmodell als 60 Prozent Agentur, 30 Prozent Consulting und 10 Prozent Inkubator. In Letzterem seien bereits etwa 40 Küken geschlüpft. Am meisten bewundere ich ihn vielleicht für seine 30-prozentige Bereitschaft, es mit Buchhaltungsfirmen und Unternehmensberatern aufzunehmen. Er nimmt ihnen Aufträge weg, weil sie über keinerlei Kreativität verfügen. Dabei zeigt er sich furchtlos, doch es ist seine Ruhe, die überzeugt. Er kennt den Konkurrenzkampf nicht, den die Wiedens und Kennedys dieser Welt erleben: Er lässt einfach zu, dass sie sich um den traditionellen Markt streiten. Ihnen fehlt das Digitale.

Bob kam einmal nach Touffou und übernachtete in der Bibliothek, wo er die Klassiker der Werbebranche durchblätterte und die Randnotizen las.

Die Werbemänner, die er am meisten bewundert, sind Leo Burnett, Bill Bernbach und David Ogilvy. Er sah, wie sie mit einem Ereignis umgingen, das ähnlich disruptiv war wie die digitale Revolution: die Einführung des Fernsehens. Sie reagierten darauf, ebenso wie er, mit elementarer Kreativität: Sie realisierten Ideen für die Technologie ihrer Zeit.

Bob hat sich und sein Unternehmen bereits dreimal neu erfunden. Sie wurden wiedergeboren, sollte ich vielleicht sagen: vom Produktionshaus über die interaktive Werbeagentur hin zu einer Agentur für das Digitalzeitalter. Er sagt, er glaube an einen Neunjahreszyklus für eine Rundumerneuerung. Der Buddha von Hudson Yards scheint noch ein paar Zyklen in sich zu haben, obwohl er doch angeblich „im Ruhestand" ist.

Doch das ist ohnehin kein sehr buddhistisches Konzept.

NIKE UND NIKE+

Wenn man mit Bob Greenberg von R/GA über Nike spricht, versteht man, warum er für die berühmte Sportmarke so eine große Rolle spielt. Der Swoosh ist das international bekannteste Markenzeichen weltweit. Und „Just Do It" einer der bekanntesten Slogans. Rapper haben den Markennamen Nike in den letzten zehn Jahren 687 Mal in ihren Liedern erwähnt. Übertrumpft wird das nur von Gucci, und der Konkurrent Adidas ist meilenweit davon entfernt. Zu sagen, Nike sei Teil der Gegenwartskultur geworden, ist eine Untertreibung. Im Reich der (Sport-)Bekleidung ist Nike Alleinherrscher.

Nike schien der Konkurrenz immer einen Schritt voraus zu sein: die Einführung des innovativen „Waffle"-Schuhs 1974, die „Air"-Technologie 1987 und der kluge Deal mit Jordan in den 1990er-Jahren. Das Unternehmen hatte ein Gespür für die Kombination von Spitzentechnologie, Stil und Anmut.

In den 2000er-Jahren setzte das Nike+ FuelBand die Evolution der Marke fort. Ebenso wie Apples iPod bei Weitem nicht der erste MP3-Player war, war Nike nicht der Erfinder des Fitness-Trackers. Dennoch startete die milliardenschwere Wearables-Branche erst mit dem FuelBand durch. Dadurch, dass es am Handgelenk befestigt wurde, fühlte es sich sofort anders an als alle anderen Geräte, und in der Funktionsweise unterschied es sich ebenfalls. Das FuelBand war weit mehr als nur ein in ein Armband gezwängter Schrittzähler: Mit einem eingebauten Micro-USB-Anschluss und später auch Bluetooth kombinierte das Gerät intelligente Technologie mit einem ebenso intelligenten Verständnis davon, wer seine Nutzer waren, und verwies die Konkurrenz in ihre Schranken. Dazu kam eine ungewöhnliche Metrik, die Fuel Points, die nicht nur Schritte zählten, sondern auch andere Sportprogramme messen konnten, wie Yoga, Radfahren, Gewichtheben und Crosstraining. Fuel Points sind einfach zu nutzen, belohnen Erfolge und liefern aussagekräftige Daten.

Mit dem FuelBand kam Bewegung in den Wearables-Markt. Und Nike konnte 40 Millionen Kunden in der Nike+ Community versammeln, die viel mehr ist als eine bessere CRM-Datenbank. Nein, die Nike+ Community ist ein Sportclub, in dem gemeinsame Ziele wichtiger sind als der Wohnort. Mitglieder melden sich an, um ihre Fortschritte nachzuverfolgen, und sie bleiben, um sich gegenseitig zu motivieren und mit anderen freundschaftlich zu konkurrieren. Aus der einsamen Kunst des Joggens wird ein Rennen, an dem Läufer asynchron, über verschiedene Zeitzonen hinweg, teilnehmen. Fußballspieler finden Spiele vor Ort, an denen sie teilnehmen können. Skater tauschen sich über Trends aus. E-Commerce ist mit den Links zu den neuesten, leistungssteigernden Produkten von Nike nur einen Klick entfernt. Die Nike+ Community trägt vielleicht mehr als alle anderen Produkte des Unternehmens zum Markenziel bei, den Sportler in jedem von uns zu wecken, während sie gleichzeitig als starker Direktkanal zwischen Marke und Kunden dient, den Markenanhänger schätzen. Die Technik hat sich über die Jahre verändert, von einem Sensor im Schuh, der eine Verbin-

NIKE	ADIDAS	UNDER ARMOUR
37,5 Milliarden $	**5,3 Milliarden $**	**6,7 Milliarden $**
#24 der wertvollsten Marken der Welt; #1 in Bekleidung	#7 in Bekleidung	#5 in Bekleidung

dung zum iPod herstellt, über eine GPS-Laufuhr von Nike+ und TomTom, bis hin zur neuesten Version der Apple Watch – der exklusiven Apple Watch Nike+. Nike hat sich als zuverlässiger Teamplayer erwiesen und mit verschiedenen Technologiepartnern zusammengearbeitet, um Patente anzumelden, bahnbrechende Lösungen für seine Kunden zu entwickeln und, was wohl am wichtigsten ist, die Nike+ Community aufzubauen.

Was Apple mit dem iPod für tragbare Musik-Player leistete, erreichte Nike für Wearables mit dem Nike+ FuelBand.

Die Zusammenarbeit mit Apple lässt vermuten, dass der eigene Vorstoß des Unternehmens in die Unterhaltungselektronik vorbei ist. In Branchen- und Tech-Magazinen wird spekuliert, dass Kosten, Qualitätsprobleme und vielleicht sogar ein sanfter Stups von Apple-CEO Tim Cook (zufällig auch Vorstandsmitglied bei Nike) hinter der Strategieänderung stecken könnten. Meiner Meinung nach gibt es einen einfacheren Grund dafür. Das Unternehmen verhält sich wie ein Sportler: Es konzentriert sich. Zu Zeiten des quantifizierten Selbst, des „Body Hackings" und des vernetzten Athleten ist das Gerät nur Mittel zum Zweck und nicht der Endzweck. Was zählt, ist die Community.

Nike+ ist nicht nur für die Nutzer wertvoll, die damit ihre Aktivitäten nachverfolgen, sondern auch für Nike, das sich leise in ein datenzentriertes Unternehmen verwandelt hat. Die Datenbank von Nike+ liefert genaue Informationen darüber, wie und wo Produkte genutzt werden, wodurch bessere Entscheidungen über Material, Lieferanten und Vertriebskanäle getroffen werden können. Wenn ein Nutzer freiwillig eingibt, welches Laufschuhmodell er derzeit fürs Training nutzt, kann Nike den Produktlebenszyklus genau messen und dabei sogar die gelaufenen Kilometer und die Beschaffenheit des Geländes berücksichtigen. Und durch die Bereitstellung des Datensatzes für die Branche rückt Nike sich und die Nike+ Community ins Zentrum der Sportindustrie.

Was für eine Leistung!

Doch wie steht es um die Konkurrenz? Nike mag den Wettbewerbern zwar kontinuierlich vorausrennen, doch es gibt ernst zu nehmende Herausforderer: Adidas und seit Kurzem auch Under Armour machen in Unterkategorien wie Fußball bzw. American Football große Fortschritte. Zwar spielen sie auf globaler Markenebene in einer anderen Liga, doch sie verfügen über eine beachtliche Fangemeinde. Das wirft Fragen auf über das Potenzial einer Marke für kulturelle Dominanz: Wenn Nike diesen Kampf tatsächlich gewonnen hat, wieso gibt es Adidas dann immer noch und wie hat es Neuling Under Armour überhaupt auf den Markt geschafft? Man sollte meinen, dass gerade Sportmarken zur Herausbildung von Teams neigen. Vielleicht ist es gut für Nike, wenn andere Marken ihre eigene Anhängerschaft aufbauen. Vielleicht braucht das Unternehmen die Fans der drei Streifen, um die Anhänger des Swoosh an sich zu binden.

Es geht also nicht darum, dass eine einzelne Marke kulturell überlegen ist und der Sieger den Gewinn einheimst. Vielmehr bedienen verschiedene Marken unterschiedliche Bedürfnisse, sie nehmen also Varianten einer kulturellen Position ein: Nike steht für Ambition (Just Do It), Adidas für Konfrontation (Impossible is Nothing) und Under Armour für Selbstbestimmung (I Will). Die Fans, die sich um jede dieser Ideen formieren, treiben den Wettbewerb zwischen den Marken und in der Kategorie insgesamt an. Das Spiel ist noch lange nicht zu Ende.

FÜNF GIGANTEN DER WERBUNG IM DIGITALEN ZEITALTER

Akira Kagami

Akira Kagami ist der weltweit bekannteste Werbemann Japans. Lassen Sie sich von seinem Anzug nicht täuschen: Kagami bringt seine Art der höflichen Rebellion mit in jedes Projekt. Seine Arbeit umfasst die gesamte digitale Revolution bis heute und er steht für Kreativität, kontinuierliche Verbesserung und eine Zukunftsvision, die im Blick hat, was sich am Horizont abzeichnet.

Akira Kagami ist ein „schlaksiger Japaner". Er ist 1,80 m groß. Doch als er 1971 bei der japanischen Werbeagentur Dentsu einstieg, war er mit 120 kg auch noch recht kräftig. Sein langjähriger Chef, Akira Odagiri, erinnert sich, dass seine Hemdknöpfe immer abzuspringen drohten. Damals kannte man ihn als den „cleveren, gesprächigen, pummeligen Kerl".

Clever und gesprächig ist er noch: und außerdem sehr einfühlsam und bescheiden. Er schaffte es als Shikko Yakuin (Corporate Executive Officer) von Dentsu bis an die Spitze des Unternehmens – gebrauchte dafür jedoch nicht die politischen Ellbogen, wie bei so einer Karriere sonst oft nötig, sondern vollbrachte es durch seine ruhige Art und seinen profitablen Kundenstamm.

Kagami-san ist der berühmteste japanische Werbemacher der Welt. Er war auf unzähligen Festivals der offizielle Vertreter Dentsus – und Japans. Ihn zu verstehen ist wichtig, um die japanische Reaktion auf das digitale Zeitalter nachvollziehen zu können, die so einzigartig ausfallen kann wie Japans Interpretation der Expresszüge – oder so schmackhaft wie die japanische Version des Wiener Schnitzels.

In Kagamis Leben schien es oft darum zu gehen, sich anzupassen und es gleichzeitig auch wieder nicht zu tun: Etwas, das man vielleicht nur im japanischen Kontext verstehen kann, da es in Japan von Regeln – schriftlich, mündlich, implizit – nur so wimmelt.

Sein Vater war Handelsreisender und immer unterwegs. Kagami, der in Yamagata, im Norden Japans, geboren wurde, war bereits in der vierten Klasse, als die Familie nach Tokio zog und er zum ersten Mal einen festen Wohnsitz hatte. Dort ist er bis heute geblieben. Die erste Regel brach er, als er sich weigerte, auf eine *kokuritsu* zu gehen, eine staatliche Hochschule, obwohl er die Zulassungsvoraussetzungen erfüllte. Stattdessen entschied er sich für die Privatuniversität Waseda. Sein Vater war stinksauer, und Kagami musste für die Kosten selbst aufkommen. Zuerst arbeitete er auf einer Baustelle, dann stellte er fest, dass er mit Übersetzungen leichteres Geld verdienen konnte, daher seine hervorragenden Englischkenntnisse.

Mit 19 begann Kagami zu schreiben und das tut er noch immer. Nach dem Abschluss arbeitete er freiberuflich für einen Fernsehsender und strebte dort eine Festanstellung an. Doch die Verantwortlichen erkannten an seiner rastlosen und unkonventionellen Art, womit sie es zu tun hatten, und machten ihn auf Dentsu aufmerksam, da sie glaubten, er würde sich bei ihnen nur langweilen. Kagami bestand die Aufnahmeprüfung und begann seine Tätigkeit in der Marketingabteilung.

Doch dort dachte und handelte man regelkonform. Der kreativste Kopf von Dentsu, Odagiri-san, und seine Kollegen scherzten gern darüber: „Was soll eine Marketingabteilung, die keine Hypothese aufstellen kann?" Denken, das geschah in der Kreativabteilung – und nach ein paar Jahren stieß Kagami als einziger Waseda-Absolvent zu Odagiri und seinen sechs brillanten Kreativen, allesamt von der Universität Tokio.

Er las viel, manchmal verschlang er vier Bücher pro Tag. Unter Odagiris Anleitung blühte er auf und wurde dazu angehalten, auf höfliche Weise aufmüpfig zu sein. Das japanische Konzept des Mentoring ist für mich einer der attraktivsten Aspekte jener Gesellschaft. Odagiri agiert noch immer als Kagamis Mentor (und als meiner!), wobei es das deutsche Wort nicht ganz trifft. Das japanische *onshi* geht noch weiter und meint so etwas wie einen „Lebensführer".

An eine Regel hielt sich Kagami: Er blieb bei Dentsu – mehr als 40 Jahre lang.

Wie war die Arbeit dort denn nun für einen rebellischen jungen Kreativen? Diejenigen in der westlichen Welt, die bei Dentsu an ein bürokratisches Ungeheuer denken, wird die Antwort überraschen: wunderbar frei! Es herrschte vollkommene Freiheit. Kagami erschien morgens einfach nicht. („Pünktlichkeit, das ist wirklich schwierig für mich.")

Es ist schwer, das Wesen von Dentsu zu verstehen, wenn man nie in Japan gearbeitet hat. Das Unternehmen ist so etwas wie ein Staat im Staat, ganz sicher keine konventionelle Werbeagentur, wie wir sie im Westen kennen. Dentsu verwaltet alle Kommunikationsbereiche, von Fernsehprogrammen bis hin zu Großveranstaltungen wie der Olympiade. So konnte ein angenehmes, auf gegenseitiger Solidarität beruhendes Verhältnis zwischen Regierung, Massenmedien und Wirtschaft entstehen, und Dentsu befürwortete den Start einer privaten Fernsehanstalt. Das Unternehmen baute eine Beziehung zu den Medien auf, die über die Platzierung von Anzeigen weit hinausging – und zur Regierung ebenso. 29 Prozent des Verkaufs von Werbeplätzen laufen in Japan über Dentsu. Wer organisiert die Vergabe von Preisen in der japanischen Werbebranche? Dentsu – und das Unternehmen vergibt sogar seine eigenen Preise. Wer leitet den japanischen Werbeverband? Dentsu. Wer leitet den Verband der japanischen Filmproduzenten? Dentsu.

Dentsu verkauft Macht ebenso wie Kreativität. Jahrelang sprachen Deserteure (und davon gab es ein paar) von einem Big Bang der japanischen Werbebranche, der die „Pax Dentsua" zunichtemachen würde: eine Wunschvorstellung, mit der sie reihenweise falschlagen.

Als Ogilvy & Mather vor etwa 20 Jahren begann, in Japan Erfolge zu feiern, war es an der Zeit, Dentsu für seine Leistung Anerkennung zu zollen. Mein ehemaliger Dentsu-Berater organisierte einen Höflichkeitsbesuch für mich. Es war wichtig, zu zeigen, dass wir Dentsus Stellung respektierten und bereit waren, in ihrem Ökosystem friedlich zu koexistieren. Es mag höfliches Geplänkel in förmlichen Sesseln gewesen sein – und dennoch eine Lebensader.

Seitdem ist Dentsu – durch eine Reihe aggressiver Übernahmen – auch international tätig geworden. Das kreative Gesicht dahinter war Kagami-san, der Dentsus globale und vor allem innerasiatische Verlagerung förderte und aktiv daran beteiligt war. Er war mit Begeisterung bei der Sache und erfüllte keineswegs nur lästige Pflichten. Er staunte über die Mobil-Manie der Millenials in Indonesien. China faszinierte ihn – und schüchterte ihn gleichzeitig ein bisschen ein.

Kagami erzählt, er habe einmal einen Rechtschreibfehler in einer seiner chinesischen Werbeanzeigen gefunden und sei in Panik geraten. Dann erfuhr er, dass das chinesische Schriftzeichen, das er gesehen hatte, zwar anders aussah, jedoch dasselbe bedeutete. Sein chinesischer Texter sagte: „Im Chinesischen kann man jedes Schriftzeichen finden, das man braucht. So etwas wie einen Rechtschreibfehler gibt es also gar nicht!" Er erkannte zwar die Übertreibung in der Aussage, fühlte jedoch sowohl *Kyoi* (Erstaunen) als auch *Kyōi* (Gefahr) (*Kyōi* ist ein Homonym mit radikal unterschiedlichen Bedeutungen) hinsichtlich der Größe dieser chinesischen Perspektive.

> „In Kagamis Leben schien es oft darum zu gehen, sich anzupassen und es gleichzeitig auch wieder nicht zu tun: Etwas, das man vielleicht nur im japanischen Kontext verstehen kann, da es in Japan von Regeln – schriftlich, mündlich, implizit – nur so wimmelt."

FÜNF GIGANTEN DER WERBUNG IM DIGITALEN ZEITALTER

Doch Dentsus Kerngebiet – und die Art, wie man in Japan Geschäfte macht – blieb von diesen Entwicklungen relativ unberührt. Und das erklärt Japans einzigartige Interpretation der digitalen Revolution. In gewisser Hinsicht begann sie hier. Als i-mode von NTT Docomo eingeführt wurde, schien das nur eine weitere Modeerscheinung zu sein, die bei Teenagern ankam. Doch nach nicht einmal einem Jahr begann man den Dienst bei „Japan Inc." ernst zu nehmen. Als eines der ersten Unternehmen versandte Shiseido im Jahr 2003 personalisierte Nachrichten mit Tipps zu Ernährung und Kosmetik während der kritischen Tage im Menstruationszyklus einer Frau. Es nutzte also das Konzept „Mobile First" lange bevor der Westen sich überhaupt vorstellen konnte, welcher Reichtum sich dahinter verbergen würde.

Dentsu, der Media-Vermarkter, sorgte sich mit dem Aufkommen der digitalen Medien zunächst um seine Stellung: Würden diese kleinen Fische dem großen Fischernetz entkommen und zu Walen heranwachsen?

Vorsichtig und systematisch zog Dentsu das Netz zu – und das „Digitale" blieb dem Ökosystem überwiegend erhalten. Im Unterschied zum Westen musste das Fernsehen in Japan seine Position nie aufgeben. Es hat die Revolution absorbiert, ohne sich damit jemals ideologisch konfrontiert zu sehen. An der besonderen Geschäftsbeziehung zwischen dem Fernsehen als Medium und den Agenturen als Vermittlern wurde nie gerüttelt und das Provisionssystem, von dem sie lebt, besteht weiter.

Kagami sieht das Digitale als eine Verbesserung des Ganzen, nicht als einen neuen Bereich. Und Verbesserung entspricht schließlich der japanischen Art: Tonkatsu ist ein verbessertes Schnitzel, der Shinkansen ein verbesserter Schnellzug. Die Kernidee bleibt gleich, fließt jedoch – automatisch – durch *alle* Medien. Im japanischen System ist Disintegration keine Option, Integration wird einfach vorausgesetzt.

Ein Werbespot für den öffentlichen Dienst erinnert uns an die enorme Vorstellungskraft von Kindern – und unsere eigene Begrenztheit. Dieser wunderschöne Film, ein vollkommener Kagami, zeigt ein Kind, dessen monotones Verhalten – permanentes Gekritzel mit schwarzem Stift auf weißes Papier – sowohl seinen Eltern als auch den Ärzten Sorge bereitet. Doch das Kind hat den Wal als Erstes gesehen, lange vor den Erwachsenen und den Zuschauern. Sein „Problem" versetzt uns in Staunen. Hier sehen wir japanische Werbung in Bestform.

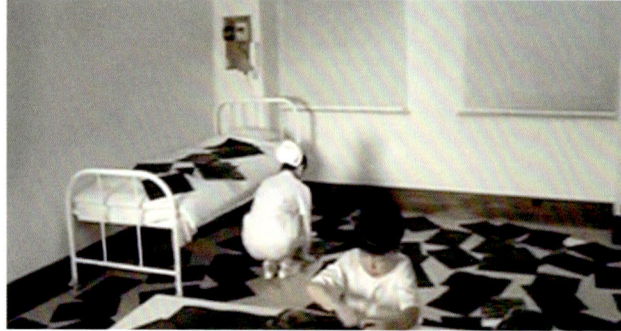

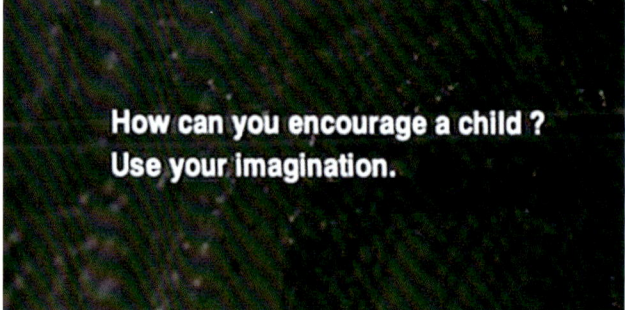

FÜNF GIGANTEN DER WERBUNG IM DIGITALEN ZEITALTER

Die digitale Arbeit, die Kagami außerhalb von Dentsu am meisten bewundert, ist Uniqlock. Wie Kagamis eigene Werke auch folgt sie dem japanischen Prinzip „*ichi o kite juu o shiru*", was in etwa bedeutet: „Wenn jemand ‚eins' sagt, spring zu ‚zehn'" – die Zahlen dazwischen müssen nicht explizit genannt werden. Es wird also vieles impliziert.

Kagami erscheint daher ruhiger, weniger involviert in hitzige Debatten als seine westlichen Kollegen. Er kann sich mit wichtigeren Dingen befassen, wie Science-Fiction. Als Odagiri ihn zum ersten Mal zu einem Kundengespräch bei der Tokio Marine & Nichido Fire Insurance mitnahm, wurde er gefragt: „Ist das *der* Akira Kagami?" Odagiri wusste gar nicht, dass sein Schützling bereits ein bekannter Science-Fiction-Autor war, der sich seit seiner Schulzeit intensiv mit dem Thema befasst hatte. Sein aktueller Lieblingsautor ist Greg Egan, der unter anderem *Permutation City* und *Zendegi* geschrieben hat.

Science-Fiction erklärt vieles über Kagami: Beispielsweise warum er als erster japanischer Kreativer Videospiele nutzte. Aber auch warum er sich, als manche damit prahlten, Teil der digitalen Generation zu sein, davon wenig beeindruckt zeigte. Es wurde ganz einfach zur Norm. Zendegi ist eine virtuelle Welt im Iran der nahen Zukunft, die jedoch scheitert. Im Buch wird der Heldin Nasim ein Rat erteilt, den sie nicht befolgt, der jedoch eine wichtige Botschaft enthält: „Wenn du es menschlich machen willst, mach es ganz."

Warum für Bannerwerbung bezahlen, wenn man einfach seinen eigenen kostenlosen Medienkanal aufbauen kann? Kagami spricht von der Arbeit, die Koichiro Tanaka, Planer und Creative Director, mit Uniqlock leistete: Er erstellte ein ungewöhnliches Marken-Widget für Uniqlo, eine Kombination aus Uhrzeit, synchronisierter Musik und Live-Tanzroutinen – Kreativität vom Feinsten. Die Tänzerinnen, deren Audition-Videos allein eine halbe Million Mal auf YouTube angesehen wurden, präsentieren die neueste Uniqlo-Mode, jeweils passend zu Tages- und Jahreszeit. Die Kampagne profitierte von Earned Media in Form von 27.000 Bloggern in 76 Ländern, die das Widget auf ihren Websites installierten – ohne Kosten für Uniqlo, aber mit maximaler Wirkung für die Markenbekanntheit. Auch die Umsätze stiegen.

Kagamis eigener Roman wurde nicht ins Deutsche oder Englische übersetzt. Darin bricht er wieder einmal eine Regel: Kagami verletzt das unausgesprochene Science-Fiction-Gesetz, wonach man zwar in die Vergangenheit reisen, in vergangene Ereignisse jedoch nicht eingreifen kann. Die Gegenwart bleibt also unverändert. Doch was wäre, wenn in dem Moment, da jemand eine Entscheidung trifft, plötzlich zwei Welten entstünden – die gewählte und die nicht gewählte Welt?

Für Kagami ist die Gegenwart keineswegs unveränderlich. Er ist dabei, sich für eine neue Version zu entscheiden.

Im Jahr 2011 gründete Kagami die Dentsu New School, in der die Gebildeten lernen, worauf es wirklich ankommt. Die Idee des Unterrichtens lehnt Kagami ab und so erinnert die Einrichtung weniger an eine Schule als an eine Inspirationszone, in der brillante Außenseiter die Teilnehmer in ihren Bann ziehen. Hiroshi Nakamira beispielsweise, ein 1974 geborener, mehrfach ausgezeichneter Architekt, der im japanischen Baustil ein neues Lifestyle-Konzept etabliert hat. Und der Komiker Katsura Kaisi, der Rakugo darbietet, eine traditionelle japanische Form der Komik. Und der im Jahr 1976 geborene Ryo Shimizu, ein japanischer Gaming-Guru und Pionier im Bereich Mobile Gaming.

All das geschieht für Dentsu.

Wenn Kagami in die Vergangenheit reisen könnte, um die Dentsu-Persönlichkeit zu treffen, die er am meisten bewundert, dann würde er Hideo Yoshida wählen, der von Juni 1947 bis Januar 1963 Präsident des Unternehmens war und starb, bevor Kagami ihn kennenlernen konnte. Yoshida war es, der Dentsu sein Wesen verlieh, in dessen Kern die Werbung als Kombination aus Wissenschaft und Kunst verankert ist. Vielleicht ging etwas von diesem „Wesen" mit der Zeit verloren: Vielleicht versteht man Kreative dort heute nicht mehr so gut wie früher; vielleicht ist das Unternehmen aber auch einfach zu etabliert.

Kagami blickt optimistisch auf Dentsu: Der Regelbrecher bleibt seinem Unternehmen treu.

Martin Nisenholtz

Martin Nisenholtz muss es schwierig finden, zu entscheiden, ob er nun Akademiker oder Geschäftsmann ist – im Lauf seines Lebens wechselte er äußerst erfolgreich zwischen diesen beiden Bereichen hin und her. Er war eine treibende Kraft für die Veränderung von Kommunikation im digitalen Zeitalter – ruhig, aber überzeugt. Doch niemand hat ihm je ein Denkmal gesetzt, nicht einmal ein virtuelles! Vielleicht wäre es an der Zeit.

Wenn Sie den Durchschnittsmitarbeiter von Ogilvy & Mather heute fragen, ob er weiß, wer Martin Nisenholtz ist oder war, dann antwortet er mit „Nein". So unzuverlässig ist das Unternehmensgedächtnis! Mehr als jeder andere legte er den Grundstein für die digitale Transformation der Firma. Und, was noch wichtiger war, er brachte das Digitale zu den großen, traditionellen Agenturen oder – wie der einmalige George Parker es nannte – zu den großen, dummen Agenturen, den Big Dumb Agencies (BDAs).

Die Debatte (manche würden sagen der Krieg) zwischen jenen und den Pure-Playern tobte jahrelang, und während sich manche BDAs rundheraus weigerten, die neue Sprache überhaupt zu sprechen, veränderten sich viele Agenturen stark.

Es war keineswegs vorhersehbar, dass Ogilvy & Mather im Kern zu einer digitalen Agentur werden würde. Und dass wir uns wandelten, haben wir Martin Nisenholtz' Arbeit in den 1990er-Jahren zu verdanken.

Heute lehrt er als Professor of the Practice digitale Kommunikation an der Universität Boston. Doch wenn Sie meinen, er säße dort in einer staubigen Professorenkammer, dann kennen Sie ihn schlecht: Martin ist ein rastloser Mensch. Und im Gegensatz zu Bob Greenberg mag er Gebäude nicht besonders, dabei arbeitete er jahrelang in einem sehr bekannten: dem von

Obwohl man heute in der Werbebranche relativ wenig darüber weiß, hat Martin Nisenholtz – zu gleichen Teilen Akademiker und Geschäftsmann – mehr als die meisten anderen für den digitalen Wandel getan. Für Ogilvy gründete er in den 1990er-Jahren die erste „interaktive" Abteilung und stellte die Weichen für die digitale Zukunft der Agentur. Seine Studenten an der Bostoner Universität, wo er heute digitale Kommunikation lehrt, täten sich wohl schwer, einen aufgeklärteren Mentor für den Digitalbereich zu finden.

Renzo Piano entworfenen *New York Times Tower*. Vielleicht war es auch einfach nur das falsche Gebäude. Die Vorhangfassade, die dem Hochhaus von außen seinen Glanz verleiht, sorgt dafür, dass man von innen das Gefühl hat, durch Gitterstäbe zu blicken. „Man fühlte sich wie in einem goldenen Käfig." Jetzt genießt er seine Freiheit – und Unabhängigkeit. Er kann sich aufhalten, wo er will, und seine Studenten haben sich daran gewöhnt, ihn im nächsten Starbucks ebenso anzutreffen wie im Vorlesungssaal.

Seine Studenten liebt er – und das, was er lehrt: kein „Fach", sondern die Bereitschaft fürs Leben. „Ihr seid nicht mehr in Kansas" oder in Gansu (ein Drittel seiner Studenten kommt aus China). Er sieht keine der Stereotypen in ihnen, die man gewöhnlich mit Millennials in Verbindung bringt (obwohl er sie davon sprechen hört, wie „anders" ihre jugendlichen Geschwister seien, die nur noch die digitale Welt kennen). Sie sind nachdenklich. Sie wollen Substanz. Und die gibt er ihnen.

Martin lässt sie Bücher lesen. Ja, Bücher. Und jede Woche einen Essay schreiben. Da er sich die Themen selbst ausdenkt, können sie sich nicht aus dem Internet bedienen. Aus die Maus!

Wie viele gute Lehrer bezieht Martin seine Belohnung aus der Begeisterung seiner Studenten. Hier ist ein bisschen Eigennutz im Spiel: Er fühlt sich an sein eigenes Studentenleben erinnert.

Damals musste Begeisterung erst geschaffen werden. Im Philadelphia der 1970er-Jahre stellte sie sich nicht automatisch ein: Es war das Philadelphia des brutalen Bürgermeisters Frank Rizzo, der ständigen Zusammenstöße zwischen der radikalen Organisation MOVE und der Polizei, der allgegenwärtigen Rassendiskriminierung. Martins Vater war Briefträger in den unterprivilegierten weißen Vororten im Westen. Martin besuchte eine staatliche Schule in Springfield – und blühte auf. Doch nur ein Schüler pro Jahr schaffte es nach Harvard und damals war es Martins bester Freund. Martin bekam den Trostpreis: „Penn", die Universität Pennsylvania.

Seiner brutalen Umgebung entfloh er durch Fotografie: Er lief gern durch die Stadt und machte Fotos. Dann begann er, für den *Philadelphia Inquirer* zu schreiben. Während des Studiums stieg Martins Interesse an den Medien und er begann an der Annenberg School of Communication seine Doktorarbeit. Seine Begeisterung für die Medienwelt wuchs kontinuierlich.

Ende 1982 erhielt er einen Anruf von der Universität New York, ob er an einem Teletext-Versuch teilnehmen wolle. Martin sagte zu und blickte nie mehr zurück – nach Philadelphia oder zu seiner Doktorarbeit. Es war sein großer Ausbruch – physisch und intellektuell.

Heute kann man sich fast nicht mehr vorstellen, wie Teletext in der Frühphase aussah: karg und linear. Martin erhielt damals Fördergelder der Stiftung National Endowment of the Arts, um daraus mehr zu machen, als auf den ersten Blick möglich schien. Außergewöhnlicher Sitz des Projekts war ein marodes Gebäude in der Bleecker Street Nummer 144, in dem es keine gerade Linie gab. Dafür befand es sich im New Yorker Greenwich Village und Martin brauchte nur zu den nahe gelegenen Bars zu laufen, um jemanden zu finden, der ihm dabei helfen könnte, die „Rechteckigkeit" des Teletextes aufzulockern. Er fand den Künstler Keith Haring und es wurde zum ersten Mal deutlich, welches Potenzial in Computergrafiken steckt.

Martin war nun Mr. Teletext. Die frühen NYU-Darstellungen mögen uns heute antik erscheinen, doch sie waren es, die Ogilvy & Mather auf Martin aufmerksam machten. Dort suchte man damals nach einem Leiter für ein seltsames neues Projekt für Time Inc.: Bitte helft uns dabei, unser neues Teletext-Projekt zu verstehen.

Martin gründete eine interaktive Abteilung – die erste weltweit – und nannte sie „Interactive Marketing Group". Ich glaube, Ogilvy & Mather traute sich damals nicht, den eigenen Firmennamen zu verwenden! Das Wort „interaktiv" wurde berühmt.

Für Martin war es wirklich hart, er befand sich in seiner eigenen digitalen Wildnis. Das Interesse der Medienunternehmen schwand. Doch er fand neue Kunden: General Foods,

„Er war eine treibende Kraft für die Veränderung von Kommunikation im digitalen Zeitalter – ruhig, aber überzeugt."

dann American Express, dann AT&T. In dieser frühen Phase ging es zunächst darum, PCs zu Werbezwecken an öffentlichen Orten aufzustellen: Kioskterminals. Dann beauftragte The Equitable, ein Kunde mit einem winzigen Zwei-Personen-Team für neue Medien, die junge Abteilung, um den Vertriebsmitarbeitern zu helfen, und Martin gab ihnen die erste PC-Software auf einer 5,25-Zoll-Diskette: Damit konnte man im Haus des Kunden Interaktionen in Echtzeit ansehen. Das war aus heutiger Sicht primitiv, damals aber neu und aufregend und wirklich revolutionär.

Eigentlich war Martin sogar die treibende Kraft hinter *zwei* Neuerungen.

An der Zweiten arbeitete er in den 2000er-Jahren, als er die digitale Leitung bei der *New York Times* übernahm. Damals nutzte er als Erster RSS (Rich Site Summary) für Zeitungsartikel, sodass Leser automatisch über Website-Aktualisierungen benachrichtigt wurden – eine Vorgehensweise, die heute Standard ist. Und er war der Erste, der eine Anmeldefunktion für Leser einführte.

Doch für mich ist Martin nicht nur jemand, der am Barrikadenkampf der digitalen Revolution beteiligt war (noch dazu auf beiden Seiten), sondern auch jemand, der den qualvollen inneren Konflikt dieser Revolution verkörpert.

Er arbeitete für eine traditionelle Zeitung, bei der er für die schnellstmögliche Entwicklung des digitalen Bereichs zuständig war. Das Ziel: so viele Online-Leser wie möglich gewinnen, um Werbekunden anzulocken. In der Branche war man sich einig, dass ein Wechsel zur digitalen Werbung unvermeidlich und mit einem gewissen (wie viel?) Umsatzverlust verbunden sein würde. Jeff Zucker drückte es 2008 sehr treffend aus, als er sagte, wir müssten unsere „analogen Dollar für digitale Pennies" eintauschen. 2010 folgte mit der großen Weltwirtschaftskrise die Katastrophe – und die entscheidende Frage: Können wir es uns leisten, Nachrichten – und zwar hochqualitative Berichterstattung –, weiterhin kostenlos zur Verfügung zu stellen?

Moderiert wurde die Debatte auf beispielhafte Weise von Arthur Sulzberger, Verleger der *New York Times*, dessen Ururgroßvater ein Unternehmen gründete und führte, indem er pro Zeitung 2 Cent verlangte. Der jedoch andererseits die Stimmung in der Nachrichtenabteilung sehr gut kannte und wusste, dass die Mitarbeiter es toll fanden, digital überall auf der Welt gelesen zu werden – von der Mongolei bis Uruguay. Er moderierte eine sehr vernünftige und gründliche Debatte zum Thema: Geld verlangen oder nicht? Die Gespräche wurden beim Mittagessen im Speiseraum für Führungskräfte in der 15. Etage des Gebäudes von Renzo Piano geführt, wo die Skulptur eines riesigen Adlers die Beteiligten fest im Auge behielt.

Martin war zunächst dafür, den Zugang weiterhin kostenlos anzubieten. Für ihn war die Einführung einer Paywall eine Horrorvorstellung. Sie würde die kulturellen Experimente vieler Jahre zunichtemachen. Doch dann kam man auf die *Financial Times* zu sprechen, die als Erste ein gebührenpflichtiges Modell eingeführt hatte: Zehn kostenlose Artikel, danach musste man bezahlen. Das war eine wunderbare Lösung, auf die sich alle einigen konnten. Das daraus resultierende Abo-Modell der *New York Times* war außerordentlich erfolgreich: Es bescherte dem Unternehmen hohe Leserzahlen und zeigte angesichts der Herausforderungen, die Facebook später mit sich brachte, eine relativ hohe Resilienz. Es gab kein Nullsummenspiel. Man konnte auf beide Arten erfolgreich sein, wenn man verstand, dass es im Journalismus des digitalen Zeitalters viel mehr als früher um Interaktionen geht.

Journalismus gibt es immer noch und Martin bleibt ein fieberhafter Verfechter hochwertiger digitaler Werbung. Wenn er über die Zustände schimpft, durchbricht West Philadelphia die differenzierte Sprechweise des Bostoner Akademikers!

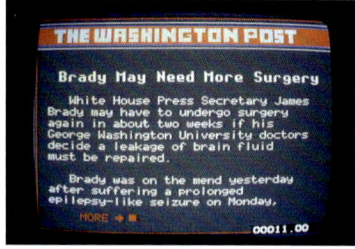

In der Frühphase des digitalen Interfacedesigns gab es keine Fachleute, die man hätte zu Rate ziehen können. Martin überredete den Künstler Keith Haring, dem klotzigen Teletext-Bildschirm Leben einzuhauchen, und veränderte das Aussehen der Computergrafik im Handumdrehen.

Doch ich weiß, was er meint. Ein Sturmwind des Wahnsinns wehte durch die Branche und bepflasterte das Internet mit dämlichen Werbebannern. David Weinberger und Doc Searls schreiben in „New Clues", das Direktmarketing habe im Zuge der Revolution die Werbung „gekidnappt". Und das stimmt: Durch die Datenbesessenheit landete alles, was Martin (und ich) bei David Ogilvy gelernt hatte, auf dem Müll. Es ging nur noch darum, wie viele Klicks man erzeugte.

Das Medium war die Botschaft!

Die Werbekunden, mit denen Martin sich konfrontiert sah – für die *New York Times* als Medieninhaber –, bestritten das natürlich und waren damit nicht allein.

Eine Bemerkung zum Schluss. Martin hat David Ogilvy nur einmal getroffen, und zwar während der Zusammenkunft in Frankreich, die ich auf Seite 10 bereits einmal erwähnt habe. Jerry Pickholz, damals Chairman von Ogilvy One, nahm Martin mit zu David hinüber und stellte ihn als recht jungen Typen vor, der sich mit interessanten Dingen befasse. Dann forderte er ihn auf, in zwei Sätzen selbst zu erklären, was er tue. Als Martin geendet hatte, blickte David ihn bestürzt an, erwiderte „Das ist völliger Blödsinn", drehte sich um und ging weg.

Martin, der bescheidene Akademiker, gab sich selbst die Schuld an Davids Verhalten. Er habe sich zu kompliziert, zu unverständlich ausgedrückt, zu viel technischen Fachjargon verwendet und länger als zwei Minuten gesprochen. Er hätte sagen sollen, er habe eine Möglichkeit gefunden, Mundpropaganda – Manna für David – messbar zu machen. Oder dass Direct Response jetzt kein langer, mühsamer Prozess mehr sei, sondern man die Informationen auf Knopfdruck erhalte.

Martin bleibt „Holist". Er weiß, dass Kultur im tiefsten und weitesten Sinn das ist, was unser Leben bestimmt, und letztendlich ein Vermächtnis von Revolutionen.

Er hat bisher kein Buch geschrieben und sagt, er habe es auch nicht vor. Das wäre ein Fehler, finde ich.

„Für mich ist Martin nicht nur jemand, der am Barrikadenkampf der digitalen Revolution beteiligt war, sondern auch jemand, der den qualvollen inneren Konflikt dieser Revolution verkörpert."

Matias Palm-Jensen, ein lustigerer Schwede, als man beim Anblick des Fotos meinen könnte, ist seit den frühen 1990er-Jahren in der digitalen Welt zu Hause. Mit seiner Kampagne für die schwedische Post gewann er seine erste Auszeichnung und bediente die „On-Demand"-Gesellschaft mehr als zehn Jahre vor Uber.

Matias Palm-Jensen

Nennen Sie in einem multinationalen Werbeunternehmen das Wort „Schweden" und man wird erschaudern. Ich kenne das selbst noch von früher. Schweden ist ein Markt des Verderbens, ein globaler Friedhof. Diejenigen von uns, die überlebten, mögen eine interessante Nische gefunden haben, mit Kunden, die uns wertschätzen – und in der Regel hoch originelle Arbeiten produzieren lassen –, aber wir sind *keine* Insider.

Doch Schweden ist kein Kaff. Setzen Sie das Wort „digital" vor „Schweden" und wir sehen ein ganz anderes Bild vor uns. Wir alle bewundern und verehren die führende Rolle, die das Land während der digitalen Revolution einnahm.

Schweden ist ein Brutkasten für wegweisende Ideen – hier wurden unter anderem Skype und Spotify erdacht. Das Land hat digitale Talente überall in die Welt exportiert und sie zu Hause gefördert. Schweden war zu einer Brutstätte digitaler Kreativität geworden.

Und wenn es jemanden gibt, der das bezeugen kann, dann sicher Matias Palm-Jensen.

An einem Tag im Jahr 1992 wurde er in ein prachtvolles altes Haus in der Gamla Stan zitiert, der Altstadt von Stockholm. Er war ein untersetzter, athletischer, ganz und gar selbstbewusster junger Mann Anfang 30, der etwas finsterer aussah als der Durchschnittsschwede. Man führte ihn in einen vornehmen, im traditionellen englischen Stil eingerichteten Raum. Weder das Zimmer noch sein Gesprächspartner waren ihm fremd. Es schien ein unwahrscheinlicher Ort, um – selbst unbewusst – eine digitale Revolution zu entfachen, doch genau das ist es, was dort geschah. Jan Stenbeck, der Matias hatte rufen lassen, war ein Tycoon und Milliardär, der sich überlebensgroß verhielt – und auch so aussah. Als Mann mit enormem Appetit reiste er zum Essen nach Luxemburg, wo ihn seine Manager samstags für Sitzungen trafen, um dann sonntags mit ihm zu feiern. Seine Lieblingsmahlzeit war ein einfaches Gericht aus Kartoffelbrei, Eigelb, Sahne und russischem Kaviar. Doch sein Äußeres täuschte leicht über das hinweg, was er war: ein Visionär und Innovator und ein Förderer großer Ideen und Talente. Stenbeck hatte ein einfaches Anliegen: „Matias, ich will, dass du das größte europäische Internetportal erstellst." Er fügte hinzu: „Das wird der Treffpunkt der Zukunft und wir müssen die Größten sein."

Matias richtete sich im Untergeschoss von Stenbecks Haus ein. Er erinnert sich, wie er sich vorsagte „Das ist die Zukunft" und sich daranmachte, aus dem Nichts ein europäisches Portal zu bauen, damals noch über eine Telefonverbindung. Es hieß everyday.com.

Währenddessen bewegte sich etwas in Schweden. Das Land war dabei, sich zu einem der digitalsten Länder der Welt zu entwickeln – schneller als irgendein anderes. Die Welt staunte. Zum Großteil war dies auf staatliche Förderungen zurückzuführen: die frühe Einführung von Computern an Schulen. Am 5. Februar 1994 schickte Ministerpräsident Carl Bildt eine E-Mail an US-Präsident Bill Clinton: der erste E-Mail-Kontakt zwischen zwei Regierungsführern. Bildt war begeistert und hielt zwei Tage später eine sehr unschwedische Rede, in der die offizielle Regierungspolitik keine Rolle spielte. Stattdessen ging es um den Menschen, um Technologie und die Zukunft. Bildt sagte: „Nach der Agrargesellschaft und der Industriegesellschaft folgt nun die nächste große Phase der Menschheitsentwicklung – die Informationsgesellschaft." Bildts Moderate Sammlungspartei kam gemeinsam mit den Sozialdemokraten Anfang der 1990er-Jahre an die Macht. Letztere ließen sich erst spät von Bildts Begeisterung anstecken, doch schließlich waren auch sie überzeugt und führten 1997 die „Heim-PC"-Reform durch, die es Mitarbeitern ermöglichte, einen Computer von ihrem Arbeitgeber zu mieten. Die Kosten wurden von ihrem Monatslohn abgezogen und die Nutzung schoss in die Höhe. 1998 enthielt Carl Bildts Wahlprogramm den Punkt „Breitband für alle". Er verlor die Wahl, doch sein Vorhaben wurde umgesetzt. Gemeinsam mit den Wohngenossenschaften war Telia bald in der Lage, Internet mit nie dagewesener Penetrationsrate anzubieten (92 Prozent im Jahr 2010).

Matias schreibt einen Teil dieser schwedischen Einzigartigkeit der landesüblichen Tatkraft zu: „Schweden ist ein Land der Ingenieure." Das mag auch an der dünnen Besiedlung des Landes liegen: Besonders der Norden hatte ein politisches Motiv für eine Internetverbindung – die dunklen Nächte könnten Legionen nordischer *Otakus*[1] hervorbringen. Das berühmte schwedische Sicherheitsnetz wirkte unternehmerischem Handeln keineswegs entgegen, sondern sorgte vielmehr dafür, dass junge Entrepreneure Risiken einzugehen wagten, da sie wussten, die Landung würde in jedem Fall weich werden.

Nicht, dass Matias das gebraucht hätte. Als er 1996 seine eigene Digitalagentur, Spiff Industries, gründete, kam ihm der Internetboom zugute. „Alle haben Websites erstellt." Spiff nicht. Das Unternehmen begann mit nur vier Personen: die anderen drei kamen aus einer Produktionsagentur und waren viel jünger als Matias. Spiff Industries erstellte keine Websites, sondern ging mit Werbung, die keiner anderen Agentur eingefallen wäre, ihren eigenen Weg.

Ihre erste Auszeichnung gewann die Firma mit einer Kampagne für die schwedische Post. Damals kauften sie alle Werbebanner großer schwedischer Medienunternehmen und sandten tägliche Aufrufe an schwedische Meinungsmacher, wie Stefan Persson, dem CEO von H&M.

Zunächst schickten sie ihrer Zielgruppe einen Brief, in dem stand: „Gehen Sie heute online und lesen Sie die Zeitung!" Wenn die Empfänger des Briefes die entsprechenden Websites aufriefen, begrüßte sie dort ein Werbebanner, das sie persönlich ansprach: „Hallo Stefan Persson, bitte bestellen Sie Ihren Hummer hier!" Die Zielgruppe musste lediglich auf das Banner klicken und wählen „Ja, ich will Hummer". Dreißig Minuten später stand ein Zusteller mit frischem Hummer vor der Tür.

Für die meisten Menschen war das ein Aha-Erlebnis und plötzlich verstanden jede Menge „wichtige" Leute, was hier ermöglicht wurde.

Ein Erfolg jagte den nächsten. Spiff fand immer mehr Beachtung und wuchs stark: Bald arbeiteten dort 500 Angestellte. Man muss schon ein gewisses Format besitzen, um das zu bewältigen, doch Matias Palm-Jensen war niemand, der sich von Selbstzweifeln plagen ließ.

Seine Mutter war Französin, eine „intellektuelle, alberne, seltsame Philosophiestudentin aus Paris", die von heute auf morgen beschloss, mit ihrer besten Freundin nach Schweden zu gehen – „nicht sehr parisisch". Und dort lernte sie – wie könnte es anders sein – einen Mann kennen. Diese Verbindung, das Franko-Schwedische, macht Matias zu dem, was er ist: ein exotischer Schwede. Seine Großeltern verkehrten mit Miró und Dalí; Pasolini kam zu Besuch – und wählte ebenfalls das Untergeschoss.

FÜNF GIGANTEN DER WERBUNG IM DIGITALEN ZEITALTER

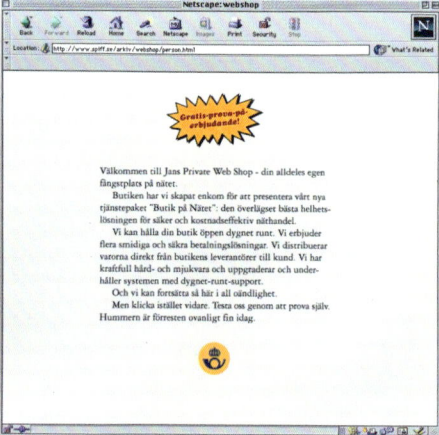

Lieferservice-Apps sind heute allgegenwärtig, doch Matias Palm-Jensen ließ bereits in den späten 90er-Jahren bei Bedarf Hummer zustellen! Seine Kampagne für die schwedische Post – die einflussreichen Schweden mithilfe eines Hacks scheinbar personalisierte Werbung zeigte – war erfolgreich, obwohl das Internet damals noch relativ wenig entwickelt war. Seine Agentur erstellte Kampagnen, die die Grenzen des Internets austesteten – und die Menschen merkten das.

Der junge Matias entsprach ganz und gar nicht dem Bild des typischen Schweden, des Ingenieurs: Er las und malte. Selbst heute greift er noch zum Bleistift, wenn er etwas Kompliziertes ausdrücken will. Doch dann studierte er Recht und Wirtschaft an der Universität Uppsala und der Handelshochschule Stockholm und schloss beide Studiengänge erfolgreich ab. Matias begann, im öffentlichen Dienst zu arbeiten, und spezialisierte sich auf Verträge, bevor er seinem Instinkt folgte und sich in die Kreativberatung davonmachte.

Seine Vertragskenntnisse kamen ihm später zugute: Als Spiff sich zu einem heiß begehrten Unternehmen entwickelt hatte, wollten die Mitinhaber die Agentur in „Technetologies" umbenennen, weil sie sich davon mehr Erfolg an der Börse versprachen. Matias überlegte und schlug Drax vor, nach dem Bösewicht in *Moonraker*. Die anderen fanden, das klinge gut und gingen an die Börse. Doch als Matias Leute brauchte, um einen Kunden zu bedienen, schickten ihm die Inhaber von Drax ungelernte, unqualifizierte Mitarbeiter aus dem Norden. Da reichte es Matias und er erwirkte eine Trennung der Spiff-Gründer. Alles, was er dabei verlor, waren seine Aktien, doch was machte das schon, schließlich war das ohnehin nur eine Blase.

Der Name der neuen Agentur klang freundlicher als Drax – so freundlich wie ein Name nur klingen kann. Es war ein unwahrscheinlicher Name für ein Technologieunternehmen, ein Name, der Fürsorge ausdrückt, der für eine Person steht, zu der man aufblicken würde: Farfar, schwedisch für „Großvater". Farfar entwickelte sich zur angesagtesten Digitalagentur Schwedens und befand sich zunächst – natürlich – im Untergeschoss, diesmal eines Parkhauses in der Skånegatan in Südstockholm (heute SoFo genannt). Farfar hatte sich vorgenommen, zur besten Digitalagentur der Welt zu werden – schwedisch, aber international.

Die Arbeit war spektakulär.

Da war zunächst eine Kampagne für Milko, die bereits all das verkörperte, was das Digitale später bieten würde. Sie gab den Nutzern die damals noch unvorstellbare Möglichkeit, selbst Content-Änderungen vorzunehmen.

Das Programm war ein viraler Hit, bevor das Wort „viral" für den digitalen Kontext verwendet wurde. Plötzlich verfügte eine schwedische Molkerei über eine Fanseite in Brasilien und ein Feature in *Wallpaper*.

Die Wikinger waren in der internationalen Werbeszene angekommen. Für die Kampagne „Visit Sweden" wurde Farfar mit einem Goldenen Löwen ausgezeichnet, und das Team feierte seinen Erfolg in Cannes. Ein angesäuselter Farfar-Kreativer vergrub den Löwen am Strand, um ein bisschen zu feiern (denn sie sind wirklich ganz schön schwer), doch als er zurückkam, hatte jemand die Stühle verschoben, die ihm zur Orientierung gedient hatten. Er grub wie wild, doch der Löwe blieb verschollen. Matias nutzte den Vorfall für einen Kurzfilm, der zum Klassiker wurde und Farfar viel Aufmerksamkeit einbrachte.

Farfar bestand aus 80 Prozent Arbeit und 20 Prozent Innovation. Freitags war Innovationstag, dann taten alle, was ihnen Spaß machte. Doch der Geschäftsmann, der Vertragsmensch in Matias, wurde wieder rastlos und brauchte eine neue Herausforderung. Also verkaufte er Farfar im Jahr 2005 – an Aegis.

Im Nachhinein ist es schwierig, die Logik infrage zu stellen: Aus wirtschaftlicher Sicht hatte Matias eine gute Entscheidung getroffen. Doch Kultur kann man schlecht in Verträgen festhalten, und so bekam – nicht zum ersten Mal – eine lokale Agentur die feindliche Umarmung eines globalen Erwerbers zu spüren. Die Mentalität von Aegis unterschied sich stark von Farfar. Matias, der Philosoph, zitiert Upton Sinclair: „Es ist schwierig, jemanden dazu zu bringen, etwas zu verstehen, wenn er sein Gehalt dafür bekommt, dass er es nicht versteht." Aegis verstand Farfar nicht. Bald kaufte der Konzern auch Isobar, sodass Farfar nun einen internen Wettbewerber hatte.

Der globale Schwede erkannte, dass es da draußen einen Dschungel gab, der ihm feindlich gesinnt war. Als er für eine Branchenkonferenz nach Brasilien flog, lernte er das Land von seiner unfreundlichen Seite kennen. Er riss am Schnurrbart des Jaguars. Als er nach einem der ganz Großen der brasilianischen Agenturszene die Bühne betrat, stand die Hälfte des Publikums auf und ging. Zu den Verbliebenen sagte Matias: „Leute, die Vergangenheit hat soeben den Raum verlassen." Der ganz Große „hörte das (er trank gerade draußen seinen Cocktail) und kam wieder herein. Er schnaubte vor Wut und sagte: ‚Ich will dich etwas fragen.' Ich winkte ab. ‚Ich muss hier einen Vortrag halten.'" Die Organisatoren improvisierten am Ende seines Beitrags eine Debatte, doch die Wut blieb.

„Selbst heute greift er noch zum Bleistift, wenn er etwas Kompliziertes ausdrücken will."

Verglichen mit heutigen Standards mag diese frühe Anwendung für Milko einfach aussehen, doch sie ermöglichte es Nutzern erstmals, Inhalte mithilfe eines simplen Bearbeitungsprogramms selbst zu kontrollieren.

FÜNF GIGANTEN DER WERBUNG IM DIGITALEN ZEITALTER

Die meisten Gewinner lassen einen Goldenen Löwen aus Cannes nicht mehr aus den Augen, besonders ihren ersten. Ein Kreativer von Farfar vergrub seinen im Sand. Die Agentur nutzte die Geschichte anschließend geschickt für Werbung in eigener Sache.

Und als seine lokale Agentur Farfar die ganz und gar nicht großväterlichen Schläge des regionalen Protektionismus sehr direkt zu spüren bekam, trat der Schwede den Rückzug an. Nicht nur aus Brasilien, sondern auch von Aegis.

Nick Brien schnappte ihn sich für McCanns. Als Schwede erzielte Matias in der Führungsebene der McCann Worldgroup unmittelbare Wirkung. Er nannte sich Nicks „Surprise Officer" und schuf ein Team, dessen Aufgabe es war, für Überraschungen zu sorgen. Das tat er ganz bewusst, denn er wollte kein „Innovation Officer" sein, wohl wissend, dass die ohnehin nie für wirkliche Veränderungen sorgten. Aber, so dachte er, vielleicht wäre es ja möglich, jemanden so zu überraschen, dass sich etwas änderte. Ja, vielleicht wäre das möglich gewesen, wenn Nick geblieben wäre. Doch er ging. Und Matias auch.

Hat er ein Zuhause gefunden? Er hätte es verdient. Als die schwedische Ikone des digitalen Zeitalters innehielt und über die Bedeutung der digitalen Revolution nachdachte, beeindruckte ihn vor allem die Transparenz, die mit ihr entstanden war. Es ist heute schlicht viel schwieriger, zu lügen. Sein neues Projekt hieß The Kind Collective. Ein Kollektiv deshalb, weil er keine Lust mehr hatte, Mitarbeiter einzustellen. Stattdessen bringt er die Allerbesten immer dann zusammen, wenn er sie braucht. Es geht nicht um Apps oder Tech. Es geht darum, Menschen zu sagen, dass sie nett sein können, sogar zu ihren Kunden. Es geht darum, Geschichten zu erzählen.

Der ehrgeizige Geschäftsmann tut das gewiss nicht aus reiner Nächstenliebe, doch er lebt auch nicht mehr in einer Welt der Verträge, des Einstellens und Entlassens, der internationalen Abenteuer. Der Franko-Schwede ist nach Hause zurückgekehrt, in vielerlei Hinsicht.

Es ist wieder Zeit für wahre Begeisterung: für Musik, beispielsweise. Matias beklagt, dass es in unserer Branche nie jemanden gab, der ausschließlich für die Musik zuständig war. Und dass man daran meist zuletzt denkt. Er war immer überzeugt davon, dass digitale Musik wichtig ist: „Man kann Musik riechen." Zurzeit arbeitet er mit Björn Ulvaeus von ABBA zusammen, um ein interaktives Partyerlebnis zu schaffen.

Nicht viele Digital-Kreative würden mit einer Adaption des Textes von „Mamma Mia" davonkommen. Doch ebenso wenige wären in der Lage, das als Teil des Veränderungsmanagements zu verkaufen.

Chuck Porter

Mitte der 1970er-Jahre stand ein junger Freelance-Texter nervös in einem Büro in der Madison Avenue neben einer Wand, die mit seinen Konzepten für eine Kampagne der British Tourism Authority geschmückt war, als David Ogilvy mit seinem Gefolge hereinkam und fragte: „Sind das Ihre?" Chuck Porter – denn kein anderer war der nervöse junge Mann – erinnert sich, dass David „königlich" ausgesehen habe und dass er sich damals dachte: „Irgendwann will ich so sein wie er."

Die Agentur, die er später aufbaute, war wohl die bemerkenswerteste neue Agentur der digitalen Revolution: eine Kreativ-Boutique, die sich selbst übertraf und sowohl Ruhm als auch Reichweite fand.

Doch Chuck sagt über sich selbst: „Ich bin ziemlich uncool." Dieser richtig nette, energiegeladene 70-Jährige, der seinen Labrador über alles liebt und gerne kocht, wohnt mit seiner Frau seit Jahrzehnten im selben Haus in Miami, während sich das Viertel um sie herum verändert. Doch in der Agentur, die seinen Namen trägt, war er der „Meister des Feuerwerks", während sie den 2000er-Jahren ihren Stempel aufdrückte, „die Agentur, die nicht verlieren konnte".[2]

Chuck Porter traf David Ogilvy einmal und beschloss, ebenso erfolgreich zu werden. Bereits seit 20 Jahren steht seine Agentur für Kreativität vom Feinsten und er verdient seinen Platz in meiner Liste einflussreicher Werbemacher. David wäre damit einverstanden.

Das Nette an Chuck kommt aus Minnesota: nicht das typische „Minnesota Nice", bei dem man andere auch dann noch höflich anlächelt, wenn man eigentlich vor Wut kocht. Chuck kann durchaus wütend werden, wenn es nötig ist: Wenn ein Text nicht gut ist und das den Texter sogar nicht interessiert, schreit er ihn schon mal an. Nein, Chuck ist auf eine Weise nett, die auszudrücken scheint, dass er keine Feinde hat, dafür aber ein sehr kontrolliertes und stabiles Ego.

In Minneapolis aufzuwachsen war nicht schwierig: Alles funktionierte dort. Die Stadt ist skandinavisch geprägt und freundlich. Seine Eltern waren Restaurantbesitzer und die Familie führte ein angenehmes Leben. Im Winter spürte man die Kälte nicht, weil man sich mit Eishockey warmhielt. Jim Fallon (später Gründer der gleichnamigen Agentur) und Chuck waren an der Highschool beste Freunde und verbrachten viel Zeit miteinander. Es gab große Marken in Minneapolis – General Mills, Pillsbury, 3M, Honeywell – und eine aktive Marketing- und Werbebranche. Chuck erinnert sich, wie er einen Freund aus der Junior High zu Hause besuchte. Sein Vater war Art Director bei BBDO und entwickelte Layouts – das schien ein prima Job zu sein.

Als der Mini 2002 auf dem amerikanischen Markt eingeführt werden sollte, erhielt Chucks damals noch recht kleine Agentur den Auftrag, die Marke ins Gespräch zu bringen. Er positionierte den Mini als luxuriösen Kleinwagen – eine Frage des Lebensstils –, um auf seine Fähigkeiten im Vergleich zu anderen, größeren Autos derselben Preisklasse aufmerksam zu machen. Die eindrucksvolle Umsetzung – in Print und in Aktion – war eine moderne Interpretation dessen, was den Mini ausmacht. Die Kampagne erregte großes Interesse: Im ersten Jahr allein verkaufte die Marke 25.000 Wagen, in den zehn Jahren seit der Markteinführung mehr als eine halbe Million.

Chuck gründete seine erste Agentur noch während des Studiums mit ein paar Leuten aus dem Bereich Werbung. Einer der Väter führte ein Unternehmen für Spannbetonplatten, und Chuck präsentierte eine Anzeige für ein Architekturmagazin, die Mies van der Rohe zeigte und einen „schrecklichen" Satz über großartige Architekten enthielt. Sein erster Kunde fragte ihn, was das sein solle, schließlich seien seine Platten billig und für den schnellen Bau gedacht und hätten mit Mies van der Rohe wenig zu tun. Doch die Anzeige war bereits fertig und wurde geschaltet. Dann gewann Chuck einen Preis für eine Radiowerbung für die Campus-Drogerie. Er hatte Feuer gefangen.

Nach seinem ersten Abschluss tat er, was von ihm erwartet wurde, und studierte Jura. Wie Matias Palm-Jensen fand er das Fach interessant, es begeisterte ihn jedoch nicht. Er hielt bis zu den ersten Weihnachtsferien durch, dann besuchte er seinen Bruder, einen Piloten für Delta Air Lines, in Miami und verliebte sich sofort in die Stadt. Chuck hatte im Magazin *Advertising Age* von zwei preisgekrönten Textern gelesen, traf sich mit ihnen, behauptete, er könne richtig gut schreiben, und bat sie, ihm eine Chance zu geben. Sie sagten zu. Also schmiss er das Jurastudium, verließ seine damalige Freundin, packte alles, was er besaß, in einen Chevrolet Camaro und fuhr nach Miami. Sein erster Auftrag war eine Plakatwerbung für die Geldautomaten einer Bank. Er schrieb mehr als 100 Headlines. 99 davon fanden seine Auftraggeber schrecklich, dann entschieden sie sich für „Get out of Line". Das Plakat war am Flughafen zu sehen und Chuck vergaß nie die freudige Erregung, die ihn bei diesem Anblick erfüllte. Mit einem der Texter, Rick Green, arbeitete er anschließend jahrelang freiberuflich zusammen.

Als Chucks Familie größer wurde, schlug seine Frau vor, er solle sich eine „richtige" Arbeit suchen – damals war er bereits seit 17 Jahren Freelancer. Sam Crispin leitete eine der Agenturen, für die er in Miami arbeitete, und einer ihrer Kunden war das Jamaica Tourist Board. Als Chuck und Crispin eines Abends in Montego Bay unterwegs waren, reichte Crispin ihm einen Notizblock und sagte: „Schreib auf, was wir dir bieten müssen, damit du zu uns kommst." Chuck schrieb, er wolle Mitinhaber werden, und reichte ihm den Block zurück. Crispin willigte ein und so entstand im Jahr 1988 die Agentur Crispin Porter.

Crispin war kein Werber, sondern ein erfolgreicher Geschäftsmann. Nach drei Jahren verkaufte er seine Anteile an den Mann aus dem Mittleren Westen, der wenig später auch die Anteile des Sohnes kaufte. Crispin Porter war eine von wenigen Agenturen in Miami. Es gab zwar eine riesige Freelance-Community – begabte Kreative, die dem New Yorker Winter entflohen –, aber niemand konnte es sich leisten, Mitarbeiter fest anzustellen. Crispin hatte Chuck von Anfang an freie Hand gelassen und der machte sich daran, die Agentur auszubauen. Er rief alle Mitarbeiter zusammen und verkündete, er könne nur eines, und das sei gute Arbeit. Dann führte er eines seiner Mottos ein: „Konzentriere dich darauf, heute etwas richtig Gutes zu leisten, und du musst dich um die Zukunft nicht sorgen."

Und die Kunden kamen: Zuerst aus der Region – die Florida Marlins, der *Miami Herald*, der B2B-Bereich von Del Monte. Dann gewann die Agentur für einen der regionalen Kunden einen Löwen in Cannes und Auftraggeber aus anderen Bundesstaaten – aus Kalifornien und Michigan – wurden auf sie aufmerksam.

Die Agentur wuchs: Chuck hatte bereits den 16. Mitarbeiter eingestellt. Doch es störte ihn, dass ihre Arbeiten nicht gut *aussahen*. Er hatte ein paar Anzeigen für eine Reederei geschrieben, die in einer Branchenzeitschrift erscheinen sollten, war jedoch mit der Gestaltung unzufrieden. Also schickte er die Entwürfe an den Inhaber einer Designagentur, mit dem er als Freelancer zusammengearbeitet hatte, und bat ihn, das Layout zu überarbeiten. Das Ergebnis war spektakulär und Chuck rief Bill Bogusky an, um sich zu bedanken. Er habe sie vor dem Schiffbruch bewahrt. Doch Bill erwiderte: „Das war ich nicht, das wan Alex." Also bat Chuck kurzerhand Bills Sohn Alex um ein Gespräch und stellte ihn anschließend ein. Alex Bogusky war damals Anfang 20 und ein Motocross-Junkie. Chuck kannte ihn schon, seit er zehn Jahre alt war, und nahm später häufig die Rolle eines milden, motivierenden und geduldigen Vaters ein.

Bogusky war – und ist – einer der brillantesten Kreativen seiner Generation. Es war Chucks Leistung, dieses Genie zu fördern – so wild und intensiv es auch sein konnte – und daraus eine funktionierende Partnerschaft zu formen. 1993 wollte Bogusky mehr, und Chuck übergab ihm die kreative Leitung, statt sie selbst zu übernehmen, „weil er der bessere Kreative war".

Gemeinsam produzierten sie Klassiker. Chuck verfolgte eine ganz einfache Philosophie: „Strategien bis zum Umfallen prüfen", dann macht sich die Arbeit von allein. Fokusgruppen hasste er. Das erste Resultat dieser Vorgehensweise war eine Antiraucherkampagne, die sich an Jugendliche richtete. Sie hieß „The Truth". Studien hatten gezeigt, dass eine traditionelle Botschaft wie „Rauchen tötet" eher dazu führt, dass aufmüpfige Teenager erst recht rauchen wollen. Dieses rebellische Verhalten machte man sich zunutze, um mit „The Truth" gegen Tabakkonzerne vorzugehen: Schüler wurden dazu aufgerufen, Scherzanrufe zu tätigen und Empfangsbereiche zu besetzen. Das wurde gefilmt und es entstanden günstige Fernsehspots. Im Zentrum der Kampagne stand die „The Truth"-Website. Mit der Zeit stieg das Budget, und die Produktionen wurden aufwändiger. „The Truth" stand für Chucks Überzeugung, dass „Popkultur Gold wert ist" – wenn es einem gelingt, sie einzufangen. Und man jemanden hat, der das Rebellische verkörpert, wie Bogusky, der konventionelle Grenzen sprengte und dem Abgrund dabei manchmal gefährlich nahe kam.

So begannen die Ruhmesjahre der Agentur. Chucks nächstes Motto hieß „Nicht den Gorilla füttern". Er konnte nicht verstehen, warum die Standardstrategie vieler Marken lautete: Arbeiten wie blöd und versuchen, den Kategorieführer nachzuahmen. Vielmehr sollte man das Gegenteil tun. Als BMWs Mini Cooper auf dem amerikanischen Markt eingeführt wurde, war der erste Impuls, ebenso vorzugehen wie bei der Einführung jeder anderen Automarke. Doch Crispin Porter befestigte die Minis für eine 22-Städte-Tour auf dem Dach von SUVs und brachte ein Banner an, auf dem stand: „Womit haben Sie dieses Wochenende Spaß?" So zelebrierte man nicht nur die geringe Größe des Mini, sondern implizierte gleichzeitig, dass alles, was Spaß macht, auf dem Autodach verstaut wird: Mountainbike, Surfbrett oder Campingausrüstung.

Arbeiten wie diese waren für das digitale Zeitalter richtungsweisend. Die Kampagnen begannen nie mit Fernsehwerbung, das lehnte Bogusky ab. Für ihn und Chuck stand immer die Bekanntheit im Mittelpunkt: Mit welcher Idee würden wir arbeiten wollen, wenn es um eine Pressemitteilung ginge? Sie taten das, weil sie dazu gezwungen waren. Für anderes war einfach nicht genug Geld da.

Chuck war überzeugt, dass es für sie beide von Vorteil war, nie in einer Werbeagentur gearbeitet zu haben. Es gab keine Regeln, und als sie sich selbst Regeln verpassten, definierten sie Werbung als „alles, was unsere Kunden bekannt macht".

Als das Unternehmen wuchs, wurde ihnen Miami zu klein: Es war schwierig, dort die richtigen Mitarbeiter zu finden. Als drei Digital Producer nacheinander ein Angebot ausschlugen, weil ihre Familien nicht nach Miami ziehen wollten, war das Maß voll. Sie berieten sich und beschlossen, eine Niederlassung an einem Ort zu eröffnen, der das genaue Gegenteil von Miami war – und ihrem inneren Kritiker standhalten würde. Sie zogen Santa Fe in Betracht (schlechte Anbindung), Portland und Boston (nicht anders genug) und Boulder, Colorado. Sowohl Chuck als auch Alex fuhren Ski und waren begeistert. Und Boulder war definitiv das Gegenteil von Miami: klein, kompakt und ab 21:00 tote Hose, wenn man nicht die eine Stunde bis Denver fahren wollte. Außerdem gibt es dort „das beste Knuspermüsli der USA". Während der Mitarbeiter-Weihnachtsfeier hielt Chuck ein Schild hoch, auf dem stand: „Die gute Nachricht ist: Wir bekommen ein neues Büro." Dann ein zweites Schild: „In Boulder, Colorado." Chuck bat alle, die mitkommen wollten, sich bei ihm zu melden, und ging von 60 bis 70 Leuten aus. 217 Mitarbeiter sagten ihm noch am selben Tag zu. Als Alex 2006 beschloss umzuziehen, folgte ihm ein Großteil der Kreativabteilung.

> „Es gab keine Regeln, und als sie sich selbst Regeln verpassten, definierten sie Werbung als ‚alles, was unsere Kunden bekannt macht'."

An der frischen Luft von Colorado blühte Boguskys Charisma ins Unermessliche auf. Chuck hingegen war stärker mit einem neuen Partnerunternehmen involviert, MDC Partners in Kanada. Zu CEO Miles Nadal sagte er: „Du kennst dich mit Werbung nicht aus, ich schon. Wenn du uns unsere kreative Bestleistung geben lässt, bringen wir euch Geld ein." In der ertragreichsten Zeit waren sie für 25 Prozent der Gewinne von MDC verantwortlich.

Chuck betrieb für Crispin Porter + Bogusky eine Expansionsstrategie. Zuerst erwarb er Daddy, eine der neuen brillanten schwedischen Digitalagenturen in Göteborg. Doch er musste bald feststellen, dass Europa anders tickt als die USA: Kunden hier waren an aufstrebenden Städten weniger interessiert. Er musste nach London. Weitere Niederlassungen folgten. Außerdem stellte Chuck für MDC eine Gruppe junger, Crispin-ähnlicher Agenturen zusammen, zu der auch Kirshenbaum und 72andSunny gehörten. Ich glaube, nur ein Texter mit juristischer Ausbildung hätte das leisten können. Gleichzeitig tat er alles Nötige für die eigene Agentur, investierte in Mitarbeiter und Räumlichkeiten.

Boguskys Charisma zog unterdessen immer weitere Kreise. Es ist faszinierend, in welchem Ausmaß er die Branchenpresse für sich eingenommen, ja, wie er sie regelrecht verführt hatte. Auf den Titelseiten von *Businessweek* und *Fast Company* sah einem ein attraktiver Mann entgegen, der vor Selbstvertrauen nur so strotzte und einen Hauch von Gefahr ausstrahlte. Es regnete „Agency of the Year" Awards. Mythen begannen, sich um Alex zu ranken, der Umzug nach Boulder wurde zu seiner Idee. Die Agentur genoss ihren Ruf als Muskelprotz der Branche, und die Kunden waren begeistert: Brandon Berger, in jüngster Zeit mein digitaler Partner, erinnert sich an die Beziehung zwischen Jeff Hicks, dem Geschäftsführer der Niederlassung in Boulder, und Alex: „Jeff hat sich wie ein Drogendealer benommen: Bring Alex her, mach die Kunden süchtig, nimm ihn wieder weg und sie betteln um mehr."

Es gab einen regelrechten Bogusky-Kult. Sein Gefolge wählte er nach Loyalität aus. Bei Einstellungsgesprächen nutzte er das „Geburtstagsbuch": Er testete anhand von Geburtsdatum und astrologischem Persönlichkeitsprofil des Bewerbers, wer mit einem derart ungewöhnlichen Inquisitionsverfahren umgehen kann. Er verlangte seinen Leuten brutal viel ab – und daran gibt es grundsätzlich nichts auszusetzen. Doch es gab etwas an ihm, das manche Menschen störte, und jene, die dem entflohen waren, zu harschen Kritikern machte. Sie schufen Antimythen: Die Niederlassung in Boulder sei so etwas wie ein Werbe-Jonestown, beispielsweise. Das war sie natürlich nicht. „Und", erinnerte mich jemand einmal, „Chuck war immer da." Er ließ Bogusky, dem brillanten Hitzkopf, viele Freiheiten, doch die Zügel behielt die ruhige Vaterfigur immer in der Hand.

Es war vielleicht unvermeidlich, dass das irgendwann nicht mehr gutgehen würde. Wahrscheinlich überraschte es Chuck nicht einmal, als es dann tatsächlich so weit war. Eine Zeit lang hatte sich Bogusky aus dem Geschäft zurückgezogen, dann arbeitete er gemeinsam mit Chuck an einem heiteren Buch, *The 9-Inch Diet* (2008). Doch Bogusky wollte sich mit leichter Kritik an den Essgewohnheiten der Amerikaner nicht mehr zufriedengeben und verspürte eine tiefe Abneigung gegen die gesamte Lebensmittelindustrie. Der Sturm brach los, als Chuck im Juni 2010 in Cannes war. Verschiedene Kunden und MDC-CEO Miles Nadal riefen ihn an. Erst später sah er eine E-Mail von Bogusky mit einem von ihm verfassten brutalen Blogeintrag und der Frage, was er davon halte. Chuck antwortete ihm, er müsse sich entscheiden: entweder für diese Sache engagieren und die Agentur verlassen – oder bleiben. Um 3 Uhr morgens rief Bogusky an und kündigte. Wie immer bewies ihm Chuck seine volle Unterstützung. Er blieb ruhig. Nicht „Minnesota-ruhig", sondern richtig ruhig. Und dabei kann das keine einfache Situation für ihn gewesen sein.

FÜNF GIGANTEN DER WERBUNG IM DIGITALEN ZEITALTER

Creative Department, Crispin & Porter Advertising, 1992

Here's to small agencies with big dreams.

Verdient Bogusky diese Ecke in der Hall of Fame? Ich sehe das als ein weiteres „Und". Inoffiziell verdient er seinen Platz, denn Porter und Bogusky wurden in der Branche jahrelang als untrennbar angesehen, sie waren so etwas wie siamesische Zwillinge. Doch Porter war es, der Bogusky entdeckte, der ihn wählte, der ihn befreite, der ihn befähigte und schützte. Kein Bogusky, kein Porter. Aber noch viel mehr: kein Porter, kein Bogusky.

Ich glaube, dass Bogusky nie mit dem Herzen Werbemann war. Und ich finde, das wird an manchen Arbeiten deutlich, in denen eine tiefgehende Feinfühligkeit für die Marke fehlt. Bekanntheit ohne Marke kann gefährlich sein. Im Nachhinein bekommt man beim „King" aus seinen Burger-King-Kampagnen dieses Gefühl. Er selbst sagte: „Mein Verhältnis zur Werbung? Ich mochte sie nicht." Manchmal sieht man das.

Crispin & Porter im Jahr 1992 – als das perfekte Team zusammenkam, um in den folgenden 20 Jahren Wunder zu wirken. Chuck Porter sitzt vorne links neben Alex Bogusky (vorne Mitte), dessen Name später den Firmennamen erweitern wird.

> „Crispin Porter + Bogusky in Bestform ergriff die Chancen, die das digitale Zeitalter der Werbebranche eröffnete."

Crispin Porter + Bogusky in Bestform ergriff die Chancen, die das digitale Zeitalter der Werbebranche eröffnete. Sie sahen das Internet zunächst als günstige Werbemöglichkeit – und später als einen Kanal, den man ernst nehmen musste. In Boulder erwarben Chuck und Alex das Technologieunternehmen Selective, denn sie begriffen früh, dass man den Code verstehen muss, wenn man seine Arbeit schützen will. Sie gewannen Mitarbeiter mit Kenntnissen in anderen Bereichen. Jeff Benjamin beispielsweise, der für Goodby, Silverstein & Partners Websites erstellt hatte. Chuck wollte zwar keine Websites entwickeln und sagte: „Das Digitale war einfach eine Möglichkeit, keine traditionelle Werbung zu machen." Doch Benjamin sorgte dafür, dass die Ideen funktionierten.

Als es nötig erschien, die Menschen daran zu erinnern, dass es bei Burger King auch Hühnchen gab, lautete die Idee: „Was, wenn wir ein Huhn ins Netz schicken, das tut, was wir wollen? Geht das?" Die einstimmige Antwort lautete: „Ja, wir können 300 Befehle programmieren, auf die es reagiert." So entstand das „Subservient Chicken", das unterwürfige Huhn.

Näher an der Marke ist vielleicht die Verbindung von Kreativität und Technologie für die Restaurantkette Domino's Pizza. Schließlich haben wir es hier mit einem Unternehmen zu tun, das sich als Technologiefirma sieht, die eben auch Pizzas backt. Ein Kunde wie Domino's ermöglichte es der Agentur, die Grenzen zwischen Kundenerlebnis und Vernetzung verschwimmen zu lassen. Jeder, der einmal eine Pizza bestellt hat und dann wie gebannt den Countdown mitverfolgte, weiß, was ich meine.

Crispin Porter + Bogusky ist heute kein Herausforderer mehr – ein Beweis für den Erfolg der Agentur. Sieben Jahre nachdem der Faust'sche Pakt zwischen Bogusky und Chuck Porter gebrochen war (und ich glaube durchaus, dass es hier Parallelen gibt), ist Chuck ein zufriedener Mann. Doch er arbeitet nach wie vor hart – jetzt allerdings in einer Agentur, die ebenfalls mehr in sich zu ruhen scheint, und einem Netzwerk, das sich darauf konzentriert, Marken aufzubauen, statt nur Bekanntheit zu erlangen. Er hat keine Hobbys und keinen Grund, sich zur Ruhe zu setzen. Seine Arbeit ist sein Leben. Und er ist stolz darauf, mitanzusehen, wie diese Arbeit die Agentur wiederbelebt, die ihm ein Zuhause ist.

Chuck teilt seine Zeit zwischen Miami und Boulder auf. Doch wenn er sich zurückziehen möchte, kehrt er nach Minnesota zurück. Keine Zweitwohnung in Manhattan oder Paris, sondern ein selbst gestalteter Rückzugsort in Greenwood, Minnesota, einem Dorf mit 200 Einwohnern. Für einen so netten Mann gibt es keinen netteren Ort, um aufzutanken.

Ein früherer Kollege von Chuck sagte einmal über ihn: „Ich habe noch nie jemanden kennengelernt, der Chuck Porter nicht mag."

In der Werbebranche gibt es nur wenige Menschen, über die man das sagen kann.

FÜNF GIGANTEN DER WERBUNG IM DIGITALEN ZEITALTER

Man sagt, der frühe Vogel fange den Wurm. Nun, dieser hier fing in einer der ersten interaktiven und viralen Kampagnen des digitalen Zeitalters die Fantasie der Internetnutzer ein. Man musste lediglich einen Befehl eingeben und das unterwürfige Huhn führte – passend zum Slogan der Marke „Have it your way" – eine von zahlreichen programmierten Bewegungen aus. (Auf alles, was das Huhn nicht ausführen konnte, reagierte es mit einer witzigen Kopfbewegung.)

Domino's Anywhere ist mit fast ebenso vielen Plattformen verbunden, wie es Pizzabeläge gibt. Kunden können Bestellungen via Smart TV, Smart Watch, Ford, Twitter und Textnachricht aufgeben.

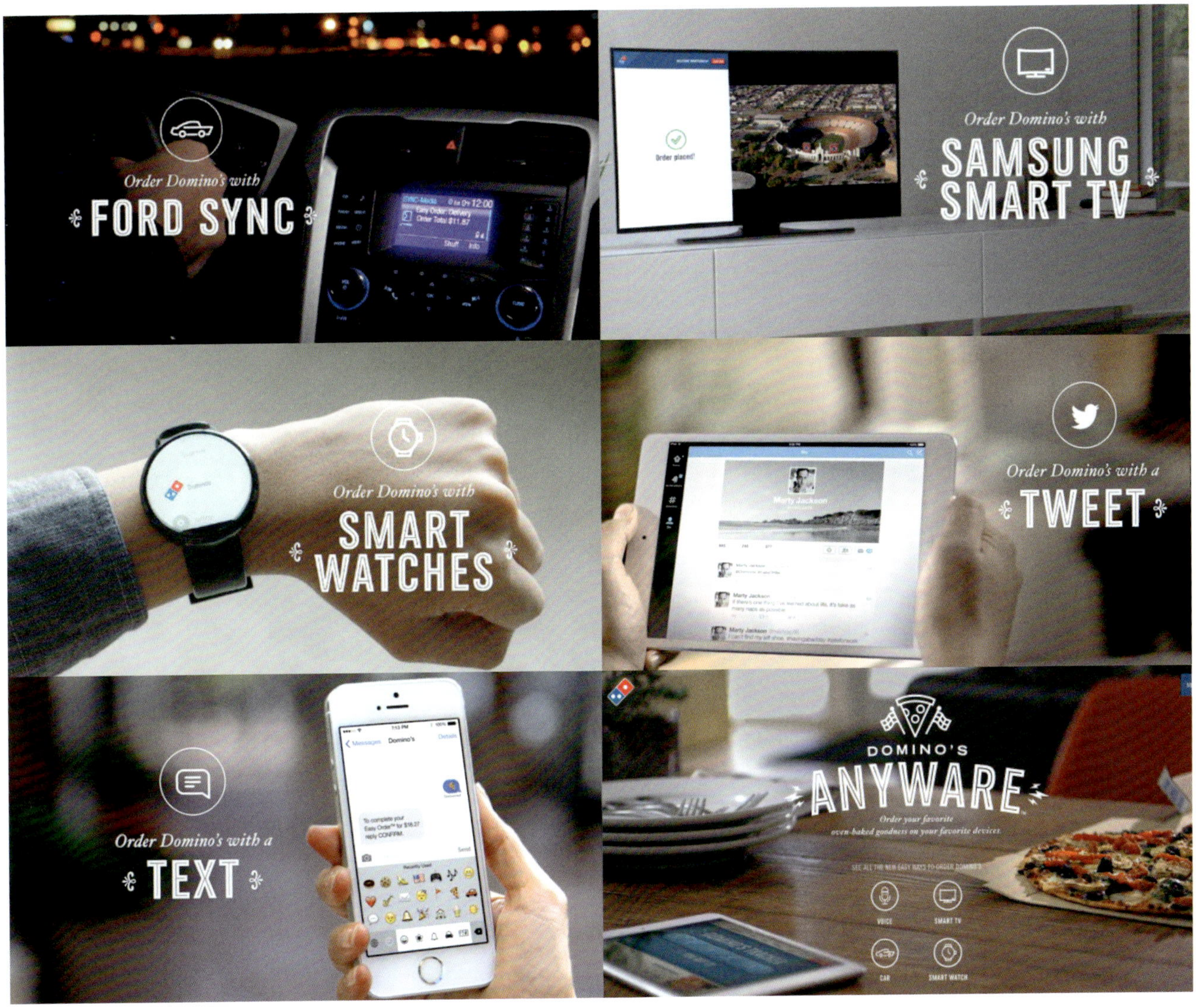

15 MEIN HIRN SCHMERZT

Der Beginn des digitalen Zeitalters fiel mit großen Fortschritten in der Neurowissenschaft zusammen. So ist die digitale Bildverarbeitung, eine Technologie der 1970er-Jahre, eine Voraussetzung für die Magnetresonanztomografie (MRT), diese hübschen Gehirnscans, an die wir uns schon so gewöhnt haben. Folglich wissen wir heute viel mehr über die Funktionsweise des Gehirns als noch zu David Ogilvys Zeiten. Zweifellos hätte er diese Informationen begrüßt:

> Die Aussagefähigkeit der Marktforschung wird sich weiter verbessern. Daraus folgt, dass Kenntnisse über das, was erfolgreich und weniger erfolgreich ist, leichter greifbar sein werden. Kreative werden lernen, sich dieses Wissens zu bedienen, und dementsprechend durch stärkere Berücksichtigung dieser Vorgaben zur Steigerung der Erfolgsquote beitragen.[1]

Ab den 1990er-Jahren interessierte sich die breite Öffentlichkeit plötzlich für Erfolge in der Neurowissenschaft, wofür das Ehepaar António und Hanna Damásio in hohem Maße verantwortlich war. Sie befassten sich mit dem ersten neurowissenschaftlichen Fall: Phineas Gage, dem Vorarbeiter einer Eisenbahngesellschaft in Vermont, der im Jahr 1848 eine Sprengung durchführte, bei der eine Eisenstange unter seinem linken Auge in den Schädel ein- und oben am Kopf wieder austrat. Wie durch ein Wunder überlebte er, doch er war nicht mehr derselbe. Zeitzeugen berichteten, er habe all seinen Charme und seine emotionale Intelligenz verloren. Aus einem freundlichen war ein unberechenbarer Mensch geworden.

Die Damásios bauten sein Gehirn mithilfe von 3D-Software nach und fanden heraus, dass die Entscheidungsfähigkeit ebenso von „emotionalen" wie von „rationalen" Gehirnbereichen abhängt. Ersteren hatte die Eisenstange zusammen mit Phineas' Charme entfernt.

Das ist das neuronale „Und", auf dem das „Und-Zeitalter" basiert. Es ist die Geschichte, die nicht jedes Schulkind kennt, obwohl es sie kennen sollte, denn sie erklärt, dass der Mensch keine rein rationale Spezies ist.

Die Damásios nutzten MRT, um die Funktionen der verschiedenen Gehirnbereiche zu testen. Dabei identifizierten sie die unterschiedlichen Aufgaben des limbischen Systems, insbesondere der mandelförmigen Amygdala, die bei Entscheidungsfindungen emotionale Impulse verarbeitet, und des ventromedialen präfrontalen Cortex, der für Rationalität zuständig ist.

MEIN HIRN SCHMERZT

Phineas Gage, Vorarbeiter einer Eisenbahngesellschaft in Vermont, USA, mit der Eisenstange, die seinen Kopf durchbohrte. Durch den Unfall wurde er zum ersten lebenden Menschen einer neurowissenschaftlichen Fallstudie.

Gesichtsblindheit und verschiedene damit verbundene neuropsychologische Störungen können jetzt anhand von experimentellen Paradigmen analysiert und mit den durch Neuroimaging identifizierten neuroanatomischen Stellen der Störung korreliert werden.[2]

Mein Hirn schmerzt!

Glücklicherweise entmystifiziert António Damásio all dies in seinem beliebten Buch *Descartes' Irrtum* (1994). Der Grundsatz des Philosophen, „Ich denke, also bin ich", war schlicht und

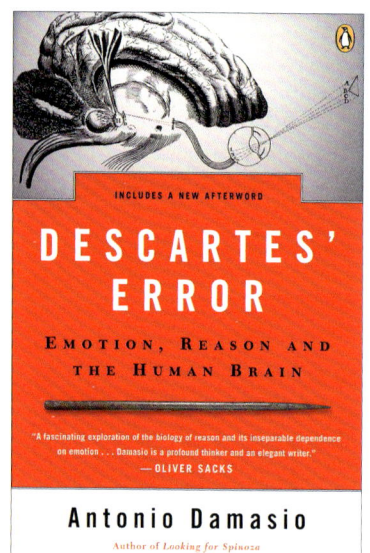

Descartes' Irrtum von António Damásio stellt die Bedeutung der Gefühle über die des Denkens: Wir sind zunächst Gefühlsmenschen und keine Denkmaschinen.

einfach falsch. „Ich fühle, also bin ich" trifft es da schon eher. Oder, wie Damásio es ausdrückt: „Wir sind keine Denkmaschinen, wir sind Fühlmaschinen, die denken."

Damit gibt er einer der Denkschulen der Werbebranche recht, die das schon immer geglaubt hat. Rosser Reeves würde sich im Grab umdrehen.

Die Branche hat diese Erkenntnisse stillschweigend übernommen, doch sie werden weiterhin nicht ausreichend gelehrt und erklärt. (Eine bemerkenswerte Ausnahme ist mein Kollege Chris Graves, der viele Fachartikel zum Thema gelesen und diese genutzt hat, um der Öffentlichkeitsarbeit wieder eine wissenschaftliche Grundlage zu verleihen und sie zu ihren Wurzeln als angewandte Sozialwissenschaft zurückzubringen. Sein Hirn schmerzt nicht.)

Eine der hartnäckigsten Sünden unserer Branche ist, sich an der „nächsten Neuheit" festzuhalten und sie als Allheilmittel zu betrachten. Auf diese Weise entstand die Pseudowissenschaft des Neuromarketings.

Es kann interessant sein, die Wirkung einer Marketingaktivität mit dem Gehirn in Verbindung zu bringen – doch jeder Statistiker wird Ihnen erklären, dass Korrelation nicht gleich Kausalität ist. Eine verstärkte Gehirnaktivität in der Inselrinde wird beispielsweise mit Gefühlen wie Liebe und Mitgefühl in Verbindung gebracht. Wenn eine Marke also eine Aktivität in dieser Gehirnregion auslöst, könnte das ein gutes Zeichen sein. Allerdings wird die Inselrinde auch mit anderen Funktionen in Verbindung gebracht: Gedächtnis, Sprache, Aufmerksamkeit … und Wut, Ekel, Schmerz. Wir sind noch zu weit von einem detaillierten Verständnis der Gehirnfunktionen entfernt, um einen direkten Zusammenhang zwischen Gehirnaktivität und Kaufverhalten herzustellen.

Dr. Molly Crockett vom Institut für Experimentelle Psychologie der Universität Oxford rät, „Neuro-Nonsens" zu vermeiden. Sie sagt: „Noch haben wir keinen ‚Kauf'-Befehl im Gehirn gefunden."

Wir sollten uns also weiterhin auf das Ergebnis, das aktuelle Verhalten, konzentrieren statt auf die Zwischenstufe, die Gehirnaktivität.[3]

Es gibt jede Menge Möglichkeiten, die Grundlagen der Neurowissenschaft zu nutzen, um Marketing und Werbung zu verbessern, ohne sie gleich als Maß aller Dinge zu betrachten. Die Chance liegt darin, Botschaften und Hinweise zu schaffen, die das „adaptive Unbewusste" ansprechen, wie Rory Sutherland, mein unnachahmlicher Kollege und Mitbegründer von Ogilvy Change, zeigte, der dessen Relevanz so sehr wie jeder andere predigte. Den Forschungsdurchbruch in diesem Bereich verdanken wir den Psychologen Amos Tversky und Daniel Kahneman, wobei es in diesem Fall Kahneman war, der das Thema populär machte. Er unterteilte das Gehirn in zwei Teile, die er „System 1" und „System 2" nannte. System 1 ist das adaptive Unbewusste – instinktiv, habituell und oft irrational, gesteuert von Vorurteilen und äußeren Umständen. System 2 ist durchdacht, verdichtet und rational. Wenn Sie Auto fahren, nutzt Ihr Gehirn vielleicht System 2, wenn Sie Lebensmittel einkaufen, wahrscheinlich eher System 1.

2012 wurde Kahneman während des Hay Festivals gefragt: „Gibt es so etwas wie eine System-1-Branche?" „Werbung", erwiderte er.

Rory erklärt:

> Die meisten guten Menschen sind instinktiv gute Psychologen. Was uns bisher fehlte, waren das Vokabular und die wissenschaftlichen Studien, um deren oft nicht eingängige Empfehlungen zu erklären und zu rechtfertigen.
>
> Heute wissen wir, dass der menschlichen Entscheidungsfindung meist das sogenannte „adaptive Unbewusste" zugrunde liegt. Diesem keineswegs perversen, finsteren Teil des Gehirns fallen Funktionen zu, die wir gern unter „gesunder Menschenverstand" verbuchen. Eine

KAHNEMAN SYSTEM 1 UND SYSTEM 2

Kahnemans Modell der zwei Systeme, wobei System 1 unser adaptives Unbewusstes mit seiner gedankenlosen Emotionalität darstellt und System 2 unsere rationale Seite.

Reihe verlässlicher Anleitungen und Faustformeln, die im Lauf der Zeit in unsere vererbbare mentale Hardware eingebaut wurden.

Diese mentalen Prozesse sind ein Produkt der Evolution. Sie laufen automatisch und mühelos ab – und weitestgehend unbewusst. Sie kontrollieren das menschliche Verhalten nicht durch die Generierung von Vernunftgründen, sondern durch das Hervorrufen von Gefühlen (annähern/zurückweichen/vertrauen/bestrafen/Angst/Erregung). Sie folgen nicht unbedingt den Regeln konventioneller Logik, doch es liegt ihnen eine eigene Logik zugrunde. Und die

Metalogik des Unbewussten ist weit einflussreicher als gedacht: So sind unsere Gefühle für unser Glaubenssystem verantwortlich, nicht umgekehrt – auch wenn wir uns das gerne einreden. Wir erklären einen Sachverhalt nicht zuerst vernunftmäßig und bilden dann Gefühle heraus – wir fühlen und dann rationalisieren wir. Unser adaptives Unbewusstes können wir genauso wenig unmittelbar kontrollieren wie unsere Herzfrequenz.[4]

Auch von anderer Seite befasste man sich mit Fragen des Gehirns, um herauszufinden, was der Homo oeconomicus eigentlich ist, welches Verhalten aus seinen Entscheidungen folgt und wie sich dieses auf den Wirtschaftsraum, in dem er lebt, auswirkt. Die Debatte begann 1955, dem Jahr, in dem David Ogilvy in Chicago seine berühmte Rede über Branding hielt. Herbert A. Simon veröffentlichte damals den Artikel „A Behavioural Model of Rational Choice" im *Quarterly Journal* und hinterfragte erstmals, ob wirtschaftliches Handeln rein rational abläuft. Er untersuchte die verschiedenen Handlungsalternativen, die aus den unterschiedlichen Verbindungen folgenden Vorteile und in welcher Reihenfolge diese Vorteile in Betracht gezogen wurden, und schloss daraus, dass sich das Verhalten der Menschen selten an Regeln hält. Wie soll man beispielsweise sicherstellen, dass sich aus Ergebnis X ein Vorteil Y ergibt? Was passiert, wenn die Alternativen nicht gemeinsam, sondern separat bewertet werden, bevor der Entscheidungsprozess beginnt?

Wirtschaftswissenschaftler Richard H. Thaler fügt hinzu:

> In Studien, die auf Simons Erkenntnissen aufbauten, wurden mindestens 150 Heuristiken und systematische Urteilsfehler („Mental Shortcuts") identifiziert, die dazu führen, dass wir häufig irrationale (oder falsche) Entscheidungen treffen. Außerdem stellte man fest, dass Menschen unter Umständen gar keine Entscheidung treffen, wenn zu viele Alternativen zur Auswahl stehen. Entgegen der herkömmlichen Annahme, eine große Auswahl fördere die Entscheidungsfindung, scheint dies eher dazu zu führen, dass wir uns auf unser Bauchgefühl verlassen, Entscheidungen aufgrund weniger Kriterien treffen, die Entscheidungsfindung einem anderen übertragen oder eine Entscheidung gar ganz aufschieben. Professor Barry Schwartz spricht vom „Paradox of Choice".[5]

Die Frage muss also lauten: Wie können wir Botschaften und Hinweise so platzieren, dass sie das Verhalten beeinflussen? Denn sonst bleibt das alles faszinierend, aber nutzlos.

Nudge: Die Entscheidungshilfe

Während Herbert Simons Ansatz in der Finanzwelt auf taube Ohren stieß, da er sich von der damaligen wirtschaftlichen Orthodoxie radikal unterschied, gab es an der Universität von Chicago einige Wirtschaftswissenschaftler, die seine Arbeit weiterführten. Die bekanntesten waren Richard H. Thaler und Cass R. Sunstein.

Gemeinsam machten sie aus dem rationalen Agenten, dem fiktiven Homo oeconomicus der Neoklassik, einen irrationalen Agenten, den „Menschen". Sie untersuchten die Heuristiken und systematischen Urteilsfehler, die den unterschiedlichsten wirtschaftlichen Entscheidungen zugrunde liegen, und sprachen sich für einen „libertären Paternalismus" aus: Sie versuchten, Regierungen davon zu überzeugen, Prozesse und Systeme so zu strukturieren, dass man diejenigen Entscheidungen am leichtesten trifft, die für die Gesellschaft am besten sind.

BRAIN MAP

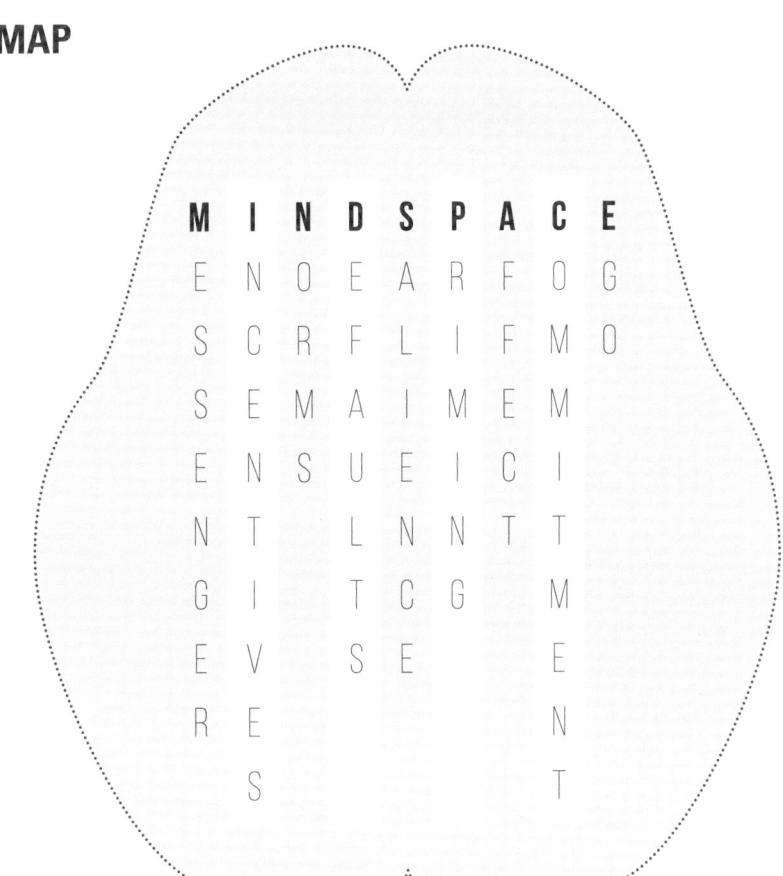

Das MINDSPACE Framework wurde von einer britischen Regierungsbehörde in Zusammenarbeit mit Akademikern und Verhaltensforschern entwickelt. Wer jedes Prinzip beachtet, für das die einzelnen Buchstaben stehen – M für Messenger, I für Incentives und so weiter –, kann praktische Ideen generieren und reale Verhaltensänderungen herbeiführen. Unser Kunde Kimberly-Clark fügte dem Framework noch ein R hinzu – MINDSPACER –, das für Reciprocity stand und die Frage stellte, wie Menschen handeln würden, wenn es auch um andere ginge, nicht nur um sie selbst.

Gemeinsam stellten sie im gleichnamigen Buch aus dem Jahr 2008 die Idee des „Nudge" vor, einer Verhaltensintervention, die die Menschen in die richtige Richtung „stupsen" soll. Im besten Fall sind diese Verhaltensanstöße optional, können leicht umgangen werden und helfen, Entscheidungen zu treffen, die man ohnehin treffen wollte. Nudges werden in der sogenannten „Entscheidungsarchitektur" organisiert.

Regierungen begannen sich schnell für „Nudging" zu interessieren. Sie wollten wissen, wie man Menschen zu besseren Verhaltensweisen anregt, sei es, damit sie ihre Steuern zahlten oder weniger Alkohol tranken. US-Präsident Barack Obama holte sich Sunstein, der britische Premierminister David Cameron ließ sich von Thaler beraten. Paradoxerweise war die Anwendung verhaltensökonomischer Konzepte in ihrer Reinform in Großbritannien viel populärer als in den USA, wo sie „erfunden" worden war. Das mag mit der gleichzeitigen Übernahme des Konzepts in Cabinet Office und IPA (Institute of Practitioners in Advertising) zu tun gehabt haben, wo man zur Debatte anregte und vorbildliche Praktiken förderte.

Man muss allerdings einräumen, dass manche Experimente nicht sehr sinnvoll erscheinen und einige Erkenntnisse wenig überraschen: So würde man doch ohnehin davon ausgehen, dass ein Organspendeprogramm, an dem alle automatisch teilnehmen, solange sie sich nicht abmelden, erfolgreicher ist als ein Programm, zu dem man sich erst anmelden muss.

Es hat eine Weile gedauert, bis sich die theoretischen Möglichkeiten in strategischen Ansätzen niederschlugen, die zu unserer gewöhnlichen Vorgehensweise „passen". Ein Beispiel hierfür ist das „Mindspace Framework", eine Methode, um das Verhalten – nicht Meinungen und Einstellungen – zu ändern. Es ist schon fast eine Rarität: ein wissenschaftlich validiertes System für ein reales Problem, das Erkenntnisse aus kognitiver Psychologie, Sozialpsychologie und Verhaltensökonomik integriert.

Dieses ursprünglich von der Denkfabrik „Institute for Government" und dem Cabinet Office in Großbritannien entwickelte Konzept zur Beeinflussung politischer Maßnahmen kann auf jede Situation angewandt werden, in der sich ein Verhaltensproblem stellt, und als Checkliste zur Generierung praktischer Ideen dienen. Das Mindspace Framework wurde von einem multidisziplinären Londoner Team erarbeitet, das aus Akademikern und Praktikern des Bereichs Verhaltenswissenschaft bestand. Sie führten eine Metaanalyse Hunderter verfügbarer Heuristiken, systematischer Urteilsfehler und Prinzipien durch und fassten diese im einprägsamen Wort MINDSPACE zusammen.[6] Jeder Buchstabe steht für ein Grundprinzip der Verhaltensänderung: M für Messenger; I für Incentives; N für Norms und so weiter. Organisationen wie Ogilvy Change dient Mindspace als nützliches Tool, um jahrzehntelange Forschung in der Praxis anzuwenden.

> „Im Kern geht es beim Nudging darum, bereits vorhandene Intentionen zu nutzen, um eine freiwillige Verhaltensänderung herbeizuführen."

Die Neurowissenschaft hilft uns dabei, überzeugender zu sein; die Verhaltensökonomik unterstützt Konsumenten darin, Entscheidungen zu treffen. Zwei wissenschaftliche Disziplinen, die sich gegenseitig ergänzen. Natürlich gibt es jene, die Konsum aus Prinzip ablehnen und die vorgestellten Konzepte als finstere Perversion ansehen, die die Leichtgläubigkeit der Menschen ausnutzt. Doch es wäre ein Fehler, diese Methoden pauschal zu verurteilen. Denn wie alle anderen Werkzeuge auch (sogar ein Spaten!) können sie für gute wie für böse Zwecke genutzt werden. Die Werbebranche handelt dadurch sogar eher verantwortungsvoller und es ist eine leichtere Überprüfbarkeit gewährleistet – wichtig im Zeitalter der Transparenz. Neurowissenschaft und Verhaltensökonomik stehen für die vielversprechenden, nicht die dunklen Geheimnisse der digitalen Revolution (siehe die Seiten 244 bis 246).

Nudges – Verhaltensanstöße –, ob groß oder klein, führen verstärkt dazu, dass Kommunikation auf unternehmerischen Aspekten basiert, die sonst vielleicht gar nicht so klar definiert worden wären. So verkauft man beispielsweise mehr Windeln, wenn das Windelwechseln als positiv dargestellt wird, z. B. als Gelegenheit, eine stärkere Bindung zum Baby aufzubauen, statt es als negative Routinehandlung anzusehen. Damit kann man gleichzeitig daran erinnern, warum ein „hug" in Huggies steckt.

Im Kern geht es beim Nudging darum, bereits vorhandene Intentionen zu nutzen, um eine freiwillige Verhaltensänderung herbeizuführen. Lebensmittelhersteller auf der ganzen Welt erkannten ihre Chance, ein konkretes Problem anzugehen: Oft wurden in den Fabriken die Hände nicht nach vereinbarten Standards gewaschen – nicht etwa, weil die Angestellten dazu keine Lust hatten oder nicht verstanden, was von ihnen erwartet wurde, sondern vielmehr, weil es noch nicht zur Gewohnheit geworden war. Das Unternehmen Kimberly-Clark Professional, das innovative Hygienelösungen entwickelt und herstellt, startete gemeinsam mit Ogilvy Change ein Forschungs- und Entwicklungsprojekt, um einen Verhaltensanstoß zu erarbeiten, der – wie sich später zeigte – die Anzahl der ungewaschenen Hände in der Fabrik um 63 Prozent reduzierte.

MEIN HIRN SCHMERZT

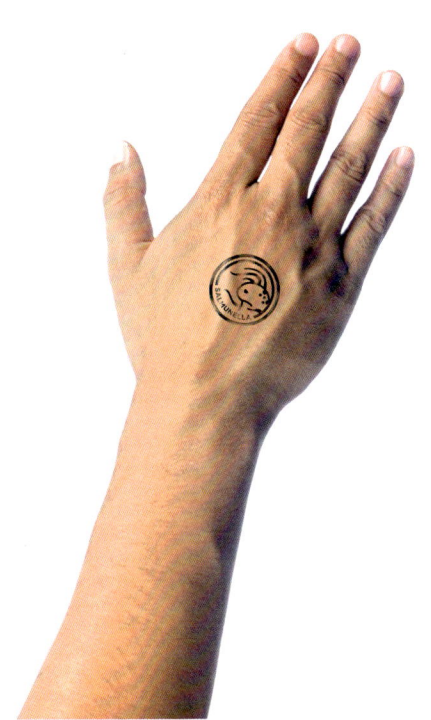

Die Idee für den Nudge stammte aus einer Studie, die in britischen Krankenhäusern durchgeführt worden war. Man entwickelte einen abwaschbaren Tintenstempel, der vor dem Händewaschen auf dem Handrücken der Angestellten angebracht wurde und ein fies aussehendes Bakterium zeigte. Die extra für diesen Zweck hergestellte Tinte blieb gerade so lange sichtbar, dass die Hände sorgfältig gewaschen werden mussten, um sie zu entfernen. Auf diese Weise machte man unsichtbare Keime „sichtbar", wodurch das sorgfältige Händewaschen zur Gewohnheit und zur sozialen Norm wurde (schließlich konnte nun jeder sehen, wie gut andere ihre Hände gewaschen hatten). Mit diesem unmissverständlichen Stups wurde einerseits eine Verhaltensweise auf signifikante Weise geändert, gleichzeitig aber auch das Hygieneprodukt verbessert – was man wohl mit einem konventionellen Kommunikationsansatz kaum erreicht hätte.

Ein Beispiel für einen kleineren Stups ist auf Antragsformularen zu sehen: Dort wird die für die Unterschrift vorgesehene Zeile einfach vom Formularende – der normalen Position – an den Anfang gesetzt, was zu ehrlicheren Angaben führt. Ein Versicherungsunternehmen, das Autoversicherungen anbietet, zeigte in einer randomisierten kontrollierten Studie mit mehr als 13.000 Anträgen, dass in Formularen mit einem Unterschriftsfeld oben die Anzahl der ehrlichen Angaben bei der Frage zum Kilometerstand um 10 Prozent stieg, was einer durchschnittlichen Erhöhung der jährlichen Versicherungsprämie um 97 Dollar entsprach. So ein Verhaltensanstoß ist nicht nur deshalb faszinierend, weil er wenig kostet und wissenschaftlich belegbar ist, sondern auch, weil er zeigt, dass es bisher „unentdeckte Möglichkeiten" für Verhaltensänderungen gibt, wenn man das Umfeld so gestaltet, dass es zum *echten* Verhalten der Menschen passt, statt von etwas auszugehen, das wir über ihr Denken zu wissen *glauben*.[7]

Kluge Ideen können eine Verhaltensänderung anstoßen. Unser Kunde Kimberly-Clark nutzte einen unmissverständlichen Stups, um die Hygiene in der Fabrik zu verbessern: Auf den Handrücken der Arbeiter wurden Stempel angebracht, die nur durch gründliches Händewaschen entfernt werden konnten. Ein weniger offensichtlicher Anstoß kann ebenso wirksam sein wie beispielsweise die Änderung von Sprache und Layout in Steuerformularen, um ehrlichere Angaben zu erhalten.

Seiten 244–246: Mit den „12 vielversprechenden Geheimnissen" lenke ich die Aufmerksamkeit auf Menschen, die in der Neurowissenschaft oder der Verhaltensökonomik wichtige Beiträge geleistet haben, von der „Gewohnheitsbildung" zur „Zielverwässerung". Manche Namen mögen Sie kennen, andere sind weniger bekannt, deshalb jedoch nicht weniger wichtig. Wie Sie sehen, wurden all diese Prinzipien bereits erfolgreich in der Werbung angewandt, um Verhaltensweisen zu ändern.

12 VIELVERSPRECHENDE GEHEIMNISSE:
VON DER FRÜHEN NEUROWISSENSCHAFT ZUR MODERNEN VERHALTENSÖKONOMIK

GEWOHNHEITSBILDUNG

Verhaltensweisen werden durch Wiederholung zur Gewohnheit.

EDWARD THORNDIKE
(1874–1949)
Psychologe

1905 (Thorndike): Gesetz des Effekts. Verhaltensweisen, die angenehme Folgen haben, werden später häufiger auftreten als Verhaltensweisen, deren Konsequenzen unangenehm sind.

2010 (Lally et al.): In einer Studie zur Gewohnheitsbildung mit realem Ess-, Trink- und Bewegungsverhalten wurde gezeigt, dass es 18 bis 254 Tage dauert, bis eine Automatisierung erfolgt.

Ogilvy Change: Schlechte Handhygiene wird abgestempelt

Die Nutzung von Stempeln vor dem Händewaschen führte bei Lebensmittelherstellern durch Wiederholung zu gewohnheitsmäßigem Händewaschen.

SOZIALE NORMEN

Verhalten wird durch den Zwang zur Gruppenkonformität beeinflusst.

MUZAFER SHERIF
(1906–1988)
Sozialpsychologe

1936 (Sherif): Soziale Normen wurden zunächst mithilfe des „autokinetischen Effekts" nachgewiesen. Dabei veränderte sich der Bezugsrahmen in Richtung Gruppenkonformität.

Neuere Forschung zeigt, dass normative Aussagen das Verhalten bei der Entscheidungsfindung beeinflussen können (z. B. beim Thema Energiesparen), ohne dass dies bemerkt wird.

Ogilvy Change: Optimierung des Lastschrift-Flyers

Mithilfe normativer Aussagen sollen mehr Lastschriftmandate für den Einzug der britischen Gemeindesteuer erteilt werden.

CHUNKING

Lange Einheiten prägt man sich leichter ein, wenn man sie in kleinere Teile („chunks") zerlegt.

GEORGE A. MILLER
(1920–2012)
Kognitiver Psychologe

1956 Miller'sche Zahl: Ein Mensch kann im Durchschnitt sieben Informationseinheiten („chunks") +/- zwei im Kurzzeitgedächtnis speichern.

2001 (Cowan & Nelson): Eine Wiederholung des Experiments ergab, dass der Mensch im Durchschnitt nur vier Informationseinheiten im Kurzzeitgedächtnis speichern kann.

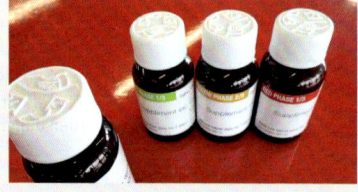

Ogilvy Change: Befolgung ärztlicher Anweisungen

Wenn man eine 3-wöchige Medikamenteneinnahme in drei kleinere Einheiten aufteilt, steigt die Anzahl derer, die die ärztliche Anweisung befolgen, um 21 Prozent.

BESTÄTIGUNGSFEHLER

Menschen neigen dazu, Informationen so auszusuchen, dass sie die eigenen Erwartungen bestätigen, statt sie zu widerlegen.

PETER WASON
(1924–2003)
Kognitiver Psychologe

1960 (Wason): Menschen versuchen, ihre ursprüngliche Hypothese zu bestätigen, statt diese kritisch zu hinterfragen.

1979 (Lord): Menschen ignorieren Informationen, die ihre Einstellung zur Todesstrafe infrage stellen.

MRT-Scans zeigen, dass die Gehirnregionen, die mit logischem Denken in Verbindung gebracht werden, bei der Infragestellung von Glaubenssystemen weniger aktiv sind als die für Emotionen zuständigen Bereiche.

People are Fragile: Kampagne zur Sensibilisierung von Fußgängern in Vancouver

Nutzung des Bestätigungsfehlers, um das unachtsame Überqueren von Straßen in Vancouver zu reduzieren.

MEIN HIRN SCHMERZT

AMBIGUITÄTSAVERSION
Menschen bevorzugen bekannte und scheuen unbekannte Risiken.

DANIEL ELLSBERG
(geb. 1931)
Ökonom, Aktivist

1961 Ellsberg-Paradoxon: Bei Wettexperimenten setzten die Teilnehmer in großer Mehrheit auf bekannte statt unbekannte Chancen.

2010 (Alary): Die Ambiguitätsaversion führt zu einer erhöhten Nachfrage nach Versicherungen, da Menschen Risiken scheuen und nicht vorhersehen können, was in ihrem Leben passieren wird.

Transport for London (TFL): Fußgänger-Countdown an Ampeln
Die Einführung eines Countdowns an der Fußgängerampel verdeutlicht das „Risiko" der Straßenüberquerung und erhöht das Sicherheitsgefühl.

IDENTIFIABLE-VICTIM-EFFEKT
Wenn es ein identifizierbares Opfer gibt, ist die Hilfsbereitschaft größer.

THOMAS SCHELLING
(1921–2016)
Ökonom

1968 (Schelling): Ein identifizierbares Opfer bewirkt eine stärkere emotionale Reaktion als ein statistisches Opfer.

2013 (Genevsky et al.): Mithilfe von fMRT wurde nachgewiesen, dass eine durch identifizierbare Informationen hervorgerufene Gefühlserregung die Spendenbereitschaft erhöht.

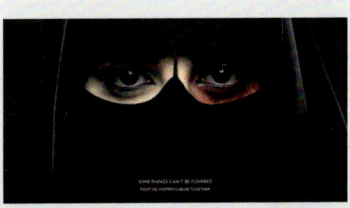

No More Abuse: Kampagne von Memac Ogilvy und der King Khalid Foundation
Nutzung des Identifiable-Victim-Effekts zur Sensibilisierung für häusliche Gewalt.

KONKRETHEITSEFFEKT
Konkrete Wörter (real und greifbar) werden schneller und präziser verarbeitet als abstrakte.

ALLAN PAIVIO
(1925–2016)
Psychologe

1971 (Paivio): Prinzip der dualen Kodierung. Konkrete Wörter aktivieren sowohl das imaginale als auch das verbale Kodierungssystem des Gehirns.

1983 (Schwanenflugel & Shoben): Das Prinzip der Kontextverfügbarkeit. Konkrete Wörter aktivieren mehr Kontext und werden daher schneller verarbeitet.

2000 (Jessen): Untersuchungen mit fMRT weisen darauf hin, dass beide Theorien zusammen den Konkretheitseffekt erklären.

Nutrition Action Healthletter: Center for Science in the Public Interest
Wie ungesund Popcorn ist, verstehen wir besser durch einen konkreten (ähnliche Lebensmittel) als durch einen abstrakten Vergleich (Gramm).

ANKEREFFEKT
In Entscheidungssituationen verlassen sich Menschen stark auf die erste erhaltene Information.

DANIEL KAHNEMAN
(geb. 1934)
Psychologe

AMOS TVERSKY
(1937–1996)
Psychologe

1974 (Kahneman und Tversky): In einem Experiment zur schnellen Entscheidungsfindung wurde das Ergebnis für 8x7x6x5x4x3x2x1 viermal höher geschätzt als für 1x2x3x4x5x6x7x8. Das zeigt, dass sich die Teilnehmer bei der Schätzung stark auf die ersten Zahlen verließen.

2006 (Ariely et al.): Wenn Versuchspersonen die letzten beiden Ziffern ihrer Sozialversicherungsnummer gezeigt werden und diese hoch sind, geben sie bei Auktionen um 60 bis 120 Prozent höhere Gebote ab.

Durex-Cheaper-Kampagne
Der Kondom-Hersteller Durex weist in seiner Werbung zunächst auf die hohen Kosten für Babyprodukte hin, um dann das relativ günstige Durex-Produkt dazu ins Verhältnis zu setzen.

MEIN HIRN SCHMERZT

HYPERBOLIC DISCOUNTING

Menschen ziehen eine unmittelbare Belohnung einer zukünftigen vor.

GEORGE AINSLIE
(geb. 1944)
Psychologe

1974 (Ainsley): Eine überwältigende Präferenz für frühere, kleinere Belohnungen – statt später, größerer Geschenke – wurde mit Tauben nachgewiesen.

Neuere Studien zeigen, dass Versuchspersonen lieber heute 50 Dollar als in einem Jahr 100 Dollar erhalten. Wird dasselbe Angebot gemacht, allerdings um fünf Jahre verschoben, dann warten sie lieber noch ein weiteres Jahr auf den höheren Betrag.

Jason Vale Diät-Kampagne

Diät-Kampagnen werben typischerweise mit schnellen Resultaten.

FRAMING-EFFEKT

Entscheidungen von Personen sind stark davon abhängig, wie die Handlungsalternative präsentiert wird.

DANIEL KAHNEMAN
(geb. 1934)
Psychologe

AMOS TVERSKY
(1937–1996)
Psychologe

1979 (Tversky & Kahneman): Neue Erwartungstheorie. Der Nutzen einer Handlung wird nicht am Endzustand gemessen, sondern basierend auf potenziellen Verlusten oder Gewinnen.

1997 (Rothman & Salovey): Bei risikoreichen Verhaltensweisen ist Verlust-Framing erfolgreicher, bei risikoarmen Verhaltensweisen haben Botschaften mehr Erfolg, wenn sie in einen Gewinnrahmen eingebettet sind.

Ogilvy Change: Maden-Kampagne

In dieser Kampagne wurden Menschen dazu aufgerufen, Maden zu probieren, indem man an ihre Angst appellierte, sonst etwas zu verpassen: „Don't miss your chance to try!"

NEURONALE KOPPLUNG

Wenn wir einem anderen bei einer Handlung zusehen, spiegelt unsere Gehirnaktivität die des Handelnden und wir „fühlen", was wir sehen.

GIACOMO RIZZOLATTI
(geb. 1937)
Neurophysiologe

1980er-Jahre (Rizzolatti): Im Gehirn eines Affen laufen dieselben neuronalen Prozesse ab, wenn er etwas greift bzw. einem anderen beim Greifen zusieht. „Monkey see" = „monkey do".

1980 (Chong et al.): Beim Menschen werden neuronale Reaktionen entdeckt, die auf Spiegelneuronen schließen lassen.

2010 (Stephens et al.): Wenn wir eine Geschichte erzählen oder hören, reagiert das Gehirn ähnlich, als wenn wir die Handlungen selbst ausführen.

Ogilvy Change und Nestlé: United for Healthier Kids in Mexiko

Gemeinsam entwickelten sie die für den Emmy nominierte Reality-TV-Show „Hermosa Esperanza", in der fünf Familien ihren Lebensstil ändern, damit ihre Kinder gesünder aufwachsen.

ZIELVERWÄSSERUNG

Je mehr Ziele wir uns setzen, desto unwahrscheinlicher ist es, dass wir eines davon erreichen.

YING ZHANG
(Geburtsdatum unbekannt)
Assistant Professor of Marketing

2007 (Zhang et al.): Es wird als schwieriger empfunden, mehrere Einzelziele (z. B. Muskelaufbau und Abnehmen) zu erreichen, als ein Gesamtziel, das diese beinhaltet (z. B. Sport machen).

Ogilvy Change und Public Health England: Die „10 Minute Shake-Up"-Kampagne

Durch einen einfachen Aktivitätsschub zweimal pro Tag erschien sportliche Betätigung machbarer.

Die Entscheidungsarchitektur ist wie geschaffen für das digitale Zeitalter. Nudges wirken in digitalen Programmen nicht nur integrierend, sondern werden besonders durch die sozialen Medien direkt gefördert, beispielsweise indem eine Dringlichkeit für eine große Entscheidung geschaffen wird oder indem aus einer normalerweise privaten Handlung – wie dem Wählen – ein Verhalten wird, das Menschen veröffentlichen, teilen und besprechen.

Selbst die traditionellsten Handlungen können verhaltensökonomisch behandelt werden. In einer der größten randomisierten kontrollierten Studien während der Kongresswahl 2010 wurden die Facebook-Newsfeeds von fast 60 Millionen Menschen verändert. Informationen wie der Standort des nächsten Wahllokals, ein „I Voted"-Button und die Bilder von sechs Freunden, die bereits gewählt hatten, erschienen im Newsfeed. Das Ergebnis war eindeutig: 340.000 Menschen mehr gingen zur Wahl. Die Analyse zeigte, dass Facebook-Nutzer nicht nur dann eher wählen gingen, wenn sie sahen, dass ihre Freunde das taten, sondern auch, wenn es sich um entfernte Bekannte von Freunden handelte.[3] Die scheinbar belanglose Ergänzung eines Buttons und eines Fotos kann ausreichen, um ein derart wichtiges Verhalten zu beeinflussen: die Entscheidung darüber, wer das Land regieren wird.

David Ogilvy soll gesagt haben: „Das Problem der Marktforschung ist, dass die Leute nicht denken, was sie fühlen, nicht sagen, was sie denken, und nicht tun, was sie sagen."

Die Dechiffrierung des menschlichen Gehirns wird diese Rätsel nie ganz lösen, doch sie hilft ein bisschen. Wir verfügen jetzt über ein genaueres Verständnis davon, warum Konsumenten etwas anderes fühlen, als sie sagen, und können sie ein bisschen anstupsen, damit sie handeln.

Soziale Netzwerke können zu höherer Wahlbeteiligung führen. Gruppenzwang durch „I voted"-Buttons neben Fotos von Facebook-Freunden fördert die politische Beteiligung.

Today is Election Day

What's this? • close

Find your polling place on the U.S. Politics Page and click the "I Voted" button to tell your friends you voted.

People on Facebook Voted

I Voted

 Jaime Settle, Jason Jones, and 18 other friends have voted.

16 DIE NEUE WELTORDNUNG

Ogilvy über Werbung enthält ein Kapitel mit dem provokanten Titel: „Ist Amerika immer noch die Nation Nummer eins"? Das Land ist nach wie vor enorm einflussreich, doch als Nation Nummer eins kann man es wohl nicht mehr bezeichnen. Die Welt ist dabei, sich neu zu ordnen.

Im September 1995 ging ich als Regional Director für Asien nach Hongkong. 1991 hatte Ogilvy & Mather in Shanghai die erste Niederlassung auf dem chinesischen Festland eröffnet. Da dafür ein Joint Venture mit einem chinesischen Unternehmen nötig war, schlossen wir uns mit der Shanghai Advertising Group zusammen. Dieser frühe Markteintritt hat sich für uns immer als Vorteil erwiesen. Unser erster Chairman in der Region war T. B. Song, der auch weiterhin in dieser Rolle tätig ist. Man könnte ihn als chinesischen David Ogilvy bezeichnen, unendlich neugierig und ein großer Literaturliebhaber. (Bevor die Agentur zu groß wurde, pflegte er für jeden Mitarbeiter eine Ausgabe aller Bücher zu kaufen, die ihm besonders gut gefielen.) T. B. definierte so etwas wie den „Taoismus der Werbebranche", strebte gleichzeitig jedoch immer nach Unternehmenswachstum. 1985 hatte er in Taiwan die erste Agentur mit ausländischen Investoren gegründet, aus der später Ogilvy & Mather Taiwan entstand. Auf dem chinesischen Festland gab es damals nur Repräsentanzen, bis T. B. 1991 nach Shanghai umzog, um dort unser neues Joint Venture zu gründen. Er war in China so willkommen, dass ihm die Regierung zunächst eine „Dienstwohnung" in ihrem Sommerpalast anbot.

Als ich ankam, war Songs Antrag auf Einstellung einer wichtigen Führungskraft gerade abgelehnt worden. Der Mann war zwar nicht billig, allerdings sollte er das Unternehmen in die nächste Wachstumsphase führen. Das Nein kam von ganz oben, aus der Farm Street in Mayfair, London, von WPP-CEO Martin Sorrell persönlich.

„Die Berge sind hoch und der Kaiser ist weit" lautet ein sehr nützliches chinesisches Sprichwort für einen Manager im Auslandseinsatz, doch mit Martin schien das nie sonderlich gut zu funktionieren. Ich argumentierte, Martin erteilte mir eine Absage. Ich brachte neue Argumente vor, er lehnte ab. Und dasselbe noch einmal. Endlich erhielten wir die Antwort: „China ist ein schwarzes Loch. Auf deine Verantwortung." Martin wird mir – so hoffe ich! – vergeben, wenn ich sage, dass er sich damals in Indien wohler fühlte als in China (kein Wunder, dort spielte und besprach man Kricket). Doch das änderte sich sehr schnell, und er hat – mehr als andere – das chinesische Werbepotenzial erkannt und WPPs Wachstum in der Region vorangetrieben. Keine Stadt war ihm für einen Besuch je zu weit, kein Kunde zu abgelegen.

2017 machte das Chinageschäft (inklusive Hongkong und Taiwan) mehr als 1,6 Milliarden Dollar des WPP-Jahresumsatzes aus, und WPP ist in der Region mindestens doppelt so groß wie die Konkurrenz. Dieses Wachstum hat sehr viel mit der digitalen Revolution zu tun. Ein etablierter Werbemarkt war entstanden, auf dem die westliche Theorie des Branding durchgesetzt wurde. Ich war immer der Meinung, dass China wegen der Bedeutung von Symbolen in der chinesischen Kultur besonders empfänglich für Marken sein würde. Es bietet einen fruchtbaren Boden. Außerdem passte das Branding-Konzept perfekt zur Regierungsagenda, die staatliche Unternehmen in moderne, kundenorientierte Organisationen verwandelt sehen wollte.

Allerdings bedeuten die chinesischen Schriftzeichen für Marke, 名牌, „Ming Pai", *berühmte* Marke – und verraten die chinesische Sicht der Dinge: dass es bei Marken nämlich mehr um Bekanntheit als um Einzigartigkeit geht. Besonders deutlich wird das während der berühmt-berüchtigten Auktionen des größten chinesischen Fernsehsenders CCTV, bei denen sich alles darum dreht, ob eine Marke einen der begehrten Werbeplätze ergattert und somit gleichzeitig von mehr als 130 Millionen[1] Zuschauern gesehen wird: Bekanntheit auf Knopfdruck. Mit der digitalen Revolution hat sich dieses Modell jedoch gewandelt.

Wir expandierten schnell über internationale Kunden hinaus in die staatlichen und privaten chinesischen Unternehmen; und von den beiden Küstenstädten, Shanghai und Peking, in die Provinzen, dorthin, wo wir das größte Wachstum erwarteten. Ich hatte im März 2004 Grund, stolz zu sein, als die erste chinesische Werbekampagne – Motorolas HelloMoto – in den USA lief.

Sie stand symbolisch für den Beginn einer Einflussveränderung in der Welt: Die Region Asien, die Kreativität lange nur importiert hatte, konnte sie nun auch exportieren. Die Einflussnahme in der Welt war nicht mehr einseitig, sondern wechselseitig.

Im Jahr 2004 entwickelten wir die bekannte HelloMoto-Kampagne für Motorola in China und exportierten sie anschließend in die USA. Zu dieser Zeit begann man, China nicht mehr nur als riesigen Zielmarkt zu betrachten, sondern auch als einen enorm kreativen Markt.

Etwa um dieselbe Zeit zirkulierte ein Diagramm, das mich als verhinderten Historiker ungemein faszinierte. Es zeigte den Anteil Chinas am Welthandel im Verlauf der Zeit. Vom Jahr 1 nach Christus bis zur Mitte des 19. Jahrhunderts belief er sich stabil auf mehr als 25 Prozent. Damit war China die Nummer eins in der Welt. 1820 erreichte das Land mit bemerkenswerten 33 Prozent seinen Höchststand und rutschte dann auf dramatische 4,6 Prozent im Jahr 1950 ab.

2017 trug China wieder 14,84 Prozent zum weltweiten Bruttoinlandsprodukt bei, nicht mehr das Rekordhoch von 1820, aber dennoch eine respektable Zahl. Damit liegt China nach den USA an zweiter Stelle und verzeichnet weiterhin ein starkes Wachstum. Zurück in die Zukunft – „big time"![2]

In Indien hat sich das Digitale weniger stark auf die Werbebranche ausgewirkt, da das Land als einer der wenigen Märkte der Welt – neben Japan – dem Provisionssystem treu geblieben war. Die Möglichkeit, mit digitaler Arbeit Geld zu verdienen, wurde daher künstlich unterdrückt. Ein weiteres Hemmnis war ein komplexes und vielschichtiges Distributionssystem für Groß- und Einzelhandel, das Fehlen eines „modernen Handels", der die Expansion der Werbebranche in Entwicklungsländern durch die Schaffung eines Nachfragesogs vorantreibt. Kurz, Indiens Blütezeit in der Werbung wird erst noch kommen. Bisher haben wir lediglich einen Vorgeschmack erhalten. *Quantitativ* hat Indien bisher wenig gezeigt.

Doch *qualitativ* war die Leistung überdurchschnittlich gut. Indien ist kreativ aufgeblüht und gilt als einer der dynamischsten und spannendsten Werbemärkte der Welt. Piyush Pandey, unser Chairman in Indien, der seine Karriere als Teeverkoster begann, wird als wichtigster Motor dieser Bewegung angesehen. Er hat gezeigt, dass David Ogilvys Interpretation einer Idee – und was diese „groß" macht – eine indische Ausprägung haben kann, die dem Westen kulturell nichts zu verdanken hat, sondern ihre Inspiration aus dem zutiefst „Indischen" zieht – und dieses „Indische" ist vielfältig und prächtig.

DIE NEUE WELTORDNUNG

Aufgrund des besonderen Charismas, das Piyush und seine Kollegen in der Werbebranche ausstrahlen, nimmt die Werbung in Indien einen gesellschaftlichen Status ein, wie man ihn sonst kaum irgendwo auf der Welt findet. Sie werden wie Filmstars verehrt – und das zu Recht.

Dahinter steckt etwas ganz Wesentliches: Piyush hat nie vergessen, woher er kam. Oder wie er es ausdrückt: Ich trage Indien vielleicht nicht öffentlich zur Schau, aber ich trage es im Herzen. Er betont, dass er als Kind von den Schreinern, die die Möbel seiner Familie herstellten, ebenso viel lernte wie später in der Schule. Piyush kombiniert große Bescheidenheit mit überlebensgroßem Charisma. Er ist großzügig bis zum letzten Wicket: Kricket ist seine immerwährende Liebe und der Mannschaftssport bietet sich als Analogie für die Entwicklung großartiger Werbung geradezu an.

Piyushs Werbung wurzelt in der indischen Kultur. Er hat dazu beigetragen, durch und durch indische Marken, wie Pidilite, aufzubauen – durch starkes Storytelling, das bei der Zielgruppe ankommt.

Piyushs Arbeiten sind so populär, dass sie automatisch zu viralen Hits werden und sich rasend schnell verbreiten. Doch er sagt dazu: „Erinnern wir uns an Paduyikiphed. Wenn die Geschichte nicht richtig gut ist oder wenn sie nicht menschlich ist, dann wird keine Technologie der Welt das Vorhaben retten."

Er erinnert uns daran, dass es nicht ausreicht, multinational zu sein. Man muss multikulturell sein – und zwar auch innerhalb Indiens: Telugu oder Tamile ebenso wie Hindu. Piyush erzählte mir einmal: „Vergiss nicht, dass sich jemand, der von Rajasthan nach Kerala reist, wundert, wenn er sieht, dass man dort dasselbe Kokosöl, das er für sein Haar verwendet, für die Zubereitung seines Fischgerichtes nutzt."

Indien hat sich zu einem der kreativsten Werbestandorte entwickelt. Hier wohnt der Branche noch ein Zauber inne, wie man ihn von Hollywood – bzw. Bollywood – kennt. Aus Indien stammen mittlerweile einige der besten kreativen Ideen der Welt, wie beispielsweise dieser hervorragende Werbespot von Fevicol: Der Produktvorteil wird anhand eines Bildes vermittelt, das sich in Indien überall bietet – Menschen, die auf dem Dach eines Busses „kleben". Sowohl die Geschichte als auch die Musik sind typisch „indisch" und absolut originell. Und, was am wichtigsten ist, die Marke werden Sie nicht mehr vergessen!

Velocity

Für mich besteht kein Zweifel, dass diese anekdotischen Beschreibungen Chinas und Indiens eine neue Weltordnung verkünden.

Doch natürlich gehört noch mehr dazu.

Jahrelang sprach ich, wie viele andere, bei Vorträgen und Besprechungen, bei der Planung oder in Sitzungen von BRIC (Brasilien, Russland, Indien, China), doch in mir begann sich Widerwille zu regen. Das Akronym erfüllte zu seiner Zeit seinen Zweck, doch gleichzeitig stand es für die Interessen derjenigen, die es sich ausgedacht hatten – in diesem Fall Goldman Sachs. Es repräsentierte das Weltbild der Finanzmärkte. Daran ist grundsätzlich nichts auszusetzen. Allerdings reflektiert es eben nicht die Welt des Marketings und der Werbung und der vielen Konsumenten (und Unternehmen), die sie antreiben.

Es gibt jede Menge demografischer Prognosen über die Zukunft der Welt, doch es scheint, dass keine davon wirklich auf das ausgerichtet ist, was für die Werbebranche zählt. Also bat ich den angesehenen Ökonomen und Demografen, Dr. Surjit Bhalla, sich die Daten mit Blick auf die Konsumentenentwicklung noch einmal anzusehen. Seine Ergebnisse sind erstaunlich.

Die globale Mittelschicht befindet sich an der Schwelle zu etwas, das nur als Explosion bezeichnet werden kann. Bis 2025 wird sie um 35 Prozent gewachsen sein – auf 4,6 Milliarden Menschen, beinah 60 Prozent der Weltbevölkerung.

Doch wirklich überraschend ist die neue Weltordnung.

12 Länder wachsen überproportional stark: Indien, China, Pakistan, Indonesien, Bangladesch, Nigeria, Ägypten, die Philippinen, Vietnam, Brasilien, Mexiko und Myanmar (ein weiteres wird – wenn die Politik es zulässt – bald dazukommen: Iran). Das sind die V12 bzw. die „Velocity 12"-Länder.

Wenn Sie sehen wollen, wie die Welt der Zukunft in Hinblick auf die Bedeutung einzelner Länder aussieht, bitte schön. Der Grafik liegen zwei Primärindikatoren zugrunde: der Anteil der Mittelschicht eines Landes am weltweiten Konsum und die prognostizierte Wachstumsrate dieses Konsums (bzw. die Geldumlaufgeschwindigkeit) unter Berücksichtigung der Kaufkraftparität.

So erscheint Ungleichheit in einem neuen Licht. Wenn wir die Welt in Bezug auf die Vermögensverteilung betrachten, besteht eindeutig Ungleichheit, und ein kleiner Teil der Bevölkerung – seien es nun 1 oder 5 Prozent – verfügt über einen Großteil des Vermögens. Doch wenn man die Einkommensverteilung betrachtet, sieht die Welt schon besser aus: Die Mittelschicht wächst und wächst.

Bei Ogilvy & Mather sprechen wir von „Velocity": Das Wort steht für mehr als nur das Wirtschaftswachstum eines Landes, das durch den Anstieg von Konsumenten der Mittelschicht begünstigt wird. Es steht auch für die Geschwindigkeit, mit der sich ihr immer stärker digitalisiertes Leben und ihre Gefühle ändern.

Natürlich wird sich keine Prognose zu 100 Prozent erfüllen, und mit kurzfristigen Hindernissen muss entlang des Weges gerechnet werden. Regierungen können diese Bewegungen antreiben oder verlangsamen. Die „Lula-Mittelschicht" von etwa 140 Millionen Brasilianern entstand aufgrund der Politik der brasilianischen Regierung unter Präsident Lula in den 2000er-Jahren. Nach einem Richtungswechsel sank deren Kaufkraft dramatisch (was zu starker Verbitterung im Land führte). Doch das wird sich auch wieder ändern – vielleicht in zwei, fünf oder zehn Jahren.

„Die globale Mittelschicht befindet sich an der Schwelle zu etwas, das nur als Explosion bezeichnet werden kann."

Nachfolgende Seiten: Kartografen, wegschauen, bitte! Würde die Weltkarte das Wachstum der Mittelschicht darstellen, sähe sie ungefähr so aus. Nordamerika und Westeuropa hätten das Nachsehen hinter den dominanten Regionen Asien und Südamerika.

DIE NEUE WELTORDNUNG:
ZUNAHME VON VERBRAUCHERN DER MITTELSCHICHT 2015 – 202

	2015	2025
Mexiko	93	106
Brasilien	140	159
Nigeria	33	61
Ägypten	56	81
Pakistan	63	122
Indien	431	828

	2015	2025
Myanmar	13	26
Indonesien	139	189
Vietnam	30	49
Bangladesch	22	59
China	758	945
Philippinen	25	43

■ 2025   ■ Nettozunahme (Millionen)

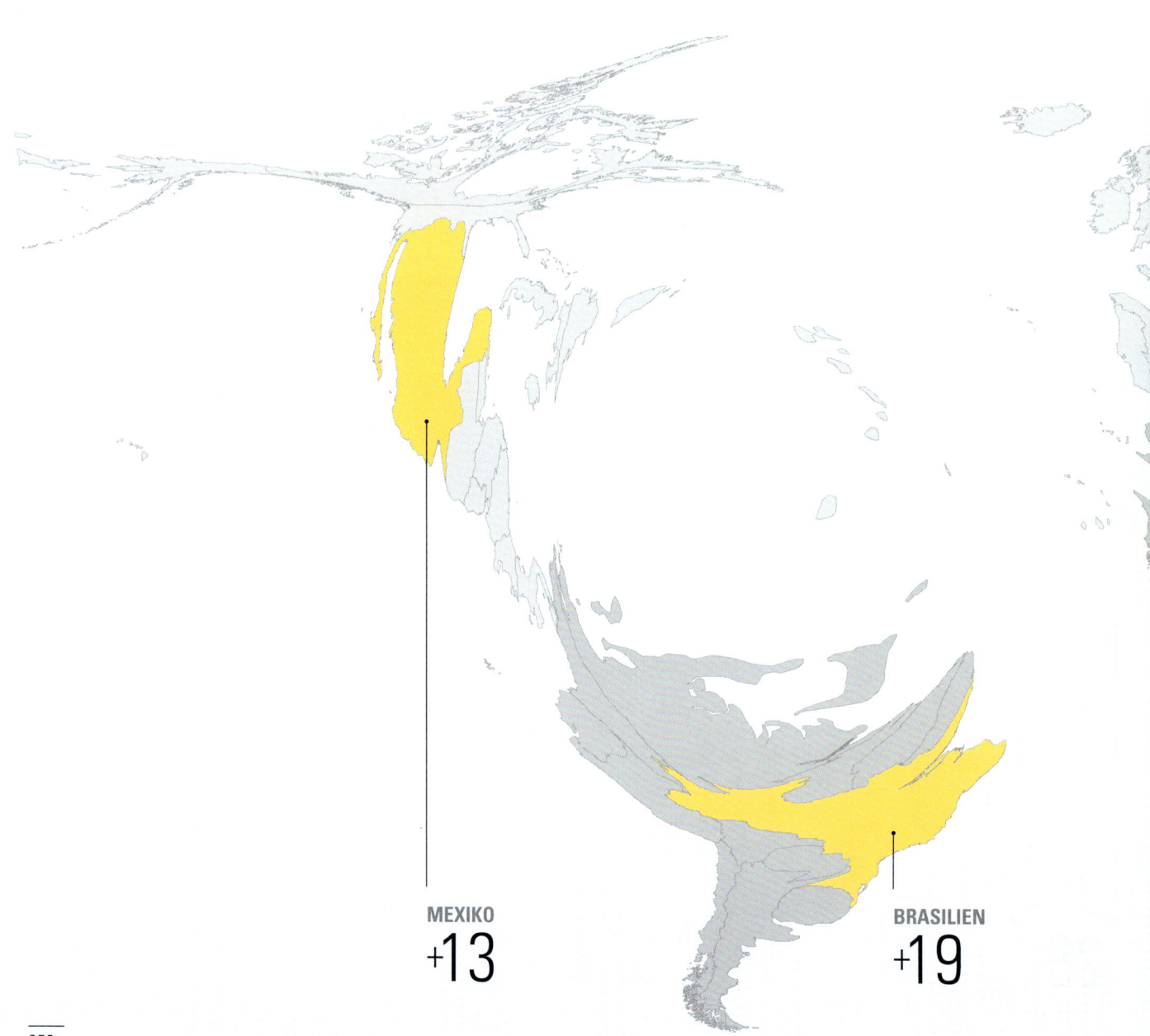

MEXIKO
+13

BRASILIEN
+19

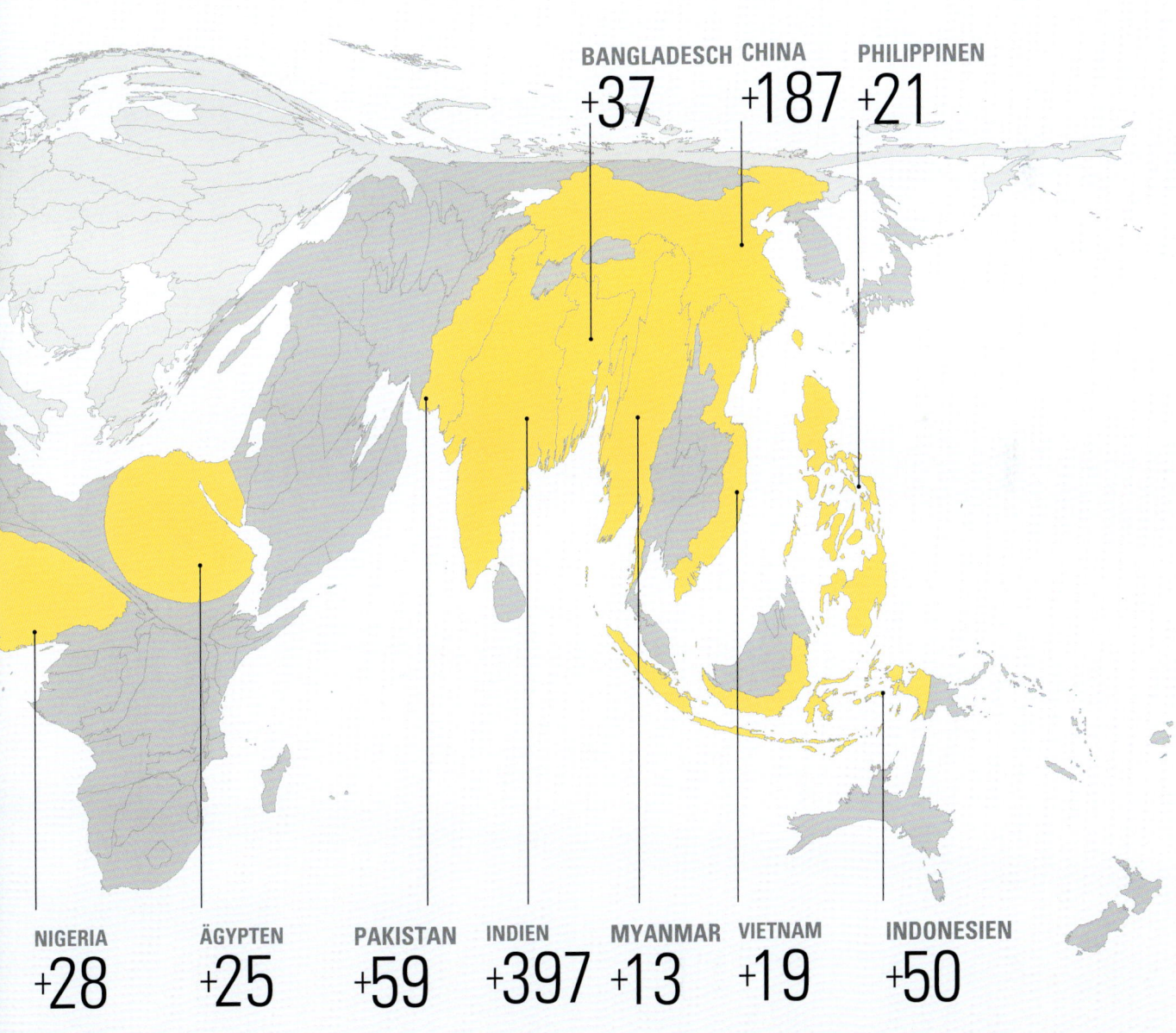

Bhalla, Surjit S: Second Among Equals – The Middle Class Kingdoms of India and China; 2007; überarbeitet und mit aktuellen Daten bis 2025.

In dieser neuen Weltordnung gibt es eine ganz große Veränderung und das ist die Verschiebung nach Asien und besonders nach Südasien. Die meisten multinationalen Unternehmen haben das jedoch noch nicht verinnerlicht. Ich habe unsere Niederlassung in Pakistan 2007 gegründet. Ich kann dort eine starke Konsumentenbasis vorweisen; ich kann zeigen, dass es viel einfacher ist, ein Unternehmen zu einem Bruchteil der Größe eines durchschnittlichen indischen Unternehmens aufzubauen, als ein indisches Unternehmen um denselben Bruchteil zu erweitern; kann auf die außergewöhnlich talentierten Mitarbeiter vor Ort hinweisen; kann die Erfolgsgeschichten einiger weniger multinationaler Unternehmen erzählen, die die Verschiebung wahrgenommen haben – und ich habe immer noch das Gefühl, gegen eine Wand zu reden.

Tatsache ist: Es geht um viel mehr als den Aufstieg Chinas. Das chinesische Wachstum wird sich in den kommenden zwei Jahrzehnten verringern. Indien, Pakistan, Bangladesch, Indonesien und Vietnam werden die entstehende Lücke füllen. Das nächste halbe Jahrhundert wird Indien gehören: Und doch glaube ich, dass sich die meisten globalen Marketingleute darauf psychologisch noch nicht eingestellt haben.

Wie wird sich diese neue Welt anfühlen?

Nun, ganz anders, als es der Westen bisher gewohnt ist.

Sie wird weiblich, muslimisch und urban sein.

Frauen sind besser gebildet und treten millionenfach in den Arbeitsmarkt ein. Die muslimische Mittelschicht der V12-Länder wird bis 2030 auf 583 Millionen Menschen ansteigen. Bis Mitte des nächsten Jahrhunderts werden in Indien 400 Millionen Menschen mehr in den Städten wohnen, in China 300 Millionen mehr und in Nigeria 200 Millionen mehr.

Frauen treffen bereits jetzt auch in traditionellen Gesellschaften mehr Kaufentscheidungen als Männer. Muslime achten beim Kauf ihrer Produkte auf Halal-Qualität. Und Stadtbewohner werden zunehmend auf Internetverbindungen angewiesen sein – als Bürger und als Verbraucher.

Die Welt wird sich im digitalen Zeitalter ganz anders anfühlen. Vielleicht ist es an der Zeit, sich dessen bewusst zu werden.

„Der nächste große Sprung im globalen Internetwachstum wird von den V12-Märkten ausgehen."

Mit dieser neuen digitalen Weltordnung geht eine starke Vernetzung einher. Die meisten Kommentatoren konzentrieren sich bisher auf das Ausmaß, in dem das Internet voranschreitet.

Ich erinnere mich an einen frühen Besuch am Firmensitz von Facebook in Menlo Park: Die Sitzungsräume waren nach den Ländern benannt, aus denen die meisten neuen Nutzer kamen: 75 Millionen Nutzer – der Türkei-Raum. Das kam mir ein bisschen übertrieben vor, doch dann gingen ihnen ohnehin schnell die Räume aus.

Der nächste große Sprung im globalen Internetwachstum wird von den V12-Märkten ausgehen. Von jenen Menschen, die bisher nicht über eine Internetverbindung verfügen, leben beinah die Hälfte in China, Indien, Pakistan und Bangladesch. Während es in Indien mehr als zehn Jahre dauerte, bis die Anzahl der Internetnutzer von 5,5 Millionen auf 100 Millionen angestiegen war, und weitere fünf Jahre, bis 375 Millionen Nutzer erreicht wurden, könnten es bis 2020 bereits 600 Millionen sein. Sechs von zehn Ländern mit dem größten Internetwachstum sind V12-Märkte. Low-Tech-Märkte wie Bangladesch und Myanmar konzentrieren sich von Anfang an aufs Smartphone.

Aus diesen Entwicklungen ergeben sich zwei Folgen:

Erstens wollen diese Menschen lokalen Content. Obwohl das Internet in einer englischsprachigen Blase entstand, ist es das heute nicht mehr.

Zweitens ergibt sich Wachstum aus Vernetzung. Wo mehr Menschen Internetzugang haben, steigt das Wirtschaftswachstum überproportional an.

Das Internet chinesischer Prägung

Musterbeispiel für beides ist China mit seinem ganz eigenen Internet. Ich finde es manchmal schwierig, amerikanische Kunden davon zu überzeugen, dass das digitale Ökosystem in China heute ausgeklügelter und weitreichender ist als in den USA. Die „Große Firewall von China" wird gern dazu genutzt, China insgesamt herabzusetzen. Doch die Realität hat gezeigt, dass Deng Xiaopings Handhabung des Internets – analog zu seinem Umgang mit dem Sozialismus – durchaus funktioniert: eine Digitalisierung chinesischer Prägung.

Im September 1987 wurde am Institute of High-Energy Physics, nur wenige U-Bahn-Stationen westlich von Ogilvys Niederlassung in Peking, die erste internationale E-Mail aus China versandt. Der berühmt gewordene Betreff lautete: Über die Chinesische Mauer hinaus in die Welt (越过长 城 走向世界).

Paradoxerweise hatte das chinesische Internet in den ersten 30 Jahren wenig mit diesem optimistischen „hinaus in die Welt" zu tun. Im Gegenteil. Vielmehr ging es hauptsächlich darum, ein eigenes chinesisches Internet zu entwickeln, das in vielerlei Hinsicht parallel zum Internet der restlichen Welt entstand.

Der E-Mail-Absender mag sich bezüglich der ersten 30 Jahre getäuscht haben, für die nächsten 30 Jahre kann seine Prophezeiung jedoch durchaus zutreffen. Ich glaube, dass wir in Zukunft eine verstärkt nach außen gerichtete Innovation des Internets erleben werden. Allerdings wird das wohl bedeuten, dass das internationale immer mehr wie das chinesische Internet aussehen wird. Und während dieses Prozesses – der übrigens bereits begonnen hat – werden Marketingleute nach China blicken, um zu verstehen, wie man mit bestimmten Chancen und Problemen umgehen kann, denen die erfahreneren chinesischen Marketer bereits vor Jahren begegneten.

Die verschiedenen Kommentatoren beschreiben die Reichweite des chinesischen Internets – 688 Millionen Nutzer Ende 2015[3] – jeweils auf unterschiedliche Art und Weise. Damit man sich diese unfassbar hohe Zahl vorstellen kann, hört man von manchen beispielsweise, dass das doppelt so viele chinesische Internetnutzer seien wie die USA Staatsbürger hätten. Andere schreiben, es gebe mehr chinesische Internetnutzer als Einwohner in Deutschland, dem Iran, der Türkei, Frankreich, Thailand, Großbritannien, Italien, Kolumbien, Spanien und Kanada zusammen. Geistreichere Beobachter weisen darauf hin, dass es mehr chinesische Internetnutzer gibt als Jugendliche weltweit – oder als alle heute lebenden Katzen und Hunde zusammen.

Wie war das möglich? Und vor allem so schnell?

Zunächst hat das viel mit der chinesischen Regierung zu tun. Führende Politiker glauben, das Internet sei die Basis einer modernen Gesellschaft. Diese Einstellung war bereits 1988 erkennbar, als Gelder für die Entwicklung des ersten E-Mail-Systems des Landes (durch Paketvermittlung) zur Verfügung gestellt wurden. Dadurch entstand eine digitale Verbindung zwischen Regierungsbüros und akademischen Einrichtungen in neun Großstädten, darunter Shanghai, Peking und Guangzhou. Im August 1993 genehmigte Premierminister Li Peng 3 Millionen Dollar für das Golden Bridge Project, mit dem alle chinesischen Datennetze zu einem öffentlichen nationalen Informationsnetzwerk verbunden werden sollten. Eine entscheidende Rolle für die weitere Entwicklung spielte die Anbindung des chinesischen Internets an das globale Internet im Jahr 1994. Die Infrastruktur stellte Sprint zur Verfügung. In den Folgejahren arbeiteten chinesische Informatiker und Elektroingenieure mit ihren ausländischen Kollegen, besonders in den USA und in Japan, zusammen, um den Ausbau des chinesischen Internets voranzutreiben. Heute verfügt nur ein kleiner Anteil der Gesamtbevölkerung – etwa 20 Millionen Menschen auf dem Land – nicht über eine Breitbandverbindung. Und es wird daran gearbeitet, das zu ändern.

„Ich finde es manchmal schwierig, amerikanische Kunden davon zu überzeugen, dass das digitale Ökosystem in China heute ausgeklügelter und weitreichender ist als in den USA."

„In China glaubten führende Politiker an das Internet als Basis einer modernen Gesellschaft."

DIE NEUE WELTORDNUNG

Gleichzeitig schützte die Regierung die chinesischen Plattformen. Internationale Konkurrenten wurden entweder ganz blockiert oder stark eingeschränkt.

Außerdem gab es in den traditionellen – überwiegend staatlichen – Medien Lücken, die die neuen Medien füllen konnten. Chinesische Internetnutzer rückten von den staatlich kontrollierten Medien ab, da sie diese als langweilig empfanden und ihnen misstrauten, und wandten sich für neue Ideen und Informationen an andere Nutzer: Die sozialen Medien begannen, die entstandenen Lücken zu füllen. Auch in Chinas fragmentiertem Offline-Einzelhandel knarzte es, und so nutzten Verkäufer die Möglichkeit, ihre Produkte online einer viel größeren Zielgruppe anzubieten.

Im Westen denkt man bei chinesischem Internet sofort an starke Unterdrückung durch staatliche Zensur. Doch dieser Eindruck ist falsch. Die existierenden Kontrollen konnten der weitverbreiteten Internetnutzung kaum etwas anhaben. Für die wenigen Themen, die von der Regierung blockiert werden, interessiert sich nur eine Minderheit. Das soll die zensorischen Maßnahmen Chinas nicht in Schutz nehmen, sondern lediglich die chinesische Realität beschreiben – auch wenn ich weiß, dass das schwer zu verstehen ist, wenn man nie in China gelebt oder gearbeitet hat. Die allermeisten chinesischen Internetnutzer tun online genau das, was sie tun wollen – und fühlen sich nicht wie ein unterdrücktes Volk ohne Meinungsfreiheit. Und wir sollten es wissen, schließlich beobachten wir ihr Verhalten stündlich.

Es mag wie ein gewöhnliches Büro aussehen – ist es aber nicht. In unserer Agentur in Shanghai werden Dashboards mit Metriken zu Aktivitäten in sozialen Netzwerken wie WeChat, Weibo und Baidu kontinuierlich überprüft.

Willkommen in BAT!

BAT, das steht für das dreigeteilte Reich des chinesischen Internets: Baidu, die größte chinesische Suchmaschine; Alibaba, Chinas größter Onlinehändler; und Tencent, Betreiber des größten chinesischen Instant-Messaging-Dienstes.

Regiert wird BAT – wie China zur Zeit der Drei Reiche – von „drei Königen", die jeweils auf ihre eigene Art brillant sind: Robin Li, Multimilliardär und Gründer von Baidu, der Suchmaschine mit einem phänomenalen 80-prozentigen Anteil am chinesischen Markt; Jack Ma, ein Geschäftsmann, der es aus eigener Kraft nach ganz oben geschafft hat und 1999 den E-Commerce-Giganten Alibaba gründete; und Pony Ma, Instant-Messaging-Pionier und Gründer von Tencent, dem Betreiber des größten Instant-Messaging-Dienstes der Welt, WeChat.

Jeder König baute – geschichtsgetreu – sein Reich so auf, dass es möglichst vollständig war.

Wird es am Ende auf ein Monopol hinauslaufen? Wird ein Kaiser das Reich regieren? Alle drei Reiche verfügen nun über eine Videoplattform: Alibabas TMall Box Office (TBO), Tencents QQLive und Baidu Video.

Und immer öfter bieten sie Kunden ein Komplettpaket an: So bündelt Alibaba Logistik, Werbung und Content. Das stellt für Werbeagenturen nicht nur eine Gefahr dar, es wirft sie gleich ganz aus dem Spiel. Glücklicherweise sind die einzelnen Angebote bisher noch nicht überzeugend: Pauschalangebote können mit Spezialisierung eben doch nicht mithalten.

Was BAT voranbringt, ist Innovation. Es begann mit Sina Weibo, einem Mikroblogging-Dienst, der zunächst ähnlich funktionierte wie Twitter: 140 Zeichen lange Textnachrichten in umgekehrt chronologischer Reihenfolge. Später folgten zahlreiche Innovationen und Twitter zog nach, beispielsweise mit der Videofunktion.

Doch am bemerkenswertesten – und am revolutionärsten – ist WeChat. Der Messaging-Dienst mit Social-Media- und E-Commerce-Funktionen kurbelte in China die Nutzung von QR-Codes an, einer Technik, die im Westen schon fast wieder out ist. Dank WeChat werden QR-Codes in China heute in allen nur denkbaren Situationen verwendet: Freunde tauschen so Kontaktdaten aus, Marketer nutzen sie statt Links und Händler für die Zahlung. Ogilvy-Mitarbeiter in China haben QR-Codes auf ihren Visitenkarten.

Was WeChat unschlagbar macht, ist die funktionsübergreifende Handhabung. So können Millionen Nutzer auf derselben Plattform Blumen kaufen, sich unter Freunden die Rechnung teilen und sogar einen Arzttermin vereinbaren. Facebook, Twitter und andere westliche Plattformen hinken in dieser Hinsicht hinterher und müssen sich anstrengen, um in den nächsten paar Jahren ein ähnlich vielfältiges, multifunktionales Erlebnis zu bieten.

Die drei Könige: Robin Li von Baidu, Jack Ma von Alibaba und Pony Ma von Tencent regieren je eines der drei Reiche des chinesischen Internets – Suchmaschine, Onlinehandel und Messaging-Dienst.

Robin Li studierte an der State University of New York und wählte den Namen Baidu wegen seiner Bedeutung: „nach dem eigenen Traum suchen", ein Verweis auf ein Gedicht der Song-Dynastie. Nach einem heftigen Kampf mit Google zog sich das amerikanische Unternehmen aus dem chinesischen Markt zurück.

Jack Ma, 1,52 m groß, schlank und charismatisch, nach manchen Berechnungen der reichste Mann Chinas. Er erhielt bekanntermaßen Absagen auf 30 Bewerbungen, bevor er sich aufs Unternehmerdasein konzentrierte. Jack Ma dient als selbstbewusstes Gesicht und Stimme Chinas.

Pony Ma gründete Tencent im Jahr 1998. Er steht weniger in der Öffentlichkeit als die anderen, ja, ist fast ein bisschen verschlossen. Um sein Unternehmen über Wasser zu halten, arbeitete er zeitweise in den niedrigsten Positionen – sogar als Hausmeister. Heute ist das nicht mehr nötig.

DIE NEUE WELTORDNUNG

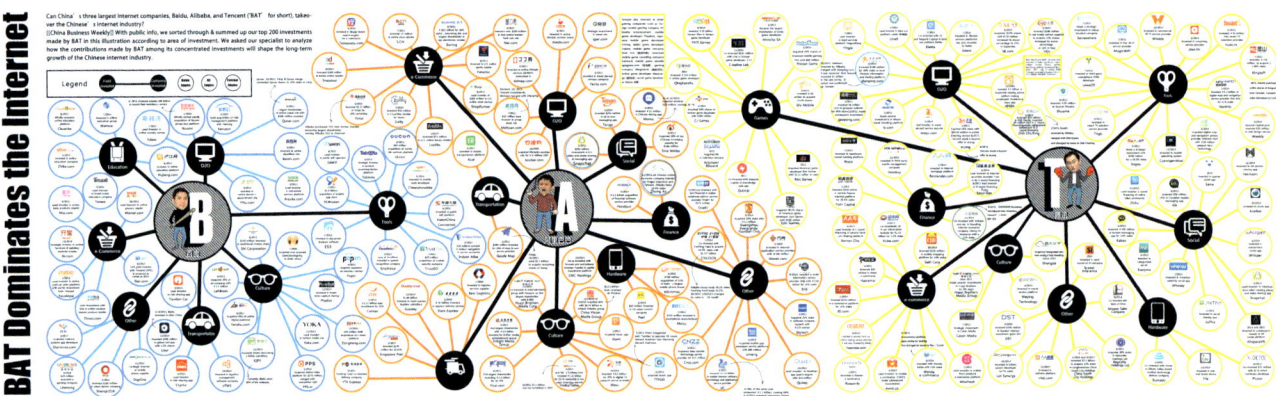

Diese Darstellung zeigen wir unseren Kunden in China, um ihnen zu erklären, wie das chinesische Internet funktioniert: Es wird von BAT dominiert, wobei jedes der drei Unternehmen in seinem Hauptgeschäftsbereich fast eine Monopolstellung innehat. Im Fall von Baidu ist es die Internetsuche; das Unternehmen ist das chinesische Pendant zu Google. Alibaba steht für E-Commerce und ist der größte Onlinehändler der Welt (an der Anzahl der Verkäufe gemessen, nicht am Umsatz). Alibabas Vorzeigestücke sind die zwei wichtigsten Online-Verkaufsplattformen Chinas: Taobao und Tmall. Tencent dominiert im Bereich der sozialen Medien. Das Unternehmen besitzt sowohl WeChat, die innovative und umfangreiche mobile App, als auch Tencent QQ, einen Instant-Messaging-Dienst. Und das ist jeweils nur das Kerngeschäft. Die BAT-Unternehmen dominieren außerdem die Bereiche Reise, Online-Zahlungen, Karten, Spiele, Unterhaltung, Nachrichten und Sicherheit.

Während WeChat noch immer der meistgenutzte Messaging-Dienst Chinas ist (beeindruckend, schließlich wurde er erst acht Jahre, bevor dieses Buch in Druck ging, eingeführt), tun sich Werbetreibende auf WhatsApp schwer. WeChat wandelt sich von einer Plattform zur Lifestyle-Marke, die sich durch nichts definieren lassen will, das es bereits gibt. Im Durchschnitt wird WeChat 11 Mal pro Tag und User genutzt.

WeChat hat auch die Art verändert, wie wir mit unseren chinesischen Kunden kommunizieren: Oft präsentieren wir dort unsere Arbeit, und in den meisten Fällen erhalten wir das Kundenfeedback ebenfalls über WeChat.

So bleibt auch viel weniger Zeit, sich über etwas zu lang den Kopf zu zerbrechen. Westliche Werbemacher, die in China tätig sind, beklagen sich oft über das, was sie als fehlende Strategie bezeichnen: Chinesische Kunden stürzen sich ohne die im Westen übliche gründliche Prüfung in die Umsetzung. Doch vielleicht hat das weniger etwas mit Faulheit oder mangelnder Sorgfalt zu tun, sondern ist vielmehr eine vernünftige Reaktion auf kürzere Aufmerksamkeitsspannen und fragmentierte Medien – Trends, die wir wahrscheinlich auch im Westen verstärkt beobachten werden. Die Zukunft wird zeigen, ob die chinesischen Werbemacher mit ihrem Konzept „Weniger denken, mehr tun" richtiglagen.

Der Export von Chinas Innovationen im digitalen Bereich und in den sozialen Medien wird sich sicherlich fortsetzen. Vielleicht haben die chinesischen Werbemacher sogar Grund für ein bisschen Selbstzufriedenheit, während ihre Kollegen im Westen verzweifelt versuchen, die Veränderungen zu verstehen. Was können wir also von erfolgreichen chinesischen Marketingleuten lernen?

1. Social-Media-Mentalität

Erfolgreiche chinesische Marken haben überwiegend darauf verzichtet, im Unternehmen separate Abteilungen für soziale Medien oder Digitales einzurichten. Dadurch vermieden sie den Aufbau isolierter Strukturen, die den Erfolg im Westen häufig verhindern.

Die sozialen Medien sind in China, mehr als anderswo, für den Erfolg oder Misserfolg einer Marke verantwortlich. In diesem meistvernetzten Land der Welt verfügen 91 Prozent über mindestens ein Social-Media-Profil. Chinas riesige Bevölkerung folgt im Durchschnitt acht Marken in den sozialen Medien, was den Nutzern enormen Einfluss auf die Markenwahl ihrer Freunde verleiht.

DIE NEUE WELTORDNUNG

VISIT BRITAIN

WAS IST SCHON EIN NAME?
RECHT VIEL, ANSCHEINEND…

Unter jungen Chinesen, die genug Geld zum Reisen haben, gilt Großbritannien im Vergleich zu anderen Ländern als unfreundlich.

Also half unsere Agentur der britischen Touristikbehörde VisitBritain, diese Zielgruppe besser zu verstehen. Wie? Wir ließen Chinesen britische Sehenswürdigkeiten umbenennen!

Zum ersten Mal überhaupt bat ein Land die Bürger eines anderen Landes, sich neue Namen für berühmte Orte auszudenken. Die Kampagne begann mit dem Aufruf des britischen Botschafters in China – neben Kino- und Outdoor-Anzeigen –, Namen für mehr als 100 bekannte britische Attraktionen online einzusenden.

Die Chinesen stellten sich dieser Herausforderung sofort. Ein Teilnehmer schlug vor, den Sherwood Forest in „Wald der galanten Diebe" umzubenennen. Ein anderer machte aus dem Shard in London den „Turm zum Sternepflücken", während der imposante Wolkenkratzer Gherkin zur „kleinen Gewürzgurke" reduziert wurde.

Dann machten wir unser Angebot verlockender: Komm her und mach deinen Anspruch auf eine Sehenswürdigkeit persönlich geltend! Mehr als 13.000 Menschen folgten dem Aufruf, darunter auch ein eingefleischter Beatles-Fan, der angerast kam, um Abbey Road umzubenennen. Alle Teilnehmer wurden belohnt, indem die von ihnen vorgeschlagenen Namen auf Wikipedia, Baidu und Google Maps erschienen.

Die ungewöhnliche Kampagne wurde in den sozialen Medien begeistert aufgenommen und kam auch auf traditionellen Kanälen in Schwung. Sie wurde in den sozialen Netzwerken Chinas 300 Millionen Mal gesehen und brachte kostenlose Berichterstattung im Wert von etwa 15 Millionen Yuan ein. Doch der größte Erfolg war ein anderer: Briten wurden nun als weniger reserviert wahrgenommen, und in jenem Jahr stieg die Anzahl der chinesischen Touristen in Großbritannien um 27 Prozent.

Doch trotz ihrer großen Bedeutung werden die sozialen Medien nicht als separater Bereich, als separater Posten oder als separate Kampagne gesehen. Und das war auch nie so.

Werbeleute hier wissen, dass man für Erfolg in den sozialen Medien – dafür, dass Menschen positiv über die eigene Marke sprechen – nichts tun muss, das sich „sozial" nennt. Sie wissen, dass die besten Social-Media-Kampagnen keine Social-Media-Kampagnen sind. Die besten Social-Media-Kampagnen – gemessen an ihrer Fähigkeit, positive Mundpropaganda zu verbreiten – sind gute Fernsehspots, gute Veranstaltungen, gute PR-Kampagnen und – gute Produkte.

Wer in China erfolgreich sein will, muss außerhalb der sozialen Medien tätig werden – aber mit den sozialen Medien im Hinterkopf.

2. Neue Vernetzung von sozialen Medien und Internethandel

Immer mehr Online-Verkaufsaktionen und exklusive Produkte entstehen explizit mit Kampagnen im Hinterkopf. Marken wie Ray-Ban und Bulgari entwickelten spezielle Produkte für die Markteinführung über chinesische Apps wie Nice, einem Online-Dienst zum Teilen von Fotos, vergleichbar mit Instagram, und Meipai, einem Videoportal/sozialen Netzwerk wie Vine.

3. Gemeinsame Entwicklung von Produkten in Verbraucher-Communities online

Chinesische Marketingleute sind gut darin, Verbrauchern online zuzuhören. In manchen Fällen befassen sich ganze Online-Communities mit der Entwicklung neuer Produktversionen. Denken Sie nur an Xiaomi. Der Smartphone-Hersteller, den manche für eines der am schnellsten wachsenden Technologieunternehmen halten, hat seinen Erfolg zum Teil den Online-Communities zu verdanken, die Feedback und Vorschläge zum Betriebssystem abgeben, das wöchentlich aktualisiert wird.

4. Feiert das Radio ein Comeback?

In China werden mehr Podcasts pro Person konsumiert als in irgendeinem anderen Land. 12 Prozent der chinesischen Smartphone-Nutzer geben an, Podcasts anzuhören, im Vergleich zu 5 Prozent in den USA und 4 Prozent in Großbritannien. Auch der chinesische Musikkonsum wächst schneller. Marketingleute in China haben darauf prompt reagiert und die Radiowerbung wiederbelebt, die im Westen seit vielen Jahren auf dem Abstellgleis steht.

5. Die Netzkultur wird massenfähig

Die Netzkultur wird in China schneller als im Westen Teil des Mainstreams und chinesische Werbetreibende nutzen das sofort für ihre Zwecke. FatCat-Spielzeug für Haustiere, eine Reihe bunter, günstiger (weniger als 2 Dollar pro Stück) Stofftiere für Hunde und Katzen, ist auf der Online-Verkaufsplattform AliExpress von Alibaba nur für jene erhältlich, die bereit sind, über die Produkte zu sprechen. Die sozialen Medien sind also Voraussetzung dafür, dass ein Produkt gekauft werden kann. Allein die Tatsache, dass in den sozialen Netzwerken ein Austausch über ein Produkt stattfindet, wird als Kaufanreiz gesehen.

Mobiles Afrika

Wenn China für die erste Phase des digitalen Wachstums verantwortlich war, dann wird meiner Meinung nach die zweite Phase in Äquatorialafrika eingeläutet. Denn dort ist eine Revolution im Gange, in der sich alles um mobile Geldtransfers dreht. Die Verlegung von Kabeln entlang der Küsten Ost- und Westafrikas ging mit der Verfügbarkeit erschwinglicher Smartphones einher. In Kenia machen sie 50 Prozent der Handyverkäufe aus. Doch die größte Innovation waren Zahlungsmöglichkeiten über das Mobiltelefon, die auch Menschen ohne Bankkonto mehr Auswahl und Sicherheit boten – was bei Bargeldzahlungen oft nicht der Fall war. Die meisten Nutzer des mobilen Geldtransfers befinden sich in Äquatorialafrika.

Wie kam das?

Eine Forschungsgruppe fand heraus, dass Verbraucher in Uganda, Botswana und Ghana Prepaid-Gesprächsguthaben als Ersatzwährung nutzten. Darauf wurde ein kenianischer Mobilfunkanbieter aufmerksam, der im Jahr 2007 M-Pesa einführte, ein mobiles System für den Geldtransfer. Seitdem wuchs es in Größe, Anwendungsbereich und Reichweite. Heute findet man M-Pesa in vielen afrikanischen Ländern, Indien und Osteuropa und es ist für ganze 25 Prozent des kenianischen Bruttoinlandsproduktes verantwortlich.

Aus M-Pesa entwickelte sich ein weiteres Unternehmen – M-Kopa: Menschen in ländlichen Gebieten zahlen über ihr Handy eine geringe Monatsgebühr, um in ihren Häusern Solarlampen und Handyauflagegeräte betreiben zu können. Auch andere alternative Zahlungsmöglichkeiten sind in Gemeinden ohne Zugang zu Banken entstanden, um den Handel anzukurbeln, darunter Bitcoin in Afghanistan, bKash in Bangladesch und Pay TM in Indien.

Aus dem mobilen Geldtransfer ergaben sich weitere spannende Entwicklungen. So lief in Nigeria der Onlinehandel nur sehr schleppend an, da gewisse Hindernisse einer weiter verbreiteten Nutzung im Wege standen: Lieferkosten; Zweifel, dass man das richtige Produkt bekäme; Zweifel an der Sicherheit von Online-Zahlungen. Doch dann kam Jumia und entwickelte eine flexible Zahlungsstruktur mit besonderem Fokus auf mobilen Zahlungen und der Möglichkeit, erst bei Zustellung zu bezahlen. Heute genießt Jumia als Nigerias Top-Onlinehändler großes Vertrauen.

Und schließlich sind in afrikanischen Ländern die als Chamas bezeichneten Kreditkooperativen beliebt. Sie bieten Verbrauchern die Möglichkeit, „virtuelle Geschäfte" für den Massenkauf und die Lieferung an einzelne Konsumenten zu eröffnen. Die über Messaging-Dienste versandten Textnachrichten bzw. Bulletins bieten Zugang; erleichtert wird die Transaktion durch mobile Gutscheine und Zahlungen.

Das Ende der Globalisierung?

Für jene, die in Marketing und Kommunikation tätig sind, ist die Anpassung an diese neue Weltordnung eine existenzielle Herausforderung.

Natürlich hängt dabei vieles davon ab, ob es um eine überwiegend lokale oder eine vorwiegend internationale Marke geht.

Lokale Marken sind heute nicht mehr die blassen Nachahmer, die alle irgendwie gleich aussehen. Weit mehr als die Hälfte unseres Geschäfts wickeln wir mit ihnen ab und sie nutzen die gleichen Hilfsmittel und Methoden wie die globale Konkurrenz. Doch sie verfügen über einen enormen Vorteil: die natürliche Nähe zu ihren Kunden. Zum Großteil wird das durch ihr „Digital First"-Denken noch verstärkt, während globale Marken zunächst die Plattform – und damit die Größenvorteile – im Blick haben und dann erst das Digitale.

Immer wenn ich nach Manila reise, überkommt mich eine unwiderstehliche Lust auf die mit Pfirsich und Mango gefüllten Teigtaschen von Jollibee. Eine köstliche Süßspeise, die ich mir auf den Philippinen öfter als nötig gegönnt habe und nur wärmstens empfehlen kann. Jollibee ist die führende philippinische Fast-Food-Kette und vor Ort erfolgreicher als McDonald's und KFC. Sie besetzt den normalerweise von McDonald's beanspruchten „Muss ich haben"-Platz im Kopf der Konsumenten und wurde von der amerikanischen Fast-Food-Kette massiv angegriffen. In der McDonald's-Kampagne „What's in Joy's chicken?" bestätigen Frauen namens Joy, dass sie sich für Chicken McDo entscheiden würden. Jollibee schlug mit einer starken Dosis Nationalstolz und #ChickenJoyNation zurück. So leicht lässt sich die einheimische Marke nicht ins Bockshorn jagen.

Hahnenkampf auf den Philippinen: Als McDonald's seinen Chicken McDo neu einführte, zog die lokale Marke Jollibee mit Chickenjoy sofort nach und verteidigte ihre Position als Marktführer.

Ein weiteres lokales Beispiel ist Wardah, eine indonesische Marke für Halal-Pflegeprodukte für progressive Muslime. Sie ist in Indonesiens vielfältiger sozialer Landschaft erfolgreich, indem sie mit Hashtags wie #CantikHariDati („Hübsches Herz") zu digitaler Kommunikation anregt und die Twitter- und Instagram-Posts von Nutzern auf ihrer Website zeigt – Feedback und Vorbild für Kunden von Kunden.

Gleichzeitig werden globale Marken nicht mehr automatisch bevorzugt. Unsere Forschung zeigt, dass in V12-Märkten die Anzahl der Konsumenten, die ausschließlich lokale Marken präferieren, doppelt so hoch ist wie die Zahl derer, die internationale Marken wählen. Doch natürlich kaufen die meisten von ihnen weiterhin beide.

Allerdings bedeutet dies für internationale Marken, dass sie eine komplexe Umgebung navigieren müssen. Unser Kunde Alan Jope von Unilever drückte das so aus: „Marketing wird zum Zauberwürfel."

Wenn ein lokaler Wettbewerber mithilfe digitaler Medien ein modernes Franchise-Unternehmen in kleineren Städten aufbaut, gibt es dafür keine spontane Verteidigungsstrategie, die von London oder New York aus eingesetzt werden kann. Während es im Fernsehzeitalter möglich war, ein globales Werbeprogramm für alle zu entwickeln – mit Übersetzung und minimaler kultureller Anpassung –, geht es im digitalen Zeitalter in die andere Richtung. Wer konkurrenzfähig bleiben will, muss digital präsent sein (20 Prozent des globalen Budgets wäre eine bescheidene Zahl). Und um digital erfolgreich zu sein, muss man, in gewisser Hinsicht, lokal sein. Das soll nicht heißen, dass es so etwas wie eine „globale digitale Kampagne" nicht gibt. Die gibt es durchaus. Und die Abläufe funktionieren hierarchisch: eine globale Strategie; eine globale Kreativplattform; ein globales Manuskript digitaler Maßnahmen – doch irgendwann tritt das Manuskript in den Hintergrund und wir befinden uns auf hochgradig lokalem, sensiblem Boden. Wenn die Kommunikation auf strategische Überlegungen trifft, beginnt ein Balanceakt, der Fingerspitzengefühl verlangt. Ist es möglich, digital erfolgreich zu sein und dennoch verantwortungsbewusst mit Strategievorgaben und kreativen Definitionen umzugehen? Oder sieht man sich gezwungen – durch lokal kontrollierte Budgets und eine „Nicht von hier"-Mentalität –, sich auf eine Weise lokal zu geben, die der Marke als globales Ganzes schadet? Dies sind im digitalen Zeitalter immerwährende Überlegungen.

Zu diesem „Zauberwürfel-Marketing" kommt noch eine mangelnde Flexibilität multinationaler Unternehmen. Die größte Veränderung, die ich in den vergangenen zehn Jahren miterlebt habe, war der Verlust ganzer Märkte. Sie verschwanden einfach von der Bildfläche. Paradoxerweise waren das oft die Märkte der Zukunft.

Es gibt unzählige Gründe für eine Fokussierung, doch das hat unweigerlich Konsequenzen: So gewährt man langfristig einen Wettbewerbsvorteil. Und hier kommen die neuen asiatischen Marken ins Spiel und füllen die Lücke.

Japan ist ein Beispiel für ein anderes Szenario. In den 1970er-, 1980er- und 1990er-Jahren verzerrte sein Wert die Gewinn- und Verlustrechnung eines jeden multinationalen Unternehmens. Heute scheint es, als habe sich das Land höflich verbeugt und sein Dasein als Absatzmarkt für internationale Unternehmen unauffällig aufgegeben.

Das Zauberwürfel-Syndrom betrifft nicht nur westliche Marken. Im Oktober 2004 – zu einer Zeit, als die chinesische Regierung bekannt gab, chinesische Marken aufbauen zu wollen – organisierte ich eine Tagung für chinesische Unternehmen, die eine Expansion in andere Weltregionen planten. Das Treffen fand auf Touffou statt, und Herta Ogilvy erinnert sich, dass sich diese frühen globalen Chinesen mehr vor den Gespenstern aus dem 13. Jahrhundert fürchteten, die ihre Schlafzimmer heimsuchen könnten, als vor der Komplexität der globalen Märkte. Zehn Jahre später repräsentieren chinesische Marken die weiche Seite der knallharten zweitstärksten Wirtschaftsmacht.

Das bedeutet jedoch nicht, dass sie es einfach finden. Im Gegenteil: Es ist sogar recht kompliziert. Die traditionell hierarchisch strukturierten chinesischen Unternehmen treffen auf die ihnen fremden, fließenden Managementstrukturen des globalen Umfelds. Außerdem ist ein Überlegenheitsgefühl in Bezug auf die Herstellung von Waren fester Bestandteil vieler Unternehmenskulturen, und es herrscht ein (sich langsam verflüchtigender) Widerwille, die Produkte an den Geschmack ausländischer Kunden anzupassen. Warum ändern, wenn es in einem Absatzgebiet mit 1,3 Milliarden Menschen funktioniert?

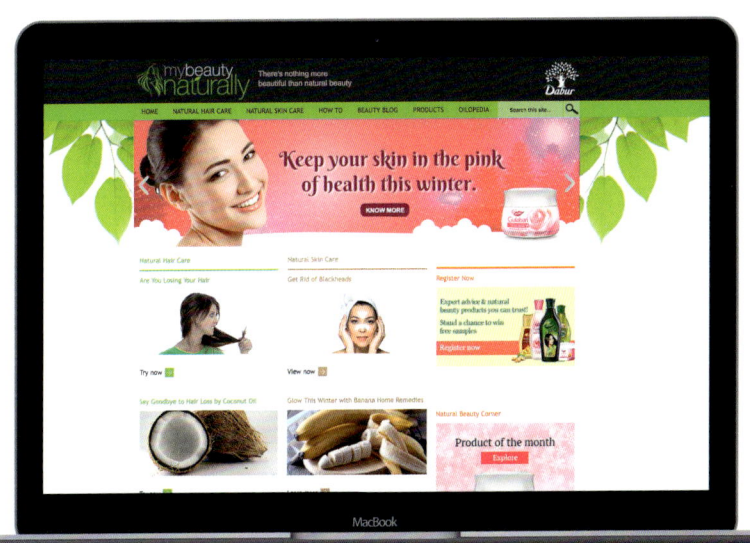

Dabur ist eine indische Marke für Pflegeprodukte mit langjähriger Erfahrung auf dem einheimischen Markt. Sie verfügt über ein differenziertes Verständnis von Ayurveda, einer starken kulturellen Strömung im Land, die sich über Jahrtausende aus den einzigartigen Therapien und Kräutermischungen des Kontinents entwickelt hat. Doch Dabur verlässt sich bei der Positionierung nicht nur auf dieses Erbe, sondern stellt als moderne Marke eine kulturelle Verbindung her, indem sie anschauliche, kreative und vielseitige Geschichten über die Zutaten der Pflegeprodukte erzählt, mit den Konsumenten kommuniziert und Schönheitsvideos zeigt. Dabur nutzt seine indischen Wurzeln, um sich gegen internationale Wettbewerber zu schützen.

Auf dem Huawei-Gelände in Shenzhen, Guangdong, sind mehr als 30.000 Mitarbeiter untergebracht. Huawei wird eines der wichtigsten multinationalen Unternehmen der Zukunft sein.

Ein chinesisches Unternehmen hat sich dem Branding im digitalen Zeitalter besonders ernsthaft und erfolgreich gewidmet: Huawei.

Ein Kundentreffen am Huawei-Firmensitz in Shenzhen ist etwas ganz Besonderes. Das hat nichts mit der schieren Größe des Geländes zu tun (auf dem fast 30.000 Menschen untergebracht sind, die in der Mehrzahl wie Studenten aussehen) oder mit der babylonischen Atmosphäre des Gebäudes, in dem Huawei seine Besucher zum Staunen bringt; und es hat auch nichts mit dem Schauer zu tun, der einen überläuft, wenn man realisiert, dass all dies in nur etwa 25 Jahren entstanden ist. Nein, was diese Treffen von anderen unterscheidet, ist die enorme Energie, die hier ausgestrahlt wird, das Gefühl, dass alles mit einem missionarischen und doch sehr pragmatischen Eifer vorangetrieben wird.

Was steckt dahinter? Eine der interessantesten Unternehmenskulturen des digitalen Zeitalters und der Aufstieg von Ren Zhengfei, dem ein Platz im globalen Pantheon des Digitalen gebührt, auch wenn ihm dieser bisher vom Westen ungerechtfertigterweise verwehrt wird. Er hat angesichts der Datenflut ein klares Ziel: „Google stellt das Wasser bereit, wir die Leitungen." Ihn treibt ein Sinn für Geschichte und Philosophie ebenso an wie die Zukunft. (So animierte er Huaweis 20 Top-Manager, sich mit Aufstieg und Niedergang großer Nationen seit dem 16. Jahrhundert zu befassen, bewundert die Glorreiche Revolution Großbritanniens im Jahr 1688 und zitiert den Duke of Wellington.)

Vielleicht ist das der Grund für seinen einzigartigen, sowohl östlich als auch westlich geprägten Blick auf das „Und-Zeitalter".

In der Unternehmenskultur von Huawei wird „das Graue" zelebriert. Dieses Konzept, das auf Chinesisch „*hui*" (灰) heißt, repräsentiert die zwischen Schwarz und Weiß liegenden Grautöne. Es steht für die Fähigkeit, flexibel zu bleiben, Kompromisse einzugehen und das „Tempo zu kontrollieren", ohne die Richtung aus den Augen zu verlieren. Es steht nicht für Weichheit, im

DIE NEUE WELTORDNUNG

Gegenteil: Der Wolf spielt in der Unternehmenskultur von Huawei eine große Rolle, ebenso wie der typisch chinesische „Béi" (狈), ein wolfsähnliches Fabeltier. Der Wolf hat lange Vorder- und kurze Hinterbeine, der Béi kurze Vorder- und lange Hinterbeine. „Am effektivsten ist eine Organisation, in der Wölfe und Béi eng zusammenarbeiten", sagt Ren Zhengfei. Aber egal wie wölfisch und Béi-isch die Unternehmenskultur auch sein mag, alle sind zu kontinuierlicher Selbstkritik angehalten, einer chinesischen „göttlichen Unzufriedenheit": „Früher hatten die Menschen sogar einen eigenen Raum für die Selbstreflexion. Können wir nicht lernen, über unsere Misserfolge nachzudenken?" Solche Überlegungen haben zu außergewöhnlichem Erfolg geführt. Huawei wird die erste globale chinesische Marke sein – eine globale Marke, die eben zufällig aus China kommt.

Huawei, Haier, Lenovo, sie alle machen globale Fortschritte. Zu ihnen werden sich andere „neue Globale", zunächst aus Indien, Mexiko und Indonesien, gesellen. Sie werden Teil einer digitalen Wirtschaft und einer Welt der wechselseitigen Einflussnahme sein, wie man sie sich 1982 noch nicht hätte vorstellen können.

Huawei wird die erste wirklich globale chinesische Marke sein – Sie werden es sehen! Schauen Sie sich nur *Shark Dancer* an, ein frühes Content-Experiment, das auf wunderbare Weise zeigt, wie wir durch Berührung kommunizieren können. Diese Marke ist auf Angriffskurs.

17 KULTUR, KÜHNHEIT, KUNDEN UND KASTAGNETTEN

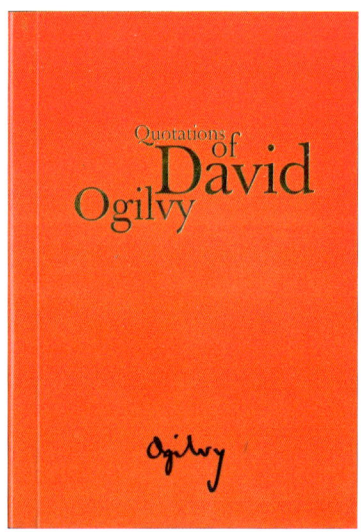

Wir haben Glück, dass sich Davids Ansichten so wunderbar zitieren lassen. In der Agentur nutzen wir ein kleines rotes Buch mit seinen Weisheiten als Leitfaden für die Unternehmenskultur.

Es ist ein schwüler Frühlingsabend in Sevilla Ende der 1980er-Jahre. Müdigkeit und Erleichterung, das Ende eines weiteren Schulungsprogramms. Wir sind in der Bar. Da hören wir plötzlich aus unserer Mitte das energische Klappern von Absätzen auf dem Boden. Es durchbricht die Langeweile so sicher wie ein Sturm. Die Gruppe öffnet sich und wir sehen Joost van Nispen, keinen eleganten Andalusier, sondern einen der besten Direktmarketer seiner Generation. Ein Niederländer, der nach Spanien zog, sich in das Land verliebte – und das Tanzen lernte. Mit den geblähten Nasenflügeln wirkt er sehr glaubhaft. Und dann setzen die Kastagnetten ein.

Applaus. Der Klang der Kastagnetten bleibt, wie Hunderte andere Erinnerungen in einem Berufsleben, unbedeutend, flüchtig, absolut uninteressant – außer für jene, die dabei waren. Sie lagern sich im kollektiven Gedächtnis ab und tragen zur Unternehmenskultur bei.

Es hilft, wenn diese Kultur derartige Erinnerungen belohnt und für wichtig hält. David Ogilvy schuf so eine Unternehmenskultur, eine der stärksten in der Werbebranche. Sie verfügt über ein allen gemeinsames Bedeutungssystem, das unter anderem aus Davids vielen Lehrsprüchen und seinem blinden Vertrauen in die Farbe Rot besteht.

Ich bin schon oft gebeten worden, diese Unternehmenskultur zu beschreiben.

Ich antworte dann, sie sei humanistisch – und nicht mechanistisch – geprägt und aus Davids Interesse für und Gefallen an Menschen entstanden (außer den richtigen Langweilern, den Dummköpfen, die zu unterstützen er Agenturen abzuraten pflegte). Darin glich er Kollegen wie Bill Bernbach und Leo Burnett. Ganz anders verhielt es sich mit Rosser Reeves, seinem ehemaligen Schwager, der meiner Meinung nach im Leben wie im Geschäft einen durch und durch mechanistischen Ansatz verfolgte. Als Ted Bates – seine Agentur – 2003 an WPP verkauft (und damit teilweise mit Ogilvy & Mather zusammengelegt) wurde, erzählten einige der „Überlebenden" von einer kompletten kulturellen Leere. Für sie war es, als verließen sie einen Gulag, um eine Kathedrale zu betreten. Von allen Gründungskulturen ist Davids heute die intensivste und vitalste. (Natürlich fehlt mir die nötige Objektivität.)

Meine Vorgänger und ich haben die Unternehmenskultur aktiv befeuert. Sie ist so wirksam, weil sie eine bestimmte Auffassung von guter Werbung mit ein paar Grundregeln für anständiges Benehmen und gesellschaftliche Umgangsformen kombiniert.

Es gibt kein Weder-noch, sondern nur ein Sowohl-als-auch. Je glücklicher die Mitarbeiter einer Agentur sind, desto besser ist auch ihre Arbeit. Irgendjemand bemerkte einmal etwas herzlos, wer bei Ogilvy & Mather anfange, trete einem Kult bei. Doch es funktioniert. Wir nehmen – wie andere starke Agenturmarken auch – dieselbe Medizin, die wir unseren Kunden verschreiben, was dazu führt, dass mehr Leute zu uns kommen als uns verlassen.

Es gibt unzählige Theorien, die zu erklären suchen, was eine Organisation als Ganzes kühn macht. Hier ist meine – und es kann gut sein, dass sie durch meine Erfahrung in einer Kreativagentur ein verzerrtes Bild malt.

Ich glaube, es besteht ein direkter Zusammenhang zwischen Kühnheit und der Fähigkeit des Führungspersonals, ein tägliches Gefühl der Unzufriedenheit mit dem einzuschärfen, wo man steht. Kühnheit entsteht nicht aus einem großartigen Vorhaben, Mut zu beweisen, sondern aus der Unsicherheit über die eigene Stellung: Die eigene Arbeit könnte nicht gut genug sein; andere sind vielleicht besser; es könnte etwas fehlen; man muss weiterkommen; man muss Großartiges leisten, um …, usw. Kühnheit entsteht durch Unzufriedenheit.

Der Philosoph José Ortega y Gasset verlieh diesem Gefühl der Rastlosigkeit Ausdruck, dem Wissen um das, was sein könnte, und um die Ahnung, dass wir die Erwartungen häufig nicht erfüllen:

> Das Wesen des Menschen ist Unzufriedenheit, göttliche Unzufriedenheit; eine Art Liebe ohne Geliebte, der Schmerz, den wir in einem Körperteil spüren, das wir nicht mehr haben.[1]

Das schrieb er im Argentinien der 1940er-Jahre und David drückte sich – bewusst oder unbewusst – ähnlich aus, als er schrieb: „Wir haben uns eine Art göttlicher Unzufriedenheit mit unserer Leistung zur Gewohnheit gemacht. Sie schützt uns vor Selbstgefälligkeit."

Diese Unzufriedenheit ist es, die uns dazu veranlasst, eine Arbeit zu zerreißen und neu zu beginnen; etwas zu präsentieren, um das wir gar nicht gebeten wurden; mit den Gepflogenheiten einer Kategorie zu brechen; Forschungsergebnisse zu ignorieren, wenn das Bauchgefühl etwas anderes sagt.

Ich wurde einmal gebeten, meine ideale Werbeagentur aus berühmten Persönlichkeiten zusammenzustellen. Als Auswahlkriterium wählte ich die „göttliche Unzufriedenheit". Und es entstand BFME, eine brandneue Agentur (siehe folgende Seite).

David beschrieb die nötigen Kompetenzen für die Leitung einer Werbeagentur in *Ogilvy über Werbung* folgendermaßen:

> … Enthusiasten. Sie sind intellektuell aufrichtig und haben den Mut, harte Entscheidungen zu treffen und durchzustehen. Sie lassen sich in Notsituationen nicht unterkriegen. Die meisten besitzen einen natürlichen Charme und sind keine Tyrannen. Sie fördern die Kommunikation nach oben und sind gute Zuhörer.

Daran hat sich nichts geändert.

Doch im digitalen Zeitalter gibt es drei weitere Eigenschaften, die man mitbringen sollte, wenn man eine Agentur erfolgreich leiten will:

1. Sie müssen in der Lage sein, Sachverhalte zu vereinfachen. Da alles so viel komplexer ist, müssen Manager steuernd und regulierend eingreifen, um die gewünschten Ergebnisse zu erreichen. Für die Identifikation der Kernbedürfnisse eines Projektes oder Auftrags bedarf es gewöhnlich eines scharfen Verstandes – paradoxerweise sind Dummköpfe in der Regel nicht besonders gut im Vereinfachen. Außerdem müssen Sie in der Lage sein, alles Unnötige auszuklammern – während des Denkprozesses, während der Bearbeitung und während der Lieferung. „Ist das wirklich notwendig?", sollte der Papagei auf Ihrer Schulter Sie in jeder Minute Ihres Arbeitstages fragen. Die Fähigkeit, dieses Ziel auf überzeugende, klare und einfache Weise auszudrücken, unterscheidet die großartigen „Vereinfacherer" von den guten.

Das Agentur-Start-up, das es nie auf die Titelseite von *Ad Age* oder *Campaign* geschafft hat …

KULTUR, KÜHNHEIT, KUNDEN UND KASTAGNETTEN

 Die genialste Agentur aller Zeiten? Entwickelt für göttliche Unzufriedenheit, besetzt mit historischen Persönlichkeiten. Für dieses Führungsteam habe ich mich entschieden:

SARAH BERNHARDT (1844-1923)

Die „Göttliche" von Oscar Wilde: Unzufriedenheit lag dieser Schauspielerin im Blut. Sie schlief in Särgen, um sich besser in die Stimmung der Toten hineinzufühlen. Als sie im Sterben lag, wählte sie ein Zimmer in der fünften Etage. Als eine Besucherin sie nach dem Grund fragte, antwortete Sarah Bernhardt: „Damit ein Mann, der mein Schlafzimmer betritt, auch heute noch schwer atmet." Das ist die Leidenschaft, die Kunden gewinnt. Sie ist **Client Service Director**.

CHRISTOPHER MARLOWE (1564–1593)

Dramatiker, begnadeter Dichter und immer für einen Umtrunk zu haben. Unzufriedenheit tötete ihn, leider – er starb bei einer Wirtshausschlägerei. Seine Helden sind irgendwie cooler als Shakespeares, seine berühmtesten wirken fast modern. Seine Worte verströmen Angst und Schrecken, so aus dem Mund des sterbenden Tamerlan: „Kommt, lasst uns gegen die Mächte des Himmels marschieren / Mit schwarzen Bannern am Firmament / Als Zeichen der Schlacht gegen die Götter." Mehr „schwarze Banner", bitte! Er ist **Creative Director**.

SIGMUND FREUD (1856–1939)

Wiener Provokateur, der das Unterbewusstsein gnadenlos auf Informationen abklopft. Er ist **Account Planner**. In *Das Unbehagen in der Kultur* (1930) sieht er die Liebe als Möglichkeit, schöpferisches Bestreben zu wecken und unser verlorenes Selbst wiederzufinden. „Ich meine natürlich jene Richtung des Lebens, welche die Liebe zum Mittelpunkt nimmt, alle Befriedigung aus dem Lieben und Geliebtwerden erwartet." Ich habe noch nie erlebt, dass sich aus Hass großartige schöpferische Leistung ergeben hätte. Verbraucher oder Kunden nicht ausstehen zu können ist überraschend normal.

CHARLES EAMES (1907–1978) // RAY EAMES (1912–1988)

Das Ehepaar verlieh dem Design eine kulturelle und soziale Bedeutung, die das Amerika der Nachkriegszeit begeisterte und das 20. Jahrhundert prägte. Was für ein Teufelsteam, doch welch göttliche Unzufriedenheit. In einer umfunktionierten Garage in Venice, Los Angeles, gaben Charles, der Techniker, und Ray, die Künstlerin, dem Abstrakten eine wunderschöne und doch praktische Form. Charles sagte: „Details sind nicht einfach Details, sondern ergeben in ihrer Gesamtheit das Design." Einer meiner ersten Chefs wiederholte gern: „Denkt daran, Gott steckt im Detail." Damals verstand ich nie, warum. Charles und Ray sind das **UX-Team**.

2. Sie müssen gut mit anderen zusammenarbeiten, denn heute ist alles miteinander verknüpft: Kein Mensch – und auch kein Unternehmen – ist eine Insel. Manche Manager tun so, als wäre das bei ihnen anders, und versuchen, ihre Arbeit, die sie als ihr geistiges Eigentum betrachten, vor anderen zu schützen. Doch dieses Eigentum ist eine Illusion. In unserer vernetzten Welt wäre es – wenn es denn jemals existiert hat – relativ nutzlos. Ich unterscheide zwischen zwei Typen: Den Krokodilen, denen es darum geht, wie groß ihr Stück vom Kuchen ist; und den Löwen, die den Kuchen vermehren. Wenn Sie über geistiges Eigentum verfügen, wird es durch Kollaboration verbessert und gestärkt – und nicht gemindert. Und wenn Sie ehrgeizig sind, können Sie die Fähigkeiten und Möglichkeiten von anderen nutzen. Von Ambiguität zu profitieren und sie gleichzeitig zu genießen, bedeutet wahre Größe. Gewissheit ist die Beruhigungspille der Kleingeistigen.
3. Sie müssen neugierig sein, denn sonst schaffen Sie es nicht, die richtigen Leute für Ihr Unternehmen zu gewinnen. Die Besten unter ihnen werden von Neugier angetrieben und begeistern sich nicht mehr für Status, Geld und andere konventionelle Zeichen für Erfolg. Ihre Neugier ist unersättlich und macht sie rastlos, unruhig und einfallsreich, was an sich bereits bereichernd wirkt. Kann eine Organisation lernen? Wenn die Neugier einen Punkt erreicht, an dem sie die natürliche Tendenz eines Unternehmens, sich anzupassen, zumindest ausgleicht, dann ist es möglich. Und wenn eine Organisation lernt, entwickelt sie eine Art differenzierende Strahlkraft, welche die Neigung zum Bequemen abtötet, die sich sonst immer negativ auf das Unternehmen auswirkt.

Partner und Diener

Natürlich erhält all dies – so wahr es meiner Meinung nach auch ist – erst dann einen Sinn, wenn wir es mit jenen in Verbindung bringen, die unser Dasein überhaupt erst ermöglichen. „Dieser Job wäre so toll ohne Kunden!", sagt man im Agenturbereich immer wieder gern – in jeder Agentur, auf allen Ebenen.

Vielleicht stimmt es sogar.

Doch für unser Überleben ist es wahrscheinlich sinnvoller, darüber nachzudenken, wie man aus Kunden Fans machen kann, statt sie gleich ganz wegzuwünschen.

Es ist keine Kunst, zwischen widersprüchlichen Sichtweisen einer idealen Agentur-Kunden-Beziehung zu schwanken.

Agenturen machen meistens für ihre Auftraggeber die Werbung, die diese erwarten. Ich kenne einige, die Unglück bringen, und andere, die segensreich sind. Warum wollen Sie einen Hund und dann selbst bellen? Jeder kann eine schlechte Anzeige verfassen, es bedarf jedoch schon einer gewissen Charakterstärke, eine gute nicht einfach zu kopieren.[2]

Seit jener Zeit haben die Branchenverbände in Großbritannien und den USA hart daran gearbeitet, den Werbeberufen ihren verdienten Platz neben klassischen Tätigkeiten wie Buchhaltung oder Architektur einzuräumen. Ihre Bemühungen waren zum Teil erfolgreich. Allerdings ist eine solche Einordnung auch mit dem Risiko verbunden, die strategische Rolle der Werbung zu stark zu betonen und die kreative Rolle zu vernachlässigen – etwas, das die digitale Revolution korrigieren konnte.

Bemühungen dieser Art bestärken mich in meiner Ansicht, dass wir als Partner unserer Kunden auftreten sollten – und das kommunizieren wir unseren Kunden. Denn es ist in der Tat richtig, dass die beste Arbeit immer dann entsteht, wenn eine enge, langfristige Partnerschaft zwischen Agentur und Kunde besteht, in der sich beide Parteien für die Ergebnisse verantwortlich fühlen.

Eine Gefahr, die das „Partnerschaftssyndrom" mit sich bringt, ist eine Blindheit der Agenturleute für die Zeit, die Kunden tatsächlich mit uns verbringen bzw. kommunizieren müssen. Wir sehen nicht, welcher Druck auf ihnen lastet, welchen Prioritäten sie noch gerecht werden müssen, welche Unannehmlichkeiten ihnen die Zeitverschwendung durch eine undurchdachte Antwort bereiten kann.

Wenn wir uns zu sehr als Partner fühlen, kann uns das ein täuschendes Gefühl von Sicherheit geben. Werbung ist eine Dienstleistung – und unsere Partnerschaften sind nur so stark wie unsere letzte Leistung: Unsere Arbeit muss gefallen und auch funktionieren. David hat das intuitiv verstanden und weist explizit darauf hin.

Er machte auf ineffiziente Prozesse aufmerksam, aus denen schlechte Werbung entsteht. In seinem Buch schreibt er:

> Einer der weltgrößten Konzerne lässt seine Werbung durch fünf verschiedene Instanzen überprüfen. Jede hat zwar ein Vetorecht, aber nur der Chief Executive Officer hat die endgültige Entscheidungsbefugnis. Aus meiner Erfahrung rate ich Ihnen, lassen Sie die Arbeit Ihrer Agentur höchstens zwei Instanzen durchlaufen.

Der Grund dafür liegt meiner Meinung nach im Unterschied zwischen Buchhaltern und Werbemachern: Erstere arbeiten größtenteils mit objektiv überprüfbaren Fakten, während wir – wenn die strategische Arbeit getan ist – ein Produkt verkaufen müssen, das zum Teil immer subjektiv beurteilt wird. Einen Kunden zu umschmeicheln, zu motivieren und zu unterstützen, damit er am Ende Ja zu etwas Subjektivem sagt, erfordert Fähigkeiten im Kundenservice mit überdurchschnittlicher emotionaler Komponente. Erfolgreiche Werbeleute sind nach jahrelanger Erfahrung darauf programmiert. Für Kunden aber ist es schwierig, erfolgreich auf die andere Seite zu wechseln: Es gibt wenige Beispiele, und es fällt mir schwer, Namen von Personen zu nennen, denen das gelungen ist.

Es ist ganz einfach schwer, vom Herrn zum Diener zu werden. So nah wir unserem Wunsch nach Partnerschaft also kommen mögen, wir tun gut daran, nicht zu vergessen, dass wir immer auch Diener sind. Ich habe versucht, Generationen von Auszubildenden genau das einzutrichtern: Im Grunde sind wir alle nur Kellner und Kellnerinnen – so sehr es uns auch missfällt, dies zuzugeben.

Doch es gibt eine Möglichkeit, die Beziehung zwischen Kunde und Agentur grundlegend zu verändern: Wenn man seinen Kunden wirklich mag. Das hört sich banal an, hat es jedoch verdient, erwähnt zu werden – wie viele andere Dinge auch, die eigentlich offensichtlich sind. Unsere beste Arbeit schaffen wir für Kunden, mit denen ich mich angefreundet habe. Sie vertrauen und mögen uns. Andererseits merken Kunden auch schnell, wenn wir eine Abneigung gegen sie verspüren. Meinen Auszubildenden habe ich geraten, sich einen neuen Kunden als noch nicht vollständig abgerichteten und etwas unsicheren Hund vorzustellen: Er spürt Feindseligkeit und Angst.

Der Respekt vor Kunden ist mit der Zeit vielleicht geringer geworden. Meine ersten Kundengespräche verliefen sehr formell. Wenn ein Kunde wie Cow & Gate in den 1970er-Jahren für ein Treffen von Wiltshire nach London kam, beinhaltete das ein Tagesprogramm: Geplante Präsentationen und dann ein üppiges Mittagessen in einem privaten Speiseraum, bis der Kunde am frühen Abend mit dem Zug nach Hause fuhr. Als ich zum ersten Mal ein solches Essen organisierte, war ich überrascht, als man mich fragte, welche Eisskulptur ich als Tafelaufsatz wünsche. Ich wählte damals einen Delfin mit einem Ball auf der Nase.

Im digitalen Zeitalter ist es ganz normal, Ideen und Programme virtuell zu präsentieren – in einer Videokonferenz oder in China durch Textnachrichten in WeChat. Doch meiner Meinung nach ist der persönliche Kundenkontakt – ein Mix aus Arbeit und Freizeit – immer noch enorm wichtig. Vielleicht sogar noch wichtiger. Viele kleine Digitalagenturen vernachlässigen das und bleiben deshalb klein. Ihnen fehlt das „Dienstleistungsgen".

Wir müssen mehr denn je das Entpersonalisierte repersonalisieren.

Es ist an der Zeit, die Kastagnetten wieder erklingen zu lassen. Wenn Kunde und Agentur gemeinsam Spaß haben, entsteht die engstmögliche Verbindung – vorausgesetzt, die Arbeit ist gut. Und Agenturen, die Spaß zu haben scheinen, wirken – meiner Erfahrung nach – automatisch attraktiver als jene, die das nicht tun.

Ich habe schon erlebt, dass ein Abteilungsleiter „Spaß haben" als offizielle Zielsetzung präsentiert hat – das ist natürlich nicht besonders lustig, obwohl man anscheinend erkannt hat, dass es wichtig wäre. Doch Spaß lässt sich nicht von oben organisieren, Spaß entsteht von unten. Spaß ist spontan, schwungvoll und unkontrollierbar – wie der Flamenco.

Olé! Así se baila! (So wird getanzt!)

18 EPILOG

David Ogilvy fügte sich dem Verleger von *Ogilvy über Werbung* und verfasste 13 Zukunftsprognosen. Hier sind meine:

1. Das Fernsehen wird das entscheidende Medium bleiben, allerdings in veränderter Form.
2. Der indische Werbemarkt wird der begehrteste der Welt sein.
3. Das Mobiltelefon wird für die Menschheit so wichtig werden wie das Kopfkissen.
4. „Content" wird kein Schimpfwort mehr sein, sondern zunehmend Marken, die ihren Kunden einen Service bieten, von solchen unterscheiden, die dies nicht tun.
5. WeChat wird Facebook überholen.
6. Die virtuelle Realität wird eine Nische finden, jedoch nicht die Weltherrschaft übernehmen.
7. Erstklassige Texter werden immer wertvoller, da es weniger von ihnen geben wird.
8. „Pure Play"-Agenturen werden verschwinden oder auf ein konventionelles Angebot umstellen.
9. Kandidaten für politische Ämter werden Werbung weiterhin für ihre Zwecke missbrauchen.
10. Die dynamischsten Marken der Welt werden von neuen multinationalen Unternehmen aus Asien entwickelt werden.
11. Die Debatte darüber, ob unsere Tätigkeit Kunst oder Wissenschaft ist, wird ewig weitergeführt werden und dennoch ungelöst bleiben.
12. Es wird eine Gruppe geben, die sich verstärkt nur auf das Kreative konzentriert und Cannes den Rücken zukehrt.
13. Das Wort „digital" wird irgendwann verschwinden.

ENDNOTEN

KAPITEL 3: DER KURZE MARSCH
1 Orrin Edgar Klapp, *Opening and Closing*, Cambridge University Press, 1978.
2 John Lorinc, „Driven to Distraction", *The Walrus*, 12. April 2007.
3 John Lorinc, „Driven to Distraction", *The Walrus*, 12. April 2007.
4 aus *The Slant, Grapeshot Q&A*, grapeshot.com, 28. Mai 2015.

KAPITEL 4: DAS DIGITALE ÖKOSYSTEM
1 Steve Miles, Vortrag
2 Pete Blackshaw, aus *The Internationalist*, 20. Februar 2015.
3 Douglas Holt, *How Brands Become Icons*, Harvard Business School Press, 2004.
4 Professor Mark Ritson in *Marketing Week*, 10. Mai 2012.

KAPITEL 6: DIE POSTMODERNE MARKE
1 Douglas Holt, ebd.
2 Arthur W. Page Society, „The Authentic Experience", ein Bericht der Arthur W. Page Society.

KAPITEL 7: CONTENT IS KING – DOCH WAS BEDEUTET DAS EIGENTLICH?
1 Charlene Jennett, Anna Cox, et al., „Measuring and Defining the Experience of Immersion in Games", *International Journal of Human-Computer Studies*, 66 (9): 641-666, September 2008.
2 Jamie Madigan, „The Psychology of Immersion in Video Games", psychologyofgames.com, 27. Juli 2010.
3 Robin Sloan, „Stock and Flow", Snarkmarket, 18. Januar 2010.

KAPITEL 8: KREATIVITÄT IM DIGITALEN ZEITALTER

1 Tim Broadbent, *The Ogilvy & Mather Guide to Effectiveness*, 2012.
2 Les Binet und Peter Field, „Marketing in an Era of Effectiveness", World Advertising Research, 2007.
3 Für Davids großartigen Vortrag und jede Menge seiner anderen lesenswerten Texte empfehle ich Ihnen einen Blick in das Buch *Was mir wichtig ist: provokative Ansichten eines Werbemannes*, 1988.
4 Tham Khai Meng in einer Mitteilung an alle Mitarbeiter des Unternehmens, 2009.

KAPITEL 9: DATEN: DIE WÄHRUNG DES DIGITALEN ZEITALTERS

1 Binet und Field, ebd.

KAPITEL 10: „VERBINDE!"

1 John Battelle, „The Database of Intentions", John Battelle's Search Blog, 2003.

KAPITEL 11: KREATIVE TECHNOLOGIE: DAS OPTIMUM

1 Peter Merholz und Don Norman, „Peter Merholz in Conversation with Don Norman about UX and Innovation", Adaptive Path, Dezember 2007.

KAPITEL 12: DIE DREI SCHLACHTFELDER

1 Anfangsbemerkung in Jeff Bezos' Schreiben auf der Amazon-Website anlässlich der Einführung von Kindle.

KAPITEL 14: FÜNF GIGANTEN DER WERBUNG IM DIGITALEN ZEITALTER

1 *Otaku* ist ein seltsamer japanischer Begriff für jene, die sich obsessiv für etwas interessieren.
2 *Advertising Age*, Februar 2014.

KAPITEL 15: MEIN HIRN SCHMERZT

1 David Ogilvy, *Ogilvy über Werbung*, 1984, S.217.
2 Antonio R. Damásio, D. Tranel und Hanna Damásio, „Face Agnosia and the Neural Substrates of Memory", *Annual Review of Neuroscience*, 13(1), 89-109.
3 Chris Graves, „Brain, Behavior, Story", Ogilvy Public Relations, 2014.
4 Rory Sutherland, This Thing For Which We Have No Name, [Edge Interview], gefunden auf www.edge.org/conversation/rory_sutherland-this-thing-for-which-we-have-no-name, Dezember 2014.
5 Richard H. Thaler, *Misbehaving: The Making of Behavioral Economics*, W.W. Norton & Company, 2015.
6 P. Dolan, M. Hallsworth, D. Halpern, D. King, R. Metcalfe, I. Vlaev, MINDSPACE: Influencing Behaviour Through Public Policy. London: Cabinet Office & Institute for Government, 2009.

7 Lisa Shu, Francesca Gino, Max Bazerman, et al., „When to Sign on the Dotted Line? Signing First Makes Ethics Salient and Decreases Dishonest Self-Reports", Diskussionspapier 11-117, Harvard Business School, 2011.

KAPITEL 16: DIE NEUE WELTORDNUNG

1 Xinwen Lianbo, die Abendnachrichten von CCTV, werden täglich von etwa 135 Millionen Menschen gesehen. Werbespots sind dort so teuer wie fast nirgendwo sonst. 2013 musste man rekordverdächtige 5,4 Millionen ¥ ausgeben.

2 Daten der Weltbank, Februar 2017, gefunden auf http://databank.worldbank.org/data/download/GDP.pdf und Robbie Gramer, „Here's How the Global GDP is Divvied Up", *Foreign Policy*, 24. Februar 2017.

3 Laut CNNIC (The China Internet Network Information Center).

KAPITEL 17: KULTUR, KÜHNHEIT, KUNDEN UND KASTAGNETTEN

1 José Ortega y Gasset (1916), aus seiner Vorlesungsreihe „Historical Reason", Buenos Aires, 1940.

2 David Ogilvy, *Ogilvy über Werbung*, 1984, S.67.

Zusätzliches Referenzmaterial:

- Jeffrey Bowman, *Reframe the Marketplace*, Wiley, 2015.
- Richard Dawkins, *Das egoistische Gen*, Springer Spektrum, 2014 (2. Auflage).
- Paul Feldwick, *The Anatomy of Humbug*, Troubador Publishing, 2015.
- Paul Ford, „What is Code?", *Businessweek*, 11. Juli 2015. (Bloomberg.com/graphics/2015-paul-ford-what-is-code/).
- „Timeline of Computer History", The Computer History Museum.
- Shelina Janmohamed, *Generation M*, I. B. Tauris, 2016.
- Arthur Koestler, *Der göttliche Funke*, Scherz, 1966.
- Rick Levine et al., *Das Cluetrain Manifest*, Econ, 2000.
- Dimitri Maex, *Sexy Little Numbers*, Crown Business, 2012.
- Nicholas Negroponte, *Being Digital*, Vintage, 1996.
- David Ogilvy, *Geständnisse eines Werbemannes*, Econ, 2000.
- David Ogilvy, *Ogilvy über Werbung*, Econ, 1984.
- David Ogilvy, *The Unpublished David Ogilvy*, Profile Books, 2014.
- Piyush Pandey, *Pandeymonium*, Penguin Books, Indien, 2015.
- Rosser Reeves, *Reality in Advertising*, Widener Classics, 2015.
- Kunal Sinha und David Mayo, *Raw: Pervasive Creativity in Asia*, Clearview, 2014.

DANKSAGUNG

Mein erster Dank gilt dem Menschen, der unterbrochene Urlaube und Wochenenden in Kauf nahm, während ich an diesem Buch schrieb, und immer dafür sorgte, dass ich dabei nicht den Verstand verlor: Lammy.

Dann möchte ich meinen Vorgängern bei Ogilvy & Mather danken: Bill Philips, Graham Philips, Ken Roman und Charlotte Beers – ohne sie wäre die Agentur nicht das, was sie heute ist. Mein besonderer Dank gilt Shelly Lazarus, von der ich mein Amt übernommen habe und die mir in Asien und New York Orientierung und Hilfestellung bot. Mein Nachfolger, John Seifert, hat das Projekt begeistert unterstützt. Auf Herta Ogilvys Zuspruch, Gastfreundschaft und freundschaftliche Verbundenheit konnte ich mich immer verlassen. Sie verbindet uns mit David, was alle, die für das Unternehmen gearbeitet haben, immer zu schätzen wussten. Joel Raphaelson ließ mich von Anfang an großzügig an seinem Wissen teilhaben und ich hoffe, dass er mir meine modernen Sprachschnitzer vergibt.

Die Erkenntnisse in diesem Buch sind nicht allein meine, sondern entstanden in der Gemeinschaft. Wie kann ich den vielen Kollegen bei Ogilvy & Mather dafür angemessen danken? Mein kreativer Partner Tham Khai Meng ist einfach der Beste: Ohne ihn hätte es nichts gegeben. Ich hatte das Glück, mit zwei Strategen zusammenzuarbeiten, die jeder auf seine Weise einzigartig waren – Ben Richards und Colin Mitchell –, sowie mit Carla Hendra, Vice Chairperson und Consulting Head. Meine großartigen Kolleginnen und Kollegen in der gesamten Organisation haben unverzichtbare Beiträge geleistet. Mein besonderer Dank geht an:

Brian Fetherstonhaugh, Christopher Graves, Rory Sutherland, Calvin Carter, Piyush Pandey, den verstorbenen Tim Broadbent, Kent Wertime, Thomas Crampton, Martin Lange, Pete Dyson, Mark Lainas, Madeleine Croucher, Julia Stainforth, Shelina Janmohamed, Andrew Barratt, Carlos Nunez, Paul Matheson, Dimitri Maex, Bjorn Stahl, Magnus Ivansson, Minoru Fujita, Maki Suzuki, Akira Odagiri, Mike McFadden, Jeremy Webb, Madeline Di Nonno, Jamie Prieto, Sean Muzzy, Mark Himmelsbach, Rajiv Rao, Maeve Countey, Mi Hui Park, Beth Ann Ingrassia, Sabrina Allen, Robert Lear, Peter DeLuca und Liam Parker.

Ich danke allen Führungskräften der verschiedenen Bereiche und des Global Brand Managements sowie den Kundenberatungs- und Kreativteams, die mir geholfen haben, das Material für dieses Buch zusammenzutragen.

Außerdem geht mein Dank an Steve Goldstein, Stacey Ryan-Cornelius und Lauren Crampsie für ihre tatkräftige Unterstützung; und an das „Home Team": Nikolaj Birjukow, Alexander Banon, Harley Safter und John Vetrano. Joan Huber, Mariah MacCarthy, Laird Stiefvater und Ellen Pierce, Eleanor Tsang, Erin Clutcher, Lynn Whiston und Arlene Richardson – sie alle taten weit mehr, als die Pflicht von ihnen verlangte.

Jeremy Katz und Samar Taher Khan halfen dabei, das Buch bei Ogilvy zu produzieren, und Samar hat mich von Anfang an begleitet und auf vielfältige Weise unterstützt. Mark Dewings Hilfe war von unschätzbarem Wert. Tuan Ching, Joohee Park und Jess Xuan trugen zahlreiche Gestaltungselemente bei.

DANKSAGUNG

Mein verbindlichster Dank geht an sie alle.

Außerhalb von Ogilvy bin ich zu allererst meinen Kunden zu Dank verpflichtet. Ich schätze mich glücklich, sie gekannt und mit ihnen gearbeitet zu haben. Hier zähle ich nur einige von ihnen auf – sie haben dafür gesorgt, dass ihre „Partner" die Qualität ihrer Arbeit kontinuierlich verbesserten:

John Hayes, Alison Bain, Tony Palmer, Clive Sirkin, Rishi Dhingra, Keith Weed, Marc Mathieu, Walter Susini, Steve Miles, Fernando Machado, John Iwata, Bharat Puri, Phil Chapman, Nikhil Rao, Dana Anderson, Salman Amin, Ann Mukhurjee, Patrice Bula, Tom Buday, Quique Pendavis, Sean Murphy, Christine Owens, Maureen Healy, Peter Nota, Jeanette Senerchia, Javier Sanchez Lamelas und Rodolfo Echeverria.

Die Idee zu diesem Buch stammt von Jonathan Goodman von Carlton Publishing. Und er war es auch, der so lange nachbohrte, bis ich ihm schließlich antwortete. Ich danke ihm, den Lektorinnen Alison Moss und Gemma Maclagan Ram, Art Director Russell Knowles und dem gesamten Team bei Carlton dafür, dass sie meinen ungeordneten Haufen Papier und Bilder in ein richtiges Buch verwandelten.

Und schließlich gebührt mein Dank weiteren Menschen, die ihre Zeit und ihr Wissen bereitwillig mit mir geteilt haben: Die „Famous Five" – Bob Greenberg, Akira Kagami, Martin Nisenholtz, Matias Palm-Jensen, Chuck Porter – sowie Thomas Gensemer, Russell Davies, Surjit Bhalla, Phil Rumbold, Tim Piper, Adam Smith, Jeff Bowman und Rob Norman.

BILDNACHWEISE

Der Verlag dankt den folgenden Quellen für die freundliche Genehmigung zur Vervielfältigung der Bilder in diesem Buch:

Page 6 ©Ogilvy & Mather; 7t ©Ogilvy & Mather; 7b ©Ogilvy & Mather; 8 ©Jack Boss. This illustration appeared in "Schenkerian-Schoenbergian Analysis and Hidden Repetition in the Opening Movement of Beethoven's Piano Sonata Op. 10, No. 1," Music Theory Online 5/1 (January 1999). It was authored by Jack Boss (jfboss@uoregon.edu), with whose written permission it is reprinted here; 9 ©Joel Ralphson; 11 ©Miles Young; 12t ©SRI International, Image courtesy of SRI International; 12b ©SRI International, Image courtesy of SRI International; 14 & 15 ©Ogilvy & Mather; 16 ©Airbnb; 18t ©Google; 19t ©Nest; 21t ©Luma Partners LLC 2017; 22 credit unknown; 24 ©Starbucks; 25 Chris Willson/Alamy Stock Photo; 31l ©Phillips; 31r ©Facebook; 36b ©Oreo; 37t ©John St.; 41b Copyright by The Young Turks, LLC; 44t ©Unilever; 45t ©Ogilvy & Mather; 45b ©Unilever; 47t ©Time Magazine; 49t ©AT&T; 52t ©Coca-Cola; 52b ©Prudential; 53 ©Prudential; 56 ©Johnnie Walker; 57 ©Toyota; 58t ©IBM; 58b © Unilever; 59 ©Coca-Cola; 61 ©Chiptole; 62 ©American Express; 65 ©Phillips; 66 ©P&G; 67t ©P&G; 67b ©Under Armour; 68t ©Honey Maid; 69t © Unilever; 69c-69b ©Burger King; 70 ©Ogilvy & Mather; 73 ©BMW; 75 ©UPS; 76 ©Red Bull 78 © SC Johnson; 80 ©Coca-Cola; 81b ©Europcar; 83 © Unilever; 84 ©UPS; 85 ©Chipotle Mexican Grill; 86t © Coca-Cola; 86b © Nestlé; 87 © Nestlé; 88 ©Nestlé; 89t ©Google; 89b ©Qualcomm; 90 ©Barneys New York; 91t ©American Express; 91b © Kimberly-Clark; 92t ©Ford Motor Company; 92b ©Nestlé; 93t ©Coca-Cola; 96 ©Mondelez; 97t ©Mondelez; 98 ©Ogilvy & Mather; 99t ©Ogilvy & Mather; 99b ©Ogilvy & Mather; 100 ©Ogilvy & Mather; 101 ©Ogilvy & Mather; 103©Dr. Robert Heath; 104t ©P&G; 104t ©P&G; 104b ©Ogilvy & Mather; 105 ©P&G ;109t ©Oscar Mayer – Kraft Foods; 109b ©Steffen Billhardt Photography; ©Thomas Billhardt Photography); 110 ©Coca-Cola; 112t ©Getty Images; 114t ©AB Volvo/Forsman & Bodenfors; 114b ©AB Volvo/Forsman & Bodenfors; 115b ©Ogilvy & Mather; 116t ©Intel Corporation; 117 ©IBM; 116 Robert Lachman/Los Angeles Times via Getty Images; 119 ©Neil French; ©Tham Khai Meng; ©Ogilvy & Mather; 121 ©IBM; 125b ©CNN Money; ©Metropolitan Life Insurance Company; 127 ©Babolat; 129 ©British Airways; 130t-130b ©IBM; 138 ©Nestlé; 146 ©Qualcomm; 148 ©Ogilvy & Mather; 151t ©Bloomberg Business Week; 152 ©Ogilvy & Mather; 153 ©Ogilvy & Mather; 155 Produced by Scott Brinker(@cheifmartec.com) 156 ©Ogilvy & Mather; 157 ©Mast-Jägermeister; 158 ©National German Centre for Health Information; 159 ©Monica Wisnlewska/Shutterstock.com; 160 ©Bottle Rocket; 161 ©Amazon; 162t ©Niantic; ©Nintendo; 162b ©Niantic; ©Nintendo 163t ©ComScore; 163b ©Niantic; ©Nintendo 164 ©comScore; 167 ©Ogilvy & Mather;168-167 ©Ogilvy & Mather; 171 ©Ogilvy & Mather; 171 (background) Olena Yakobchuk/Shutterstock.com; 172 ©Philips; 175t ©Nestlé; 175b ©Burger King; 178 ©NPR; 179 ©Bottle Rocket; 180 ©CFA Properties, Inc.; 181 ©The Lego Group; 182 ©Starwood; 183 ©Amazon; 184 ©marketoonist.com 187 ©Adidas AG; 188 ©Patagonia; 189t ©Patagonia; 189b ©Patagonia; 190 ©Amazon; 192c ©Piyush Pandi; 192b©Piyush Pandi;

BILDNACHWEISE

193b ©Engagement Citoyen; 200 ©Ministry of Tourism, India; 201r – 2015l ©Ministry of Tourism, India; 202 ©Cape Town Tourism; 203t -203c ©The Swedish Tourism Association; 203b ©Tourism Queensland; 204©Unilever 205©Unilever 206t ©Battersea Dogs and Cats Home; 206b ©Google; 207t-207r ©WWF – Thailand; 207b ©Royal National Lifeboat Institution; 208-209c ©Ogilvy & Mather; 209t ©Nestlé; 209c ©Nestlé; 210©Bob Greenburg; 214 ©Ogilvy & Mather; 215 ©Nike; 216 ©Akira Kagami; 218 ©Akira, 219 ©Uniqlo, 220 ©Martin Nisenholtz; 222 Photo by Martha Stewart; 224 ©Matias Palm-Jensen; 226r – 226l ©Swedish Post; ©Matias Palm-Jensen; 227 ©Milko; ©Matias Palm-Jensen; 228t ©Cannes Lions; ©Matias Palm-Jensen; 228b Chuck Porter; 229 ©Mini; 223 ©CP&B; 235t ©Burger King; 235b ©Dominos Pizza; 243l ©Kimberly-Clark; 243r ©Kimberly-Clark; 244tr ©Ogilvy & Mather; 244cbl ©John T. Miller; 244cbr ©Ogilvy & Mather; 244bl ©Armorer Wason; 245ctr ©Ogilvy & Mather; 245cbr ©Chris Graves; 245br ©Durex; 246tr ©JasonVale; 246rtc ©Grubs; 246rbc ©Nestlé 246rb ©Public Health England; 249 Reproduced with Permission of Motorola Mobility LLC, ©2004, Motorola Mobility LLC.; 250 ©Pedilite Industries; 252-253 ©Ogilvy & Mather; 256 ©Ogilvy & Mather; 257 ©Ogilvy & Mather; 258 ©BAT/Ogilvy & Mather; 259t-259r ©Visit Britain; 262l ©Jollibee Foods Corporation; 262r ©McDonalds; 263 ©Dabur; 264 ©Huawei Technologies Co. Ltd. 265l-265r ©Huawei Technologies Co. Ltd.

Es wurden große Anstrengungen unternommen, um die Quellen und/oder den Urheber einzelnen Bilder zu recherchieren. Der Verlag möchte sich für unbeabsichtigte Fehler oder Auslassungen entschuldigen, die selbstverständlich in zukünftigen Ausgaben dieses Buches korrigiert werden.

INDEX

2G-Mobilfunknetz 27
3G
   Start von 28
   steigende Nutzung 29
5G 179

A

Aaker, David 54
A.C. Nelson 71
Addicks, Mark 114
Adidas 185, 187
Ad.ly 29
Aegis 227
Africa, und Mobiltelefone 260
Ägypten
   disproportionales Wachstum 251
   Konsumenten der Mittelschicht 252–3
   Revolution in 193
AGA Cooker 107
Ainslie, George 246
Airbnb 16–7
Aldrich, Michael 27
Ali, Ben 193
Alibaba 257–8, 260
Allianz 112
ALS Ice Bucket Challenge 168–9
AltaVista 28
Always 67
Amazon 161, 183
   eines der digitalen „Big Three" 31
   erfolgreich nutzen 184
   steigende Umsätze 28
   und Disintermediation 21
   und E-Commerce-Wachstum 29
   und Preisvergleiche 182–3
Amazon Echo 87
American Express 62, 90–1, 222
Amin, Salman 188–9
Amyotrophe Lateralsklerose (ALS) 168–9
Anacin 102
Andreessen, Marc 15, 211

Apple 174–6
   Macintosh-Launch 27
Apple Safari, und Werbeblocker 29
Arabischer Frühling 193
Arcade Fire 88–9
Armour bra 67
ARPANET 12, 26–7 (*siehe auch* Internet)
   die erste Nachricht via 12
Arthur W. Page Society 57
AT&T 28, 48–9, 173, 222
Audi 165
Auf Wiedersehen in Howards End (Forster) 143

B

Baidu 257
Baldwin, Jerry 25
Bangladesh
   disproportionales Wachstum 251
   Konsumenten der Mittelschicht 252–3
   und Velocity 254
Banksy 108
Baran, Paul 14
Barneys 90
Barnum, P.T. 82
Bass, Saul 211
BAT 257–8
Bates, Ted 13, 266
Battelle, John 137
Battersea Dogs and Cats Home 206
"The Beauty Inside" 116–7
Beckham, David 169
Being Digital (Negroponte) 34
Benjamin, Jeff 234
Beowulf 80, 115–7
Berger, Barndon 232
Berger, Jonah 78–9
Bernbach, Bill 13, 102, 213, 266
Berners-Lee, Tim 15, 27
Bernhardt, Sarah 268
Bezos, Jeff 180

BFME 267
Bhalla, Surjit 251
Bieber, Justin 162, 169
Big IdeaLs 44, 60–1
Bildt, Carl 224–5
Blackshaw, Pete 35
Bland, Christopher 34
BMW 28, 72–3, 143, 213, 231
Bo, Armando 146
Bogusky, Alex 230–4
Bogusky, Bill 230
Bottle Rocket 159, 174, 176
Bowker, Gordon 25
Bowman, Jeff 71
Branded Content 72–5
BrandZ 45, 62
Branson, Richard 211
Brasilien
   disproportionales Wachstum 251
   Konsumenten der Mittelschicht 251–3
   und soziale Netzwerke 186
BRIC 251
Brien, Nick 228
Brinker, Scott 155
Broadbent, Tim 106, 126
Built to Last (Collins) 40
Burger King 68, 175, 234
Burnett, Leo 210, 213, 266
Bush, George W. 28

C

Cabral, Juan 97
Cadbury 96–7
Caesar's Palace 124
Cailliau, Robert 15
Cameron, David 168, 241
Campbell, Joseph 116
Cannes 68, 98–101, 106
   Zukunftsprognosen von David Ogilvy 272
Cannes Lions 228, 230
Carter, Calvin 174–6, 178

Centennials 46–8, 51
Cerf, Vinton "Vint" 15
CERN 117
ChannelNet 27
Chapman, Phil 97
Chen, Joan 146
Chick-fil-A 180
Chicken McDo 261–2
China
    die erste internationale E-Mail aus 255
    disproportionales Wachstum in 251
    Internetnutzer in 20
    Konsumenten der Mittelschicht 252–3
    und Huawei 264–5
    und Internet 255–60
    und Marken 263–5
    und Mentalität 258–9
    und QR-Codes 257
    und Schriftzeichen 217
    und Statussymbole 249
    und Velocity 254
    und Visit Britain 259
    und WPP-Umsätze 248–9
Chipotle 61, 85
Choose Beautiful 45
Chouinard, Yvon 188–9
Clark, Jim 211
Clark, Wendy 146
Clinton, Bill 224
Clinton, Hillary 196
Cloud-Technologie 120–1, 124
COBOL 26
Coca-Cola 52, 59, 61–2, 79, 80, 103, 110
Code 150–2
Coke Zero 92–3
Collins, Brian 113–14
Collins, Jim 40
Compact 27
Compuserve 27
Condé Nast 27
Contagious (Berger) 78
Content 72–92
    acht Tipps für 95
    Branded 72–5
    Content-Matrix 77–92
    und die digitale Revolution 72–3
    immersiver 82–5
    ". . . ist King" 72
    magnetischer 77–82
    organisieren 93–5
    praktischer 88–92
    smarter 85–8
    Überlegungen über 75–6
    Zukunftsprognosen von David Ogilvy 272

Content Studios 93–5
Continuous Commerce 180–91
    Kundenbindung 186–9
    Omni-channel-Vertrieb 185–6
    und Emotionen 186–7
    und Erlebnis 190
Cook, Tim 216
Corporate Social Responsibility (CSR) 62
Cow & Gate 271
Crispin Porter 230–4
Crispin, Sam 230
Crockett, Molly 238
Customer Relationship Management (CRM) 7, 31, 147, 172–3

D

Dabur 263
Damasio, Antonio 236–8
Damasio, Hannah 236
Daten
    als Währung des digitalen Zeitalters 120–31
    Big Data-Fallen 122–3
    Big Data und Emotionen 186–7
    Datensätze mit Single Enterprise Point of View 124–5
    erste Erwähnung von Big Data 120
    mit Kennzahlen sparsam umgehen 128
    richtig nützliche Daten 125–31
    sind das "neue Öl" 122
    strukturierte und unstrukturierte 120
    und Cloud-Technologie 120–1, 124
    und optimale Optimierung 131
    und ökonometrische Modelle 127–8
    und Plattformhindernisse 125–6
    Wertspektrum von 123
    zahlreiche Erkenntnisse 129–31
    zwischen Messung und Wirksamkeit unterscheiden 126–7
DAVE 148–9
Davies, Donald 14
Davies, Russell 197, 199
Davis, Rob 41
Dawkins, Richard 79–80
de Luca, Peter 155–6
Dean, Howard 194
DEC 27
Dentsu 217–8, 220
Der Heros in tausend Gestalten (Campbell) 116
Der vorhergesagte Tod des Fernsehens 34
Descartes' Irrtum (Damasio) 237–8
Descartes, René 237–8

Dhingra, Rishi 105
Digitals Ecosystem 32–3
    Entstehungsphase 31
    und die traditionellen Medien 34
Digitale Revolution
    analog vs. digital 13
    Daten als Währung 120–31
    ein neuer Sozialvertrag 39
    Entstehen der 12
    Ghettoisierung des Digitalen 35, 37
    Internetverbindung als das große Geschenk der 48
    Lektionen für Führungspersonen 42
    Transformation durch, *siehe* Transformation im digitalen Zeitalter
    und Content 72–3
    und Gerüche 109
    und Kreativität, *siehe* Kreativität
    und Marken, *siehe* Marken
    und Storytelling 115
    und der Wandel in der Werbung 39–40
    und Zweiwegkommunikation 82
    vielversprechende Geheimnisse 244–5
    Werbegiganten, *siehe* Giganten der Werbung im digitalen Zeitalter
    Zeitstrahl der 26–9
Digital Social Responsibility 204–7
Digitales Video 145–7
Disintermediation 21
Domestos 205
Domino's Pizza 234–5
DoubleClick 28–9
Dove 35, 44–5, 58–9, 82, 101
Dove-Kampagne für echte Schönheit 44–5
Dove Men+Care 105
Drax 226
Dunkin' Donuts 25

E

Eames, Charles 211, 268
Eames, Ray 268
Ein Akt der Kreativität (Koestler) 112
Eisenhower, Dwight D. 12
Ellsberg, Daniel 245
eMarketer 29
Engel, Joel S. 27
Engelbart, Douglas 14
Enigma 26
Equitable 222
Ethnisch 70–1
Europcar 81
everyday.com 224
Evolution 44

INDEX

EyeViewDigital.com 190

F

Facebook 29, 82–3, 164, 166
    die digitalen "Big Three" 31
    Nutzerzahlen 29
    und ALS Ice Bucket Challenge 168
    und "The Beauty Inside" 117
    und Centennials 51
    und CRM 31
    und digitale Werbeausgaben 31
    und Disintermediation 21
    und IFLScience 117
    und Nestlé 209
    und Nudges 247
    und Old Spice 105
    und Politik 193, 195
    und Tourismus 202
    und Toyota 57
    und unterversorgte Gemeinden 180
    und Video 40–2
    Zukunftsprognosen von David Ogilvy 272
Facebook Live 42
Facebook Messenger 166
Fairnington, Alan 132
Fallon, Jim 229
Fanta 86
Farfar 226–8
FatCat 260
Feldwick, Paul 101–2, 107
Feminismus 66–8
Fernsehen
    der vorhergesagte Tod des 34
    lineares 34
    steigende Erlöse 28
    und das digitale Ökosystem 34–5
    und Videorekorder 28–9
Fetherstonhaugh, Brian 148
Financial Times (*FT*) 223
Firefox und Werbeblocker 29
Ford 92
Ford, Paul 150–1
Forgotify 73
Forster, E.M. 143, 149
Foster, Norman 213
French, Neil 119
Freud, Sigmund 268
Friendster 30–1
Frisch, Ragnar 127
Fünf Fehler beim mobilen Nutzungserlebnis 181

G

Gage, Phineas 236–7
Gallop, Cindy 66
Galloway, Scott 34
Gambino, Melody 23
Garfield, Bob 34
Gates, Bill 72
Gehirn und Verhalten 236–47
    und Nudging, 241, 244
Gehry, Frank 213
Geico 147
General Electric 90
General Foods 222
Generation C 46
Generation S 46, 51
Generation X 46–7
Gensemer, Thomas 195
Gerber 138
Geständnisse eines Werbemanns (Ogilvy) 8
Giganten der Werbung im digitalen Zeitalter 210–35
    Greenberg 210–16
    Kagami 216–20
    Nisenholtz 220–3
    Palm-Jensen 224–8
    Porter 228–35
Gilbert, Dan 53
Gillette 105
Gleichgeschlechtliche Ehe 70, 205–6 (*siehe auch* LGBTQ)
Goldman Sachs 251
Google 28
    AdWords 28, 141
    als archivarisches Netzwerk 41–2
    als Datenbank der Intentionen 137
    als ein Unternehmen der "Big Three" 31
    Arcade Fire Video 88
    kauft DoubleClick 29
    Konsum von Content 178
    keine Suche ist kostenlos 17
    laut *PC Magazine* die Suchmaschine der Wahl 28
    und Disintermediation 21
    und die gleichgeschlechtliche Ehe 205–6
    und das Suchverhalten der Millennials 138
    und traditionelle Werbung 18
    und unterversorgte Gemeinden 180
    und Video 40–1, 73
    und Werbeblocker 29
    und Werbeeinnahmen 31
    PageRank 28
Google Chrome
Google Instant 29
Google Now 176, 179
Google Qualitätsfaktoren 145
GoTo.com 28
eGovernment, digitale Regierung 197–9
GOV.UK 199
Grace, Topher 117
Grapeshot 23
Graves, Chris 238
Green, Rick 230
Greenberg, Bob 210–16
Greenberg, Richard 211
Grindr, und Disintermediation 21
Gropius, Walter 212
Guinness 10, 68

H

Haier 265
Haptik 158, 160
Haring, Keith 221
Harrison, Steve 118–19
Hashtags 166
Heath, Robert 103, 106
Hegarty, John 18
Hershey 114
Hicks, Jeff 232
Higa, Ryan 146
Higgs-Boson 117
Holt, Douglas 55–6
Honey Maid 68
Hopkins, Claude 101, 102, 210
HotWired Magazine 28
Huawei 264–5
Huggies 91, 186
Humby, Clive 122

I

IBM 10, 58–9, 112, 117
    und CICS 26
    und Cloud-Technologie 121
    und PC 27
    und SCAMP 27
IBM Newsroom 89
IBM Watson 130
Immersiver Content 82–5 (*siehe auch* Content)
Incredible India 200–1
Indien
    digitale Politik 192
    disproportionales Wachstum 251
    geringer Einfluss des Digitalen in der Werbebranche 249
    Konsumenten der Mittelschicht 252–3
    tägliches 250

und Ayurveda 263
und Tourismus 201
und traditionelle Werbung 18
und Velocity 274
Indonesien
  disproportionales Wachstum 251
  Konsumenten der Mittelschicht 252–3
  und Velocity 274
Instagram 73, 165, 260
  als ephemeres Netzwerk 41
  auf den Philippinen 262
Integration
  tiefergehende 135–7
  Evolution der 136
Intel 116–7
Internet (*siehe auch* ARPANET; World Wide Web)
  auf der Suche an einem Geschäftsmodell 12
  chinesische Nutzer des 20
  Dotcom-Blase platzt 28
  Geburt des 12
  Internetpioniere 14–15
  steckt voller Konflikte 13
  und China 255–60
  und Meme 79–80
  und postmoderne Marken 64
  und Zielgruppen 68
  "viral" 79
  Werbung bezahlt das 17
  Werbung verändert durch das 13
  Was man für das Internet aufgeben würde 48–9
  Zeitstrahl der digitalen Revolution 26–9
Internet Explorer, und Werbeblocker 29
Internet of Things 19, 161
Intimität und Tiefe 143, 147
Iran, disproportionales Wachstum 251
Islam 70–1
Isobar 227
Iwata, Jon 59

J

Jägermeister 157
Janmohamed, Shelina 71
Jim Beam 159
Jobs, Steve 174, 211
John Street 37
Johnnie Walker 56–7
Jollibee 261
Jope, Alan 262
Journal of Advertising Research 34

K

Kagami, Akira 216–20
Kahn, Robert 14
Kahneman, Daniel 238–9, 245–6
Kaisi, Katsura 220
Kestin, Janet 44
KFC 261
Kimberly-Clark 242–3
Kind Collective 228
Kindle 190
Kirkland, Mike 44
Klapp, Orrin 22
Koestler, Arthur 112
Konsumenten der Mittelschicht 251–3
Kotler, Philip 54
Krazy Glue 113
Kreative Technologie 150–64
  das Backend 154–7
  das Frontend 153–4
  Marketing-Automation 156
  und Code 150–2
  virtuelle, erweiterte und Mixed Reality, 157–61
Kreativität
  alles durchdringende 107–10
  in der Technologie, *siehe* Kreative Technologie
  Kunst oder Wissenschaft 101–2
  Storytelling 115–6
  und die digitale Revolution 98–119
  und Ideen 110–14
Kuntz, Tom 105

L

Lange, Martin 174
Late Night mit David Letterman 10
Lego 181
Lenovo 146, 265
Lever Brothers 44
LGBTQ 68–70
Li Peng 255
Li, Robin 257
Libertärer Paternalismus 240
Licklider, Joseph Carl Robnett 14
Lifeline 146
Lincoln, Abraham 59
LinkedIn 28
Lorinc, John 22–3
Luma Partners, Darstellung des digitalen Zeitalters 21

M

Ma, Jack 257
Ma, Pony 257
McCann 230
McCarthy, John 15
McDonald's 25, 261
MCI 28
Macintosh, der erste 27
McLuhan, Marshall 40
Madigan, Jamie 84
Maex, Dimitri 120, 122, 127
Magazine Luiza 186
Magids, Scott 186
Magischer Content 77–82 (*siehe auch* Content)
Magnetresonanztomografie (MRT) 236
Marken
  als Versprechen 113
  die „guten" 64
  die Performance- 149
  die postmoderne 54–71
  Fehler bei mobilen Nutzern 181
  Herkunft von 54
  inklusive 66
  Krisen von 54
  Phasen von 55
  Tod der 34
  und Big IdeaLs 44, 60–1
  und China 263–5
  und Content 72–5
  und meistgesehene Videos 38
  und Starbucks 24–5
  und Transparenz 57
  und Videos 38
  vier Bereiche von 114
  360° Brand Stewardship von 137
Marketing-Automation 156
"Marke X glaubt . . ." 60
Marlowe, Christopher 268
Marsden, Paul 186
Marti, Bernard 15
Mashable 90
Mather & Crowther 110–1
Markenmerkmale im digitalen Zeitalter 63–4
Medien (*siehe auch* Social Media)
  Connections Planning 134
  die "große Fragmentierung" 133
  "Die Medien sind tot" 34, 132
  die "neuen Medien" 30, 34
  Kleinanzeigen 34
  von traditionellen zu digitalen 17
Meipai 260
Meme 79–80

INDEX

MetLife 125
Mexiko
   disproportionales Wachstum 251
   Konsumenten der Mittelschicht 252–3
Microsoft 72
   und Werbeblocker 29
Miles, Steve 35, 44
Milk, Chris 88
Milko 226–7
Millennials 46–53
   und Coke 93
   und Ethnien 71
   Suchverhalten unter 138
Miller, George A. 244
MindShare 132–3
MINDSPACE 241–2
MINI 229
Minitel 27
M-Kopa 261
MMG 28
Mobiltelefone
   die ersten Wörter über 27
   die mobile Einzelhandelslandschaft 177
   ein neues Werbemedium 174
   Fehler von Marken beim mobilen Nutzungserlebnis 181
   in Afrika 260
   mobiles Internet früher und heute 176
   wunderbare Mobilität 174–80
Mockapetris, Paul 15
Modi, Narendra 192–3
Motista 186–7
Motorola 27, 249
Mozilla, und Werbeblocker 29
M-Pesa 261
Munn, Olivia 146
Museum of American History 168–9
Museum of Feelings 78
Mustafa, Isaiah Amir 105
Myanmar
   disproportionales Wachstum 251
   Konsumenten der Mittelschicht 252–3
Myspace 30
   Start von 28

N

Nadal, Miles 232–3
Nakamira, Hiroshi 220
Naked 136
NASA 117
NASDAQ, Anstieg des 28
National Public Radio 176, 178
Negroponte, Nicholas 34

Nescafé 208–9
Nest 19
Nestlé 35, 175, 208–9
Nestlé Milo 87–8
Netflix 120
Neurowissenschaft (*siehe* Gehirn und Verhalten)
New York Times (*NYT*) 118, 221–2
Newcombe, Zach 31
Nice 260
Nielson 178
Nigeria
   disproportionales Wachstum 251
   Konsumenten der Mittelschicht 252–3
Nike 54–6, 212, 214–15
Nisenholtz, Martin 220–3
No Likes Yet 73
Nokia, das erste Smartphone von 28
Norman, Don 153
NSFNET 28
NTT DOCOMO 28
Nudging 197, 240–7 (*siehe auch* Gehirn und Verhalten)
NYPD 166

O

Obama, Barack 194–7, 199, 241
Odagiri, Akira 216, 219
Ogilvy über Werbung (Ogilvy) 101, 132, 192, 202, 267, 272
   das Cover 10
   die neue Weltordnung 248
   Lieblingswörter 40
   und Fremdenverkehrswerbung 200
   und Marken 54–5
Ogilvy Change 238, 242, 244, 246
Ogilvy, David 7, 99, 100, 272
   berühmte Rede über Branding 240
   Buch der Weisheiten 266
   in der Letterman Show 10
   Kunst oder Wissenschaft-Debatte 101
   mag das Wort "Kreativität" nicht 101
   Rede vor der American Association of Advertising Agencies 23
   schuf eine Unternehmenskultur 266
   Tod von 7
   über die genialste Agentur aller Zeiten 268
   über Lebensversicherungen 185
   über Marktforschung 247
   und das "Partnerschaftssyndrom" 270
   und Direktmarketing 10, 107, 122
   und Disintegration 136

   und Nisenholtz 223
   und politische Werbung 192
   Was ist Content? 74
Ogilvy, Francis 110–1
Ogilvy, Herta 7, 263
Ogilvy & Mather
   Content Studios 93–5
   digitale Transformation von 7
   erfolgreich in Japan 217
   Kadersystem 98
   Kauf von Social Lab 172
   Niederlassung in Shanghai 248
   Social-Media-Praxis 80–1
   und Big IdeaLs 60–1
   und Cannes 98–101
   und die Macht des Glaubens 62
   und Guinness 68
   und politische Werbung 192
   und Velocity 251
   360° Brand Stewardship 137
Ogilvy Noor 70–1
Ogilvy Pride 70 (*siehe auch* LGBTQ)
Old Spice 103–5
Oliver, Richard 34
Onlinehandel, Start 27
Oreo 36–7
Orkut 30
Ortega y Gasset, José 267
Oscar Mayer 109
Owen, Clive 73

P

PageRank 28
Paid, Owned, Earned (POE) 74, 134, 167
Paivio, Allan 245
Pakistan
   disproportionales Wachstum 251
   Konsumenten der Mittelschicht 252–3
   Millennials in 46
   und traditionelle Werbung 18
   und Velocity 254
Palm-Jensen, Matias 224–8
Palmer, Tony 21
Pandey, Piyush 192–3, 201, 249–50
Pantene 66
Parker, Alan 112
Parker, George 220
Patagonia 188–9
Patches 45
Pepsi 25, 62
Periscope 42
   als ephemeres Netzwerk 41
Perrier 86

Petit Tube 73
PewDiePie 38, 42
Philippinen
  disproportionales Wachstum 251
  Konsumenten der Mittelschicht 252–3
  und der Kampf der Fastfoodketten 261–2
  und Wardah 262
Philips 31, 64–5
Pickholz, Jerry 223
Pidilite 250
Piper, Tim 44–5
Plouffe, David 195
Pokémon 162–3
Politik
  digitale Politik 192–5
  Zukunftsprognosen von David Ogilvy 272
Polman, Paul 204–5
Porter, Chuck 228–35
"Postfaktisch" 17
Postel, Jon 15
Practical Advertising 110–11
Praktischer Content 88–92 (*siehe auch* Content)
Procter & Gamble (P&G) 99, 105
Programmatic advertising 143–5
Puri, Bharat 97

Q

Qualcomm 89–90, 146

R

Raphaelson, Joel
  David Ogilvys Brief an 9
  und *Ogilvy über Werbung* 8
Raw 110
Ray-Ban 260
Red Bull 75
Red Label 68–9
Reeves, Rosser 13, 102, 106, 266
Ren Zhengfei 264–5
Resor, Stanley 210
R/GA 212
Rhett and Link 147
Richards, Ben 134–6, 143
Ritson, Mark 36
Rizzolatti, Giacomo 246
Roberts, Kevin 102
Roberts, Lawrence 14
Robertson, Andrew 100
Roosevelt, Theodore 31
Rospars, Joe 195
Royal National Lifeboat Institution 206–7
Rubicam, Raymond 210

Rumbol, Phil 96–7
Rust, Ronald 34

S

Saatchi, Charles 102
Sagmeister, Stefan 116
Sammartino, Steve 133
Sanchez Lamelas, Javier 115
Saunders, Ernest 10
Schelling, Thomas 245
Schlachtfeldern 164–91
  und Continuous Commerce 180–91
  Mobiltelefone 174–80
  Mobilität 174–80
  Social Media 164–73
Schultz, Howard 24–5
Schwab, Charles 211
Schwartz, Barry 240
Scientific Advertising (Hopkins) 101
Search Engine Marketing (SEM) 137, 139
Search Engine Optimization (SEO) 28, 137, 139
Searls, Doc 223
Selective 234
Senerchia, Jeanette 168–9
Sexismus 66
Sexy Little Numbers (Maex) 127
Sharing Economy 17
Sharp, Byron 102
Shazam 157
Sherif, Muzafer 244
Shimizu, Ryo 220
Shiseido. 218
Showrooming 182, 184
Shy, Jean 44
Siegl, Zev 25
Simon, Herbert A. 240
Sina Weibo 257
Sinclair, Upton 227
Six Degrees 30
Sketches 45
Sloan, Robin 94
Smarter Content 85–8 (*siehe auch* Content)
Smartphone, das erste 28
Smith, Adam 34
Smosh 38
SMS 27
SnapChat
  als ephemeres Netzwerk 41
  und Centennials 51
Social Media
  als archivarisches Netzwerk 41
  als Datenbank der Intentionen 137

  als ephemeres Netzwerk 41
  Sozialvertrag für das digitale Zeitalter 39
  Suchmöglichkeiten 138
  und der Arabaische Frühling 193
  und Fremdenverkehrswerbung 201–2
  Werbeausgaben in 29
Social@Ogilvy 80
Song, T.B. 21, 248
Sorrell, Martin 248
Spam-Mail, die erste 27
Spark 90
SPG Keyless 182
Spiff 225–6
Spotify 73
Sprint 255
Staav, Yael 44
Standard Oil 31
Starbucks 24–5
Starwood Hotels 182
Stenbeck, Jan 224
Stitzer, Tod 96–7
Stonewall 70
Stumbleupon 90
Suche 137–8
  geläufige Suchterminologie 139
  und Keywords 137–8,
  und das Verhalten der Millennials 138
Sulzberger, Arthur 222
Sunstein, Cass R. 240–1
Super Bowl 27, 36
Surminski, Brenda 44
Sutherland, Rory 143, 185, 238–40

T

Taylor, Robert William "Bob" 14
Ted Bates 266
Teletext 221–2
Tencent 257–8
Thaler, Richard H. 197, 240–1
Tham Khai Meng 98–9, 108, 115
The Anatomy of Humbug (Feldwick) 102
The Chaos Scenario (Garfield) 34
The Cluetrain Manifesto 61
The Epic Split 113–4
The 9-Inch Diet (Porter, Bogusky) 232–3
The Selfish Gene (Dawkins) 79
"The Truth" 231
Thomas, Gareth 68
Thompson Holidays 27
Thompson, J. Walter 51
Thorndyke, Edward 244
Tiffany & Co. 70
Timberlake, Justin 169

INDEX

Time Inc. 27
Tin Shed 188–9
Tone 178
Toothbrush Games 158
Toshiba 116–7
Tourismus
   digitaler 200–3
   Visit Britain 259
Toyota 57
Traditionelle Medien und das sich
   verändernde digitale Ökosystem 34
Transformation im digitalen Zeitalter
   192–209
   Digital Corporate Responsibility 204–7
   digitale Politik 192–6
   digitale Regierung 197–9
   und Fremdenverkehr 200–3
Trump, Donald 195–6
Tumblr 209
Turing, Alan 26
Tversky, Amos 238, 245–6
Twitter 105
   auf den Philippinen 262
   der Start von 28
   gesponserte Trends und Tweets 29
   und Cadbury 97
   und die ALS Ice Bucket Challenge 169
   und Oreo 36–7
   und Politik 194–5
   Werbeeinnahmen 29

U

Uber 17, 120
   und Disintermediation 21
Und-Zeitalter 40, 150, 236, 264
Under Armour 66–7
Unilever 66, 105, 204–5
Uniqlock 219
UPS 75–7, 83–4
UX (User Experience) 153–4

V

Van Damme, Jean-Claude 113–4
van Nispen, Jost 266
Velocity 251, 254
Vibe 28
Vietnam
   disproportionales Wachstum 251
   Konsumenten der Mittelschicht 252–3
   und Velocity 254
Vine 42, 260
Virtuelle, erweiterte und Mixed Reality
   157–61
   Zukunftsprognosen von David Ogilvy 272
Visit Britain 259
Vittel 92–3
Volvo 113–4
Vonk, Nancy 44

W

Walrus 22
Wang, Leehom 146
Wardah 262
Wason, Peter 244
Watkins, Pearline 44
Werbeblocker 29
Werbung im Web
   Bannerwerbung 28
   erste klickbare 27–8
Website, bewerten 138, 140–5
WeChat 166, 174, 257–8
   Zukunftsprognosen von David Ogilvy 272
Weed, Keith 204–5
Weinberger, David 223
Westheimer, Ruth 78
"What Is Code?" (Ford) 150–1
WhatsApp 166, 258
Wikipedia 169
World Wide Web (*siehe auch* Internet),
   der Idealismus der Gründer 17
World Wildlife Fund 205
WPP 45, 62, 132, 248–9, 266

X

Xanga 30
Xerox Alto 26
Xiaomi 260

Y

Yahoo! 28
Ying Zhang 246
Yoshida, Hideo 220
Young Turks 41–2, 146
YouTube 105
   als archivarisches Netzwerk 41–2
   und Cadbury 97
   und das Suchverhalten der Millennials 138
   und die ALS Ice Bucket Challenge 169
   und *Evolution* 44
   und Live-Funktionen 42
   und Millennials 52
YouTube Red 42

Z

Zalis, Shelley 68
Zhang, Ying 246
Zucker, Jeff 222
Zuckerberg, Mark 169

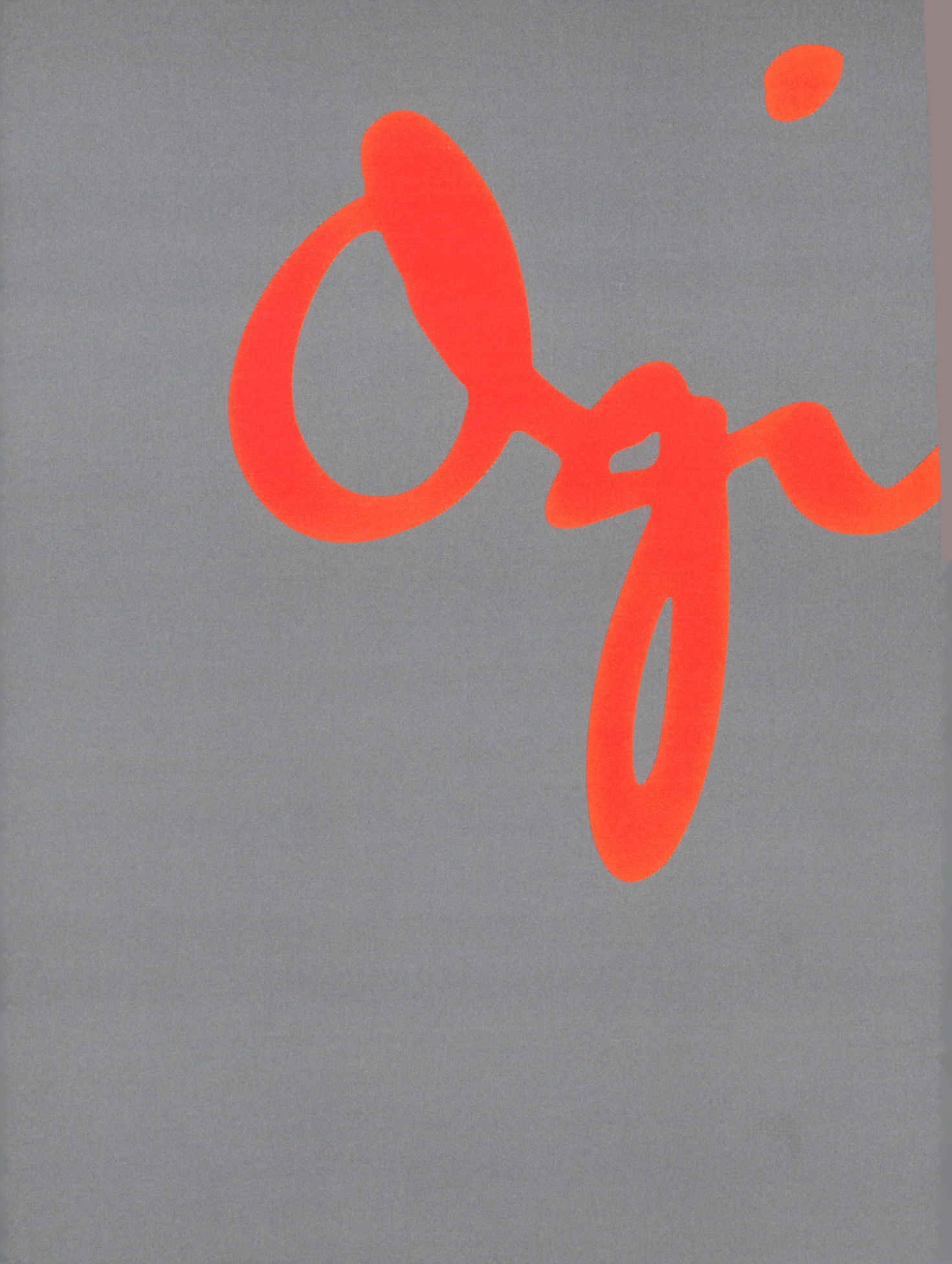